北京市生态学重点学科项目资助
生物多样性与有机农业北京市重点实验室项目资助

有机蔬菜生产技术指南

杨合法　李　季　主编

中国农业大学出版社
·北京·

内 容 简 介

本书基于 15 年来的长期有机农业研究和生产实践，系统介绍了有机蔬菜国内外发展现状、发展趋势，有机基地建设的基本要求，蔬菜养分需求特征、施肥对策及有机菜田的土壤培肥，堆肥及有机肥料制作，绿肥的选择及有机育苗基质的配制，有机蔬菜的病虫害管理以及有机蔬菜主要品种生产技术等；书中附有大量的图片，详细介绍了番茄、黄瓜、辣椒、茄子、大白菜的主要栽培品种、栽培技术、水肥管理及病虫害管理等有机生产实用技术。

本书内容翔实、通俗易懂、技术规范、简明实用，结合生产实际，突出有机蔬菜栽培技术的先进性和可操作性，既可作为农林院校相关专业的教科书或教学参考书，也可作为农业实用技术培训教材，还可为有机农场管理者、有机蔬菜种植者、有机产品认证人员提供技术指南及资料参考。

图书在版编目(CIP)数据

有机蔬菜生产技术指南/杨合法，李季主编. —北京：中国农业大学出版社，2018.1

ISBN 978-7-5655-1979-6

Ⅰ.①有…　Ⅱ.①杨…②李…　Ⅲ.①蔬菜园艺-无污染技术-指南　Ⅳ.①S63-62

中国版本图书馆 CIP 数据核字(2018)第 011945 号

书　名	有机蔬菜生产技术指南		
作　者	杨合法　李季　主编		
策划编辑	丛晓红　梁爱荣	责任编辑	韩元凤
封面设计	郑　川		
出版发行	中国农业大学出版社		
社　址	北京市海淀区圆明园西路 2 号	邮政编码	100193
电　话	发行部 010-62818525，8625	读者服务部	010-62732336
	编辑部 010-62732617，2618	出 版 部	010-62733440
网　址	http://www.caupress.cn	E-mail	cbsszs@cau.edu.cn
经　销	新华书店		
印　刷	涿州市星河印刷有限公司		
版　次	2018 年 5 月第 1 版　2018 年 5 月第 1 次印刷		
规　格	787×1 092　16 开本　23.5 印张　460 千字　彩插 13		
定　价	98.00 元		

图书如有质量问题本社发行部负责调换

编 写 人 员

主编 杨合法 中国农业大学曲周实验站高级农艺师

李　季 中国农业大学资源与环境学院教授、博士生导师

参编 陈　清 中国农业大学资源与环境学院教授、博士生导师

徐　智 云南农业大学资源与环境学院副教授

丁国春 中国农业大学资源与环境学院副教授

张阿克 南京国环有机产品认证中心

韩　卉 中国农业大学博士后

高杰云 中国农业大学博士后

总　序

　　20 世纪以来,现代农业在大幅度提高农业生产力的同时,由于过量施用化肥、农药、抗生素等,带来了诸如水土流失、环境污染、农产品质量下降和农田生物多样性减少等一系列问题,也导致了现代农业体系内在的不稳定性和不可持续性,如何探索一条既不依赖大量化石能源又能保障食物安全和食品安全的可持续道路成为农业研究人员必须解决的一大难题。

　　有机农业就是国外一些农业先驱针对常规农业困境提出的一种可持续农业发展模式,早期的几位科学及哲学巨匠包括英国的霍华德(Albert Howard,1873—1947)、奥地利的斯坦勒(Rudolf Steiner,1861—1925)和日本的福冈正信(Masanobu Fukuoka,1913—2008)均对有机农业的启蒙做出了重大贡献,而发起于 1972 年的国际有机农业运动联盟(IFOAM)则对世界范围的有机农业发挥了旗帜性作用。2011 年第 17 届世界有机农业大会在韩国举办,则标志着有机农业在亚洲的崛起以及世界有机大家庭对东亚农业文明的重视。据瑞士有机农业研究所(FiBL)等公布的数据表明,截至 2011 年底,全球有 160 个国家超过 180 万个有机农户进行有机农业生产,以有机方式管理的土地面积已达 3 720 万 hm^2。过去 10 年来,世界有机农业种植面积年增长率达到了 8%。

　　中国有机农业发展始于 20 世纪 80 年代初期。当时国内一些院校的学者如王在德、刘巽浩、章熙谷等率先在不同刊物发文介绍了有机农业,其后有机农业的认证、咨询及研究即逐步展开。1990 年浙江临安的有机绿茶通过荷兰认证机构 Skal 的认证,首开我国有机食品开发的历史。1994 年,国家环保局有机食品发展中心(OFDC)在南京成立,这是我国首个专门从事有机农业研究、认证和培训推广的机构。随后,中国农业大学、南京农业大学、华南农业大学、中国农业科学院茶叶研究所等建立了相应的研究、咨询与认证机构,其他一些农业研究所也开展了相应的有机农业生产技术的研究工作。2005 年 4 月 1 日正式颁布实施的中国《有机产品》标准 GB/T 19630 标志着中国有机农业全面、有序的发展。据不完全统计,至 2010 年底我国有机生产面积 200 万 hm^2,有机产品认证证书达 9 881 张,获证企业 7180

家,有机产品国内贸易额达 838 亿元,年出口额约 4 亿美元。中国有机农业经过二十余年的发展,经历了市场不断拓展、基地及品种不断扩大以及政府逐步认可这样一个变革。总体上讲,中国有机农业正处在一个从依赖出口向立足国内市场,从分散式单一发展向行业整体推动这样一个转折时期,可以预见有机农产品在未来 5～10 年在国内市场的份额将呈快速上升趋势。

中国农业大学长期以来形成了一支有机农业的研究队伍,在国内开展了一些先导性的研究工作,包括于 1998 年开始与 ECOCERT 的合作,目前已认证的有机农产品占出口的 60% 以上;在曲周实验站开展了有机农业的长期定位试验,其中小麦—玉米试验开始于 1993 年,日光温室蔬菜试验开始于 2002 年;受国家科技部支撑计划项目资助,在山东淄博、新疆伊犁等地开展了一批有机食品开发与加工技术研究与示范;为众多地方政府\企业制定了有机农业发展规划;与丹麦、德国、瑞士、美国、韩国等地相关研究机构建立了长期的合作关系;申请获批北京市有机农业与生物多样性重点实验室;在国际有机农业研究学会(ISOFAR)和国际知名有机研究机构(如 ICROFS)理事会有了中国专家的代表;作为主要和主持单位参与国家有机食品标准的制定和国家有机食品产业发展报告的撰写。目前这支研究队伍已成为促进国内有机农业事业的一支重要生力军。

本次由中国农业大学出版社计划出版的有机农业系列丛书,涵盖有机经典译著、有机农业研究和有机农业技术几个专题,包括农业圣典、活的土壤、有机蔬菜长期定位研究、有机畜牧业、间套作与有机农业、有机农业生产与贸易、有机家禽(鸡)生产、有机苹果种植技术、有机蔬菜种植技术、有机水稻种植技术等,计划在 2 年左右时间内陆续出版完成这些图书。

在我国农业发展取得巨大成就又面临空前挑战的背景下,在迫切需要从战略高度系统探索中国常规农业向环保农业包括有机农业转型的历史关头,受资源与环境学院生态科学与工程系吴文良教授邀请为本丛书写序,看到当年我们那一辈曾经参与探索的有机农业在年轻一代农业科研与教育工作者的推动下取得如此系统的研究成果,由衷高兴。也愿借此机会祝愿国内有机农业发展步入健康轨道,中国农业真正转向可持续发展阶段,国民早日摆脱食品风险。

韩纯儒

2013 年 9 月于北京

在百度上输入"有机蔬菜",会有好多公司出来,都在生产有机蔬菜,也都在宣传各自的特色和优势。

从20世纪90年代中期的有机蔬菜规模化种植到现在已过去约20年了,有机蔬菜产业也经历了一个快速发展、急剧下滑和艰难发展的历程,个中滋味只有亲历者才能感知到。早期的不遵守有机科学规律,以次充好、蒙混过关的一众基地已消失殆尽,留下来的则是些信念坚定、砥砺前行的有机人。

我们接触有机农业始于1998年与ECOCERT有机认证机构的合作,随后在河北、山东开始了无公害蔬菜生产技术及环境风险的研究。为探讨有机蔬菜生产背后的科学机制我们于2002年在中国农业大学河北曲周实验站开始了有机蔬菜长期定位研究,到现在已历15载,取得了大量基于有机、无公害和常规蔬菜种植体系比较的土壤、植物及环境方面的系统数据,并培养了20余名研究生,这部分研究工作将另集结成书。

在研究工作开展的过程中,课题组受农业部委托制定了农业行业标准《有机茄果类蔬菜生产质量控制技术规范》,并于2013年9月10日发布实施;同时还与欧洲、日韩等国专家开展了有机蔬菜生产技术方面的交流合作;2014年我们专门组织了2批国内从事有机农业的专家及企业技术人员,到韩国参观考察当地有机农场,学习了韩国有机农业生产的大量实用技术。多年来,作者查阅了大量的科研文献,结合国内外有机农业生产实践,建立了30多种蔬菜的有机种植技术规程。

从2010年开始基于实验站多年的工作积累,我们先后分别在河北、北京、山东、江苏等地开展了有机蔬菜的技术示范工作,亲自指导有机蔬菜基地多家,包括北京诺亚有机农场、北京首农集团延庆农场、北京花塔有机农庄、河北肃宁诚誉有机农庄、河北灵寿木佛有机农庄、河北元氏生源有机农庄、河北曲周阁润有机农庄、山东沂源安信有机农庄、江苏连云港康缘药业有机基地等二十多家。在指导生产实践过程中发现,多数有机蔬菜基地极度缺乏有机种植方面的专业技术人员,并面临一系列技术问题:如有机蔬菜品种如何选择?种子如何处理?有机蔬菜种植如何进行茬口安排和实行轮作?有机基地的缓冲带如何建设?有机生产土壤如何培肥和如何制作好的堆肥？蔬菜生产过程如何进行环境条件调控？病、虫、草害如何防治及使用哪些投入品？等等，所有这些都迫切需要开展广泛的技术交流。

　　本书编写就是在这样的背景下开始的，作者结合自身的长期理论学习与实践经验积累，编写了这本技术指南。全书以科学性、实用性和可操作性为出发点，在编写中力求浅显易懂，以适应广泛的有机蔬菜种植者的需要。全书分上、下二篇，上篇为总论，主要介绍了国内外有机蔬菜生产现状、市场分析、发展趋势、关键点控制、生产存在的问题，有机蔬菜产地条件、茬口安排，有机肥料种类及制作、有机育苗基质的配制、绿肥的应用，病虫害的管理等基础理论。下篇为各论，详细介绍了黄瓜、番茄、辣椒、茄子、大白菜生产中的品种选择、播种育苗、土壤培肥、栽培技术及病虫害的管理等有机蔬菜生产实用技术。书后提供了大量生产实践中拍摄的原色图片，供读者参考。

　　本书上篇第一章由李季、韩卉撰写，第二章由杨合法撰写，第三章由高杰云、陈清撰写，第四章由徐智撰写，第五章由丁国春撰写，第六章由杨合法撰写。下篇第七章由张阿克撰写，第八章、第九章、第十章、第十一章由杨合法撰写。全书由杨合法、李季统稿。

　　有机农业涉及领域广、学科多，有机蔬菜生产技术需要在生产实践中不断探索和完善。囿于作者知识水平和研究程度的限制，书中难免有疏漏和不足之处，恳请广大读者朋友批评指正。

编者

2017 年 11 月

C 目 录
ontents

上篇 总 论

第一章 绪 论

有机蔬菜是指生产过程中完全不使用农药、化肥、生长调节剂等化学物质,不使用基因工程技术,经独立的有机食品认证机构全过程质量控制和审查的蔬菜产品(中国国家标准化管理委员会,2011)。

作为有机食品的重要组成部分,发展有机蔬菜产业旨在为消费者提供安全、优质、健康的蔬菜产品,同时提高蔬菜生产基地的土壤肥力,保护基地的生态环境,促进整个蔬菜产业的可持续发展(曾燕舞,2006)。

随着人们生活水平的不断改善,对安全食品的需求将日益强烈。虽然有机蔬菜一般表现产量低、价格高,但与普通蔬菜相比具有营养高、口感佳、耐储藏等优点,可以预见,未来有机蔬菜将会受到越来越多人们的青睐(张春生,2009)。

第一节 国内外有机蔬菜生产发展现状

20 世纪 70 年代以来,有机农业在欧美等发达国家迅速发展起来。截至 2015 年年底,美国有机蔬菜的种植面积已达 10 万 hm^2,是世界上有机蔬菜生产面积最大的国家(Willer and Julia,2017)。同年,欧洲有机蔬菜的面积约达到 16 万 hm^2,比 2014 年上涨 19%,表明市场对有机蔬菜的需求在迅速增加;对于欧洲许多国家来说,有机蔬菜和水果是最受消费者欢迎的有机产品,有机蔬菜种植面积最大的国家是波兰、意大利、法国和西班牙;欧洲有机蔬菜的市场份额仅次于有机鸡蛋,在瑞士、奥地利、瑞典和德国的销售额占总有机销售额的 9%~18%。相比之下,亚洲有机食品的开发总体上还处于起步阶段,但发展势头较为强劲(丁晓荣,2007)。全球四大蔬菜生产国中,亚洲占了两个,分别为中国和印度。我国有机农业的发展开始于 20 世纪 90 年代,近些年来在政府部门的大力倡导及人们食品安全意识不断增强的背景下,有机蔬菜在我国的蔬菜产业体系中所占的比重有了一定程度的提高。截至 2015 年年底,我国有机蔬菜的种植面积为 2 万 hm^2,暂居世界第四位,占全国蔬菜播种面积的 0.09%(国家统计局,2015;Willer and Julia,2017)。

一、国外有机蔬菜发展概况

欧洲是有机农业研究和应用比较活跃的区域,从 2000 年至今已资助了近百项有机蔬菜研究项目,研究的内容主要包括:蔬菜适宜品种的筛选、病虫草害防控技术、轮作与耕作体系、土壤与养分利用效率、有机和常规蔬菜生产的产品品质比较等。2007—2010 年由丹麦有机农业研究中心(ICROFS)资助的有机蔬菜生产的农作体系研究(Organic Cropping Systems for Vegetable Production VEG-QURE 2007—2010 年)项目,主要目的是关注蔬菜的质量、自然调控措施以及生产过程对环境的影响,通过采取一系列的有机农作措施来控制农业病虫害和满足作物对养分的需求,减少氮素的淋失;同时通过和常规农作措施比较研究其对产品质量和环境所造成的影响。2005—2010 年由 CORE 组织的有机蔬菜病原菌评价与风险防控项目(Path Organic:Assessing and Reducing Risks of Pathogen Contamination in Organic Vegetables),主要研究了环境条件、植物病原菌、肥料使用技术、病原菌在土壤中的传播等内容。

2008 年在意大利蒙得纳(Modena)召开的第 16 届 IFOAM 有机农业大会会议论文集中所发表的文章涉及有机生产和消费的方方面面,其中涉及有机蔬菜生产的文章有 30 多篇,加上涉及交叉学科的部分内容共有 50 多篇,文章涉及种子种苗、生物调控技术、轮作技术、养分利用效率、温室气体排放等内容。2014 年在土耳其伊斯坦布尔(Istanbul)召开的第 18 届 IFOAM 有机农业大会也围绕有机蔬菜育种技术、品种评价、产量以及养分平衡等进行了讨论。

2009 年在德国奥威勒(Auweiler)举行了第一届"有机蔬菜产量研究"国际研讨会。瑞士有机农业研究所(FiBL)则于 2007—2011 年间进行了"有机蔬菜中存在的污染"项目,研究蔬菜产量、作物品质和食品安全三方面的内容;又于 2013 年 1 月开始组织了"有机蔬菜生长的应用试验"项目,对蔬菜产量进行研究,并对有机蔬菜种植提出技术建议。

截至 2015 年年底,全球获得有机认证的有机农业面积达到 5 092 万 hm^2,其中有机蔬菜类种植面积为 35.4 万 hm^2,占全球有机农业面积的 0.69%,占全球蔬菜种植面积的 0.6%(FAOSTAT,2013)。

2004—2015 年间,世界有机蔬菜的种植面积从 10.5 万 hm^2 增长到了 35.4 万 hm^2,增长了将近 2.4 倍(图 1-1)。

2015 年全球有机蔬菜种植面积前 10 位的国家及其种植面积统计见图 1-2。种植面积位于前三的国家分别是美国、波兰和意大利。在有机蔬菜种植面积比例位于前十位的国家中,丹麦、奥地利、瑞士和德国位居前列,这些国家也是欧洲有机食品市场份额最高的几个国家(图 1-3)。

美国的有机农业发展起步于 20 世纪 40 年代,罗代尔(Rodale)研究所率先开展有机园艺的研究和实践,成为美国有机农业的创始机构。近十几年来,美国有机蔬菜产业迅速发展,有机蔬菜种植面积由 1997 年的 2.1 万 hm^2 增加到 2015 年的 10.1 万 hm^2。据美国农业部国家农业统计局(NASS)的数据显示,2015 年,美国从

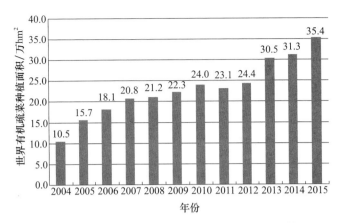

图 1-1　2004—2015 年世界有机蔬菜种植面积发展情况

（资料来源：FiBL-IFOAM-SOEL，2006—2017）

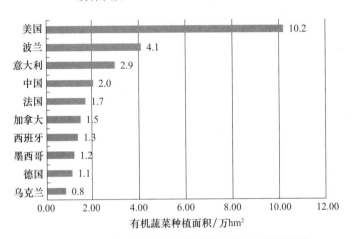

图 1-2　2015 年有机蔬菜种植面积位列前十位的国家

（资料来源：FiBL，2017）

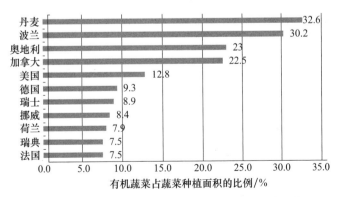

图 1-3　2015 年有机蔬菜种植比例位列前十位的国家

（资料来源：FiBL，2017）

事有机生产的农场共 14 871 个,总面积约 212 万 hm²,有机水果和蔬菜成为销售额最高的产品种类,达 114 亿美元。美国的有机蔬菜种植大都集中在西部地区,2008年 50 个州中销售额超过 1 000 万美元的仅有 6 个州,其中加利福尼亚是美国种植有机蔬菜最大的州,种植面积和销售额分别占全美国的 62.0% 和 66.3%(表 1-1)。

表 1-1　2008 年美国有机蔬菜生产前六名的州

州名	农场数/个	面积/hm²	销售额/美元
加利福尼亚	546	82 318	457 330 324
华盛顿	321	14 776	42 716 997
佛罗里达	57	2 566	29 608 913
亚利桑那	20	3 687	27 911 970
俄勒冈	204	5 188	27 096 257
宾夕法尼亚	151	1 194	14 148 101

数据来源:www.agcensus.usda.gov

美国的蔬菜科研和技术推广机构研发集成了比较成熟的有机蔬菜生产技术体系,为有机蔬菜的生产提供了重要的技术支撑。如康奈尔大学的技术推广机构每年都出版《蔬菜种植及病虫害综合管理指南》(*Integrated Crop & Pest Management Guidelines for Commercial Vegetable Production*),从轮作作物、覆盖作物(Cover crop)、品种选择、育苗和定植、肥水管理、采收、病虫害和杂草防治等方面对所有蔬菜的有机生产提出了具体的指导意见。美国的有机农场采用各种各样的环保措施进行有机农产品的生产,如使用绿肥或动物粪肥、缓冲带、有机覆盖物、节水灌溉、免耕或浅耕、抗性品种、病虫害生物防治等。其中应用最广泛的是使用绿肥或动物粪肥和缓冲带,在有机农场中使用率分别为 65.0% 和 57.9%。

二、我国有机蔬菜生产现状

中国有机蔬菜研究开展得较晚,再加上缺乏资金支持,这方面的研究很少。在中国期刊网上所查到的有关有机蔬菜的文章中,85% 的文章是综述性的,对有机蔬菜的施肥和病虫害防治技术、轮作制度等生产技术泛泛而谈,真正的基于研究的内容并不多见。

2003—2004 年北京市农委和科委分别启动了"北京有机蔬菜基地建设和技术研究"和"有机果蔬关键生产技术集成和示范研究",项目的工作重点在于有机生产的病虫害技术研究。同时上海市农委蔬菜发展办公室也组织了有机蔬菜生产实用技术的研究。一些大型出口企业如山东亚细亚食品有限公司开展了有机蔬菜生产技术研究。卢东等(2005)以上海市奉贤县星辉园艺场有机大葱、白花菜基地,江苏省溧水县共和有机水稻基地和安徽省岳西县余畈有机猕猴桃基地为研究对象,通过采样监测,比较研究了有机农业与周围相应常规农业土壤重金属含量的差异性。结果表明,整体上有机农业土壤重金属污染的威胁较小,但如缺乏对有机肥原料的监控,施用含量较高的原料制作的有机肥,往往造成土壤中重金属的富集,进而会威胁有机食品的品质与安全。2006—2007年期间,青岛市农业科学院开展了有机蔬菜栽培的品种筛选和轮作方式研究,筛选出适合于青岛地区有机栽种的蔬菜品种和轮作方式。另外,中国农业大学建立了长期定位试验,研究有机蔬菜生产的可持续性以及与常规农业的差别和有机生产对环境的影响。

我国蔬菜品种丰富,常年生产的蔬菜达14大类150多个品种,满足了人们多元化的消费需求。

(一)有机蔬菜生产概况

根据国家认监委2015年发布的《有机产品认证目录》,将食用菌和新鲜芽苗类蔬菜归在有机蔬菜名录下,有机蔬菜名录包括薯芋类蔬菜、白菜类蔬菜、豆类蔬菜、瓜类蔬菜和食用菌类蔬菜等14个种类。

从面积统计来看,2015年有机蔬菜生产总面积为2万hm^2,其中有机蔬菜种植面积为1.52万hm^2,转换期蔬菜种植面积为0.48万hm^2。在不同种植品种中,薯芋类蔬菜种植面积最大,为0.7万hm^2,占有机蔬菜生产总面积的36%;其次是多年生蔬菜、绿叶类、水生类、茄果类、根菜类等(图1-4)。蔬菜转换期面积占蔬菜种植总面积的24%,芥菜类和薯芋类蔬菜都超过了40%。

从产量统计情况来看(图1-4),2015年有机和有机转换认证蔬菜总产量为44万t,其中有机认证产量为32万t,有机转换认证产量12万t。薯芋类蔬菜产量最高,为16万t,占总产量的37%,这可能与薯芋类蔬菜的种类及其生长特性有很大关系。茄果类蔬菜的产量占总产量的10%,位居第二;其余种类所占比例均小于10%。

(二)区域分布

按我国《有机产品》标准进行生产的有机蔬菜在全国30个省市均有分布,有机蔬菜面积与产量的分布与有机谷物不同,有机蔬菜生产区域的分布较为分散。

从生产面积上来分析,四川的有机蔬菜生产面积为0.29万hm^2,占有机蔬菜种植总面积的15%,位居第一;内蒙古、贵州、山东、山西和广东的有机蔬菜生产面积都在1000 hm^2以上。上述省份有机生产面积总和占有机蔬菜总面积的57%。

从产量上来看,内蒙古的有机蔬菜产量达到了5.19万t左右,占总产量的12%;四川省以4.9万t位居第二;第三位是贵州省(3.9万t),这三个省份的有机蔬菜产量占总产量的32%。

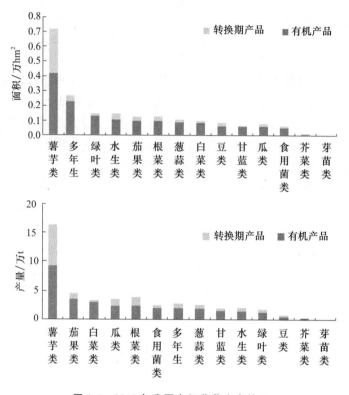

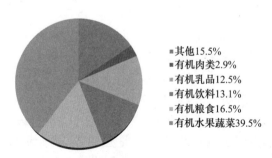

图 1-4　2015 年我国有机蔬菜生产状况

第二节　国内外有机蔬菜市场分析

在全球有机食品市场中,市场份额最高的是有机水果和蔬菜,总收益达 145 亿美元,占总市场份额的 39.5%(图 1-5)。

图 1-5　2006 年全球有机食品种类所占市场份额比较

(数据来源:Data monitor. Global Organic Food Industry Profile,2006 (12) Reference Code:0199_0853)

一、美国有机蔬菜市场分析

美国是全球有机蔬菜生产面积最大的国家,也是全球最大的有机食品销售市场,其有机食品市场约占所有食品销售额的5%,生鲜食品中有机蔬菜和水果的销售额超过10%。据美国农业部统计,2013年,亚特兰大市的甘薯、花椰菜、菠菜、胡萝卜、土豆、卷心菜六种有机蔬菜的平均价格分别是常规蔬菜价格的1.7、1.7、1.7、2.1、2.7、3.2倍,旧金山市对应的这几种有机蔬菜的价格分别是常规蔬菜的1.5、1.7、2.4、3.2、2.5、2.3倍。在人们越来越关心食品安全、生态安全的时代,有机蔬菜以其安全、营养、风味优良和环境友好等优点,在美国有着广阔并稳步增长的市场。美国的有机农产品主要在当地销售,根据美国有机贸易协会统计数据显示,绝大多数有机食品(销售额占93%)主要通过传统和自然食品超市以及连锁店销售,另外的7%则通过自由市场、餐饮业和非零售市场等直销渠道销售。康奈尔大学估计,全美1.6%的新鲜农产品(水果和蔬菜)是通过直销渠道销售。根据美国农业部的跟踪调查,美国农产市场连锁店个数,1994年为1 755家,2013年达到8 144家。美国农业部调查发现,美国自由市场所在的大多数州都对有机食品有着强烈的需求或需求在不断地增长,农场主也相应种植更多的有机作物以满足日益增长的市场需求。

二、欧洲有机蔬菜市场分析

欧洲有机食品的生产处于世界领先地位,同时也是世界上最大的有机食品消费市场之一。德国是欧洲最大的有机产品市场,法国是第二大市场,然后是英国、意大利和瑞士,这5个国家的有机市场规模占了欧洲的3/4,其他重要的市场分别是奥地利、瑞典、丹麦、西班牙和荷兰。有机食品消费人群主要集中在西欧和北欧国家。欧洲有机食品店的数量在持续增加,大部分连锁市场分布在德国、法国和意大利,不同品牌的有机超市、有机食品连锁店也在德国、奥地利、法国和意大利有多家分布,同时,一些大的常规超市也开始经营有机产品。欧洲国家国内市场的主要供货者为国内生产商,特别是奶制品、蔬菜、水果和肉类。法国、西班牙、意大利、葡萄牙和荷兰有机食品的出口大于进口,而德国、英国和丹麦都有较大的贸易逆差,进口需求很大,其中英国有机食品销售中60%~70%依赖进口,德国约为50%。有很多种蔬菜,特别是干燥蔬菜往往是欧洲国家不生产或不加工的,只能从世界各地进口,包括从发展中国家进口。欧洲有机蔬菜贸易商正与若干北美和非洲国家的公司密切合作,帮助其转化为有机农业种植方式,扩大有机蔬菜的来源。

三、国内有机蔬菜市场分析

在国内,经济发达地区是有机蔬菜市场相对集中的区域,如北京、上海、大连、广州、深圳等,初步形成了一定规模的有机蔬菜产品需求市场。但各个区域的有机蔬菜产业发展各具特色:北京和上海地区的有机蔬菜以本地种植为主,有机企业通过自身的独特定位,获得了市场的发展空间,同时有机蔬菜种植也得到相应的政府补贴,还有的企业将旅游业和有机农业结合起来,创造了都市农业的新模式。

2015 年的对外贸易中,我国的有机产品共出口到 30 多个国家和地区,从分布上来看,主要是欧洲的一些国家,包括荷兰、英国、德国、意大利、法国、瑞典、瑞士、丹麦、比利时、西班牙和奥地利等国家,其次是亚洲的日本、韩国、新加坡和泰国等国家,北美洲的美国、加拿大,以及澳洲的澳大利亚和新西兰,此外,还有非洲、南美洲和港澳台地区。2015 年有机产品出口贸易额为 8.99 亿美元。从出口贸易额上看,荷兰排第一,为 2.3 亿美元,美国与日本分列第二、三位;从贸易量上看,出口到美国的贸易量最大,为 42.68 万 t。目前来看,国内有机蔬菜无论是研究、认证,还是政策、贸易及市场,都处于发展的初级阶段。有机蔬菜在有机食品中所占比重不大且较分散(张秀芳,2007)。

2016 年,正谷(北京)农业发展有限公司就中国有机食品消费现状通过微信推送问卷进行了调查,共收到 728 份有效问卷。其中,有过有机食品购买经历的人群占 77.5%,最常购买的有机食品种类前两位是蔬菜和水果。采用交叉分析和相关分析的方法,对有效问卷中不同购买频率的消费者信息进行分析,发现家庭月收入是影响人们是否购买有机产品的主要因素;而子女年龄段在 3~10 岁和 18 岁以上的人群,购买有机食品的频率较高。关于有机食品消费者群体构成,不少学者也对此进行过相关的调查和研究(邹卫华等,2009;王霞等,2009),从消费者年龄、性别、教育程度等方面进行综合分析后发现:有机食品消费者的年龄主要集中在 20~40 岁年龄段,占到了消费者群体的 69%,其次是 40~50 岁的年龄段,占 17%,20 岁以下占 8%,而最少的是 50 岁以上,只占 6%。从性别上来看,男性消费者占 53%,而女性消费者占 47%,没有明显差异。购买的消费者主要是白领(25%)、公务员或事业单位职员(20%)和教师(38%),他们的月收入在 3 000~5 000 元之间。其他职业如自由职业者、老板所占消费份额较少,分别为 5.2% 和 4.9%,尽管这部分消费者收入较高,月收入均在 5 000 元以上,对有机产品的认知不够是他们购买力低的原因。从教育程度来看,68% 的消费者的教育背景为本科或本科以上学历,23% 的人为大专学历,其他为中专。

目前,国内有机蔬菜销售渠道基本有三种模式:①以连锁超市为供应终端的有机蔬菜销售渠道;②以专卖店为供应终端的有机蔬菜销售渠道;③以互联网(包括电话等方式)进行有机蔬菜销售、配送的渠道。这三大销售渠道各有优劣势,互为补充。

例如,上海某农场以单位集体采购为主,其次是会员制销售,再次为商超销售,电商平台、采摘体验店和自营酒店等占的比例较小。

随着人们生活质量的不断提高,健康自然的生活被消费者逐渐认可,国内有机蔬菜消费的人群,将会从现有的高端群体,逐步延伸到一般的白领阶层和一些具有特殊需求的消费群体。特别是随着我国市场走向规范,有机蔬菜国内市场即将进入快速成长期。伴随着我国有机蔬菜追溯体系和物流运输的完善,超市、有机蔬菜专卖店、直销、博览会、网上销售与家庭配送等销售方式日益多元化,将极大地方便消费者的购买,特别是有机食品网站将不断涌现,一些优秀的"有机食品网站"逐渐受到消费者的普遍欢迎。

第三节　我国有机蔬菜产业发展趋势

近年来,有机蔬菜在我国发展迅速,并在发展过程中面临着众多的机遇和挑战,有机蔬菜生产和加工以及市场培育等方面都需要相应的研究和技术支持,建立和发展有机蔬菜技术指导及保障体系迫在眉睫。

图 1-6 显示的是 2009—2015 年我国有机蔬菜生产面积的发展趋势,有机蔬菜生产面积包括有机认证蔬菜生产面积和转换认证蔬菜生产面积。2009—2015 年,我国有机蔬菜生产面积先上升后下降,2011 年的面积达到最高值,为 6.6 万 hm^2。2012 年开始由于实施新的更为严格的有机标准,使得 2012 年的有机蔬菜生产面积有所下降,减少了 20.97%。与 2012 年相比,2013 年有机蔬菜种植面积基本相当。从 2011—2013 年,有机蔬菜的生产面积虽然呈下降趋势,但下降幅度不大,但是从 2013 年开始有机蔬菜生产面积逐年下降的趋势较为明显。与 2014 年相比,2015 年有机蔬菜生产面积减少了 31%。随着人们环境意识的增强及有机标准的规范化,有机蔬菜的生产面积将逐渐趋于稳定,并呈稳中有升趋势。

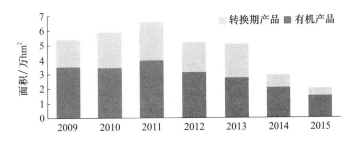

图 1-6　2009—2015 年我国有机蔬菜生产面积变化趋势图

一、我国有机蔬菜发展趋势

(一)蔬菜生产总体概况

中国蔬菜产业经过多年的发展,已经发展成为蔬菜生产和贸易大国,占全球蔬菜生产面积和产量的 1/2 左右。初步形成了以华南冬春蔬菜、长江上中游冬春蔬菜、黄土高原夏秋蔬菜、云贵高原夏秋蔬菜、黄淮海与环渤海设施蔬菜、东南沿海出口蔬菜、西北内陆出口蔬菜以及东北沿边出口蔬菜等为核心的八大蔬菜重点生产区域。

　　截止到 2015 年 12 月 31 日,共有 10 949 家生产企业获得中国有机产品认证证书 12 810 张。我国境内依据中国有机标准进行的有机植物生产面积 152.4 万 hm^2,其中有机种植面积 92.7 万 hm^2,野生采集面积 59.7 万 hm^2。2015 年,各认证机构共发放 3 763 张有机蔬菜证书,其中有机证书 2 577 张,转换证书 1 186 张。有机茄果类蔬菜获得的证书最多,有 556 张,其次是瓜类蔬菜(447 张)和绿叶类蔬菜(408 张)。若按单个产品来看,发证数位于前十位的依次有西红柿、辣椒、黄瓜、茄子、白菜、甘蓝、散叶莴苣、萝卜、甘薯和花菜。

　　(二)蔬菜消费需求呈持续上升趋势

　　据《中国统计年鉴 2015》的统计显示,2015 年我国居民花在食品上的支出为人均 4 814 元。2013—2015 年间,全国人均蔬菜及食用菌的消费量稳中有升(表 1-2)。从全国平均水平来看,花在购买蔬菜上的支出为人均每年 446.57 元,这个数字正以每年 5% 的平均速度增长,见表 1-3。可以预测,随着居民收入水平的不断提高,蔬菜,尤其是有机蔬菜的消费需求势必持续扩大。

表 1-2　2013—2015 年全国人均食品支出及消费量

年份	食品支出/元	粮食/kg	肉类/kg	蔬菜及食用菌/kg	蔬菜(鲜菜)/kg
2013	4 126.7	148.7	25.6	97.5	94.9
2014	4 493.9	141.0	25.6	96.9	94.1
2015	4 814.0	134.5	26.2	97.8	94.9

数据来源:中国统计年鉴,2016.

表 1-3　2006—2010 年全国人均食品支出　　　　　　　　　　元

年份	食品	粮食	肉类	蔬菜
2006	2 914.39	242.16	564.91	275.52
2007	3 111.92	246.46	545.64	298.53
2008	3 628.03	278.3	703.27	348.61
2009	4 259.81	328.26	896.87	409.31
2010	4 478.54	334.29	867.49	446.57

数据来源:中国统计年鉴,2006—2010.

可以看出,中国消费者在可支配收入增加的前提下,用作购买蔬菜的支出一直处于稳定上涨的态势,在排除掉通货膨胀的影响因素之后,可以理解为人们为购买蔬菜所支出的实际费用增加了。

(三)居民意识的不断提高

决定居民购买有机蔬菜产品的主观意识主要有 3 个:环保意识、健康意识以及食品安全意识。

国内外的大量研究都已表明,环保意识是影响消费者有机食品购买决策的重要影响因素之一。当具有环保意识的消费者知道有机蔬菜生产的过程中由于没有使用含有化学成分的农药、肥料等,从而降低了对环境的污染,他们会认为自己购买有机蔬菜的行为是有意义的。可以说,环保意识强烈的消费者,更加倾向于购买环境友好型的食品,其支付的意愿也相对较高。

健康意识是指个体为了保持身体健康而给自己设立的一套标准生活理念。健康的身体是人们一切活动的物质基础,换言之,这也是人们追求生活的目的之一。一般来看,健康意识较高的消费者会比较注重日常饮食的安全性、均衡性和营养性,他们会主动地接触相关养生的知识,收集各类保健信息,因此,质量安全、口感好、营养价值更高的产品对他们而言拥有更多的吸引力。有一项研究就指出,几乎100%的有机蔬菜消费者表示,他们之所以购买有机蔬菜基本上都是出于健康的考虑。

食品安全意识是随着这几年来国内一系列食品安全事故的发生而逐步被强化的居民意识。食物是人类每天都必须摄取的能量来源,食物的安全质量直接关系到每个人的切身利益,当消费者发现市场上的某种产品出现质量问题之时,他们一般会有两个选择:寻找替代品以及寻找更高标准的产品。而我们都知道,蔬菜对于人类来说是不可代替的食品之一,那么,寻找高标准的产品,即有机蔬菜成为消费者当下最合理的选择。

未来的农业及农产品必然具备对人体健康有益、对环境破坏小以及持续性强这三个特点,而有机蔬菜完全符合这三个要求。一项跨国的民意调查表明,约 3/4 的工业化国家居民在选择蔬菜之时,会首选有机蔬菜。有机蔬菜将成为 21 世纪的主导蔬菜品种,而有机农业也将成为 21 世纪农业的发展方向。全球有机食品(含饮料)市场从 2000 年到 2015 年,增长了约 4 倍,"有机观察"预计在未来几年,市场还会保持良好增长态势。

二、发展有机蔬菜生产存在的问题

1. 农户有机生产风险高难以应对

发展有机蔬菜种植一般需要 1~3 年土地转换才能完成。土地转换期间,农户只能按有机方式生产,但其产品不能以有机产品同价销售,农户必然面临减产或减收,其直接后果就是农户生产有机蔬菜的积极性不会很高。而且农户对有机种植方式和种植技术知之甚少,市场在哪里也不甚了解,必然面临很大的生产和销售风险。因此,为了激发农户发展有机蔬菜,政府部门应提供部分资金补贴其改良土壤、购买有机肥、生物农药等,帮助他们渡过转换期,并加强对农户的农业生产技术培训,加强对病虫害防治、轮作、间作等技术知识和有机标准认证知识的推广。

2. 市场需求大,产品质量可信度低

根据市场调查,虽然人们健康意识增强了,对有机蔬菜这样的健康食品需求旺盛,但由于市场管理不完善,导致消费者对有机蔬菜质量存有疑虑,主要表现在:虽然认为超市蔬菜质量好,但并不确定自己是否真正买到了有机蔬菜,因为从外观上根本无法辨认(任小玲,2007)。另外,认证机构认证力度不够也是导致有机蔬菜得不到充分信任的一个重要原因。因此,如何规范有机蔬菜市场,加强认证机构的认证监管,建立健全市场机制,形成有序竞争,控制产品质量等是摆在蔬菜质量管理者面前的一大问题。

3. 前期生产成本高

有机蔬菜生产规模较小,对生产环境、流通条件要求严格。首先是生产要素的改变,在减少化学肥料和杀虫剂使用的同时,需要增加其他投入,如有机肥、劳动力和机械;其次,若采用轮作也会影响到作物产量和收入;第三,会影响到食品安全和周边自然环境;第四,影响到社区,并受到社区内的其他因素的影响(Wright S.,2000)。因而通常有机蔬菜生产成本和流通成本较高,价格也普遍高于普通蔬菜。有机蔬菜必须经过有机认证机构的认证才能加贴有机标签,期间有机认证的认证费用、咨询费用都比较高。加上对农民的前期培训也需要一定的资金投入等,这些都会增加有机生产成本。

4. 缺乏完善的有机蔬菜生产技术体系

有机蔬菜生产技术包括良种选择、测土配方施肥技术、病虫草害综合防治技术、采后加工技术以及分级包装技术等,其中病虫草害综合防治的技术要求较高。因为有机蔬菜生产过程中禁止使用所有化学合成的农药以及基因工程制品,所以有机蔬菜的病虫草害防治应坚持“预防为主,防治结合”的原则,通过选用抗病品种、高温消毒、合理的肥水管理、轮作、间作套种、保护天敌等措施进行综合防治。

由于有机蔬菜生产的特殊性和风险性,目前通过认证的有机蔬菜示范基地的蔬菜生产往往不能实现周年均衡供应。随着种植年限增加,蔬菜病害防治需要有效的解决办法,要求加强有机蔬菜病虫草害防治技术的研究。另外,有机蔬菜采后加工、分级包装技术也有待进一步研究。

5. 有机专业技术人才缺乏

我国有机农业由于缺乏基础教育以及人才培养体系,普遍面临专业技术人员短缺的状况。有机蔬菜方面的专业技术人才也同样,许多基地在开展有机蔬菜种植前期,很难招到有经验的相关技术人员,经常聘用一些从事常规农业的"菜把式",导致基地的技术标准和规范迟迟建立不起来,严重影响了正常生产与效益。总体上与国际先进国家相比差距较大,有机蔬菜相关的科研创新能力薄弱,有机蔬菜科技成果转化和推广不顺。

6. 竞争激烈导致出口效益低,国内市场开拓力度不够

目前,由于获得欧美、日本等国家有机认证的中国企业很多,导致国外大型蔬菜进出口公司对于我国的有机蔬菜压级压价,只有少部分公司以有机蔬菜的价格出口,大部分虽然生产的是有机蔬菜却以传统蔬菜价格出口。另外,国内市场仅限于一些一线城市有超市和部分专卖店在销售有机蔬菜,缺乏对二线城市市场的开拓。

有机蔬菜的销售价格一般为普通蔬菜的2~5倍。从销售情况来看,购买有机蔬菜的人数仍远远少于购买传统蔬菜的,其中居民的消费能力是一个重要的限制因素。在居民收入水平不断提高的情形下,培育更多的有机蔬菜消费群体、促进居民消费习惯的形成以及培养诚信和质量意识等仍须得到进一步加强。

参 考 文 献

[1] 丁晓荣.国内外有机农产品市场供求分析及发展对策.湖州职业技术学院学报,2008(3):67-69.

[2] 国家认证认可监督管理委员会,中国农业大学.中国有机产业发展报告:2014.中国标准出版社,2014.

[3] 卢东,宗良纲,肖兴基,等.华东典型地区有机与常规农业土壤重金属含量的比较研究.农业环境科学学报,2005,24(1):143-147.

[4] 美国农业部,https://www.nass.usda.gov/index.php

[5] 任小玲.北京市有机蔬菜产业运营模式探讨.中国农业大学,2007.

[6] 王霞,肖兴基,等.我国消费者对有机食品的态度研究——以南京市调研结果为例.安徽农业科学,2009,37(14):6795-6796.

[7] 卫龙宝,王恒彦.安全果蔬生产者的生产行为分析——对浙江省嘉兴市无公害生产基地的实证研究.农业技术经济,2005(6):31-34.

[8] 曾燕舞.中国有机蔬菜怎样办和怎么办.蔬菜,2006:1-1.

[9] 张春生.有机蔬菜生产及其主要栽培技术.山东农业科学,2009(5):116-118.

[10] 张秀芳.中国优质蔬菜产业经济分析与对策研究.山东农业大学,2007.

[11] 中国有机产品认证与产业发展(2016).中国质检出版社,中国标准出版社,2016.

[12] 中华人民共和国国家统计局,http://data.stats.gov.cn/easyquery.htm?cn=C01

[13] 中国国家标准化管理委员会.GB/T 19630.1-19630.4-2011有机产品.北京:中国标准出版社,2011.

［14］ 邹卫华,贾金荣.有机食品市场营销的障碍因素研究——基于对国内有机食品市场的实证分析.陕西农业科学,2009（6）:178-181.

［15］ Willer H,Julia L. The world of organic agriculture statistics and emerging trends 2017. Research institute of organic agriculture（FiBL）,Frick,and IFOAM-Organics International,Bonn,2017,40-42,124.

［16］ Wright S McCrea D. Handbook of organic food processing and production. Blackwell Science,Oxford,2000.

第二章　有机蔬菜产地条件及茬口规划

有机蔬菜生产基地是在有机农业生产的健康、生态、公正、谨慎的原则指导下，结合蔬菜种植的自身特点，因地制宜地进行选择的，以适应人们对蔬菜消费多样化、优质化和安全化的要求。

第一节　有机蔬菜基地建设的基本要求

有机蔬菜的生产要求以安全、自然的方式，促进和维护生态平衡，强调蔬菜生产基地的蔬菜生产与生态环境和谐共享，选择一个良好的、无污染的有机蔬菜生产基地，是有机蔬菜生产最重要、最基础的工作，是生产有机蔬菜的基本条件。有机蔬菜生产基地应建立在空气清新、水质纯净、土壤未受污染、没有粉尘和酸雨、具有良好的农业生态环境的地区。

一、有机蔬菜基地选址应考虑的因素

1. 基地及基地周围的基本情况

为了使有机蔬菜生产基地的环境条件达到有机蔬菜生产所规定的要求，基地选址前，首先要深入了解待选基地内部的基本情况，然后了解基地周围的环境情况。可依据环保、农业等部门提供的资料，最好是基地人员亲自调查基地内部及基地周围的情况，了解基地周围有无"三废"污染，有无潜在的污染源，评估基地内部及基地周围生产环境是否符合有机蔬菜生产的要求。

2. 基地的灌溉水

基地的灌溉水可以是地下水或江河、湖泊、水库等清洁水源，但这些水源的水质要符合灌溉水的标准。如基地的灌溉水是江河、湖泊、水库的水一定要考虑这些水源的上游是否有排放有毒、有害物质的工厂。

3. 有机蔬菜生产基地远离交通主干线

有机基地的选址应尽可能远离交通主干线，可有效防止汽车尾气、尘土等物质的污染，一般要求基地距交通主干线在 50 m 以上。

4. 基地的选址要考虑土地的背景和理化性质

土壤应未施用过有毒、有害的工业废渣、污泥等物质，周围无金属或金属来源，

没有化肥、农药及重金属的污染等。有机基地的土壤条件应至少达到国家GB 15618—2008的二级标准。

5. 土壤具有良好的理化及生物性质

作为有机蔬菜生产基地,要选择土壤耕性良好、土壤肥沃、土壤团粒结构好、保水保肥能力强、有机质含量高的轻壤土或者壤土。

6. 基地周围的空气

基地周围的空气清新,不能有潜在的有害气体排放。

7. 基地的选址要考虑销售目的地

在满足环境条件要求的前提下,尽可能在距离销售目的地较近的地域建设有机基地,一方面可降低有机蔬菜运输成本,另一方面也可保持蔬菜的新鲜,也可便于目标客户的体验与监督。典型的基地,如北京诺亚农业发展公司的有机农庄(图 2-1),就坐落在北京市城郊的平谷区,每周的周末大量市民到农庄进行体验及采摘。另外,北京市城郊也分布着为数众多的有机蔬菜基地。

图 2-1 北京诺亚有机农庄

8. 有机蔬菜基地的选址要考虑土地流转的难易程度

因有机蔬菜基地不能存在平行生产,因此要考虑土地的完整性,这样在便于规模化生产的同时,也有利于基地的茬口安排及生产管理,实现有机生产的连续性。目前,现有的有机蔬菜生产基地均可做到土地的完整,基地所有的土地不存在平行生产,这和认证公司认证要求也不无关系,如河北肃宁诚誉有机农庄(图 2-2),山东沂源安信有机农庄(图 2-3)等。

二、有机蔬菜生产基地的基本要求

1. 有机基地的完整性

有机蔬菜生产基地的土地必须是较为完整的地块,不能有常规和无公害生产的地块夹在其中,有机蔬菜生产基地边界应清晰并与常规地块有明显的标记,如河流、山丘、人为设置的隔离带等。

图 2-2 诚誉有机农庄

图 2-3 安信有机农庄

2. 有机蔬菜生产必须有转换期

有机转换期是由常规生产向有机生产的转换过程,这个过程根据作物种类不同需要 2~3 年,经过转换期后,播种收获的蔬菜才可作为有机产品;对于一年生的蔬菜,由常规生产系统向有机生产转换通常需要 2 年,其后播种的蔬菜收获后,才可作为有机产品;多年生蔬菜在收获之前需要经 3 年转换期才能成为有机产品。转换期的开始时间从向认证机构申请认证之日起计算,生产者在转换期间必须严格按有机生产要求操作,经 1 年有机转换后的田块中生长的蔬菜,可以作为有机转换作物销售。

3. 有机蔬菜生产应创造条件减少不利环境的影响

有机蔬菜生产中为应对不利环境的影响,可采用必要的措施。如防止虫鸟的危害可使用防虫网;为防止夏季高温对蔬菜带来的生理危害可采用遮阳网降温;为防止暴雨及冰雹的影响而采用塑料棚膜;为提高保护地茄果类的授粉率,可使用熊蜂进行辅助授粉等。

4. 缓冲带(隔离带)的建设

缓冲带是为减少常规地块的农事操作对有机地块的影响,在常规地块和有机地块之间人为设置的过渡区域。有机菜田基地周围可设置农田林网,高秆作物,诱集、趋避作物和专门用作缓冲带的蔬菜等作为缓冲带。

5. 有机蔬菜基地的建设要考虑其基地的功能分区及配套设施

如在基地内设置蔬菜生产区、蔬菜育苗区,蔬菜分选、贮藏、包装区,办公区,停车区,利用蔬菜残体和杂粮秸秆及养殖废弃物进行堆肥处理的堆肥厂等。

第二节　有机蔬菜基地建设条件

一、健康的土壤

健康的土壤是生产健康农产品的基础。古代农业典籍告诉我们:肥沃土地和健康的作物、动物及人类之间存在重要关系,这也解释了常规农业发展近百年来,土地退化、现代文明病(心脑血管疾病、癌症、糖尿病、传染性疾病等)日益严重的成因。英国农业学者艾博特·霍华德爵士在其 1949 年著作《农业圣典》中,检讨各种农业系统,发现最有意义的是大自然在森林中的作业方式,而东方的将所有废弃物回归大地的方式最接近自然的理念,在养活众多人民的情况下,却没有丧失土壤肥力,是最永续的方法,然而让人可惜的是,东方各国受西方国家的影响,也追求西方国家农业脚步,从传统农业向现代农业转变,我国也在这种潮流下,摆脱不了农药与化肥了。

我国土壤类型众多,虽然有一定比例的土壤,经过我国农民几千年的耕耘培育形成了相对高产稳产农田,但我国土壤的总体状况是:耕地质量低,土壤退化现象较严重。根据 20 世纪 80 年代第二次土壤普查数据显示:我国耕地土壤有机质含量 1%～2% 和低于 1% 的面积分别为 38.25% 和 25.95%。土壤养分中,氮素状况与有机质状况相似,土壤全氮含量 0.075%～0.1% 和小于 0.075% 的面积分别占 21.34% 和 33.6%,含量水平整体偏低;磷素和钾素含量也较低,土壤有效磷(P)含量 5～10 mg/kg、土壤有效钾(K)含量 50～100 mg/kg。因此,培育肥沃的土壤,提高土壤有机质,成为长期从事有机生产的重要基础。

许多进行有机生产多年的土地,有机质渐渐提高。张阿克等在中国农业大学曲周实验站进行的"常规、无公害和有机 3 种生产模式下蔬菜的定位试验",结果表明:0～20 cm 土层有机质含量,2012 年达到 5.69%,比试验前的 2002 年的 1.96%,增加了 190.1%。有机质的提高,代表着土壤团粒结构更好,土壤微生物更丰富,可释放的养分更高,在此土壤环境下生长的作物,根系将会发展更加旺盛,植物更健康,对病虫害危害的抵抗性将得到提高,蔬菜品质更好。因此在经营有机农场时必须考虑及营造各种农场因素,但最重要的也是最基础的因素是好好照顾好土地,培育健康的土壤。

农民或农场主直接看待土壤与自身的关系就是作物生长的好坏,也就是一般所说的"土壤肥力"。土壤肥力影响因素很多,有土层厚度、通透性、pH、矿物组成、有机质含量、生物活性及污染物、水的有效性等,因此从事有机农业的农民或农场主应对影响土壤肥力的各种因素加以全面的了解。

二、选择有机蔬菜基地的环境条件

有机产品国家标准 GB/T 19630.1—2011《有机产品　第一部分:生产》规定,有机蔬菜生产需要在适宜的环境条件下进行。有机生产基地应远离城区、工矿区、交通主干线、工业污染源、生活垃圾场等。有机产品生产基地环境条件包括:土壤、灌溉水、空气质量,这些条件要达到规定的要求,经相关部门检测认定,方可进行有机蔬菜生产。

(一)土壤

有机蔬菜生产基地土壤环境质量应符合 GB 15618—2008 中的二级标准,具体限值如表 2-1 的要求。

表 2-1　有机蔬菜生产土壤环境质量标准　　　　　　　　　　mg/kg

项目	pH<6.5	pH<6.5～7.5	pH>7.5
镉	≤0.30	≤0.60	≤1.0
汞	≤0.30	≤0.50	≤1.0
砷	≤40	≤30	≤25
铜	≤50	≤100	≤100
铅	≤250	≤300	≤350
铬	≤150	≤200	≤250
锌	≤200	≤250	≤300
镍	≤40	≤50	≤60
六六六	≤0.50		
滴滴涕	≤0.50		

(二)灌溉水

有机蔬菜基地灌溉用水水质应符合 GB 5084—2005 的相关要求,具体限值如表 2-2 所示。

表 2-2　有机蔬菜生产灌溉水质量要求

序号	内容	限值/(mg/L)
01	生化需氧量(BOD)	≤80
02	化学需氧量(COD)	≤150

续表 2-2

序号	内容	限值/(mg/L)
03	悬浮物	≤100
04	阴离子表面活性剂	≤5.0
05	凯氏氮	≤30
06	总磷(以 P 计)	≤10
07	水温/℃	≤35
08	pH	≤5.5～8.5
09	含盐量	≤1 000(非盐碱地区) ≤2 000(盐碱土地区)
10	氯化物	≤250
11	硫化物	≤1.0
12	总汞	≤0.001
13	总镉	≤0.005
14	总砷	≤0.05
15	铬(六价)	≤0.1
16	总铅	≤0.1
17	总铜	≤1.0
18	总锌	≤2.0
19	总硒	≤0.02
20	氟化物	≤2.0(高氟区),≤3.0(一般地区)
21	氰化物	≤0.5
22	石油类	≤1.0
23	挥发酚	≤1.0
24	苯	≤2.5
25	三氯乙醛	≤0.5
26	丙烯醛	≤0.5
27	硼	≤1.0(对硼敏感作物,如马铃薯、韭菜、笋瓜、洋葱等) ≤2.0(对硼耐受性较强的作物,如葱、青椒、小白菜等) ≤3.0(对硼耐受性强的作物,如甘蓝、萝卜、油菜等)
28	粪大肠菌群数/(个/L)	≤10 000
29	蛔虫卵数/(个/L)	≤2

（三）空气质量

有机蔬菜生产基地环境空气质量应达到 GB 9137—88《保护农作物的大气污染物最高允许浓度》的相关指标，具体限值如表 2-3 所示。

表 2-3　有机蔬菜生产空气污染物浓度限制

污染物名称	取值时间	标准限值/(mg/m³)
二氧化硫（SO₂）	年平均	0.06
	日平均	0.15
	1 小时平均	0.50
总悬浮颗粒物（TSP）	年平均	0.20
	日平均	0.30
可吸入颗粒物（PM10）	年平均	0.10
	日平均	0.15
二氧化氮（NO₂）	年平均	0.08
	日平均	0.12
	1 小时平均	0.24
一氧化碳（CO）	日平均	4.00
	1 小时平均	10.00
臭氧（O₃）	1 小时平均	0.20
铅（Pb）	季平均	1.50
	年平均	1.00
苯并[a]芘（B[a]P）/(μg/m³)	日平均	0.01
氟（F）/[μg/(dm² · d)]	月平均	3.0
	植物生长季平均	2.0

三、缓冲带建设

我国进行有机蔬菜生产，一般面积较小，有的是一家一户进行有机生产，即使有独立的有机农场，也是因面积较小，与周围常规生产地块相邻，极易由于相邻的常规生产地块喷洒农药的飘散，造成污染。在有机农业国家标准中有明确的规定，如果农场的有机生产区域有可能受到邻近的常规生产区域污染的影响，为避免受到相邻常规生产地块的污染，应在有机种植农场周围设立缓冲带，保证有机生产地块不受污染，至于缓冲带要多宽的距离、高度多少？采用何种形式？要根据有机蔬菜基地周边地块的生产计划，病虫害防治情况，施肥措施以及其他危险物的飘移情况等内容，进行风险分析和评估，设立缓冲带。

缓冲带是指在有机地块和常规地块之间有目的设置的、可明确界定的用来限制或阻挡邻近田块的禁用物质飘移的过渡区域。缓冲带可以是自然隔离带,如空地、草地、高山、河流、沟壑、田间道路、灌木丛等,也可以是围墙、房屋等建筑物,还可以是周边的农田林网、高秆作物(如玉米、高粱等)或诱集、趋避作物,以及一定宽度的、专门用作缓冲带的蔬菜地等。

设立缓冲带一方面可以达到隔离禁用物质的作用,另一方面也是有机地块的标识,具有示范、宣传、教育的作用。当利用趋避或诱集作物建设缓冲带时,不但能减少害虫的进入,而且也是害虫天敌的栖息地,有助于提高菜田的生物多样性,降低病虫的危害及防治成本。

第三节　有机蔬菜生产基地茬口规划

发展有机蔬菜除建立完善的有机蔬菜生产基地外,制订生产基地的茬口规划非常重要。制订有机基地茬口规划时,除综合考虑当地气候条件、土壤条件、设施种类、蔬菜品种、贮藏保鲜等条件外,更重要的是根据基地销售模式、市场需求及各种蔬菜特性,切实可行地制订种植制度和生产计划,充分利用基地现有条件和设备设施,在确保蔬菜品质的前提下,尽可能以蔬菜种类的多样化和产量的稳定性来实现对市场的周年均衡供应,这对提高企业在市场的占有率和经济效益有着极其重要的作用。

一、有机蔬菜生产基地茬口规划的原则

1. 以市场为导向原则

市场是有机农业发展的前提和基础,有机农产品国内市场正在进入快速成长期,越来越多的消费者认可和接受有机农产品,预计在今后 10 年,我国的有机食品占国内食品市场的比例有望达到 0.3%～0.5%,将成为继美国、欧盟和日本之后的第四大有机农产品消费市场。因此,有机蔬菜生产单位(专业合作社、企业、生产大户)制订生产计划时应以市场需求为导向,种植什么种类的蔬菜、种植什么品种、种植多大规模、茬口如何安排及衔接、何时上市等应以生产基地有机蔬菜销售模式、消费市场、消费对象为依据,与消费者的需求相适应,以产定销、以销促产,同时种植计划制订后还要根据市场变化和需求情况不断调整和修订,不能盲目种植和生产。

2. 因地制宜原则

制订有机蔬菜生产基地生产计划时一定要从实际出发,在充分考虑基地的气候条件、土壤类型、土壤肥力等自然条件外,还要结合基地设施条件、管理特点等,因地制宜地安排有机蔬菜的栽培季节、种植布局、种植品种等,最大限度地发挥自

身优势,最大限度地降低不利环境因素的影响,扬长避短,科学发展。

3. 质量安全原则

我国市场供应的蔬菜分为常规蔬菜、无公害蔬菜、绿色蔬菜、有机蔬菜四大类,其安全级别从高到低的次序是:有机蔬菜＞绿色蔬菜＞无公害蔬菜＞常规蔬菜。有机蔬菜的生产严格按照有机产品的生产技术规范来进行生产,以保证它的无污染、富营养和高品质的特点。在有机蔬菜生产过程中完全不使用农药、化肥、生长调节剂等化学物质,不使用转基因工程技术,同时还必须经过独立的有机食品认证机构全过程的质量控制和审查认证。

4. 特色差异及品种多样化原则

有机蔬菜目前的消费群体主要针对中高收入和对健康关注度较高的人群,制订生产基地生产计划时应体现区域化差异原则,优先考虑发展特色蔬菜种类和品种,既可以满足品质安全需要,又能丰富市场花色和满足消费者对品种的需要。

5. 可持续发展原则

有机蔬菜采用天然材料和环境友好的农作方式,恢复蔬菜生产系统物质和能量的自然循环与平衡,通过作物品种的选择,采用间作、套作、轮作,休闲养地,水资源管理等综合生产方式的配套应用,创造人类与大自然万物共享的生态环境,实现节能减排,降低成本,减少环境污染,实现农业的可持续发展。

二、有机蔬菜生产基地茬口规划时考虑的因素

(一)根据蔬菜种类及品种特点合理安排茬口

按农业生物学分类,蔬菜可分为根菜类、白菜类、绿叶菜、葱蒜类、茄果类、瓜类、豆类、薯芋类、水生蔬菜、多年生蔬菜、菌类等。

(1)根菜类　以膨大的直根为食用部分,生长期间喜好冷凉的气候,要求疏松而深厚的土壤。包括萝卜、胡萝卜、大头菜、根用芥菜、芜菁等,

(2)白菜类　包括白菜、芥菜和甘蓝等,以柔嫩的叶丛、叶球或花球食用。生长期间需要湿润及冷凉的气候。对水肥要求高,高温干旱条件下生长不良。

(3)绿叶菜类　以幼嫩的叶片、叶柄或嫩茎为产品器官的蔬菜。主要有莴苣、芹菜、菠菜、茼蒿、苋菜、蕹菜、落葵等。苋菜、蕹菜、落葵,能耐高温;莴苣、芹菜则好冷凉。绿叶菜植株矮小,生长期短,栽培密度大,要求充足的肥水,可与高秆作物进行间、套作。

(4)葱蒜类(鳞茎类)　包括洋葱、大蒜、大葱、韭菜等,叶鞘基部能形成鳞茎。其中的洋葱及大蒜的叶鞘基部可以发育成为膨大的鳞茎;而韭菜、大葱等则不特别膨大。性耐寒,在春秋两季为主要栽培季节。在长日照下形成鳞茎,而要求低温通过春化。

(5)茄果类 主要包括番茄、茄子和辣椒。这三种蔬菜在生物学特性和栽培技术上都很相似,要求肥沃的土壤和较高的温度,不耐寒冷,对日照长短要求不严格,以果实为主要食用器官。

(6)瓜类 包括黄瓜、冬瓜、南瓜、丝瓜、苦瓜、甜瓜、瓠瓜、西瓜等。为一年生植物,多蔓生,雌雄异花同株,需整枝和支架,多用种子繁殖,育苗移栽。要求温暖的气候及充足的阳光。其中西瓜、甜瓜、南瓜适于昼热夜凉的大陆性气候及排水好的土壤,耐旱性较强。

(7)豆类 豆类蔬菜均属于豆科中以嫩豆荚或嫩豆粒为蔬菜食用的,一、二年生栽培种群,主要以幼嫩的豆荚和籽粒供食用,包括长豇豆、菜豆、红花菜豆、菜用大豆、豌豆、蚕豆、四棱豆、刀豆、扁豆等。直根系,具根瘤。

(8)薯芋类 包括一些地下根及地下茎的蔬菜,如马铃薯、姜、芋头、山药等,是含淀粉丰富的块茎、块根类蔬菜。除马铃薯不耐炎热外,其余都喜温耐热,生产上都用无性繁殖。

(9)水生蔬菜类 适宜于淡水或海水环境生长的一类蔬菜,在淡水中栽培的有莲藕、茭白、慈姑、荸荠、菱、芡实、豆瓣菜、莼菜、水芹、蒲菜等,在植物学分类上分属于不同的科,但均喜较高的温度及肥沃的土壤,要求在浅水中生长。除菱和芡实以外,都用营养繁殖。多分布在长江以南湖沼多的地区。在海水中栽培的有海带、紫菜等。

(10)多年生蔬菜类 包括竹笋、黄花菜、芦笋、香椿、百合等,一次繁殖以后,可以连续采收数年。

(11)食用菌类 是指能够食用、无毒的菌类,主要有平菇、香菇、草菇、金针菇、毛木耳、杏鲍菇、茶树菇、鸡腿菇等,它们本身不含叶绿素,不能制造养分供自身生长需要,生长需要营养丰富的培养基质和较高的温湿度。

(二)根据当地的自然条件和基地的生产条件合理安排茬口

一年四季的气候变化决定了蔬菜生产具有一定的季节性,充分利用当地的气候条件,土地条件等自然资源,选择适宜的蔬菜品种,合理地进行多种蔬菜的茬口安排,是获得高产高效的基础,同时也是每一个有机蔬菜基地能够生产出自己的特色产品,提高市场竞争力的一个重要的方面。

由于各地气候条件、生产设施以及产品销售方式不同,生产管理者可根据当地的自然条件和设施种类等设施条件安排自己基地的最佳生产方式,满足消费者对各类有机产品的需求。

(三)根据合理的轮作、间套作体系制定品种栽培计划

1. 连作障碍对蔬菜作物的影响

同一种作物长期连作,影响蔬菜作物的生长发育,表现在叶片数减少,株高降

低,生物量下降,现蕾、开花时间推迟,严重时植株出现黄化、萎蔫及枯萎等症状;连作又使土壤与蔬菜的关系相对稳定,相同病虫大量积累,地下害虫和土传病害发生严重;连作引起土壤次生盐渍化,盐分的积累又影响蔬菜对其他养分尤其是钙的吸收,导致如蔬菜生长滞缓或停止,叶色变浓、叶缘焦枯、黄化甚至落叶,而缺钙又会引起如番茄脐腐病,大白菜、甘蓝的干烧心等病害;连作可使根系物质(分泌物和腐解物)的自毒作用增加,抑制连作蔬菜根系生长及其活性,使根毛大量减少,根系覆盖范围缩小,而影响蔬菜产量与品质。研究表明,番茄、茄子、辣椒、西瓜、甜瓜和黄瓜易产生自毒作用,连作障碍最为严重。

2. 解决连作障碍的对策

(1)合理的轮作体系　在同一块田地上有顺序地在季节间和年度间轮换种植不同作物或复种组合的种植方式叫作轮作。轮作是用地养地相结合的一种生物学措施。由于不同作物对土壤中的养分具有不同的吸收利用能力,因此,轮作有利于土壤中的养分的均衡消耗。同时实行轮作还有利于减轻与作物伴生的病虫草害的危害。

实行轮作倒茬是解决连作障碍应用最为广泛且效果明显的方法之一,如西瓜、辣椒、黄瓜、番茄等蔬菜作物的轮作技术已被生产者所接受。水旱轮作也是目前解决连作障碍的最有效的方法之一,轮作可均衡利用土壤中的营养元素,使土地用养结合;可改变农田生态条件,改善土壤理化性质,增加生物多样性;免除和减少某些连作所特有的病虫草害,利用前茬作物根系分泌的灭菌物质,抑制后茬作物上的病害的发生,如甜菜、洋葱、胡萝卜、大蒜等根系分泌物可抑制马铃薯晚疫病的发生;合理轮作换茬可使寄生性强、寄主植物种类单一及迁移能力小的病虫因食物条件恶化和寄主的减少而大量死亡;可以促进土壤中对病原物有拮抗作用的微生物的活动,从而抑制病原物的滋生。

由于同类蔬菜的营养需求和病虫害大致相同,所以轮作是合理利用土壤肥力、减轻病虫害的有效措施,轮作应该掌握的几个原则为:①根据吸收营养的不同、根系深浅的不同互相轮作。如消耗磷肥较多的果菜类如瓜类、番茄、辣椒等,应该与消耗氮肥较多的叶菜类,如白菜、菠菜等,消耗钾肥较多的根茎菜类如马铃薯、山药等轮作;深根系的茄果类、豆类、根菜类应该与浅根系的叶菜类、葱蒜类等轮作。②不能互相传染病虫害。不同种类的作物轮作,能改变病虫的生活条件,达到减轻病虫害的目的。如果前茬某种病虫害严重,除棚内要严格消毒灭菌外,下茬不能安排易感同种病害的同科作物。如粮菜轮作、水旱轮作可以控制土传病害;葱蒜类后茬种植大白菜,可大大减轻软腐病的发生。③要考虑改进土壤团粒结构。可能的情况下,在轮作中适当配合豆科、禾本科蔬菜的轮作,增加有机质,以改良土壤团粒结构,提高肥力。如前茬种植有根瘤菌具有固氮作用的豆类蔬菜,后茬可种植需氮较多的白菜、茄子等,然后种植需氮较少的葱蒜类等。④注意不同蔬菜对土壤酸碱度的要求。如种植甘蓝、马铃薯后土壤的酸度增加,种植南瓜、甜玉米、菜用茴蓿后会增加土壤的碱度,这些蔬菜轮作后可有利土壤的酸碱平衡。

蔬菜品种较多(不同于大田作物),不可能将每一种蔬菜按理论要求去轮作。为更好地实现轮作,在生产实践中一般把菜田或棚室分成若干地块,每个地块种植一科,来年进行轮作。一般将以下几种蔬菜按类分块进行轮作:茄果类、根菜类、甘蓝类、瓜类、葱蒜类、豆类、白菜类、薯芋类。

同类的蔬菜集中在同一区块,可看作同种作物处理轮作。甚至有些不同类但同科的蔬菜(如番茄与马铃薯、萝卜与大白菜)也应作为同类作物看待。

此外,绿叶蔬菜生长期短,一般不需独立占一个轮作区,可与其他类型蔬菜进行间、套穿插轮作,水生蔬菜一般不参与轮作,多年生类一般不轮作。

生产实践中,常根据各类蔬菜连作危害程度,确定各类、各种蔬菜轮作年限。如小白菜、花椰菜、甘蓝、芹菜、葱蒜类等在没发生严重病虫害的情况下可连作几茬;大白菜、山药、马铃薯、黄瓜、辣椒等要实行2~3年轮作;茄子、甜瓜、番茄、菜豆、豌豆等蔬菜要实行3~4年轮作;西瓜要实行5~7年的轮作期。

轮作应作为菜田规划布局的重要内容来考虑,应把每年的轮作情况载入"田间档案",为今后制订轮作计划提供依据。

图2-4 冬瓜间作芹菜

(2)间作、套种

间作:在一块地上同时期按一定行数的比例间隔种植两种以上的作物,这种栽培方式称作间作。也就是说,间作是一茬有两种或两种以上生育季节相近的作物,即种一排甲再种一排乙,根据不同植物需光照强度不同,可充分利用光能增大光合作用面积。间作往往是高棵作物与矮棵作物间作,如玉米间作大豆或蔬菜,冬瓜间作芹菜(图2-4)等。

套种:在一块地上按照一定的行、株距和占地的宽窄比例种植几种作物称套种。其共同生长的时间短。也就是指在前季作物生长后期栽种后季作物,即甲还没收就把乙种上,延长光合作用时间。

间作、套种不仅可以提高土地的利用率和单位面积的产出,而且可以部分解决连作障碍问题。如羽衣甘蓝和芜菁甘蓝间作,能抑制芜菁甘蓝的根瘤病,并且大幅降低土壤中休眠孢子的密度。

间作套种的类型:①菜菜间作、套种,如葱蒜类同其他科蔬菜间作;番茄和甘蓝套种;黄瓜、番茄、豆角与平菇间作。②粮菜间套作,如玉米和瓜类蔬菜间套作(玉米行内种黄瓜),可防止黄瓜花叶病的发生;玉米行内种白菜、甘蓝可减少白菜、甘蓝软腐病及霜霉病的发生。③果菜间、套作,如葡萄与草莓、蘑菇间作,枣树间种植花生、豆类、西瓜等,桃与草莓间作,山楂与蔬菜间作,杏与番茄间作等。④花菜间、套作,如万寿菊与蔬菜间作,可预防多种病虫害的发生。⑤林菜间、套作,如林菌间套作、林菜类间套作。常见有机蔬菜间作、套种组合见表2-4。

表2-4 常见有机蔬菜间作、套种组合

蔬菜	宜间作、套种作物	不宜间作、套种作物
番茄	洋葱、萝卜、结球甘蓝、韭菜、莴苣、丝瓜、豌豆	苦瓜、黄瓜、玉米
黄瓜	菜豆、豌豆、玉米	马铃薯、萝卜、番茄
菜豆	黄瓜、马铃薯、结球甘蓝、花椰菜、万寿菊	洋葱、大蒜
毛豆	香椿、玉米、万寿菊	
(甜、糯)玉米	马铃薯、番茄、菜豆、辣椒、白菜、毛豆	
南瓜	玉米	马铃薯
马铃薯	白菜、菜豆、玉米	豌豆、黄瓜、生姜
青花菜	玉米、韭菜、万寿菊、三叶草	
萝卜	豌豆、生菜、洋葱	黄瓜、茄子、苦瓜
菠菜	生菜、洋葱、莴苣	黄瓜、番茄、苦瓜
生姜	丝瓜、豇豆、黄瓜、玉米、香椿、洋葱	马铃薯、番茄、茄子、辣椒
洋葱	生菜、萝卜、豌豆、胡萝卜	菜豆

三、有机蔬菜茬口安排

有机蔬菜茬口安排应以市场需求、当地的气候特点及基地生产条件(露地、设施)等因素来确定栽培的种类和品种。

(一)露地有机蔬菜栽培茬口安排

露地有机蔬菜生产主要根据当地的气候条件进行安排。露地栽培因其不增加其他设施,在蔬菜生长最合适的季节安排生产,蔬菜产量高、品质优、生产成本较低,是有机蔬菜基地较为常见的生产方式之一。露地种植有机蔬菜茬口华北地区主要分为五大茬,即早春茬、春夏茬、夏秋茬、秋冬茬和越冬茬。

1. 早春茬(2月下旬至4月上旬)

露地直播或移栽,生长期一般在40~60 d,晚春到早夏上市(4月上旬至5月上旬),这一茬可栽培的蔬菜品种较多,生长期较短,往往作为"轮茬"或"小茬"蔬菜安排。适宜种植的蔬菜有:油菜、水萝卜、春菠菜、茼蒿、莴苣、茴香苗、苤蓝、花椰菜、青花菜、早熟甘蓝等耐寒性蔬菜。

2. 春夏茬（4月中旬至5月中旬）

春末夏初露地直播或定植，6—7月份上市，是露地蔬菜生产中产量和品质最好的一茬，适宜栽培的蔬菜也最多，包括矮生菜豆、架豆、豇豆、毛豆等豆类；黄瓜、西葫芦、南瓜、冬瓜、西瓜、甜瓜等瓜类；番茄、辣椒、茄子等茄果类蔬菜及甜（糯）玉米、黄秋葵等。

3. 夏秋茬（5月下旬至7月上旬）

夏秋茬一般在炎热的夏季播种或定植，7—9月份收获，这茬蔬菜主要生长在炎热的夏季，因此要种植一些较耐炎热的蔬菜，如苋菜、小白菜、豇豆、蕹菜（空心菜）、茄子、辣椒、冬瓜、花椰菜、青花菜、番茄、大葱等，但有时需要增加排风扇、遮阳网、湿帘等降温措施。

4. 秋冬茬（7月中下旬至8月上中旬）

夏末秋初播种，秋末冬初收获，可种植喜欢凉爽的萝卜、胡萝卜、根芥菜等根菜和大白菜、秋甘蓝、油菜、秋菠菜等叶菜，也可种植如四季豆、荷兰豆等豆类蔬菜。

5. 越冬茬（9月下旬至10月下旬）

秋末和冬初直播或定植，越冬前幼苗长到一定大小或半成株状态，露地越冬或简易覆盖越冬，翌年的春天或早夏收获上市，这茬蔬菜主要作为轮作倒茬的一小茬蔬菜栽培，因生长季温度较低，适宜种植的蔬菜主要是一些耐寒性较强的蔬菜，如菠菜、小葱、洋葱、莴笋、油菜、大蒜等。

（二）设施有机蔬菜栽培茬口安排

设施蔬菜生产，原则上是露地蔬菜生产的补充，但生产成本较高，栽培难度相对较大。生产有机蔬菜常用的设施主要有日光温室、大拱棚、中小棚等，其覆盖材料按不同的栽培目的有：棉被、草苫、塑料薄膜、防虫网、遮阳网、无纺布等。设施栽培是在不适宜露地蔬菜生长发育的环境条件下，利用设施来保温防寒或降温防热措施，人为创造适宜蔬菜生长发育的小气候条件，从而进行优质高产蔬菜的生产。与露地蔬菜生产相比，一是温度变化大，二是容易形成高温、高湿，三是易引起土壤盐渍化，四是易引起病虫害的发生。设施栽培在茬口安排上主要形式有：春提早、秋延后、越冬栽培及夏季避雨栽培等。

1. 春提早

在我国各地普遍使用的栽培措施之一，也是栽培面积最大、应用最为广泛的设施栽培形式，栽培的蔬菜品种主要有番茄、黄瓜、辣椒、茄子、西瓜、南瓜、甜瓜、丝瓜、苦瓜、甘蓝、芹菜、花椰菜、豆角等，一般在10月份到翌年的春节前后育苗，12月份到翌年的2月份进行定植，5—8月份采收完成，结束上市。

2. 秋延后

大多在7月中下旬育苗，8月中下旬至9月上旬定植，定植后一般在11月份前形成产量,将花期避开 12 月中下旬到 1 月下旬的低温弱光极端天气,最大限度地降低风险,尽可能地延迟上市时间,使供菜时间尽可能地延长。主要栽培的蔬菜有:番茄、茄子、辣椒、黄瓜、西葫芦、甘蓝、花椰菜、芹菜、生菜、萝卜、芥蓝、豆角等。

3. 越冬茬

越冬茬栽培一般在 8 月中下旬至 9 月上旬进行播种育苗,9 月下旬至 10 月上旬定植,因其在元旦或春节上市,是全年中经济效益最好的一茬。日光温室冬季栽培的环境特点是低温、弱光、通风不良、温室内湿度大、病害发生较重,因此日光温室越冬茬栽培在品种的选择上宜选用耐低温弱光、抗病性强、高产优质的品种。我国越冬茬蔬菜栽培的主要品种有:辣椒、黄瓜、茄子、豆角、西葫芦、番茄等。

4. 夏季防雨遮阳栽培

在夏季蔬菜栽培中最大的障碍就是多雨、高温、强光等,一般将大棚两侧的薄膜去掉后再在大棚上方覆盖遮阳网,一方面使棚室内作物避免强光照射,起到棚室内降温作用;另一方面又使茄果类蔬菜(尤其是番茄)免受暴雨的冲刷,防止裂果。在棚室内可种植露地难以生长的蔬菜,尤其是叶菜,提高了蔬菜的品质,可产生较好的经济效益。

四、有机蔬菜基地生产茬口安排实例(以河北省肃宁县诚誉有机农庄为例)

诚誉有机农庄成立于 2011 年 6 月,农庄占地 400 余亩。其中露地 210 亩,设施占地 138 亩(包括日光温室、简易温室、大拱棚、小拱棚等)。另建有机堆肥厂、养殖场、果园等。下面是 2014 年诚誉农庄种植计划。

(一)2014 年销售及品种供应

1. 销售模式主要是会员配送及其他模式

目前农庄有 2 700 个会员,配送要求为每周配送 1 次,每次 5 kg 蔬菜,每次要求在 20 个蔬菜品种以上供客户选择。会员年蔬菜需求量至少在 715.5 t。

2. 品种供应计划

按会员要求每月至少供应 20 个品种以上,供会员选择,主要供应品种为茄果类、瓜类、叶菜类、根菜类、葱蒜类、多年生蔬菜、块茎类、食用菌类、豆类等。

根据基地的环境条件,基地可供应的蔬菜品种如下:番茄(大番茄、圣女果)、茄子(长茄、圆茄)、黄瓜(大黄瓜、水果黄瓜)、辣椒(长椒、圆椒)、西葫芦、苦瓜、丝瓜、甜瓜、西瓜、萝卜(白萝卜、胡萝卜、樱桃萝卜)、甘蓝(绿甘蓝、紫甘蓝)、花椰菜、芹菜、生菜、大白菜、奶白菜、油菜、菜心、韭菜、大葱、洋葱、香葱、大蒜、乌塌菜、香菜、空心菜、木耳菜、苋菜、茼蒿、小茴香、球茎茴香、菠菜、油麦菜、豆角、芦笋、莴笋、马铃薯、草莓、平菇等。具体栽培及收获季节参见表 2-5。也可详见诚誉农庄在线商城 www.cynz.com。

表 2-5 有机蔬菜播种及收获计划表

2014 年诚誉有机农庄有机蔬菜的播种及收获期

时期			1月			2月			3月			4月			5月			6月			7月			8月			9月			10月			11月			12月		
			上	中	下	上	中	下	上	中	下	上	中	下	上	中	下	上	中	下	上	中	下	上	中	下	上	中	下	上	中	下	上	中	下	上	中	下
大白菜	露地									播种			播种							收获						播种						收获							
	拱棚						播种								收获										播种						收获			收获				
	温室	收获			播种																			播种							播种						播种	
甘蓝菜花	露地												定植			收获						播种			定植			定植			收获			收获				
	拱棚					定植			定植			定植			定植			收获			播种			播种			播种						播种			定植		
	温室			收获	定植			定植			播种			收获			收获	采收						定植			定植			播种			定植					
黄瓜	露地					播种			播种			定植			定植			采收			播种			定植														
	拱棚							定植			收获						采收									采收			播种			播种			定植		
	温室			定植			采收			采收			采收														播种			定植			采收			采收		

续表 2-5

时期		1月		2月		3月		4月		5月		6月		7月		8月		9月		10月		11月		12月
		上中下	上中下	上中下	上中下	上中下	上中下	上中下	上中下	上中下	上中下	上中下	上中下
番茄	露地		播种		定植		采收						
	拱棚	播种		定植			采收						
	温室	定植		采收	采收				播种		定植	采收	采收
甜瓜	拱棚		播种	收获	定植		收获	播种		播种			
	温室		播种		定植	收获		播种		播种	收获	播种	收获
辣椒	露地			播种	定植			收获	收获				
	拱棚		播种	播种	定植			收获	收获			播种	播种

续表 2-5

时期		1月			2月			3月			4月			5月			6月			7月			8月			9月			10月			11月			12月		
		上	中	下	上	中	下	上	中	下	上	中	下	上	中	下	上	中	下	上	中	下	上	中	下	上	中	下	上	中	下	上	中	下	上	中	下
辣椒	温室		定植			收获																											播种					定植
	露地					播种				收获		定植																									
	拱棚						定植								收获					播种																	
芹菜	温室					定植			收获		定植			收获									播种			定植											播种
	露地			收获													收获											收获			收获						
	拱棚		播种															播种			播种		播种				定植				定植				定植		
茄子	温室		定植						收获			定植						收获			定植						收获			收获							收获	
	露地		播种									定植				收获		播种						播种			定植							定植				
豇豆	露地								收获				播种			收获				播种																	
	拱棚														收获									播种		播种				收获							
	温室					播种						收获																收获									播种
芸豆	露地											收获											播种				收获										
	拱棚																									播种											
	温室					播种						收获											播种														

续表2-5

时期		1月			2月			3月			4月			5月			6月			7月			8月			9月			10月			11月			12月	
	上	中	下	上	中	下	上	中	下	上	中	下	上	中	下	上	中	下	上	中	下	上	中	下	上	中	下	上	中	下	上	中	下	上	中	下
南瓜、冬瓜 露地										播种	播种										收获	收获	收获	收获												
南瓜、冬瓜 拱棚						播种	播种									收获	收获	收获	收获																	
南瓜、冬瓜 温室				播种	播种		定植							收获	收获	收获																			播种	播种
西葫芦 拱棚								播种	播种							收获	收获																			
西葫芦 温室																										播种	播种		定植			收获	收获			
土豆 露地					播种	播种										收获	收获	收获																		
洋葱 露地															收获	收获							播种	播种						定植	定植					
萝卜 露地									播种				收获	收获										播种	播种											
萝卜 温室			收获	收获																																播种

说明：1. 本表为诚普有机农庄制订的每种蔬菜的适宜栽培期（按会员要求制订）。

2. 本表仅供参考，因管理水平、品种特性、气候等因素影响，可能播种期、收获期有所出入。

3. 土豆的播种为块茎下种；萝卜为直接播种，不需定植，豆工、豇豆直接播种也可育苗后再定植；其余蔬菜播种期即育苗期，育苗后再定植。（注：参考依据，黄瓜30～40 d，西葫芦20～25 d，茄子80 d左右，番茄、辣椒50～60 d，甘蓝70～80 d，花椰菜90～90 d，芹菜60 d。）

4. 各蔬菜播种按春季育苗天数作参考。根据不同育苗季节调整而制订。

5. 露地播种的在1～4月份的，必须在拱棚或日光温室内播种育苗。

6. 播种期中4月份前及10月份后播种的请注意育苗期的温度控制，否则育苗不会成功。

(二)2014 年种植计划

(1)确定种植规模。2014 年确定种植计划时,依据销售计划,应最少保证 2014 年蔬菜产量 715.5 t 以上,根据前 2 年种植蔬菜的平均产量计算亩产量,按平均年亩产正品有机蔬菜 2 080 kg 计算,则需要安排至少种植 344 亩不同品种的蔬菜。

(2)各主要蔬菜茬口安排见表 2-5。

(3)确定每个品种的种植面积。确定每个品种种植面积时,应结合前 3 年的产量、复种指数、客户需求、供应周期等综合计算。

参 考 文 献

[1] 汪李平,赵庆庆,张敬东,等.有机蔬菜基地生产计划的制定.长江蔬菜,2013(1):5-10.

[2] 北京市科学技术协会.有机农业种植技术.北京:中国农业出版社,2006.

[3] 席运官,钦佩.有机农业生产基地建设的理论与方法探析.中国生态农业学报,2005,13(1):19-22.

[4] 黄鸿翔.我国土壤资源现状、问题及对策.土壤肥料,2005(1):3-6.

[5] 张阿克,韩卉,杨合法,等.常规、无公害和有机蔬菜生产模式对土壤性状的影响.江苏农业学报,2013,29(6):1345-1351.

[6] 徐卫红.有机蔬菜栽培实用技术.北京:化学工业出版社,2014.

[7] 台湾有机农业技术要览策划委员会.台湾有机农业技术要览.台湾:财团法人丰年社,2011.

第三章　土壤肥力与培肥

　　菜田土壤肥力对作物产量、品质及环境至关重要,根据新老菜田的培肥特征维持调控土壤质量是可持续蔬菜生产的关键。由于在我国单位面积土地的粪肥施用数量没有法规限制,有机蔬菜种植过程中通过粪肥施用的养分数量很高,盲目施用有机肥所造成的养分投入量远远超过了蔬菜养分吸收量,导致土壤养分的过量积累。目前有机蔬菜生产中多采用大水漫灌施肥,据调查,一些地区日光温室蔬菜每季灌溉总量达 470～1 200 mm,平均 767 mm(王敬国,2011);或者全年灌溉水总量高达 1 307 mm(宋效宗,2007),这不仅造成水资源浪费,而且增加了环境污染风险。与此同时,设施菜田长期肥料高投入导致磷、钾等养分在土壤中过量积累,普遍发生土壤酸化、盐渍化(余海英等,2006)、微生物群落失衡、土壤退化等问题(王敬国,2011),对有机菜田土壤可持续生产带来很大的影响。

　　2012 年我国蔬菜的种植面积已达 2 202 万 hm²,其中有机蔬菜种植面积约为 5 万 hm²(中国农业统计年鉴,2012),虽然仅占蔬菜总面积的 0.23%,但随着人们对有机蔬菜需求的不断增加,其发展速度很快,有机蔬菜种植条件下如何实现科学的土壤管理已成为人们关注的焦点。与常规作物生产相比,有机作物生产土壤管理的重点是通过场内有机肥、轮作、绿肥等措施减少外部投入,并确保作物带走的养分能被归还(Kirchmann,2008)。本章将从有机菜田土壤肥力来源、特征等方面来剖析有机菜田土壤的肥力,并且结合不同蔬菜的养分需求特征,提出适合有机蔬菜生产的培肥土壤技术措施,为有机蔬菜的发展提供技术支持。

第一节　菜田土壤肥力特征

　　菜田土壤肥力是反映土壤供肥能力的重要指标,它能够衡量菜田土壤提供作物生长所需水分、养分等的能力,也是土壤物理、化学、生物学性状的综合表现。影响菜田土壤肥力的因素主要有水分、养分、空气、热量等。

一、菜田土壤物理结构特征

　　土壤物理结构特征指土壤的质地、结构、孔隙度、水分和温度状况等,其中以土壤质地、土壤结构和土壤水分居主导地位,直接或间接地影响土壤养分的保持、移动、有效性和土壤水分的性质及运移规律,调控土壤生物特性以及植物根系生长和吸收土壤中水分和养分的能力。土壤物理结构除受自然成土因素影响外,有机耕作活动(包括耕作、轮作、灌排和施肥等)也能显著地影响土壤肥力,如有机蔬菜生产中作物轮作和施用有机肥料可以很好地维持菜田土壤的生物多样性。

土壤板结一方面是由于土壤质地本身造成的,土壤质地过黏,人为地踩踏、踩压,未能及时疏松土壤,易造成土壤透气性差,形成板结;另一方面主要是由于种植过程中的不合理施肥灌水等造成的。有些菜田因为管理不善出现土壤板结的现象,土壤板结是指土壤表层因缺乏有机质补充、土壤结构不良,在灌水或降雨等外因作用下破坏土壤结构、土料分散,干燥后变硬等现象,如向土壤中过量施入低碳氮比的有机肥,微生物的氮素供应增加 1 份,相应消耗的碳素就增加 25 份,所消耗的碳素则来源于土壤有机质,如果土壤有机质含量低,那么就会影响土壤微生物的活性,从而影响土壤团粒结构的形成,导致土壤板结。

土壤团粒结构是土壤肥力的重要指标,团粒结构的破坏致使土壤保水、保肥能力及通透性降低,会造成土壤板结。土壤板结会导致作物根系下扎困难,缺氧导致沤根,影响养分吸收,造成作物产量降低。

当前设施园艺土壤的次生盐渍化发生程度虽因地域不同而存在一定差异,但次生盐渍化现象却已经成为我国设施园艺土壤普遍存在的一个土壤退化问题;设施菜田土壤的高投入,主要是鸡粪和猪粪等含盐量高的有机肥品种的大量投入,是产生次生盐渍化的另外一个重要原因。

二、菜田土壤化学肥力特征

有机菜田土壤中的碳、氮、磷、钾元素及其他中微量元素的合理供应是改善菜田土壤质量、提高土壤生产力,降低环境风险的重要依据。因此,了解菜田土壤养分的供应特征具有十分重要的意义。

(一)菜田土壤碳、氮供应特征

土壤有机质是土壤肥力的重要物质基础,在维持土壤结构、保持土壤水分和通气性能以及供应养分等方面具有重要作用(Buschiazzo,2001),施入土壤中的有机物料,包括植物根系淀积物、残留的根系、枯枝落叶、秸秆以及有机肥等,通过由土壤微生物、土壤动物和原生动物组成的食物链,发生分解、转化,一部分以二氧化碳形式释放,一部分经腐殖化过程,转化为稳定、难分解的有机质(Trumbore and Czimczik,2008)。土壤有机质的积累受很多因素的影响,是一个长期而缓慢的过程,长期施用秸秆、有机肥有利于土壤有机碳的增加和积累。目前,我国设施蔬菜主要种植区域 0~20 cm 土壤有机质的平均含量为 27.2 g/kg,远高于邻近的露地蔬菜和粮田(任涛,2011)。大量的有机肥投入可能是设施菜田土壤有机质含量明显提高的重要原因,但是目前通过施肥投入很难继续增加设施蔬菜土壤有机质的含量,主要是由于设施菜田的土壤有机碳分解速率很快,设施土壤有机碳周年分解速率远远高于露地土壤,土壤有机质的提升受到区域土壤温度、灌溉和耕作等综合因素的影响。目前我国设施蔬菜的主要产区近 2/3 的土壤有机质含量低于 30 g/kg,这其中又包括近 1/3 的蔬菜产区土壤有机质含量低于 20 g/kg。进一步分析土壤 C/N 发现,目前我国主要蔬菜产区设施菜田 0~20 cm 土壤碳氮比的平均值为 10.1,但是其中 56% 的土壤碳氮比低于 10,最低可至 4.5(雷宝坤,2008)。大量低碳氮比的鸡粪、猪粪施用对土壤有机碳贡献小,土壤有机质提升缓慢。

有机菜田中氮素投入主要包括有机肥、豆科作物固氮、环境氮素的输入。畜禽粪便作为有机肥料是有机蔬菜生产中不容忽视的氮素来源,但这类有机肥料一般都是低 C/N,含大量速效、易于分解的氮磷养分的有机肥(如鸡粪等),再加上土壤的激发效应使得这些有机态的氮磷养分被迅速矿化分解(Fontaine,2003),增加土壤氮素的累积。施入土壤中的氮素除被植物吸收外,一部分残留在土壤剖面中,一部分通过微生物转化暂时储存在微生物体内,其余的则通过淋洗、氨挥发、N_2O 排放以及反硝化作用损失到环境中。有机蔬菜种植中土壤-作物体系碳氮循环见图 3-1。

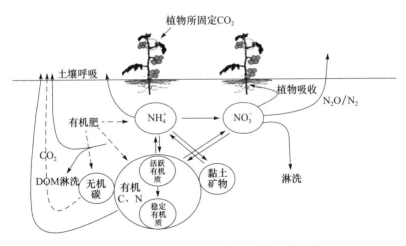

图 3-1 有机蔬菜种植中土壤-作物体系碳氮循环

适量氮素投入可增加土壤有机质。不同生态系统中通过豆科作物固氮或者施用粪肥对土壤有机质促进作用的效果不一样,在粗质地土壤上的效果要好于细质地土壤;随着氮素投入增加,一些酸性土壤 0~10 cm 表层土壤有机质含量不断增加,但在石灰性沙土上有机质含量可能不会增加;在非石灰性土壤中,氮素施用促进了秸秆碳的矿化,相应增加了土壤有机碳的固持,而在石灰性土壤中,氮素施用对秸秆碳、土壤固有碳的矿化均起到抑制作用(朱培立等,2001)。总体来看,作物生物量和秸秆还田、根系碳淀积的增加是促进土壤有机质含量增加的主要途径(Jagadamma et al.,2007;Christopher and Lal,2007;王文静等,2010)。集约化有机菜田土壤养分资源的合理利用及养分利用效率的提高一直是研究的热点,有机菜田畜禽粪便的大量投入,造成了土壤中的碳含量相对不足,使得菜田土壤 C、N 循环具有自身的特殊性,C、N 之间关系紧密,相互依存,相互制约,在菜田氮素管理中需要同时考虑土壤碳氮问题。

菜田土壤碳氮比降低,似乎土壤更容易释放养分,更利于作物对养分的吸收,但是土壤碳氮比的降低,同样也抑制了微生物的活性,会降低土壤本身对养分的固持,特别是氮素,随着土壤碳氮比的降低,土壤氮素的淋洗和其他损失风险会增加(Gundersen et al.,1998;Barrett and Burke,2000)。

(二)菜田土壤磷、钾供应特征

大多数矿质土壤中农田磷素的收支平衡是决定土壤磷水平发展趋势的基本因素。相比于其他农田系统,蔬菜生产体系中通过粪肥投入的磷素数量更高,在蔬菜生产中,由于粪肥的低 N/P 和蔬菜吸收的高 N/P 差异很大,因此经常施用粪肥的菜田土壤往往出现磷素累积的现象。据资料数据表明,设施磷素投入高达 1 299 kg/hm^2 P$_2$O$_5$(Yan et al.,2013),其中张经纬(2012)调查结果显示,寿光设施蔬菜生产中有机肥投入的磷量平均为 874 kg/hm^2 P$_2$O$_5$,已经远远超出了作物需求量,为作物带走量的 6~23 倍,导致磷素大量盈余。对于不同蔬菜而言,磷素盈余量为瓜菜类>果菜类>叶菜类。如此高的磷素投入导致磷素严重盈余,必然带来高风险的磷素淋失。同露地麦田土壤相比,设施土壤有机磷、无机磷均显著增加,并且随着设施年限的增加这种累积的趋势更加明显,尤其是土壤无机磷的累积,种植年限超过 9 年的设施菜田各土层的无机磷含量要显著高于露天麦田和1~3 年种植年限的设施菜田。

尽管如此,在菜田土壤中往往存在的土壤盐渍化、磷素养分累积、反季节低温环境等增加了作物对土壤磷素供应的要求,因此一方面菜田土壤磷素出现了累积,但是另外一方面,由于磷素的扩散速率很慢,在作物生育关键期,如苗期和开花期,适度供应根层土壤磷素显得非常必要。

钾素是植物营养三要素之一,其丰缺状况以及供应能力对农业生产有重要的作用,在提高作物产量改善品质和增强作物抗逆能力等多方面起到重要作用,因此,钾素被称为"品质元素"。有机蔬菜生产非常注重钾素的施用,除了矿物钾肥施用外,有机菜田生产中有机肥施用可带入大量的速效钾养分。菜田土壤也存在速效钾表层积累的现象,对于设施蔬菜而言,其生长快、生育周期短,需要吸收较高的钾素,而且蔬菜根长密度低、根系分布较浅,因此需要根层土壤具有更高的钾素浓度以保证作物产量。土壤供钾能力主要受黏土矿物、土壤质地、pH、水分等因素的影响。不同种植年限的设施土壤中有效钾含量差异也很大,种植年限与设施土壤有效钾含量呈现极显著的相关性($0\sim20$ cm、$20\sim40$ cm 和 $40\sim60$ cm 土层相关系数 r 分别为 0.479^{**}、0.559^{**} 和 0.513^{**},$n=38$)。$1\sim3$ 年的设施土壤在 $20\sim40$ cm、$40\sim60$ cm 土层中有效钾含量与$\geqslant10$ 年的设施土壤差异性达到显著水平。$0\sim20$ cm 土层设施土壤有效钾含量最大值为 1 334 mg/kg,最小值为250.3 mg/kg,平均值为 628.6 mg/kg,是粮田的 3.2 倍;$20\sim40$ cm 土层设施土壤有效钾含量平均值为 325.3 mg/kg,为粮田相同土层的 3.2 倍;$40\sim60$ cm 土层设施土壤有效钾含量最大值可达 366.4 mg/kg,平均值为 138.8 mg/kg,为粮田的 1.3 倍。随种植时间的增加设施土壤中有效钾含量逐渐累积,土壤有效钾在 $20\sim40$ cm 和 $40\sim60$ cm 土层累积与钾在设施土壤中的淋失有关(曹文超,2012)。

(三)菜田土壤微量元素供应特征

菜田土壤基础肥力一般高于大田作物土壤,很少存在铁、锰、锌、铜等养分供应不足的问题。一方面,菜田土壤酸化现象普遍,通过蔬菜长期定位施肥研究试验发现,多年过量施肥导致土壤 pH 下降,土壤有效态铁、锰、锌、铜含量均有所增加(杨丽娟等,2006);另一方面,集约化养殖带来的粪肥富含铜、锌等养分,有机肥中含有丰富的微量元素,长年施用禽粪类的有机肥对补充土壤铁、锰、铜、锌等效果明显(杨玉爱等,1990;陈琼贤等,1997)。因此从土壤供应的角度来说蔬菜缺乏铁、锰、铜、锌的现象并不常见,尤其是对经常施用鸡粪等有机肥的田块来说,所应关注的是如何避免铜、锌过量的问题。

蔬菜栽培体系中的过量灌溉也容易造成土壤钙、镁养分的淋失,尤其是在沙质或者非石灰性土壤母质上发育的土壤,钙、镁养分损失对蔬菜生长的影响很大;此外由于设施蔬菜施用的肥料纯度过高,容易忽视钙、镁养分的供应;而 K^+ 和 NH_4^+ 的过量施用易导致其在根层土壤中过量累积,更容易导致植株在吸收上出现"拮抗"效应,从而造成钙、镁缺乏等问题。过量的钾素供应会影响作物对镁的吸收,因此,土壤 K/Mg 是评价作物镁素营养的另一重要指标,任志雨等(2003)通过对日光温室黄瓜幼苗不同根区温度的处理研究发现,$21\sim23$℃处理的黄瓜幼苗与 $14\sim16$℃、$8\sim10$℃处理的相比,叶片中的镁含量增加,所以反季节蔬菜根层土壤温度也是影响其吸收镁素的一个原因。目前生产上绝大多数蔬菜都是双子叶类型,对硼的需求比单子叶植物高数倍,大部分蔬菜的需硼量较大,施用有机肥不能完全补充土壤的硼素供应,因此补充硼素可进一步提高蔬菜产量、改善品质。总之,对于蔬菜生产管理过程中的中微量元素养分供应,应当尤其注意补充钙、镁、硼等微量元素。蔬菜对微量元素的反应程度见表 3-1。

表 3-1　蔬菜对微量元素的反应程度（孟丽芬，2010）

作物	锰	硼	铜	锌	钼	铁
芦笋	低	低	低	低	低	中
花椰菜	中	高	中	—	高	高
大白菜	中	中	中	低	中	中
胡萝卜	中	中	中	低	低	—
芹菜	中	高	中	—	低	—
黄瓜	高	低	中	—	—	—
莴苣	高	中	高	中	高	—
洋葱	高	低	高	高	高	—
豌豆	高	低	低	低	中	—
辣椒	中	低	低	—	中	—
马铃薯	高	低	低	中	低	—
萝卜	高	中	中	中	中	—
菜豆	高	低	低	高	中	高
大豆	高	低	低	中	中	高
菠菜	高	中	高	高	高	高
番茄	中	中	高	中	中	高
甘蓝	中	高	中	—	中	—

注：当土壤微量元素浓度低时，反应程度"高"表示作物施用该微量元素肥料有效果，反应程度"中"表示效果不明显，反应程度"低"表示无效果。

三、菜田土壤生物肥力特征

　　土壤生物肥力是指生活在土壤中的微生物、动物、植物根系等有机体为植物生长发育所需营养的贡献，同时对土壤的物理化学特性起到改良和维持作用。土壤生物肥力处于核心地位，保持土壤合理的生物群落结构、数量、生物多样性和生物活性，是保障土壤物理和化学肥力的基础。土壤微生物的特征是评价土壤肥力的核心，种植制度、施肥、灌溉、农药等都会影响土壤微生物特征，在蔬菜生产中连作是破坏土壤微生物群落的主要因素。

　　连作由于耕作、施肥、灌溉等方式固定不变，会导致土壤理化性质恶化，肥力降低，有毒物质积累，有机质分解缓慢，有益微生物数量减少等问题，连作形成的特殊土壤环境为土壤中病原菌及线虫的生存和繁殖提供了适宜的条件和栖息场所,使连作土壤中病原菌和有害线虫的数量不断增加,致使土传病害蔓延,而且由于连作下的土壤次生盐渍化和自毒物质的累积抑制土壤有益微生物的生长,使得土壤中微生物总量减少。王敬国等(2011)认为,根系活动对根际土壤微生物群落结构的影响引起的土壤微生态系统失衡,是连作土壤出现生物学障碍的最主要原因。连作下土壤微生物与植物之间相互选择,使得连作条件下的某些特定微生物富集,病原菌数量增加,有益细菌种类和数量减少(郑军辉等,2004),土壤微生物区系会由低肥的真菌型向高肥的细菌型发展(齐会岩,2009),使土壤中微生物种群失去平衡,作物病害严重,产量和品质下降(徐瑞富和任永信,2003)。

在向有机农业转化过程中,为了避免出现土壤生物学障碍问题,首先要选择轮作,只有解决轮作问题,才能最大程度摆脱现代农业严重依赖的农业化学品,实现有机农业的生产。所以,轮作是有机栽培的最基本要求和特性之一,这不仅可以改变农田生态条件,改善土壤理化特性,增加生物多样性,均衡利用土壤中的营养元素,把用地和养地结合起来,还可以免除和减少某些连作所特有的病虫草的危害。

第二节 蔬菜养分需求特征及施肥对策

施肥是实现作物高产高效的前提条件,而作物的产量形成基础则是作物同化物的累积与分配,干物质的累积规律与其养分需求规律相关联,因此明确作物养分的吸收规律和干物质累积规律是合理进行优化施肥的前提。

一、蔬菜养分需求特征

(一)果类蔬菜养分需求特征

文献调研结果表明,果类蔬菜对钾的吸收量最大,其次为氮,最后为磷。每形成 1 000 kg 果实,番茄植株吸收氮(N)1.77～3.49 kg、磷(P)0.28～0.75 kg、钾(K)1.21～5.57 kg,N、P、K 比例为 1:(0.10～0.33):(0.68～2.44);黄瓜植株吸收氮(N)0.95～4.10 kg、磷(P)0.25～1.00 kg、钾(K)0.95～4.56 kg,N、P、K 比例为 1:(0.13～0.28):(0.73～1.59);茄子植株吸收氮(N)2.49～4.77 kg、磷(P)0.34～0.50 kg、钾(K)2.11～5.49 kg,N、P、K 比例为 1:(0.10～0.25):(0.53～2.67);辣椒植株吸收氮(N)2.50～5.50 kg、磷(P)0.23～1.44 kg、钾(K)3.44～6.22 kg,N、P、K 比例为 1:(0.06～0.31):(0.93～1.95);番茄、黄瓜、茄子、辣椒四种果类蔬菜带走氮、磷、钾养分的平均比例分别为 1:0.18:1.32、1:0.21:1.16、1:0.15:1.25、1:0.13:1.24,四种主要的果类蔬菜养分吸收量见表 3-2。

表 3-2　四种主要果类蔬菜养分吸收量及比例

种类		产量/(t/hm²)	养分吸收量/(kg/hm²)			每形成 1 000 kg 果实养分吸收量/kg			养分吸收比例		
			N	P	K	N	P	K	N	P	K
番茄	变化范围	49~135	111.2~402.7	17.6~99.6	76.0~640.8	1.8~3.5	0.3~0.8	1.2~5.6	1.0	0.1~0.3	0.7~2.4
	平均值	86	229.8	39.3	315.0	2.6	0.5	3.5	1.0	0.2	1.3
黄瓜	变化范围	27~213	60.0~535.2	7.8~133.4	43.7~617.6	1.0~4.1	0.3~1.0	1.0~4.6	1.0	0.1~0.3	0.7~1.6
	平均值	136	288.4	62.5	325.9	2.6	0.6	3.0	1.0	0.2	1.2
茄子	变化范围	13~74	64.7~184.5	6.8~29.6	34.3~191.1	2.5~4.8	0.3~0.5	2.1~5.5	1.0	0.1~0.3	0.5~2.7
	平均值	44	122.9	18.0	137.9	3.4	0.4	3.5	1.0	0.2	1.3
辣椒	变化范围	8~52	18.6~380.9	3.0~43.3	35.6~402.0	2.5~7.6	0.2~1.4	3.4~8.0	1.0	0.1~0.3	0.9~2.0
	平均值	28	152.6	17.1	166.2	4.8	0.6	5.8	1.0	0.1	1.2

设施果类蔬菜不同生育期氮素分配比例及分施次数见表 3-3。

表 3-3　设施果类蔬菜不同生育期氮素分配比例及分施次数

茬口	苗期		开花坐果期		采收初期		采收中期		采收末期	
	比例/%	次数	比例/%	次数	比例/%	次数	比例/%	次数	比例/%	次数
冬春茬	4	1	16	2	25	3	45	5	10	1
秋冬茬	3	1	10	2	36	2	37	6	14	1
冬春茬	4	1	16	2	30	3	35	4	15	2
秋冬茬	2	1	11	2	35	3	45	6	7	2
春茬	4	1	14	2	28	3	43	4	11	2
春茬	4	1	16	2	30	3	40	4	10	2

(二)叶类/根类蔬菜养分需求特征

叶菜类主要包括以嫩叶和茎供食用的小白菜、芹菜、菠菜、莴苣,以叶球食用的球茎甘蓝、大白菜和以嫩鳞茎供食用的洋葱、葱、大蒜等。各类叶菜均以钾素需求为最高,氮钾比约为 1∶1。根菜类作物主要包括:萝卜、胡萝卜、芥菜头、球茎甘蓝、甜菜根等。胡萝卜整个生育期氮素吸收量大约在 70 kg/hm²,而花椰菜的整个生育过程却需要吸收 320 kg/hm²,不同叶菜/根菜类作物养分吸收量见表 3-4。果类蔬菜与非果类蔬菜(叶菜类/根菜类)养分吸收特点见图 3-2。

表 3-4 不同叶菜类/根菜类作物养分吸收量

种类	产量/(t/hm²)	N/(kg/t)	P/(kg/t)	K/(kg/t)	Mg/(kg/t)
绿菜花	90	3.7	0.46	4.00	0.28
胡萝卜	100	1.7	0.36	4.1	0.21
花椰菜	100	3.2	0.48	3.3	0.14
芹菜	75	2.7	0.55	4.7	0.2
大白菜	120	1.6	0.36	2.7	0.1
洋葱	65	1.9	0.34	2.0	0.15
小萝卜	35	2.0	0.3	2.8	0.2
菠菜	40	3.6	0.5	5.5	0.5
生菜	60	1.8	0.3	3.0	0.15

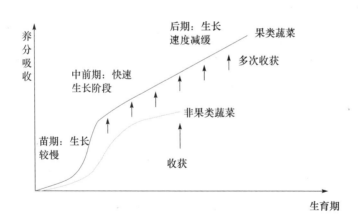

图 3-2 果类蔬菜与非果类蔬菜(叶菜类/根菜类)养分吸收特点

二、有机菜田生产的施肥对策

保持和提高土壤肥力和质量是有机菜田管理中至关重要的环节。根据有机肥养分供应特征,结合作物类型、土壤特性、产量指标等制定合理的施肥原则,是提高菜田肥料利用率、减少养分损失,实现环境的可持续发展的重要措施。

（一）有机肥中的养分有效性

有机菜田中主要肥料的来源为有机物质。按照不同的 C/N 可将有机肥分为高 C/N、中 C/N、低 C/N 三类有机肥。表 3-5 列出了常见的不同 C/N 的有机肥。

表 3-5　常见的适用于菜田的有机肥养分含量

种类	C/N	鲜基/%						干基/%			
		水分	有机碳	N	P_2O_5	K_2O	pH	有机碳	N	P_2O_5	K_2O
粪便类											
人粪尿		90.25	2.50	0.64	0.25	0.23	7.79	51.28	11.90	3.67	3.48
羊粪	低	50.75	18.86	1.01	0.50	0.64	8.08	33.63	2.01	1.15	1.59
鸡粪		52.31	16.51	1.03	0.94	0.87	7.84	30.15	2.34	2.13	1.94
鸭粪		51.08	13.25	0.71	0.82	0.66	7.82	26.26	1.66	2.02	1.65
猪粪		68.74	13.76	0.55	0.55	0.35	8.02	41.38	2.09	2.06	1.35
牛粪	中	75.04	10.41	0.38	0.23	0.28	7.98	36.78	1.67	0.99	1.14
马粪		68.46	11.96	0.44	0.30	0.46	8.12	36.06	1.48	1.08	1.58
秸秆类											
小麦秸秆		44.10	27.80	0.31	0.09	0.78		39.90	0.65	0.18	1.27
玉米秸秆		68.50	12.40	0.30	0.09	0.46		44.40	0.92	0.34	1.42
番茄秆								36.70	1.91	0.46	4.42
高粱秸秆	高							49.90	1.25	0.34	1.72
水稻秸秆		63.50	10.90	0.30	0.11	0.81		41.80	0.91	0.30	2.28
棉秆									1.24	0.34	1.23
稻草									6.00	9.16	7.23
堆肥类											
普通堆肥		45.06	5.81	0.35	0.25	0.48	7.74	11.14	0.70	0.55	1.29
高温堆肥	低	41.63	4.35	0.28	0.16	0.72	7.53	11.00	0.66	0.55	1.46
沼渣		76.62	6.75	0.50	0.22	0.20	7.58	28.95	2.02	0.84	0.88
沼液		97.83	3.26	0.11	0.05	0.11	7.53	55.42	1.87	1.73	1.01

有机肥在有机蔬菜种植营养与培肥改土中具有非常大的作用。其中含有大量有机质和作物所需的各种无机营养，施入土壤后，经过微生物分解、转化成蔬菜可吸收利用的有效养分，大大增加了土壤的养分供应，肥劲长而稳；同时有机质经过

微生物作用,形成腐殖酸类有机胶体与土粒形成团粒结构,改善了土壤理化性质,调节了土壤的水肥气热状况,提高土壤保水保肥的缓冲能力。有机肥不仅增加了土壤有益微生物群落,又能为土壤微生物活动提供能源和物质。主要蔬菜产区有机肥投入量及常见的有机肥养分含量详见表 3-5。

根据有机肥 C/N 的不同,其养分的有效性可分为短期有效及长期有效。以氮为例,短期有效性主要是反映在有机肥施用当年的化肥当量上,一般只有 10%～50%,可通过总氮、铵态氮含量,碳氮比等来预测短期有效性;长期(残余)有效性则反映在施用后的多年通过土壤氮库逐渐矿化释放出氮素,它使长期化肥当量逐渐提高到 40%～70%(图 3-3)。一些氮素短期有效性高、养分释放快速的有机肥在过量施用时会对作物造成肥害,短期有效性低、养分释放缓慢的有机肥则不能满足作物在特定生育期的营养需求(Gutser et al.,2005)。因此,在考虑有机肥施用量时,应以短期养分有效性为主要因素,必须满足特定植物的需求以达到目标产量。短期有效性较低的有机肥注意配施速效性的氮素追施。而当设施菜田有长期施用有机肥的历史时,则要考虑以往施用的有机肥养分积累的效应,适当减施。在轮作、间套作等系统中,还应考虑一些作物的固氮、活化磷等作用,也可适当减施。

不同有机肥产品中的养分含量差异可能很大,这主要是由于有机肥生产过程中所采用的原料及生产的环境条件等有很大的不同,但是同一大类的有机肥(包括一些堆肥)的养分组成比较接近,因此在生产中可以按照有机肥主要原料的来源来确定养分的有效性。

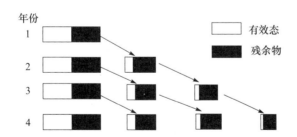

图 3-3 多年连续施用有机肥情况下有机肥中氮素的残效累积效应

(注:第四年土壤中有效氮数量包括第一年、第二年、第三年投入后残余的有机肥料及第四年新投入的有机肥料在当年所矿化出的有效氮素之和)

1. 有机肥中氮素的有效性

有机肥中的有效氮包括有机肥自身所含的无机氮(NH_4^+-N 和 NO_3^--N,前者占较大比例)以及能在作物生育期内矿化出来而被作物吸收利用的有机态氮,其中有机态氮占有机肥总氮的比例超过 50%。影响有机氮矿化的因素较多,如施肥时间、施肥方式、气候条件、种植作物、土壤类型以及土壤肥力状况影响氨挥发、硝化反硝化、黏土矿物固定、淋失等损失比例以及微生物固氮与作物吸氮之间的竞争关系等。因此,对有机肥氮素有效性的研究对确定有机肥合理用量和有机无机配合施用的比例都具有重要意义(汪李平,2013)。贾伟等(2013)的研究总结了不同季节露地和设施菜田土壤及有机肥氮素矿化数量。设施菜田的土壤有机氮和有机肥表观氮素矿化量分别变动在$-305\sim$ 420 kg/hm^2 和$-33\sim192$ kg/hm^2,露地菜田的土壤有机氮矿化量、有机肥氮素矿化量分别在$-13\sim63$ kg/hm^2 和$-17\sim35$ kg/hm^2。春茬菜田的土壤有机氮矿化量、有机肥氮素矿化量分别在$-305\sim170$ kg/hm^2 和$-33\sim186$ kg/hm^2,秋茬菜田的土壤有机氮矿化量、有机肥氮素矿化量分别在$-155\sim420$ kg/hm^2 和$-26\sim192$ kg/hm^2。春茬设施菜田和露地菜田,其每周有机肥氮素矿化速率分别为 3.6 kg/hm^2、1.8 kg/hm^2;秋茬设施菜田和露地菜田,其每周有机肥氮素矿化速率为 3.2 kg/hm^2 和-0.3 kg/hm^2。春茬和秋茬菜田有机肥氮素矿化量与有机肥氮素总投入量都没有显著线性相关性。春茬随春季温度升高,土壤氮素矿化量较高,有机肥氮素也以矿化作用为主,并没有明显表现出固定作用。秋茬菜田相比春茬菜田有机肥氮矿化量增加并不明显。

设施菜田及露地菜田中有机肥氮素矿化与有机肥氮素投入关系见图 3-4、图 3-5。设施菜田氮素矿化有较大比例来自本身土壤有机氮,而露地菜田氮素矿化来自土壤有机氮矿化比例较小。设施和露地菜田斜率都为正值,表明随着有机肥氮素投入量增加,其有机肥氮素矿化表现为增加趋势,且设施菜田有机肥氮素矿化要大于露地菜田有机肥氮素矿化量。

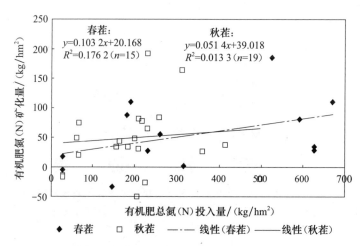

图 3-4　不同季节菜田的有机肥氮素矿化量与有机肥氮素投入量关系

2. 有机肥中磷素的有效性

有机肥的磷营养供应取决于有机物料的成分,如粪肥中的磷素主要是无机磷,其有效性与化学磷肥基本相当。有机物料因其种类、成分、所处环境的差异造成磷素有效性有很大差别。目前认为有机物料 C/P 决定了其有效性,C/P 较高时,土

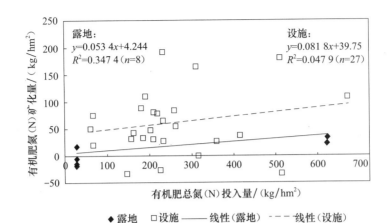

图 3-5　不同利用方式菜田有机肥的氮素矿化量与有机肥氮素投入量的关系

壤中的磷容易被固定;C/P 较低时,容易矿化。当土壤中掺入 C/P 小于 200 的有机物料时,土壤中磷进行净矿化作用。加入 C/P 在 200~300 之间的物料时,磷既不矿化也不固定;当 C/P>300 时,磷进行净生物固定作用。不同来源的有机肥中磷的含量、组成不同,许多研究结果表明,猪、牛、羊等牲畜粪便,其中所含磷素有很大一部分为无机态,早在 50 年代末 Peperzak 的测定结果表明其中无机态磷平均占全磷的 73%,有机态磷仅占 27%。研究发现,澳大利亚草原不同含磷量羊粪磷素组成中,用 H_2O 和 0.2 mol/L HCl 提取了其中 90%~98% 的无机磷,它们占全磷量的 47%~92%。他认为这一方法提取的羊粪磷易于被作物吸收利用(Bromfield,1961)。王旭东等在小麦上的试验结果表明:C/P>300 以上的有机肥料,在施用当季会造成小麦生物学产量下降,这与 C/P 大的有机物料在施用当季磷的生物固定大于矿化,从而不能很好地提供磷素营养有关。而 C/P<250 的有机物料,在施用当季,磷的矿化大于生物固定,能够较好地为作物提供磷素营养,明显提高小麦的生物学产量。

3. 有机肥中钾素的有效性

有机肥中的钾主要以无机态存在,且大部分为速效和缓效态。周晓芬测试了 6 种有机肥料(牛厩肥、猪厩肥、鸡粪及麦秸、玉米秸、油菜绿肥)中的钾素形态含量状况,结果表明,全钾含量在 0.85%~4.5% 之间,其中油菜绿肥、麦秸、玉米秸全钾含量明显高于三种粪肥。全钾中速效钾和缓效钾占 50%~70%,其中绿肥中速效钾含量为 31.3 g/kg,两种作物秸秆中速效钾为 14.4 g/kg 和 19.4 g/kg,约占全钾的 70%,而缓效钾仅占 1.7%~6.0%。三种粪肥中速效钾含量为 3.7~5.8 g/kg,占全钾的 32.7%~43.8%,缓效钾占全钾的 6.0%~25%。显然在粪肥中,在速效钾和迟效钾以外的钾素中,可能有一部分有机态钾,因粪肥中含有土壤成分,因此还有一定量的矿物态钾。

在培肥土壤的基础上,通过土壤微生物的作用来供给作物养分,要求以有机肥为主,辅以生物肥料,并适当种植绿肥作物培肥土壤。可选的肥料种类:①农家肥,如堆肥、厩肥、沼气肥、绿肥、作物秸秆、泥肥、饼肥等;②生物菌肥,包括腐殖酸类肥料、根瘤菌肥料、磷细菌肥料、复合微生物肥料等;其他有机生产产生的废料,如骨粉、氨基酸残渣、家畜加工废料、糖厂废料等。

(二)粪肥的处理

堆肥发酵处理是目前畜禽粪便处理与利用较为传统可行的方法。运用堆肥技术可以在较短的时间内使粪便减量、脱水、无害,取得较好的处理效果。粪便经过堆放发酵,可利用产生的温度来杀死虫卵和病原菌。高温堆肥处理是利用混合机将畜禽粪便和添加物质按一定比例进行混合,控制微生物活动所需的水分、酸碱度、碳氮比、空气、温度等,在有氧条件下,借助好氧微生物的作用,分解畜禽粪便及各种有机物,使堆料升温、除臭、降水,在短时间内达到矿质化和腐殖化的目的。这种技术可以在较短时间内使粪便在微生物作用下自然分解,通过生化反应产生的热能使堆内温度升高,从而杀灭病原微生物和寄生虫等,使其成为无害的优质肥料。该方法费用低,不受季节的限制,技术成熟,是目前畜禽粪便处理与推广应用较为可行的方法。经过堆肥之后,养分释放相对缓释,减少病原菌,无臭味,提高土壤有机质的效果较好,且能改善土壤耕性。秸秆类肥料在矿化过程中易于引起土壤缺氮,并产生植物毒素,要求在作物播种或移栽前及早翻压入土。也可以利用蔬菜秸秆废弃物进行堆肥,已有研究发现在堆肥原料中选择功能性物质,如烟草废弃物、蘑菇渣等能够在原有堆肥性能的基础上优化,使产品达到改土、增产的效果。

堆肥、沤肥、沼渣肥等含有大量的腐殖质,适合培肥土壤,但因其中还有大量尚未完全腐烂分解的有机物质,所以这些肥料宜做基肥施用,不宜做追肥施用。

人畜粪尿和沼液为速效性肥料,其余均为迟效性肥料,各种有机肥料的养分含量和性质差别很大,在施用时必须注意:各类有机肥料除直接还田的作物秸秆外,一般需要经过堆沤处理,最好通过生物菌沤制,使其充分腐熟之后才能施入土壤,并且追肥后要浇清水冲洗,特别是饼肥、鸡粪等高热量有机肥尤其要注意这一点,以防烧苗。人粪尿是含氮量较高的速效有机肥,适合做追肥施用。但因其含有寄生虫卵和一些致病微生物,还含有氯化钠,所以在施用前要经过无害化处理,而且要看作物施用,如在忌氯作物上施用过多,往往会导致品质下降,如生姜的辣味变淡,瓜果的味道变酸等。另外,人粪尿中的有机质含量较低,不易在土壤中积累,磷、钾元素的含量也不足。因此,长期单一施用人粪尿的土壤必须配施一定量的厩肥、堆肥、沤肥等富含有机质的肥料,以保证土壤养分的平衡供应。

(三)其他来源的养分供应

1. 轮作体系中的绿肥

豆科作物或豆科牧草同其他作物轮作或间作,豆科作物的根瘤菌不但可以固定土壤中的氮素,增加土壤氮素营养,而且收获后残留的根系和根瘤还可增加土壤中的有机质。豆科作物是增加土壤氮素固定的重要方法,其固氮量受多方面因素影响,如气候,土壤 pH,N、P、K 有效性,豆科作物品种与种植时期,与根瘤菌的共生等(Ledgard 和 Steele,1992)。目前已有模型可用来估算轮作过程中豆科作物的固氮量(Haraldsen et al.,2000;Hogh-Jensen et al.,2004;Topp et al.,2005),可以更有效地评价轮作豆科作物对土壤氮素的贡献。几种豆科植物地下部固氮量见表 3-6。

表 3-6 豆科植物地下部的固氮数量

豆科植物	全氮/(g/kg)	固氮百分率/%	占总固氮量/%
蚕豆	20	58.5	17.5
紫云英	18.5	58.4	11.4
苏箭 3 号	27.1	74.8	16.2
紫花苜蓿	15.5	70.1	45.3

2. 作物秸秆

作物秸秆是一类高纤维含量的有机肥料,来源十分广泛。用秸秆做肥料时:一是提前施用;二是切碎施用;三是配合一定数量的鲜嫩绿肥或腐熟人粪尿施用,以缩小碳氮比和满足微生物繁殖时的氮素之需,并在早期补充磷素;四是同土壤充分混匀并保持充足的水分供应;五是土壤一次翻压秸秆的数量不能太多,以免在分解时产生过量有机酸对作物根系造成危害;六是不能将病虫害严重或污染严重地带的作物秸秆直接还田(可堆沤发酵后还田),以免造成病虫蔓延或土壤污染。

3. 腐殖酸

泥炭又称草炭或泥煤,富含有机质和腐殖质,但其酸度大,含有较高的活性铁和活性铝,分解程度较低,一般不直接作肥料施用,常用作基肥或牲畜的垫圈材料。腐殖酸类有机肥则广泛地存在于埋藏较浅的风化煤、煤、煤矸石和碳质页岩(石煤)之中,能够作为土壤改良剂、叶面肥料、抗旱防冻保护剂等,在瘠薄的土壤中,叶菜类、块根、块茎类和禾本科作物上施用效果好,而在油菜、棉花和菜豆等作物上施用效果较差。

在有机农业混合体系中应尽量保持磷和钾的较低输入量。因此在以有机肥为基础的混合有机体系中优化的肥料管理是必要的。有机蔬菜生产中的常用肥料和土壤改良剂材料见表3-7。磷素的供应主要通过磷矿粉,钾素可能是有机农业体系主要营养物质中最难调控的,因为钾支出后需要及时补充,但是有机农业中却没有持续的钾供应。如果能证明钾的缺乏,有机认证机构将会允许使用一些原料,如硫酸盐钾肥,MSL-K(火山凝灰岩)和氧化钾盐(糖用甜菜工业的副产品)。

表 3-7　一些用于有机蔬菜生产的常用肥料和土壤改良材料

农家肥,包括泥浆和尿	矿物钾、硫酸钾
动物副产品,包括血粉、肉粉、骨粉、蹄角粉、羽毛粉、鱼和鱼产品、羊毛、皮毛、奶制品	微生物来源的可生物降解的加工副产品
木头和木制品,包括未经化学处理的木灰、树皮、木炭、锯末、刨花	黏土、包括膨润土、珍珠岩、蛭石、沸石
泥炭	氯化钠
植物制剂和提取物	天然磷酸盐、磷矿粉
堆肥,包括蚯蚓和蚯蚓粪	微量元素和微量营养液
钙镁改良剂	硫
石灰石、石膏、泥灰土、白垩、氯化钙	石粉
镁矿石、硫酸镁石、泻盐	天然来源的微生物制剂

三、有机菜田的施肥方法

(一)合理分配肥料

由于各种有机肥的养分有效性不同,适宜的施用时间也不同。总的原则是缓效的有机肥适于基施作底肥,而速效的有机肥则适于结合蔬菜的关键需肥期进行追肥。一般施用量大、养分含量低的粗有机肥料适合于基肥施入;含有大量速效养分的液体有机肥和有些腐熟好的有机肥料可作追肥施用,应制定合理的基追肥比例,对于高温栽培的作物,最好减少基肥施用量,增加追肥施用量。有机肥的施用时期,应同时考虑养分的释放规律和作物的需肥规律。有机肥料在土壤中的释放呈抛物线状,其过程可分为释放速率持续上升、下降和迟滞三个阶段。且有机肥料具有缓释特征。缓效的有机肥种类适于作基肥,作追肥时必须考虑养分释放时间提前施用;速效的种类应考虑作物土壤的保肥能力及淋洗损失风险适当减量。果菜类一般幼苗需氮量较多,但过多施用反而引起徒长、落花落果;进入生殖生长期,需钾肥剧增,需氮量略减,因此要注意利用有机肥追肥来增磷增钾。

基肥:结合整地每亩施用腐熟的厩肥或生物堆肥 3 000～5 000 kg,有条件的可使用有机复合肥作种肥,方法是在移栽或播种前,开沟条施或穴施在种子或幼苗下面,施肥深度以 5～10 cm 较好,注意中间隔土。

追肥:追肥分土壤施肥和叶面施肥。土壤追肥主要是在蔬菜旺盛生长期结合浇水、培土等进行追施。目前蔬菜生产中,水肥一体化技术是有效保证作物生育期养分需求的技术,然而对于有机肥的追肥,目前由于滴灌及微喷灌设备对肥料溶解度的要求较高,有机肥中的颗粒物质及藻类容易造成灌溉设备的堵塞,还未能广泛使用。叶面施肥可在苗期、生长期选取生物有机叶面肥,绿肥一般都在花期翻压,翻压深度 10～20 cm,每亩翻压 1 000～1 500 kg,可根据绿肥的分解速度,确定翻压时间。

(二)科学耕作灌溉

菜田耕作层普遍较浅是有机菜田土壤的一个问题,这必然会影响到蔬菜根系的生长发育,造成蔬菜发棵差以及早衰的不良后果,且由于耕层浅,土壤营养库及贮水库容积受到限制,供肥能力和抗灾能力降低。应逐年加深耕层,直至 20 cm 以上,在增施有机肥条件下可隔年进行 1 次深秋翻,加速土壤的熟化,消灭旱地的犁底层,当然耕作次数及深度还应因地制宜,对土层较浅的漏水漏肥地宜深耕,对肥力较高且疏松的菜田宜少耕,以减少水土流失和养分淋失。同时,在灌溉时要保证肥料施用时的肥水同步和肥料施用后最佳效果期的肥水同步,充分发挥水肥交互效应。

(三)根据作物品种特性和生长规律进行施肥

不同作物所需养分不同,如番茄比禾本科作物需要更多的钾素,瓜果类作物需要较多的磷、钙、硼元素,豆科作物需要较多的磷、钾、钙、钼元素,叶用蔬菜、茶、桑等作物需要较多的氮素。在制订有机农业培肥计划时,首先要明确所用有机肥源中氮磷钾和中微量元素的含量情况,了解肥料的当季利用率和不同作物的需肥规律。在一般情况下,采用以定氮磷钾再定中微量营养元素的配方施肥方法,有了足够的氮磷钾元素大多能满足作物生长的需要。如是喜磷喜钾作物,可配施一定数量的骨粉、磷矿粉、含钾矿物、富钾绿肥或草木灰进行补充。作物对营养的最大利用期,是在作物生长最快或营养生长和生殖生长并进的时期。这时作物需肥量大,对肥料的利用率高,此时要在施用基肥的基础上追肥,以保证作物对营养的需要。可采用迟效有机肥同速效有机肥相结合,基肥、种肥、追肥相结合的方法施肥。

(四)根据土壤性质施肥

土壤性质即土壤的物理性质和化学性质,包括土壤水分、温度、通气性、酸碱反应、土壤耕性、土壤的供肥、保肥能力以及土壤微生物状况。沙性土壤团粒结构差，吸附力弱，保肥能力差，但通气状况好，好气性微生物活动频繁，养分分解速度快，故施肥时要多施沼渣肥和土杂肥改良土壤结构，提高土壤的保肥能力。黏重土壤通透性较差，微生物的活动较弱，养分分解速度慢，耕性差，但保肥能力强，故施肥时要多施切断的秸秆、山草和厩肥类、泥炭类有机肥料，改善土壤的通透状况，增加土壤的团粒结构，提高土壤对作物的供肥能力。强酸性土壤可适当地施些石灰，强碱性土壤则可施些石膏粉或硫黄粉进行调节。

(五)合理轮作、间作提高土壤自身的培肥能力

合理轮作、间作，可增加土壤的生物多样性、培肥地力、防止病虫草害的发生。如果同一块地连年种植同一种作物，就会造成同种代谢物质的积累或因某种养分的缺乏而产生"重茬病"。轮作是有机栽培的最基本要求和特性之一。蔬菜轮作或休闲一段时间也有较好的预防效果，大棚蔬菜连续种植几年之后，种植一季粮食作物对恢复地力、减轻土壤盐渍化都有显著的效果。利用甘蓝、菠菜、南瓜、芹菜等耐盐蔬菜或玉米、苏丹草等根系发达、吸肥能力强的特性，不施肥，以降低盐分。如利用前茬作物根系分泌物，可以抑制后茬豆科作物发生病害；深根系作物与浅根系作物的轮作(如番茄—白菜轮作)，可以利用不同深度的土壤养分；需肥大与需肥小的蔬菜轮作(如西兰花与四季豆)，有助于土壤地力的恢复；土地覆盖率高与覆盖率低的蔬菜轮作，可以保护土壤结构等。另外，在两季蔬菜休闲季节可以选择种植填闲作物，如甜玉米、毛苕子、苋菜等(王金龙和阮维斌，2009)。轮作选种蔬菜可与非寄主植物或抗性品种轮作，合理轮作可显著减轻病情，如现有重症田改种耐病的辣椒、葱、韭、蒜等，轮作年限多为3～4年，与禾本科作物轮作效果好，尤其是水旱轮作，可有效减少土壤中根结线虫量。国外采用填闲期间种植万寿菊，对根结线虫防效较好。在天津地区，番茄与葱、韭、蒜植物的轮作、间作，有效降低线虫和病原微生物的危害，是防治蔬菜连作障碍的有效途径。通过采用非寄主植物和黄瓜、番茄间作，显著减少根结线虫数量，分别减少35.8%、51.1%。抗性品种与易感品种搭配种植时，使根结线虫量下降34.67%。茼蒿与黄瓜间作，使根结线虫减少22.34%；蓖麻与黄瓜间作，线虫数量下降7.97%。李元等对不同作物的填闲效果分析发现，相比填闲前，各填闲作物收获后均增加土壤中的微生物总量7.9%～89.8%，而休闲处理的微生物量减少；与休闲处理相比，填闲作物的镰刀菌数量均有所下降，以种植大葱减少最多，减轻了蔬菜根腐病、立枯病和枯萎病等的风险(李元等，2008)。夏季休闲期在温室种植填闲作物甜玉米和苏丹草后，土壤中的根结线虫数量明显减少，土壤中的线虫总量、寄生性线虫数量均受到抑制。非寄主植物处理后对线虫群落也产生较大的影响，与对照相比，甜玉米处理根结线虫群落的多样性、丰富度、优势度增加，使土壤微生态系统保持相对稳定。

同时填闲作物的种植可以吸收利用土壤中高量累积的氮素等养分、有效降低硝态氮在土壤中的累积,减少硝态氮的淋洗,并且能够改善土壤质量,回收利用残余的肥料氮,作为下茬作物的有效氮源,可以减少土壤硝酸盐的淋洗风险,同时可以提高氮素循环能力。

第三节　菜田土壤培肥与可持续发展问题

在规模化、集约化生产背景下农民传统的种植模式和施肥习惯带来的诸如资源利用率低、土壤次生盐渍化、酸化、养分淋洗、水体富营养化和 N_2O 损失加剧等问题,严重影响蔬菜产业和环境的可持续发展。已有研究表明,在蔬菜生产过程中,长期单一种植和有机肥、化肥过量投入是导致菜田资源利用效率低、环境污染以及土壤质量退化的根本原因(王敬国等,2011)。

一、菜田土壤培肥与养分平衡

养分平衡的计算方法及评价体系主要用于估算田块及农场体系中养分的平衡(通常用于氮、磷和钾),外源氮主要通过氮固定进入作物体系,氮固定和作物耕作期间对氮消耗之间的平衡决定了其对生产和环境的影响(Scoones Toulmin,1998;Watson 和 Atkinson,1999)。对于有机农业,计算氮固定中的氮转移也是相当困难的。

二、菜田土壤氮素平衡与去向

在蔬菜生产过程中施用大量有机肥,而设施内土壤温度很少低于作物生长的临界温度,较高的温度会促进土壤有机氮素的矿化(Quenmada and Cabrera,1997;Sierra et al.,1997;Trindade et al.,2001);且设施生产体系复种指数高,多次翻耕也使土壤的矿化速率增加(Harris and Catt,1999)。由于设施菜田有机粪肥的矿化速率较快,而且常伴随着大水漫灌,无机氮素也将会通过淋洗途径损失,大量的氮素淋洗会对地下水和周围水体造成潜在威胁。菜田的氮素投入量过高可能是造成地下水硝酸盐含量上升的根本原因(董章杭,2006)。

三、菜田土壤磷素平衡与去向

随着种植年限的增长,同一土层土壤无机磷含量和磷素向下淋洗风险增大。种植 7～9 年和 9 年以上的设施菜田 40～60 cm 土层无机磷含量要显著高于种植年限为 1～3 年和 4～6 年的,这说明土壤磷素在长时间设施栽培下已经被淋失到 40 cm 以下。此外,无机磷与有机磷的比例也随着种植年限的增加而增加,种植 9 年以上的设施菜田 0～20 cm 土层无机磷/有机磷是粮田无机磷/有机磷比例的 3.2

倍,设施种植年限大于 3 年的菜田 0～20 cm 土壤中,无机磷的占比超过了 90%,20～100 cm 土层无机磷的占比在 80%～89% 之间;而粮田 0～20 cm 土层无机磷的比重为 76%,20～100 cm 土层无机磷的占比在 80% 左右(曹文超,2012)。

有机肥中存在大量的磷素,长期不合理施用会导致菜田土壤磷素过量累积。余海英等(2011)在沈阳设施菜田研究发现,0～20 cm 土壤全磷、无机磷、有效磷平均含量分别是露地土壤的 3.1 倍、3.3 倍、3.6 倍,无机磷占全磷含量的 92.1%,有效磷仅占全磷含量的 16.6%。研究表明,在目前磷的投入水平下,4～8 年以后,设施菜田土壤全磷显著增加,是大田土壤全磷的 2～4 倍(张树金等,2010)。磷素高量盈余不仅抑制蔬菜根系的发育,影响蔬菜壮苗和抗病性,对整个植株的生长发育也会产生影响(陈清,2007)。而且,土壤中过高的磷含量会极大增加磷素淋洗风险,引起周围水体的富营养化(Yu et al.,2010)。此外,随着土壤磷含量的增加,土壤磷素会和 Ca^{2+}、Mg^{2+} 反应生成难溶解的磷酸钙等物质,从而降低它们的有效性,易使蔬菜缺 Ca^{2+} 和 Mg^{2+}。

有机农业对食品安全、人类健康、保护环境、恢复生态平衡有很好的促进作用,研究和改进有机农业体系中的养分调控以及与其相关的植物、动物和人类,能够发展更可持续的农业体系。由于肥料来源的不同,有机土壤管理与传统土壤管理中养分调控在根本上有所不同,但土壤肥力形成的基本过程却是一样的,因此研究有机农业和传统农业养分循环都要求相似的方法和严谨的科学性。

参 考 文 献

[1] 曹文超,张运龙,严正娟,等.种植年限对设施菜田土壤 pH 及养分累积的影响.中国蔬菜,2012,18:134-141.

[2] 陈琼贤,刘国坚,段炳源.施肥和种植制度对水稻产量、土壤肥力的影响.广东农业科学,1997(4):29-32.

[3] 丁国强.设施蔬菜土壤盐渍化的成因及防治.长江蔬菜,2005(1):32-33.

[4] 董章杭.山东省寿光市集约化蔬菜种植区农用化学品使用及其对环境影响的研究:博士论文.北京:中国农业大学,2006.

[5] 高杰云,王丽英,严正娟,等.设施土壤栽培番茄配方施肥策略与技术研究.中国蔬菜,2014,1(1):7-12.

[6] 高新昊,张志斌,郭世荣.氮钾肥不同比例分段追施对日光温室番茄越冬长季节栽培产量与品质的影响.土壤通报,2007,39(3):465-468.

[7] 龚玉琴,侯晓宁,白锦红,等.冬春茬设施果类氮磷钾吸收量的研究.中国农技推广,2009,25(6):25-26.

[8] 贺超兴,张志斌.设施蔬菜优质高产栽培新技术.北京:科学普及出版社,2012.

[9] 贾伟,王丽英,陈清.华北平原菜田有机氮素净矿化速率的季节性差异.华北农学报,2013,28(5):198-205.

[10] 巨晓棠.冬小麦/夏玉米轮作体系中土壤-肥料氮的转化及去向.北京：中国农业大学，2002.

[11] 雷宝坤.设施菜田土壤有机质演变特征：博士论文.北京：中国农业大学，2008.

[12] 雷宝坤,刘宏斌,朱红业.粮田改为菜田后土壤碳、氮演变特征.西南农业学报,2011,24(4)：1390-1395.

[13] 李俊良,崔德杰,孟祥霞,等.山东寿光保护地蔬菜施肥现状及问题的研究.土壤通报,2002,33(2)：126-128.

[14] 李元,司力珊,张雪艳,等.填闲作物对日光温室土壤环境作用效果比较研究.农业工程学报,2008,24(1)：224-229.

[15] 刘军,高丽红,黄延楠.日光温室不同温光环境下番茄对氮磷钾吸收规律的研究.中国农业大学学报,2004,9(2)：27-30.

[16] 刘玲,杨海霞,张月玲.寿光市农村生活饮用水水质检测结果分析.医学动物防制,2010,5：478-478.

[17] 刘朋朋.京郊高产果类蔬菜施肥特征及优化施肥技术研究:硕士论文.北京：中国农业大学,2012.

[18] 刘兆辉,江丽华,张文君,等.山东省设施蔬菜施肥量演变及土壤养分变化规律.土壤学报,2008,45(2)：296-303.

[19] 孟利芬,陈清,陈小燕,等.集约化蔬菜生产的中微量元素施用原则与方法.中国蔬菜,2010,3(16)：15-20.

[20] 齐红岩,李天来,富宏丹,等.不同氮钾施用水平对番茄营养吸收和土壤养分变化的影响.土壤通报,2006,37(2)：268-272.

[21] 齐红岩,李天来,郭泳沈,等.日光温室长季节栽培条件下植株营养元素吸收特性的研究.沈阳农业大学学报,2000,31(1)：64-67.

[22] 任涛.设施番茄生产体系氮素优化管理的农学及环境效益分析:硕士论文.北京：中国农业大学,2007.

[23] 任涛.不同氮肥及有机肥投入对设施番茄土壤碳氮去向的影响:博士论文.北京：中国农业大学,2011.

[24] 任志雨,王秀峰,魏珉.不同根区温度对黄瓜幼苗矿物质元素含量及根系吸收功能的影响.山东农业大学学报：自然科学版,2003,34(3)：351-355.

[25] 宋效宗.保护地生产中硝酸盐的淋洗及其对地下水的影响:博士论文.北京：中国农业大学,2007.

[26] 汪李平,朱兴奇,赵庆庆.有机蔬菜病虫草害防治技术.长江蔬菜,2013(3)：3-8.

[27] 王文静,魏静,马文奇,等.氮肥用量和秸秆根茬碳投入对黄淮海平原典型农田土壤有机质积累的影响.生态学报,2010,30(13)：3591-3598.

[28] 王金龙,阮维斌.四种填闲作物对天津黄瓜温室土壤次生盐渍化改良作用的初步研究.农业环境科学学报,2009.28(9)：1849-1854.

[29] 王敬国.设施菜田退化土壤修复与资源高效利用.北京：中国农业大学出版社,2011.

[30] 王旭东,胡田田,李全新,等.有机肥料的磷素组成及供磷能力评价.西北农业学报,2001,10(3):63-66.

[31] 徐瑞富,任永信.连作花生田土壤微生物群落动态与减产因素分析.土壤与作物,2003,19(1):33-34.

[32] 杨丽娟,李天来,付时丰,等.长期施肥对菜田土壤微量元素有效性的影响.植物营养与肥料学报,2006,12(4):549-553.

[33] 杨玉爱,何念祖.有机肥料对土壤锌,锰有效性的影响.土壤学报,1990(2):195-201.

[34] 余海英.设施土壤养分状况及盐分的累积、迁移特征.四川农业大学,2006.

[35] 余海英,李廷轩,张树金,等.温室栽培条件下土壤无机磷组分的累积、迁移特征.中国农业科学,2011,44(5):956-962.

[36] 袁丽金,巨晓棠,张丽娟,等.设施蔬菜土壤剖面氮磷钾积累及对地下水的影响.中国生态农业学报,2010,18(1):14-19.

[37] 张经纬,曹文超,严正娟,等.种植年限对设施菜田土壤剖面磷素累积特征的影响.农业环境科学学报,2012,31(5):977-983.

[38] 张树金,余海英,李廷轩,等.温室土壤磷素迁移变化特征研究.农业环境科学学报,2010,29(8):1534-1541.

[39] 郑军辉,叶素芬,喻景权.蔬菜作物连作障碍产生原因及生物防治.中国蔬菜,2004,1(3):56-58.

[40] 周丽群,李宇虹,高杰云,等.京郊设施果类蔬菜施用大量元素水溶肥效果分析.北方园艺,2014,1:161-164.

[41] 朱晋宇,温祥珍,刘美琴,等.不同茬口日光温室番茄干物质生产与分配.北方园艺,2007,34(6):1437-1442.

[42] 朱培立,王志明,黄东迈,等.无机氮对土壤中有机碳矿化影响的探讨.土壤学报,2001,38(4):457-463.

[43] Bromfield S M. Sheep faces in relation to the phosphorus cycle under pastures. Australian Journal of Agricultural Research. 1961,12:111-123.

[44] Cao Z H, Huang J F, Zhang C S, et al. Soil Quality Evolution After Land Use Change From Paddy Soil to Vegetable Land. Environmental Geochemistry and Health,2004,26:97-103.

[45] Harris, G L, Catt, J A. Overview of the studies on the Cracking clay soil at Brimstone Farm, U K. Soil Use and Management,1999,15(4):233-239.

[46] Quemada M, Cabrera M L. Temperature and moisture effects on C and N mineralization from surface applied clover residue. Plant and soil. 1997,189(1):127-137.

[47] Trindade H, Coutinho J, Jarvis S, et al. Nitrogen mineralization in ropping sandy loam soils under an intensive double-cropping forage system with dairy-cattle slurry applications. European Journal of Agronomy,2001,15:281-293.

[48] Yan Z, Liu P, Li Y, et al. Phosphorus in China's Intensive Vegetable Production Systems: Overfertilization, Soil Enrichment, and Environmental Implications. Journal of environmental quality,2013,42(4):982.

[49] Berry P M, Stockdale E A, Sylvester-Bradley, et al. N, P and K budgets for crop rotations on nine organic farms in the UK. Soil Use Manage,2002,18:248-255.

［50］ Halberg N,Kristensen E S,Kristensen,I. S. Nitrogen turnover on organic and conventional mixed farms. J. Agric. Environ. Ethic,1995,8：30-51.

［51］ Haraldsen T K,Asdal A,Grasdalen C,et al. Nutrient balances and yields during conversion from conventional to organic cropping systems on silt loam and clay soils in Norway. Biol. Agric. Hortic. 2000,17：229-246.

［52］ Høgh-Jensen H,Loges R,Jørgensen,et al. An empirical model for quantification of symbiotic nitrogen fixation in grass-clover mixtures. Agric. Syst. 2004,82：181-194.

［53］ IFOAM (International Federation of Organic Agriculture Movements),1998,IFOAM Basic Standards for Production and Processing,IFOAM Publications,Germany.

［54］ IFOAM (International Federation of Organic Agriculture Movements),2006,http://www. ifoam. org/about ifoam/principles/. Assessed October 2006.

［55］ Ledgard S F,Steele K W. Biological nitrogen fixation in mixed legume/grass pastures, Plant Soil,1992,141：137-153.

［56］ Stockdale E A,Shepherd M A,Fortune S,at al. Soil fertility in organic farming systems-fundamentally different? Soil Use Manage. 2002,18：301-308.

［57］ Watson C A,Bengtsson H,Løes A-K,et al. A review of farm-scale nutrient budgets for organic farms in temperate regions. Soil Use Manage,2002,18：264-273.

第四章　有机肥料生产及应用

有机肥料是农业生产中的重要肥源,其养分全面,肥效均衡持久,既能改善土壤结构、培肥改土,促进土壤养分的释放,又能供应、改善作物营养,具有化学肥料不可替代的优越性,同时也是在有机农业生产过程中主要的肥料,对发展有机农业具有重要意义。本章主要介绍有机肥原料的种类和特点、固体有机肥和液体有机肥的就地生产技术、有机育苗基质的制作技术、绿肥的作用及应用。

第一节　有机肥原料的种类与性质

一、有机肥料的概念

广义上的有机肥料指含有有机物质,既能提供农作物多种无机养分和有机养分,又能培肥改良土壤的一类肥料。其中绝大部分为农家就地取材,自行积制,俗称农家肥,主要由各种动植物残体或代谢物组成,如人粪尿、畜禽粪便、秸秆、动物残体、屠宰场废弃物等。另外还包括厩肥、沼肥、沤肥、绿肥、饼肥等。随着人们对有机肥认识的提高,有机肥的应用量正在逐步增大,有机肥也发展成了一种产业,商品有机肥料逐步普及和被人们所接受。有机肥料行业标准(NY 525—2012)将有机肥料定义为:主要来源于植物和(或)动物,经过发酵腐熟的含碳有机物料,其功能是改善土壤肥力、提供植物营养、提高作物品质。商品有机肥的概念和内涵不包括绿肥、农家肥和农民自积的有机粪肥。

值得注意的是,在有机农业生产中要求优先使用本单元或其他有机生产单元的有机肥,如利用本生产单元的蔬菜下脚料充分腐熟后的堆肥、沤肥等,或者积极发展和使用绿肥。但是,很多有机种植基地或农场要满足本生产单元的需要,往往存在自制有机肥的有机原料不足的困境,因此,我们建议外购发酵好的商品有机肥作为补充。外购的商品有机肥,最好经认证机构许可后使用。

二、有机肥原料的种类

有机肥料的原料来源十分广泛,几乎所有含有机碳质,并能提供养分的物料均可以加工为有机肥料。根据有机农业的生产要求(GB/T 19630.1—2011),适用于生产有机产品的有机肥原料如表 4-1 所示。

表 4-1 有机作物种植允许使用的有机肥原料

原料类别	名称和组分	使用条件
有机农业体系内	作物秸秆和绿肥等	直接还田或堆肥处理
	畜禽粪便及其堆肥(包括圈肥)	直接施用
有机农业体系以外	秸秆	直接还田或满足堆肥要求
	畜禽粪便及其堆肥	满足堆肥要求
	干的农家肥和脱水的家畜禽粪便	满足堆肥要求
	海草或物理方法生产的海草产品	未经过化学加工处理
	来自未经化学处理的木材、树皮、锯屑、刨花、木灰、木炭及腐殖酸类物质	地面覆盖或堆制后作为有机肥源
	未掺杂防腐剂的肉、骨头和皮毛制品	经过堆制或发酵处理后
	蘑菇培养废料和蚯蚓培养基质的堆肥	满足堆肥要求
	不含合成添加剂的食品工业副产品	经过堆制或发酵处理后
	草木灰	作为薪柴燃烧的产品
	不含合成添加剂的泥炭	禁止用于土壤改良;只允许作为盆栽基质使用
	饼(粕)	不使用经化学方法加工的

来源:GB/T 19630.1—2011 有机产品.

　　适合作为有机农业体系有机肥的原料,虽然 GB/T 19630.1—2011 都有明确的规定和分类,但是有几个问题是需要特别注意的,如有机农业体系外的海草及其海草产品、木材加工的下脚料、食品工业的副产品和下脚料、饼(粕)等,都要强调原料的原始状态,加工、生产过程都没有经过化学处理或不添加合成添加剂,以避免给有机农业生产体系带入重金属、激素等污染。将晒干或生鸡粪等直接当有机肥施用,也是现在有机种植体系普遍采用的方式,基于直接施用晒干或生鸡粪会导致土壤有机酸的积累、氨害(特别是大棚)、病害加重、重金属和激素问题,我们一般不鼓励农户或农场主采用这种施肥方式。

三、有机肥原料的性质

　　表 4-2 列出了当前全国各地堆肥生产中可能会碰到和使用的一些原料,并对原料来源进行了描述,表中对养分和腐熟难易概括性的描述是经验性的,目的是为生产

者进行原材料的初步筛选提供参考,这是非常有意义的。由于原材料的种类太多,不可能对每一种原料的特点作出详细描述,下面仅对几种常见原料进行介绍。

表 4-2 可堆肥的有机废弃物的种类和利用形式

分类	种类	利用形式	分类	种类	利用形式
养殖业	牛粪	原材料	绿化业	水草	原材料
	猪粪	原材料	食品加工业	剩饭、厨余垃圾	原材料
	鸡粪	原材料		蔬菜渣	原材料
	马粪	原材料		豆腐渣	原材料
	废家禽	原材料		咖啡渣	原材料、辅料
	肉联厂污泥	原材料		茶叶渣	原材料
农林业	稻壳	原材料、辅料		果汁残渣	原材料
	秸秆类(稻、麦)	原材料、辅料		啤酒泥	原材料
	果树的树枝	原材料、辅料		烧酒渣	原材料
	蔬菜加工屑	原材料		罐头加工残渣	原材料
	菇渣	原材料		食品加工残渣	原材料
	伐木	原材料、辅料	生活类	厨余垃圾等	原材料
	树皮	原材料、辅料		粪便污泥	原材料
渔业	鱼骨	原材料		下水污泥	原材料
	鱼杂碎	原材料	造纸业	树皮	原材料、辅料
	贝类残体	原材料		造纸污泥	原材料
	海藻残渣	原材料	建筑业	木屑	辅料
绿化业	修剪枝叶	原材料、辅料		伐木	原材料、辅料
	牧草	原材料		刨木屑	辅料
	落叶	原材料、辅料		废木材	辅料
	花卉、花卉残体	原材料		木炭屑	辅料

来源:社团法人日本有机资源协会.堆肥化手册.

(一)作物秸秆

作物秸秆是指籽实收获后剩下的含纤维成分很高的作物残留物。据调查,2011 年我国秸秆理论资源量达到 8.2 亿 t。其中稻草约为 2.05 亿 t、麦秸约为 1.5 亿 t、玉米秸秆约为 2.65 亿 t、棉秆约为 2 584 万 t。作物秸秆因种类不同,所含的各种养分元素的多少也不同(表 4-3)。一般来说,豆科作物秸秆含氮量较多,禾本科作物秸秆含钾量较丰富。

表 4-3 常见秸秆类的性状

物质	稻秸	小麦秸秆	大麦秸秆	稻壳	粉碎稻壳
水分/%	9.7～15	9.2～11.9	12～15	9.5～15.0	8.3～9.1
容积重/(t/m³)	0.05	0.03	0.02	0.1～0.13	0.2
吸水率/%	300～430	226～498	285～443	75～80	136～250
T-C/%	35.6	37.3	—	33.5～39.8	—
T-N/%	0.61	0.3	—	0.56	—
C/N 比/%	58	124	—	60～72	—
纤维素/%	24.7			32～42	
半纤维素/%	20.6			29～37	
木质素/%	7.7			1.3～38	

来源:社团法人日本有机资源协会.堆肥化手册.

(二)畜禽粪便

以家畜(包括猪、牛、羊等)的粪便为主,或含有各种垫料、饲料残渣的厩肥。畜禽粪便中养分含量依畜禽种类而有较大的不同(表 4-4)。需要注意的是,在集约化养殖中由于饲喂的饲料中可能含有添加剂,会导致粪便中的抗生素、微量元素或重金属的过量积累。因此,在有机农业生产过程中,应尽量选用非集约化养殖场产生的畜禽粪便为原料生产有机肥。

表 4-4 主要畜禽粪便的污染物含量与特征

		乳牛	肉牛	猪	蛋鸡	小型肉用鸡
BOD	粪/(mg/L)	24 000	24 000	60 000	65 000	65 000
	尿/(mg/L)	4 000 (5 800)	4 000	5 000 (3 300)		
	合计/(mg/L)	18 400	18 400	23 300	65 000	65 000
COD	粪/(mg/L)	19 000	19 000	35 000	45 000	45 000
	尿/(mg/L)	6 000	6 000	9 000		
	合计/(mg/L)	15 360	15 360	17 667	45 000	45 000
SS	粪/(mg/L)	120 000	120 000	220 000	130 000	130 000
	尿/(mg/L)	5 000 (5 800)	5 000	5 000 (5 300)		
	合计/(mg/L)	87 800	87 800	76 667	130 000	130 000

续表 4-4

		乳牛	肉牛	猪	蛋鸡	小型肉用鸡
氮	粪/(mg/L)	4 500	3 000	5 000	25 000	20 000
	尿/(mg/L)	8 000	12 000	7 000		
	合计/(mg/L)	5 480	5 520	6 333	25 000	20 000
磷	粪/(mg/L)	1 000	1 000	5 000	4 500	2 500
	尿/(mg/L)	100	100	500		
	合计/(mg/L)	748	748	2 000	4 500	2 500
有机物含量	粪/(%干基)	80%	80%	85%	70%	70%
	尿/(%干基)	70%	70%	70%		
	合计/(%干基)	79.90%	79.90%	84.50%	70%	70%

来源:社团法人日本有机资源协会．堆肥化手册．

值得注意的是,按照有机产品生产的基本要求(GB/T 19630.1—2011),不应在叶菜、块根、块茎类作物上施用人粪尿,在其他作物上使用时应该充分腐熟和无害化处理,并且不能和使用部分有接触。GB/T 19630.1—2011 还同时规定,可施用溶解性小的天然矿物肥料用于有机食品的生产,但是不能作为主要的营养循环代替物,不能施用矿物氮肥。采用畜禽粪便作为堆肥原料来提高有机肥的氮素营养水平是一个不错的选择。如果要考虑到有机肥料的养分水平,特别是有机肥料的磷、钾水平和养分配比,可以考虑将矿物态的磷和钾作为堆肥原料的添加物,添加到堆肥过程中,增加磷、钾的有效性。为加快堆肥过程,可以添加微生物制剂,但要注意微生物制剂不能是转基因生物及其产品。

(三)厨余垃圾和食品废弃物

厨余垃圾的性质各不相同。特别是由于季节和地域的不同,性质也各不相同,有必要根据计划事先进行分析检测,确实把握其性质。一般来说,水分占 70%～85%,BOD 为 24 000～58 000 mg/kg,氮为 2 000～11 000 mg/kg,磷酸为 210～2 900 mg/kg,pH 为 4～6。最近,垃圾进行分类回收,因此堆肥的原材料多为含不可发酵的物质少,厨余垃圾比率高的家庭垃圾。厨余堆肥系统升温快,堆肥周期短,堆制过程中的生物可利用碳短缺,堆肥氮素损失量大,可通过添加适当碳源等措施来减少厨余堆肥的氮素损失。厨余垃圾的含水率高达 90%,发酵过程中糊状垃圾将整个堆垛全部空间填死,空气无法进入内部,致使微生物处于厌氧状态,使降解速度减慢,并产生硫化氢等臭气,同时使堆肥温度下降,影响堆肥质量(杨延梅,2006)。食品产业污泥中有机物含量很高,达到了 40%,氮、磷等肥料成分丰富,C/N 比平均约为 7。但是普遍含有浓缩分离后脱水率差的物质,比较容易腐烂和变质,易产生恶臭和寄生虫,应注意保存和保管。以下列举几类食品加工副产物原料的基本性质(表 4-5 至表 4-11)。

表 4-5　食品制造业使用原材料的肥效成分　　　　　　　　　　%

业种	调查/件	氮	磷酸	钾	胃蛋白酶消化率
乳业	11	6.94	5.01	0.99	46.55
乳酸饮料	9	6.81	3.92	0.53	44.46
肉类加工	7	8.53	4.73	0.75	55.6
屠宰	2	5.67	1.72	0.14	65.78
清凉饮料	6	6.67	3.87	0.87	53.05
啤酒	10	6.73	3.44	0.65	42.15
面包	10	6	3.75	0.58	43.62
酵母	4	7.14	2.38	1.61	51.98
馅儿	3	7.71	3.79	0.65	41.26
酱油	4	5.92	2.67	0.33	58.21
黄酱	3	7.08	6.36	2.14	50.72
小麦淀粉	4	9.29	6.77	0.69	70.24
玉米淀粉	2	8.07	4.82	1.01	63.95
橘子加工	9	4.39	2.31	0.44	44.33
水产加工	2	9.8	3.97	0.49	51.16
沙拉酱	3	7.35	2.76	0.58	46.16
制油	2	5	6.11	0.64	26.72
平均		7.01	4.02	0.77	50.37

来源:社团法人日本有机资源协会. 堆肥化手册.

表 4-6　啤酒泥(干基质)的成分　　　　　　　　　　%

水分	碳	氮	C/N	纤维	蛋白质
10.3	40.7	2.9	14	60.7	24.28

来源:社团法人日本有机资源协会. 堆肥化手册.

表 4-7　对由各种原材料制成的酒渣的分析结果

原材料	水分/ (实物%)	BOD/ (mg/L)	pH	氮/ (实物%)	磷酸/ (实物%)	钾/ (实物%)
甘蔗	93.5	41 900	4.2	0.24	0.03	0.18
麦		37 700	3.7	0.39	0.04	0.04
红糖	95.1		4.2	0.49	0.04	0.89

来源:社团法人日本有机资源协会. 堆肥化手册.

表 4-8　精糖渣饼(粕)、甘蔗渣的成分　　　　　　　　　　%

成分	饼(粕)	甘蔗渣
水分	74	42
有机物	60	91
全氮	1.77	0.39
磷酸	1.57	0.09
钾	0.62	0.25
CaO	2.43	
C/N	34	105
有机碳		41

来源:社团法人日本有机资源协会.堆肥化手册.

表 4-9　柳橙渣的分析表　　　　　　　　　　%

材料	水分	TS	VTS	RTS	VTS/TS	NH_4^+-N	Org-N	T-N	PO_4^{3-}
柳橙残渣	87	13	12.5	0.5	96.1	0.009	0.193	0.202	0.042

表 4-10　苹果渣的一般成分、糖质及果胶的含量　　　　%

材料	一般成分						糖质		果胶
	水分	粗蛋白质	粗脂肪	NFE	粗纤维	粗灰	单糖	多糖	
苹果渣	79.7	0.9	0.9	14.2	3.9	0.4	2.3	2.7	2.9

来源:社团法人日本有机资源协会.堆肥化手册.

表 4-11　蔬菜废弃物原料成分及含量(席旭东,2010)

样品名称	含水率/%	全氮/%	全磷/%	全钾/%	有机碳/%	C/N
白菜	94.93～95.9	2.72～5.56	0.56～0.77	4.40～4.99	29.70～35.90	8.57
花椰菜	88.24	4.23	0.53	0.80	34.98	8.27
紫甘蔗	89.62	3.78	0.46	1.57	36.86	9.75
生菜	93.90～94.80	3.56～4.77	0.47～0.61	4.93～5.37	35.00～41.70	10.00
青菜	88.00～88.70	3.99～5.69	0.35～0.54	1.85～2.01	36.68～47.41	9.80
西芹	92.80～94.00	2.76～3.96	0.67～0.82	4.99～6.08	33.03	9.83
萝卜	91.25	4.04	0.52	1.99	36.17	8.94
胡萝卜	87.04	3.23	0.49	2.96	39.51	12.23
平均值	90.67～91.19	3.54～4.41	0.51～0.59	2.94～3.22	35.24～38.14	9.67

(四)饼(粕)

各种含油较多的种子,压榨去油后剩余的残渣。种类很多,主要有:大豆饼、花生饼、棉籽饼、蓖麻饼、茶籽饼等,饼(粕)中含有大量的有机质和蛋白质,还含有可溶性的维生素,不同作物的饼(粕)的养分含量大小各异(表4-12)。由于有机农业拒绝转基因技术,因此组成饼肥的原料应该是非转基因的。

表4-12 饼肥类养分含量(风干基)(李季等,2005)

原料	C/%	N/%	P/%	K/%	C/N
大豆饼	20.2	6.68	0.440	1.19	3.07
花生饼	33.6	6.92	0.547	0.96	4.7
油菜籽饼	33.4	5.25	0.799	1.04	6.6
棉籽饼	22.0	4.29	0.541	0.76	6.3
芝麻饼	17.6	5.08	0.730	0.56	3.69
葵花籽饼	40.0	4.76	0.478	1.32	—
桐籽饼	43.5	2.84	0.429	1.16	15.8
茶籽饼	—	1.44	0.282	1.18	29.8
蓖麻籽饼	—	4.52	0.784	1.02	—
胡麻饼	—	5.60	0.763	1.10	—

(五)锯屑(末)、木屑

木材加工时产生的锯屑(末)和木屑,C/N 比较高。是和低 C/N 比原料搭配进行堆肥发酵的较理想的高碳物料。同时它们有较好的物理性状,是良好的堆肥物理添加剂。在加工前由于被人为或自然干燥,水分含量比较低。其中锯屑的水分含量为 25%~45%,木屑的水分含量为 15%~30%,所以可以作为调整堆肥原材料水分的调整材料充分加以利用。

第二节 固体有机肥的就地生产

一、固体有机肥就地生产的概念

有机农业或有机蔬菜的固体有机肥就地生产,就是将有机农业体系内废弃物(如秸秆、尾菜等)或临近地区收集来的符合有机生产的各种有机原料,按照堆肥化的基本原理,经过堆肥化过程后,就地转化成固体有机肥的技术,是实现有机农业或有机蔬菜园区的清洁生产和有机废弃物良好循环的体系。

二、固体有机肥就地生产技术流程

固体有机肥就地生产技术按照不同的工艺和技术层级可以分为:简易厌氧堆

肥、简易好氧堆肥、小型工厂化堆肥等各种模式。

简易厌氧堆肥,就是利用有机种植园区简易的场地或设施,采用厌氧发酵的基本原理,将有机废弃物堆沤成有机肥的一种方法。堆肥方式基本和好氧堆肥方式相同,但是因为堆体内不设通气系统,堆肥温度较低,堆肥腐熟和无害化所需时间相对较长。一般厌氧堆肥发酵都要求封堆,封堆方式可以采用泥封、塑料薄膜封堆和水封等几种方式,可以在有机种植园区或田间地头建简易厌氧发酵堆或厌氧发酵池进行厌氧发酵处理。一般要求一个月翻堆一次,以利于物料充分混匀和发酵。厌氧堆肥法简单、省工,在不急需用肥和劳动力紧张的条件下可以使用。是一种就地处理本有机生产系统的有机废弃物的一种简便方法。

简易好氧堆肥是指利用有机种植园区简易的场地或设施,采用好氧堆肥的技术原理和方法将废弃有机物转变为堆肥产品的过程。集中和收集有机种植区的固体有机废弃物,经过简单的粉碎、混合等前处理后,就近或就简利用园区的场地,进行堆肥发酵,将有机固体废弃物转变成其堆肥产品,然后将其作为有机肥施用到有机生产单元。

小型工厂化堆肥是利用好氧堆肥的基本原理,辅助简单的机械设备,进行工厂化堆肥的有机肥生产模式。这种技术模式一般适用于一定规模的有机种植园区,通过广泛收集本园区的有机废弃物(如秸秆、尾菜等),通过对这些有机固体废弃物的简单粉碎等预处理,添加适当辅料后,进行堆肥发酵,生产有机肥,实现园区有机固体废弃物有效的循环利用。一般情况下,有机种植园区产生的废弃物不能完全满足园区对有机肥的需要,可以考虑在充分利用园区有机废弃物的基础上,在临近地区收集符合有机生产的各种有机原料(如畜禽粪便、饼(粕)等),经过原料的粉碎、混合等预处理后,进行堆肥发酵,生产有机肥。这种技术模式生产的有机肥(严格意义来说是堆肥)以满足园区需要为根本目的。

一般情况,一个适用于固体有机肥就地生产的小型工厂化堆肥的技术环节应该包括:原料贮存及预处理、一次发酵、陈化、堆肥质量检验等技术环节(图 4-1)。

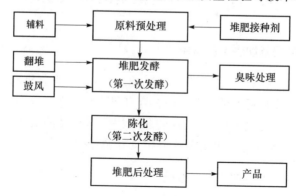

图 4-1　小型工厂化堆肥工艺流程示意图

　　根据有机种植园区的生产规模和有机肥自给能力(自给率)的不同,可以考虑适当地减少工艺和技术环节,如不考虑陈化工艺或不考虑堆肥加工工艺,仅考虑原料的预处理和堆肥的一次发酵工艺,适当延长一次发酵的时间,来处理有机固体废弃物,实现有机废弃物肥料化利用。

　　(一)原料的贮存及预处理

　　固体有机肥就地生产的主要原料应该是有机农业或有机蔬菜的下脚料(如尾菜、秸秆或植株残体等)和符合有机农业生产需求的各类有机物料。这些原料通常具有水分含量大或 C/N 高的基本特点。根据主要原料的基本性质和特点,为了满足固体有机肥就地生产的要求,要贮备一些水分含量相对较低或 C/N 较低的原料作为辅料,需要对辅料的贮存和原料进行预处理。在原料贮存区,含水率较低的干物料应避雨存放,保持低的含水率;含水率高的湿物料不宜长期存放,要及时处理,尽可能减少臭气和渗滤液的产生,防止环境二次污染。

　　原料预处理环节应对固体有机废物的水分、粒度及均匀度、C/N、pH 做出调整,通俗地说,就是对原料的粉碎、相互搭配和均匀混合。

　　1. 水分调节

　　堆肥的水分一般需要控制在 45%～65%,通常采用物料水分高低搭配、干湿混合的办法进行水分调节。就有机农业的生产特点而言,其有机废弃物呈现水分含量高(如尾菜等)或 C/N 高(如秸秆、瓜蔓等)的基本特点。当主料水分较高时,通常搭配较低水分含量的辅料(如油枯、锯末、米糠等);当主料 C/N 较高,水分含量较低时,可适当搭配 C/N 较低,水分含量较高的辅料(如畜禽粪便等)。

　　2. 粒度及均匀度调节

　　一般堆肥物料适宜的粒度范围为 3～15 mm。根据有机农业产生的有机废弃物的特点,其有机废弃物要达到堆肥的要求,需要对物料进行破碎,以便调整有机物料的粒度和混合物料的均匀度。对新鲜的高水分的物料(如尾菜等),可以选用类似于刀片式的青饲料粉碎机来切碎。对于秸秆类、特别是瓜蔓类的废弃物粉碎的设备要求可能要高一些。

　　在堆肥调节过程中,与粒度密切相关的还有均匀度调节,在原料混合时,要尽可能使物料混合均匀。

　　3. C/N 和 pH 调节

　　快速堆肥适宜的 C/N 为(25～30)∶1,在堆肥过程中,应根据原料类型,结合养分状况,调节适合的 C/N。快速堆肥适宜的 pH 为 5.5～8.5,一般以生石灰、石膏、醋酸等调节 pH。

　　(二)堆肥接种剂的选择

　　不得使用未经菌种安全评价或中华人民共和国农业部登记的制剂;根据固体

有机废物类型及特点选用合适菌种制品,选用菌种的技术指标需达到农用微生物菌标准 GB 20287—2006 中的要求。

(三)堆肥工艺与过程控制

1. 堆肥工艺

固体有机肥的就地生产,一般建议采用条垛式堆肥的方式进行,在投入允许的情况下也可以考虑槽式或反应器堆肥。根据实际情况,可以考虑将一次发酵阶段和二次发酵(或陈化)阶段连起来进行,也可以考虑将一次发酵阶段和二次发酵(或陈化)阶段分开。堆肥的一般工艺流程如图 4-2 所示。

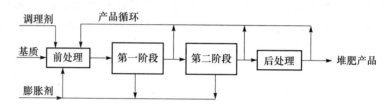

图 4-2　一般堆肥流程(李季,2005)

(1)条垛堆肥　条垛堆肥系统是开放式堆肥的典型例子,它是从传统堆肥逐渐演化而来的,典型特征是将混合好的原料排成行,通过机械设备周期性地翻动堆垛。条垛堆肥由于其操作灵活、适合多种原料以及运行成本低,目前已得到广泛应用。

条垛的高度、宽度和形状随原料的性质和翻堆设备的类型而变化。条垛的断面可以是梯形、不规则四边形或三角形,常见的堆体高 1～3 m,宽 2～8 m,条垛堆体的长度可根据堆肥物料量和堆场的实际位置来决定,一般在 30～100 m。图 4-3 为条垛式堆肥系统示意图。

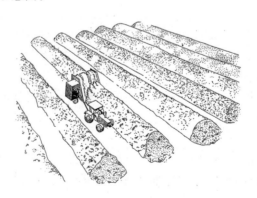

图 4-3　条垛式堆肥系统示意图

一般通风速率由条垛的孔隙度决定,条垛太大,在其中心位置附近会有厌氧区,当翻动条垛时有臭气释放;条垛太小,其散热迅速,堆温不能杀灭病原体和杂草种子,水分蒸发少。

(2)槽式堆肥 槽式堆肥实际上是一种界于条垛堆肥与搅拌槽式堆肥间的特殊类型,堆肥过程发生在长而窄的被称作"槽"的通道内,通道墙体的上方架设轨道,在轨道上有一台翻堆机可对物料进行翻堆,槽的底部铺设有曝气管道可对堆料进行通风曝气,是将可控通风与定期翻堆相结合的堆肥系统。

综合考虑已有的槽式堆肥系统,可以根据物料的移动方式将其分成两种类型,一种是整进整出式(图 4-4),是将堆肥物料通过布料机或者铲车一次布满整个发酵槽,通过搅龙、驳齿等不同的翻拌设备,使堆肥物料通风、粉碎,并保持孔隙度,物料在整个发酵过程中不发生位移,或者位移很小,发酵结束后用出料机或者铲车再将物料清出。另一种是连续式(图 4-5),堆肥物料在发酵槽中的翻堆是通过链板、料斗等能使物料发生位移的搅动而完成,一般翻堆一次,物料可以在发酵槽中前进 2～4 m,也可以通过皮带传输,进行更长距离的位移,在连续式堆肥发酵中原料被布料斗放置在槽的首端,随着翻堆机在轨道上移动、搅拌,堆肥混合原料向槽的另一端位移,当原料基本腐熟时,能刚好被移出槽外。这种堆肥系统因为操作简便,节约人工、能耗低,近年来在我国应用较为广泛。

图 4-4 整进整出式槽式翻堆机(李季等,2011)

(注:箭头表示旋转方向,虚线表示旋转中心轴)

 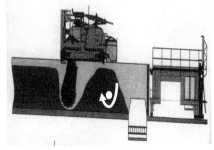

图 4-5 连续式槽式堆肥机(李季等,2011)

(注:箭头表示旋转方向,虚线表示旋转中心轴)

（3）反应器堆肥 反应器堆肥也叫"容器"堆肥，主要有筒仓式、塔式、滚筒式和搅动箱堆肥反应器等几种形式。以下就适合于固体有机肥就地生产的筒仓式堆肥系统和塔式堆肥系统做基本介绍。

①筒仓式堆肥系统 该反应器堆肥系统类似于一种从底部卸出堆肥的筒仓。每天都由一台旋转钻在筒仓的上部混合堆肥原料、从底部取出堆肥。通风系统使空气从筒仓的底部通过堆料，在筒仓的上部收集和处理，这种堆肥方式典型的堆肥周期为14 d，每天取出的堆肥体积和重新装入的原料体积是筒仓的1/14，从筒仓中取出的堆肥经常堆放在第二个通气筒仓。由于在筒仓中垂直堆放，因而这种系统使堆肥的占地面积很小。缺点是物料在筒仓中得不到充分的搅拌混合，需要克服物料压实、温度控制和通气等问题。见图4-6。

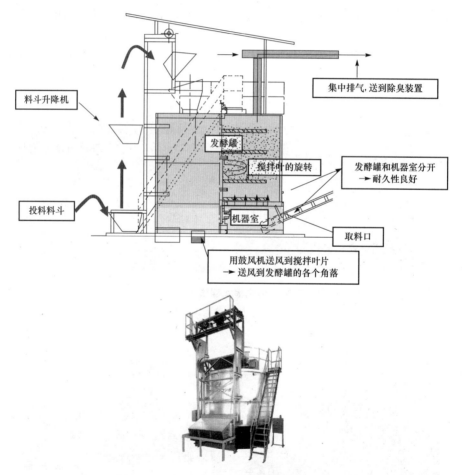

图4-6 典型的筒仓式堆肥系统的示意和实物图（李季等，2011）

②塔式堆肥系统 发酵塔的内外层均由水泥或钢板制成，物料从塔顶进入，通过发酵塔旋转壁上的犁形搅拌桨搅拌翻动，逐层向下移动，由最底层出料。物料下

移同时用鼓风机将空气送到各层进行强制通风。这种堆肥设备具有处理量大,占地面积小的优点,但一次性投资较高。见图 4-7。

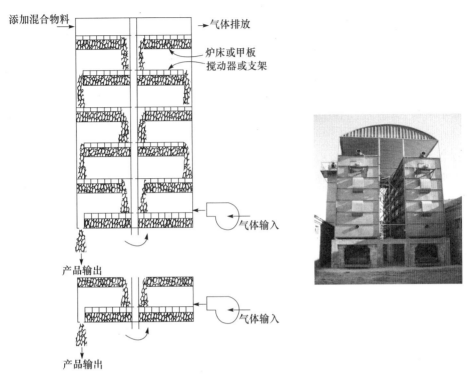

图 4-7　典型的塔式堆肥系统的示意和实物图(李季等,2011)

2. 堆肥过程控制

一次发酵过程中,要注意温度、水分和氧气浓度的控制。堆体发酵温度应控制在 50~65℃,当堆体温度超过 65℃时,应进行翻堆操作或强制通风;一次发酵应保持堆体温度 50℃以上并维持 5~10 d,以保证满足 GB 7959—1987 的要求。随着堆肥发酵含水率逐渐下降,到一次发酵结束时含水率应在 40% 左右,最好做到整个堆肥发酵过程中不再添加水。应该以翻堆和曝气的方式保证堆体内的氧气浓度,避免堆体有厌氧区。

堆肥的二次发酵,又叫陈化,是指堆肥经过高温好氧发酵后,堆肥有机物进一步稳定化的过程,适合于固体有机肥就地生产的常用堆肥陈化的方法有自然堆置法和陈化仓法。

自然堆置法是指可将完成高温发酵的物料按照条垛式堆肥的方式,根据实际情况,可以选择连接一次发酵,不移动物料物质进行陈化或将物料堆积在专门的陈化场地进行。由于采取静置堆积的方式,堆体不宜过高过宽,否则不利于温度和水分的散发,最好能定期用棍棒插出排气孔,有利于提高熟化效率。

有条件的地区还可以考虑陈化仓法来实现堆肥物料的陈化,陈化仓法,通常在仓的底部铺设通气管道,能通过间歇式低强度的鼓风,促进热量和水分挥发,以增加其陈化的效果。通常陈化仓的料堆高度可达到 3 m 以上。

在陈化过程中,可以根据有机农业或有机蔬菜生产的需要,添加功能性的微生物(如抗病微生物、解磷、解钾微生物等),以增加堆肥产品的功能和肥效。

三、就地生产的堆肥产品质量检验

堆肥完成后不应出现再升温的现象,堆肥过程中堆料逐渐发黑,腐熟后的堆肥产品呈黑褐色或黑色。从气味上来看,通常,堆肥原料具有令人不快的气味,在运行良好的堆肥过程中,这种气味逐渐减弱并在堆肥结束后消失,不再吸引蚊蝇;不会有令人讨厌的臭味。腐熟的堆肥呈现疏松的团粒结构。

堆肥腐熟和稳定性的评估方法研究很多,根据堆肥腐熟度参数及指标的分析手段,可将堆肥腐熟度的评价分为物理指标、化学指标、生物指标、波谱分析法四大类。这里不一一赘述。重点指出和堆肥质量相关的几个指标,如 pH 应在 5.5～8.5;可溶盐浓度<2.5 ms/cm;发芽率指数(GI)>80%。

未腐熟的堆肥含有植物毒性物质,对植物的生长产生抑制作用,因此可以考虑用堆肥和土壤混合物中植物的生长状况来评价堆肥腐熟度。通过植物的生长状况和堆肥的时间建立的相关关系,来指导堆肥发酵的时间。

考虑到堆肥腐熟度的实用意义,植物生长试验应是评价堆肥腐熟度的最终和最具说服力的方法。作为固体有机肥就地生产的产品质量检测,最容易掌握的是测定种子发芽率指数(GI)。Zucconi(1981)等报道,水芹种子的发芽系数能有效地反映堆肥的植物毒性大小,可用于堆肥腐熟度的评价,它不仅考虑了种子的发芽率,还考虑了植物毒性物质对种子生根的影响。从理论上说,GI<100%,就判断是有植物毒性。实践中当水芹种子的发芽系数大于50%时,表示堆肥已腐熟,这是一个使用比较普遍的评价指标。该方法被意大利政府用作评价有机废物和粪便堆肥腐熟度的标准。一般用发芽率指数来检测堆肥对植物有无毒性,如果 GI>50%就可以认为基本无毒性,当 GI 达到 80%～85%时,这种堆肥就可以认为对植物没有毒性。

就地生产的堆肥产品质量检验还需要特别注意堆肥原料的重金属问题和堆肥产品的重金属和有害生物控制的问题(表 4-13)。

表 4-13　重金属和有害微生物控制指标(干基)

项目	指标	项目	指标
As	≤15 mg/kg	Hg	≤2 mg/kg
Cd	≤3 mg/kg	粪类大肠杆菌数	≤100 个/g
Pb	≤50 mg/kg	蛔虫卵死亡率	≥95%
Cr	≤150 mg/kg		

第三节 液体有机肥的就地生产及应用

一、液体有机肥概述

液体有机肥是指主要来源于动植物残体,施于土壤或植物以提供植物营养为其主要功效的液体含碳物料。与固体有机肥相比,液体有机肥有施用方便的特点,在有机农业中是一种较为理想的追肥,且可以利用灌溉系统进行施肥,便于现代农业的管理。

二、液体有机肥的就地生产及应用

就有机蔬菜种植系统而言,液体有机肥的就地生产,就是充分地利用有机蔬菜种植体系中的废弃物,如尾菜、苗秧等,并配以辅助原料,就地将废弃物转变成液体有机肥的过程。在有机蔬菜的生产体系中,较适合的液体有机肥就地生产模式为沤肥和堆肥茶等,沼液也可以作为液体有机肥施用到有机生产单元中。

(一)沤肥的就地生产技术

1. 场地选择

选择向阳、地势较高、运输方便、平坦的空地或田间地头。

2. 原料处理

将作物秸秆、果蔬废弃物等剁(铡)成长度约为 10 cm 的段,并捡净其中不能腐解的有机、无机杂质。

3. 沤肥坑

在所选的沤肥场地,就地开挖沤肥池,长、宽、深可根据沤肥量的多少决定(一般长 2~3 m、宽 1.5~2 m、深 1.0~1.5 m),压实坑底和墙壁,铺上塑料棚膜制成简易沤肥坑,如果是永久性的,可先用砖砌,再用水泥砂浆抹 2~3 cm 厚,以不渗漏肥水为宜。

4. 沤制过程

沤肥的种类很多,制法不一。沤肥是在嫌气条件下,通过微生物的作用腐熟的。因此,控制调整好嫌气微生物的活动条件,是获取优质沤肥的关键。沤肥表面一般应保持 3~7 cm 的浅水层或用塑料布、泥封存,以保证沤体的厌氧过程和保持沤肥的温度。沤肥过程中切忌干湿交替,否则会造成大量的氮的损失。沤制时,可以添加一些旧的沤粪或接种微生物,以促进沤肥的快速腐熟,或根据原料情况,适量地添加速效性氮肥,并及时翻拌,以促进沤肥时微生物的活动,促进沤肥腐熟的进程。

5. 腐熟判断

沤肥池中间的沤肥颜色呈黑褐色或黑色,有臭味,无原料形态特征,则沤肥成功。沤肥过程中堆料逐渐发黑,腐熟后的沤肥产品呈黑褐色或酱黑色,含水量很高。可以通过沤肥的发芽指数(GI 值)来判断其腐熟程度。一般认为当 GI 值＞80％时,认为沤肥腐熟。

沤肥可以做基肥、追肥,或者将沤肥过滤、适当稀释后通过灌溉(滴灌、喷灌等)施肥。

(二)堆肥茶的就地生产技术

堆肥茶也叫堆肥汤,是以水充分浸泡、通气处理的堆肥液体。堆肥茶虽然是在堆肥的基础上再加工的,但其施用效果比堆肥明显,在有机蔬菜或有机农业种植体系中也可以将堆肥茶作为滴灌、喷灌等灌溉施肥的肥料。堆肥茶的制作过程:

1. 所需原料和工具

发酵好的堆肥、水、容器或池子、气泵、通气管、调节气量的阀门、冒气头等。此外,还需要用于搅拌的棍子和营养添加物(可以是无硫的糖蜜),过滤堆肥茶的尼龙网,以及装堆肥茶和渣的备用容器等。见图 4-8。

2. 堆肥茶的就地生产

腐熟好的堆肥和水按照 1:(3~5)配制,置于反应容器中,添加一定量的营养物质(如无硫废糖蜜),曝气,开始炮制堆肥茶。每天对堆肥茶进行 6 次以上的搅拌和翻动。曝气可以是间歇式的,也可以是连续式的。一般发酵时间为 2~3 d。然后过滤,获得堆肥茶。

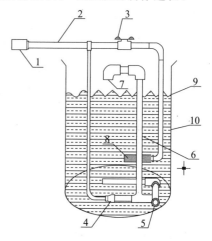

图 4-8 堆肥茶炮制系统结构图
(杨眉等,2012)

1. 气泵　2. 气体管道　3. 气流控制阀
4. 扩散器 A　5. 进水口　6. 立管
7. 回流管　8. 扩散器 B　9. 水表面
10. 水容器

3. 堆肥茶就地生产的注意事项

(1)必须在通气条件下制作堆肥茶,因为在没有曝气设备的条件下,微生物很快就会耗尽溶液中的氧气,该堆肥茶就开始变得黏稠并且厌氧菌增多,堆肥茶会损害作物。

(2)炮制堆肥茶的水最好是取用洁净的自然水体,如果使用自来水,必须提前1 h 通气,先行耗掉水中的氯气,然后再加腐熟的堆肥,因为氯气会杀死有益菌,降低堆肥茶的肥效。

(3)堆肥茶可以作为液体的追肥直接施用,也可以根据有机蔬菜的生产要求,作为有机蔬菜的滴灌、喷灌的肥料。堆肥茶的残渣可以当作固体有机肥施入土壤，也可作为堆肥的回料，重新回到堆肥系统中。

（三）沼液的施用技术

沼液在有机生产单元中是一种很好的有机液体肥料，可以作为浸种剂，也可作为肥料施用和灌溉使用。

1. 沼液浸种

浸种前将种子充分晒干，然后装入纱布袋中，扎紧袋口，用稀释 10 倍的沼液，在 15～18℃情况下，瓜类蔬菜种子浸泡 2～4 h 为宜，茄果类种子浸泡 4～6 h 为宜。浸种后，取出种子袋，用清水洗净，然后把种子摊开，待种子表面水分晾干后即可催芽播种。

2. 沼液作为肥料施用

一般沼液作为追肥施用，采用根部浇施和叶面喷施两种方式，根部浇施沼液量可视蔬菜品种而定，一般用量为每亩 500～3 000 kg。施肥时间以晴天或傍晚为好，雨天或土壤过湿时不宜施肥。叶面喷施的沼液需经过纱布过滤后方可使用。在蔬菜嫩叶期，沼液应兑水 1 倍稀释，用量在每亩 40～50 kg 之间，待露水干后进行，夏季以傍晚为好，中午、下雨时不喷施。叶菜类可在蔬菜的任何生长季节施肥，也可结合防病灭虫时喷施沼液。

3. 沼液灌溉

沼液灌溉技术可以与滴灌和喷灌相结合。在灌溉时，要特别注意沼液的浓度，根据沼液的来源和性质的不同，一般要将沼液稀释 5～10 倍。另外，在结合滴灌和喷灌时，还要注意充分过滤沼液中的杂质，以免堵塞管道或喷头。

第四节　有机育苗基质的制作

一、有机育苗基质的概念

符合有机植物生产投入产品标准的育苗基质，是指符合有机农业土壤培肥的肥料要求，因地制宜地选用由无病虫的田土、蛭石、腐熟农家肥、草炭、米糠等，按一定比例配制的疏松、保肥、保水、营养完全的营养土。

二、有机育苗基质的制作技术

（一）有机育苗基质材料选择

基质材料分为无机材料和有机材料，实际应用过程中多采用有机无机混合材料制作基质。有机育苗基质材料必须同时满足蔬菜育苗基质标准《蔬菜育苗基质》和有机产品生产标准《有机产品 第一部分:生产》,常用的有机育苗基质制作材料有以下几种:

1. 蛭石

蛭石是由云母类矿物加热到 $800 \sim 1\ 000 ℃$ 时形成的,质地较轻,容重为 $80 \sim 160\ kg/m^3$,总孔隙度很大,可有效容纳基质溶液,具有良好的透气性和保水性,是无土栽培中较理想的原材料。蛭石是在高温下形成的,妥善保存的蛭石不带病原菌和虫卵,无须消毒,且含有较多的钾、钙、镁、铁等矿质成分,能有效促进作物生长。

2. 珍珠岩

珍珠岩是含硅的矿物质,是在炉体中加热到 $700 \sim 1\ 000 ℃$ 膨胀而形成的轻质颗粒体,一般容重为 $80 \sim 120\ kg/m^3$。珍珠岩的 pH 基本呈中性,阳离子交换量小,具有易排水、通透性好的优点。无土栽培中单独使用珍珠岩较少,多与其他基质混合使用。

3. 锯末

锯末是指在木材加工过程中形成的粉末状木质成分。锯末质地轻,具有很好的吸水性与通透性,是有益菌生长的良好载体,经腐熟的锯末质地松软,常规种植过程中不会对作物根系造成伤害,与其他基质混合使用更能提高无土栽培的效果。

4. 泥炭

泥炭又名草炭、泥炭土、黑土、泥煤,在世界各地分布广泛,我国东北地区储量丰富。泥炭质地细腻,保水保肥能力强,但通常通透性较差,一般与蛭石、珍珠岩等按不同比例混合使用,以增加容量,改善结构。泥炭含有大量的有机质,具有较强的缓冲性能。但是泥炭是一种更新很慢的资源性的物料,开发和利用都受到一定的限制,因此,我们提倡利用腐熟好的堆肥部分或全部替代泥炭来做基质。

5. 树皮、秸秆粉

经过适当粉碎的树皮、秸秆粉比锯末更加松软,可有效续存液体肥料,保水保肥性能良好,透气性能极佳,与锯末具有相同的培养功能,并且原材料丰富,可再生,加工方便,在基质栽培中逐渐占据重要的地位。

6. 畜禽粪便

畜禽粪便中含有大量植物可利用的氮磷钾元素,经过充分腐熟的畜禽粪便可持续供应作物对营养元素的需求,所含有益微生物持续作用,建立培养基质微生态平衡,且畜禽粪便粉碎粒径更细,整体蓬松程度适中,可单独使用,也可配合其他原材料一起使用。

(二)有机材料处理

无机材料如蛭石、珍珠岩等可以直接混合使用,较少采取前处理,但是有机材料如作物秸秆、锯末、畜禽粪便等生物质材料含有大量微生物可利用成分,直接制作基质时容易造成植株根系缺氧,甚至烧苗的情况,必须经过微生物发酵充分腐熟后再行使用,即有机材料必须经过堆肥化处理,且符合堆肥的无害化要求后再使用。

三、有机育苗基质的配制

根据种植规模、当地原材料种类、资金情况选择适宜的材料进行基质配制,普通种植过程中宜选择充分腐熟的有机材料(堆肥产品)和干净的河沙按 1∶1 的比例混合作为育苗基质,大型种苗基地用量大,基质安全级别要求高,一般选择无菌的蛭石、珍珠岩等材料和腐熟的有机材料混合使用。

所选材料力求简单易得,价格便宜,配制的培养基质具有良好的透气性、保水性、保肥性、可持续利用性,经过简单处理还可再次循环使用,不会产生环境污染物;培养基质具有一定的微生物负载能力,可以为有益微生物生长代谢提供优良的环境条件,促进有益菌种群数量激增,调节培养基质微生态平衡。育苗基质还要充分考虑基质的物理和化学性质,国家行业标准 NY/T 2118—2012 对用于蔬菜育苗基质的物理和化学性状指标做了详细的规定,如表 4-14 所示。

表 4-14 蔬菜育苗基质物理、化学性状指标

项目	指标	项目	指标
容重/(g/cm³)	0.20~0.60	pH	5.5~7.5
总孔隙度/%	>60	电导率/(ms/cm)	0.1~0.2
通气孔隙度/%	>15	有机质/%	≥35.0
持水孔隙度/%	>45	水解性氮/(mg/kg)	50~500
气水比	1∶(2~4)	速效磷/(mg/kg)	10~100
相对含水量/%	<35.0	速效钾/(mg/kg)	50~600
阳离子交换量(以 NH_4^+ 计)/(cmol/kg)	>15.0	硝态氮/铵态氮	(4~6)∶1
		交换性钙/(mg/kg)	50~200
粒径大小/mm	<20	交换性镁/(mg/kg)	25~100

注:测定方法采用 1∶10(V/V)稀释法。

第五节 绿肥的作用及应用

利用植物生长过程中所产生的全部或部分绿色体或者根茬,直接或间接(异地)翻压或者经堆沤后施用到土壤中作肥料,或者起到改善土壤性状的作用,这类绿色植物体称之为绿肥。绿肥的种植和利用具有提供养分、合理用地养地、部分替代化肥、提供饲草来源、保障粮食安全、改善生态环境、固氮、吸碳以及节能减耗等作用,在我国传统农业和有机农业的发展中具有重要意义。

一、绿肥的作用

绿肥在有机农业中是一种不可或缺的有机类肥料,它在提供作物养分、培肥土壤、改变作物种植模式和茬口、克服作物连作障碍等方面具有非常重要的作用。根据德国有机农业协会标准,绿肥种植面积在有机生产中不得低于总茬口种植面积的 25%,可见绿肥在有机生产中占有重要的地位。

(1)绿肥可以为农作物提供养分。各种绿肥的嫩枝茎叶含有丰富的养分,绿肥在土壤中腐解,能大幅度地提高土壤中有机质和氮、磷、钾、钙、镁以及各种微量养分含量(表 4-15)。据研究显示,种植 1 亩绿肥(紫云英),除提高土壤有机质外,可增加农田养分 10~14 kg,其中增加纯 N 5.86~7.82 kg,折算成尿素 13~17 kg;增加 P_2O_5 0.65~0.84 kg,折算成 12% 过磷酸钙 5~7 kg;增加 K_2O 4.03~5.38 kg,折算成硫酸钾 8~11 kg,每亩合计替代氮磷钾化肥 26~35 kg,平均 30.5 kg。在有机农业中种植绿肥,可以减少矿物肥料的投入,降低成本。

表 4-15 主要绿肥类养分含量(鲜基)(李季等,2005)

原料	水分/%	C/%	N/%	P/%	K/%	C/N
紫云英	88.8	5.2	0.40	0.040	0.27	13.3
苕子	81.1	8.3	0.62	0.062	0.45	13.5
箭筈豌豆	79.8	9.4	0.56	0.046	0.41	15.2
草木樨	80.8	8.8	0.54	0.040	0.29	13.8
田菁	70.6	10.2	0.67	0.059	0.43	17.9
金花菜	79.0	11.8	0.67	0.081	0.40	14.2
柽麻	—	46.4	2.69	0.280	2.03	21.5
沙打旺	82.0	7.4	0.47	0.042	0.46	14.1
蚕豆	79.7	8.5	0.45	0.046	0.30	17.1
豌豆	76.9	8.2	0.59	0.056	0.40	14.7
绿豆	73.2	12.6	0.53	0.063	0.42	27.0
豇豆	81.1	7.3	0.44	0.066	0.33	16.0
三叶草	81.0	7.8	0.64	0.059	0.59	12.3
泥豆	—	—	3.24	0.26	1.45	—
含羞草	—	42.2	2.90	0.220	1.46	15.7
肥田萝卜	85.8	5.6	0.36	0.055	0.37	19.8
油菜	89.2	4.6	0.33	0.042	0.42	18.7
满江红	92.0	2.9	0.23	0.029	0.18	12.2
水花生	86.3	5.7	0.35	0.039	0.71	13.9
水葫芦	90.5	2.9	0.22	0.037	0.37	13.3
水浮莲	93.3	2.0	0.19	0.037	0.28	11.9

（2）绿肥是洁净的有机肥源,种植绿肥能培肥土壤、改善土壤物理性状。绿肥没有畜禽粪便中可能存在的重金属、抗生素、激素等残留物,是一种清洁的有机肥,同时绿肥一般适应性较强,生长迅速,可以利用荒山、荒地种植,还可以利用空茬地进行间作、套种、混种及插种,就地施用。因此,绿肥是解决农业生产中清洁有机肥源施用不足的有效途径。

绿肥的根系具有较强的穿插能力和团聚作用,尤其是豆科绿肥,除从空气中固定氮肥的作用外,还有扎根较深的特点,如苜蓿的根可长达 3.78 m,光叶苕子的根可长达 2.5 m,可将深层土壤的养分转移到土壤上层供作物利用,种植绿肥可降低土壤容重,增加土壤孔隙度,大部分绿肥还具有保水的功能,施用绿肥可提高土壤耕性,有利于改善土壤的理化性状。因此在有机生产中,特别是在常规农业向有机农业转换期间,应大量种植根系发达的豆科作物,如苜蓿、白三叶、光叶苕子等以培肥地力。

（3）绿肥可以作为转换期内的轮作作物。在转换期内作为理想的轮作作物,以增加土壤的肥力。

（4）绿肥是限制杂草的栽培措施之一。通过合理的间作、套作和轮作绿肥,达到控制杂草的目的。减少除草的成本,同时增加土壤肥力。

（5）绿肥是扩展固体有机肥和液体有机肥就地生产的原料。通过合理剪割间作、套作的绿肥植物体,丰富固体和液体有机肥就地生产的原料。提高就地生产的固体和液体有机肥的品质。

二、绿肥的应用

（一）绿肥的主要种植模式

（1）单作绿肥 即在同一耕地上仅种植一种绿肥作物,而不同时种植其他作物。如在有机蔬菜转换期,种植绿肥作物,或建立绿肥轮作体系,以便增加土壤肥力,更有利于有机蔬菜的生产。

（2）间作和套作绿肥 如在蔬菜行间间作豆科绿肥,在主作物播种前或在收获前在其行间播种绿肥。可以充分利用地力,做到用地养地,提高土地覆盖率,起到保水、保墒和减少杂草和病害的作用。

（3）插种或复种绿肥 在作物收获后,利用短暂的空余生长季节种植一次短期绿肥作物,以供下季作物作基肥。一般是选用生长期短、生长迅速的绿肥品种,如绿豆、柽麻、绿萍等。这种方式的优点在于充分利用土地及生长季节,方便管理,多收一季绿肥,解决下季作物的肥料来源。

（二）合理施用绿肥的技术要点

1. 适时收割或翻压
绿肥过早翻压产量低,植株过分幼嫩,压青后分解过快,肥效短;翻压过迟,绿肥植株老化,养分多转移到种子中去了,茎叶养分含量较低,而且茎叶碳氮比大,在土壤中不易分解,降低肥效。一般豆科绿肥植株适宜的翻压时间为盛花至谢花期;禾本科绿肥植株最好在抽穗期翻压,十字花科绿肥植株最好在上花下荚期。间种绿肥作物的翻压时期,应与后茬作物间隔15~40 d,以消除绿肥未分解而产生的有毒物质对后茬作物的危害。套种绿肥作物要及时翻压,以免影响主作物生长,翻压时间的确定既要照顾鲜草的产量,又要兼顾主作物,避免两者竞争水、肥、光等生长因子。

2．翻压方法

先将绿肥茎叶切成10~20 cm长,稍加暴晒,以失水萎蔫为好,然后撒在地面或施在沟里,随后翻耕入土壤中,一般入土10~20 cm深,沙质土可深些,黏质土可浅些,无论深浅,都以不打乱土层、绿肥体不外露土面为准。

3．绿肥的施用量

应视绿肥种类、气候特点、土壤肥力的情况和作物对养分的需要而定。一般亩施1 000~1 500 kg鲜苗基本能满足作物的需要,施用量过大,可能造成作物后期贪青迟熟。

4．绿肥的综合利用

大多数绿肥可作为家畜良好的饲料,而其中氮素的1/4被家畜吸收利用,其余3/4的氮素又通过粪尿排出体外,变成很好的厩肥。因此,可利用绿肥先喂牲畜,再用粪便肥田,也可以作为就地生产固体和液体有机肥的原料。

三、绿肥的选用原则

有机农业绿肥的选用原则,应该和有机农业土壤培肥相结合、充分考虑土壤的养分平衡和土壤有机质的积累,合理地选择绿肥品种和种植模式。

（一）绿肥品种的选择

我国绿肥种质资源丰富,主要有豆科(Leguminosae)、禾本科(Gramineae)、十字花科(Brassicaceae)和菊科(Compositae)等。豆科绿肥根系发达且穿透力较强,庞大的根系可以疏松土壤,培肥地力。同时,豆科绿肥根部有根瘤,可固定空气中氮素,起到固氮作用。禾本科绿肥与豆科绿肥同样拥有发达的根系,可以疏松土壤、培肥地力。与豆科绿肥不同的是,禾本科不能固氮,但是禾本科植物的C/N较高,根系发达,有利于增加土壤有机质。十字花科绿肥具有促进磷转化的作用。盛良学等(2004)的研究表明,不同经济绿肥改土效果不同,降低土壤容重效果依次是豌豆(*Pisum sativum*)、决明(*C. tora*)<蚕豆<小黑麦<大豆;孔隙度增加效果依次是豌豆>决明、蚕豆>小黑麦>大豆;干旱季节0~20 cm土层土壤含水量增加效果依次是豌豆>决明>蚕豆>小黑麦>大豆;提高有机质和有效养分作用依次是豌豆＞决明＞蚕豆、小黑麦＞大豆。

另外,我国地域广阔,气候差异大,土壤类型比较丰富,因此绿肥的地域性较强,南北种植的绿肥品种存在很大差异。绿肥品种的选择,还要充分考虑绿肥品种在本地区的适应性。一般应该选择本地区的主栽品种。因此,有机农业要充分考虑绿肥品种在本地区的适应性并结合有机农业系统土壤的特性和培肥方向,有针对性地选择绿肥的品种。

(二)绿肥栽培模式的选择

我国具有多种气候类型,包括热带季风气候、亚热带季风气候、温带季风气候、温带大陆性气候和高原山地气候。不同的气候类型种植的农作物模式不同,因此,间套作、轮作、肥饲兼用型绿肥牧草生产和果园绿肥种植 4 种绿肥种植模式在我国的区域适应性有所不同。根据李子双等(2013)的综述,间套作模式主要分布在农作物种植模式以一年二熟或三熟制的地区,包括属于温带季风气候的我国最大的平原黄淮海平原地区,具有典型的亚热带季风气候的长江中下游平原、亚热带和热带气候的华南地区,成都盆地、西南高原盆地中底部的河川谷地或平坝以及南疆地区。轮作模式主要分布在农作物种植模式以一年一熟为主的地区,包括土地平坦、肥沃,属温带季风气候的东北平原、具有典型的亚热带季风气候的长江中下游平原、属高原山地气候的青藏高原地区的河谷地带,西南高原盆地中较高处的旱坡地,以及西北高原地区。肥饲兼用型绿肥牧草生产模式主要分布在我国牧区,包括新疆、内蒙古、西藏、青海以及甘肃等地。果园绿肥种植模式主要分布在黄淮海平原地区、长江中下游平原以及华南地区。

有机农业是指按照有机农业标准进行生产,不采用基因工程获得的生物及其产物,不使用化学合成的农药、化肥、生长调节剂、饲料添加剂等物质,遵循自然规律和生态学原理,协调种植业和养殖业的平衡,采用一系列可持续发展的农业技术以维持持续稳定的农业生产体系的一种农业生产方式。有机农业单元必须保证施用足够数量的有机肥以维持土壤的肥力和土壤生物活性,必要时按规定使用收录在《有机产品生产和加工认证规范》里的土壤培肥产品。针对我国有机农业生产的实际情况,有机农业体系中往往会出现肥源短缺、养分配比不协调、土壤培肥措施实现难度大和肥料重金属或激素污染等问题。为了保障有机农业体系中的肥料的投入,除了有效循环本系统的有机废弃物以外,还应该在严格控制有机废弃物质量的前提下,积极收集和处理外源的有机废弃物,通过有机肥的生产技术或就地生产技术来满足有机农业体系或单元的肥料供应。可以通过轮作、施肥等措施保持土壤养分平衡,满足各种必需营养元素的均衡供给,有机农业提倡利用豆科作物及绿肥植物轮作、土地休整和肥料施用进行土壤培肥,保持或提高土壤有机物质的含量。如有机农业中常遇到的肥料投入的氮、磷不平衡的问题(氮够、磷多),可以结合豆科绿肥的种植、还田和有机肥的投入来逐步解决。另外,有条件的地区,有机农业还可以采用农牧结合的方式,实现有机物有效地还田。针对有机农业体系中的肥料(特别是外购肥料)可能带来重金属和激素的污染问题,应该加强肥源的监控,尽可能减少或杜绝重金属或激素超标的肥料或有机物进入到有机农业的生产体系中来。

总之,有机农业体系中的肥料问题应该包括有机肥料的投入、肥料质量的控制、投入养分的平衡等问题。总的原则应该是在控制有机物或肥料质量的前提下,保证有机农业体系有机肥的投入和养分循环,结合合理轮作、种植绿肥和农牧结合等土壤培肥措施,尽可能地维持养分投入的平衡,实现有机农业系统内的良性循环。

参 考 文 献

［1］ 张硕.有机肥与循环农业.北京:中国农业科学技术出版社,2010.

［2］ 牛俊玲,李彦明,陈清.固体有机废物肥料化利用技术.北京:化学工业出版社,2010.

［3］ 李季,彭生平.堆肥工程实用手册.北京:化学工业出版社,2005.

［4］ 贾小红.有机肥料加工与施用.2版.北京:化学工业出版社,2010.

［5］ 曹志平,乔玉辉.有机农业.北京:化学工业出版社,2010.

［6］ 陈姣,吴良欢.两种野生绿肥对小白菜生长和营养品质的影响.植物营养与肥料学报,2009,15(3):625-630.

第五章　病害管理

第一节　病害管理原则

　　植物病害是农业生产上的一个重大威胁,通常造成的产量损失高于 10%。据估算,全球范围内每年由真菌病害造成的主要粮食作物减产达到 1.25 亿 t,这些粮食可养活 6 亿人口。据记载,蔬菜病害种类较多,达 500 种以上,每种蔬菜一般会发生 10～20 种病害,常见的病害有立枯病、猝倒病、白粉病、灰霉病、菌核病、青枯病和枯萎病等。在保护地蔬菜发病率较高,如灰霉在发病轻的田块发病率为 20%～30%,减产 15%～20%,重病田发病率达到 40%～50%,减产 40%～60%,甚至绝产。集约化农业生产体系下不合理的种植制度如单一作物的大面积种植降低了农田区域的生物多样性,化肥农药的大量使用导致土壤板结、酸化等不利于作物生长的条件,杀菌剂的滥用导致抗性病原菌产生,抗性品种的连续种植导致抗性丧失以及不科学的田间管理等降低了农田生态系统的稳定性,增加了病害暴发的风险。

一、植物病害的致病因素

　　植物病害种类较多,但其致病因素大体可分为非生物因素和生物因素。非生物因素如强烈的光照、高温、水涝、干旱、营养元素的缺乏、有毒化学物质污染等;生物因素如真菌、细菌、病毒、线虫等。生物因素造成的植物病害的发生和流行是"寄主-病原物-环境"三者相互作用的结果,他们之间的关系可用病害三角表示(图 5-1)。植物病害发生需要感病的寄主群体,具有致病力并能大量繁殖的病原物,有利于病害流行的环境条件和时间。良好的生态环境可以增强寄主植物对病原物的抗病能力,抑制病原物的侵入和病害的发生;反之植物抵抗力弱,病原物容易侵入,造

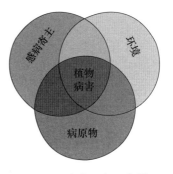

图 5-1　病害三角示意图

成病害的流行。

二、我国植物病害防治存在的问题

目前我国植物病害的防治在很大程度上依赖于化学防治,在化学药剂的使用上也存在一系列的问题:

(1)使用药品的单一化。长期使用同一类药剂导致药效下降,用药量增加。

(2)致病菌的抗性日趋严重。如镰刀菌、菌核菌、青霉菌、叶斑病菌等多种病原菌对苯并咪唑类杀菌剂多菌灵和托布津早已产生抗性,灰霉病菌对二甲酰亚胺类(速克灵)、咪唑类杀菌剂等已产生多重抗性。

(3)缺乏科学指导,普遍滥用农药。其主要表现为用药次数增多,浓度随意增大,药剂乱配乱用,施药不及时,剂量不准确,甚至国家明令禁止的农药仍然在农作物田大量使用。

大量使用化肥、农药、抗生素等不仅导致土壤的酸化、退化、污染、水体富营养化、抗生素抗性扩散等环境问题,还破坏了农田生态系统,在病虫害防治上容易产生 3R 问题,即抗性、再猖獗和农药残留(刘保才等,2004)。

三、有机农业病害防治原则

有机农业是对环境友好的、自然的农业生产体系,在生产过程中尽量减少非农产品的投入。在有机农业体系中,植物病害防治的原则是"生态管理,综合治理"。通过调控农田及周边地上及地下生物多样性如保护天敌以抑制病原物载体昆虫的种群,使用有机肥增加土壤有机质的含量等措施改善农田生态环境条件;通过合理的作物轮作、间套种植制度,水肥管理和健康种苗培育等措施,提高寄生植物的抗病能力,抑制病原物种群,减少病害的发生和发展;通过使用天然矿物源物质以及具有抑病作用的植物提取物或微生物抑制病害的暴发,降低病原物的种群数量,减少病害的危害。与其他农业体系相比,有机农业生产体系中植物病害防治主要有以下特点:①不使用人工合成的杀菌剂来防控病害,而采用合理的作物轮作体系阻断病原物种群的连续富集;②种植抗病品种降低病害的危害性;③培育健康的种苗降低病害发生率和传播扩散;④利用有益微生物直接抑制病原物或诱导植物形成系统抗性,降低病原物数量、活性,提高作物对病原物的免疫性和耐受能力,达到降低病害危害的目的;⑤使用天然植物的提取物及对环境友好的生物提取物或天然化合物质抑制病原菌生长或增强作物对病原物的免疫性;⑥合理的轮作措施也是有机农业生产中病害防治的重要手段。常规和有机体系中植物病害防治措施的使用情况见表 5-1。

表 5-1　常规和有机体系中植物病害防治措施的使用情况

防治措施	有机	常规
抗病品种	使用	使用
轮作	使用	使用
调整种植期规避病原菌、病毒载体昆虫	使用	使用
使用健康种苗,清除田间植物病残体	使用	使用
选择性清除田间、田边病原物寄主杂草,构建病原物隔离带	使用	使用
使用化学合成的杀菌、杀线虫药剂	不使用	使用
使用肥皂水、精油、矿物防治	使用	不使用
使用有益微生物防治病害	使用	使用
使用具有病害防治作用的植物提取液	使用	不使用
使用转基因抗病品种	不使用	使用
使用有机肥增加土壤有机质含量	经常使用	使用

第二节　抗病品种选择

一、抗病品种选择的重要性

抗病品种能通过其自身特定的生物机制阻碍病原物侵入植物体或阻碍病原物在植物体内的生长、繁殖,从而降低病害的危害。根据植株对病原物的抵抗能力,通常将品种分为免疫、高抗、中抗和低抗。与感病品种相比,病原物在抗病品种上生长繁殖受到抑制,病害发生的严重程度有所降低。长期种植抗病品种还能降低多种病原物在土壤等环境中的量,进而减少病害的发生率。

目前很多国家在选用抗病品种防治病害上都已取得了成功的经验。多年推广应用蔬菜抗病品种的实践证明,选用抗病品种是防治病害最经济、有效和安全的措施,特别是对一些目前用其他手段难以防治的病毒病、土传病害和大区域流行的气传病害,种植抗病品种几乎是唯一可行的防治途径,对有机蔬菜生产有着非常重要的作用。

二、抗病品种的选择原则

抗病品种的使用是植物病害防治的一个非常经济有效的方法,但由于病原菌的变异和不合理地使用也容易导致抗性丧失(万安民等,1999),因而抗性品种的种植应该遵循以下规则:

（1）尽量减少使用单抗原品种，较多地选择多个有效抗病基因的聚合品种，以提高抗性，延长使用寿命。

（2）在抗性品种的选择上，不要盲目追求免疫、高抗等级品种，也可适当加强低感病品种的种植。

（3）长期种植单一抗病品种会对病原物产生很高的选择压力，进而产生可以危害抗病品种的新生理型病原物。因而，避免在同一地区长期大面积种植单一抗病品种，而采用互补的不同抗性品种混合种植。

（4）感病品种容易受侵入进而富集病原物，所以应避免与感病品种混合种植。但是由于种植抗病品种可以降低田间病原物的量，适当条件下也可以和感病品种轮作，延长使用品种寿命，改进农业种植措施，尽量创造出不利于病原物侵染、流行、扩散的田间条件。

三、抗病品种的选择

我国蔬菜抗病育种起步于 20 世纪 70 年代中期，1983 年蔬菜抗病育种才列入国家重点科技攻关计划，成立了以大白菜、番茄、黄瓜、辣椒及甘蓝 5 大作物为主的蔬菜新品种选育及育种技术研究课题，以提高蔬菜新品种对主要蔬菜病害的选育研究，经多年研究育成了适合不同生态环境的新品种（系）数百个。

（一）大白菜

（1）抗病毒病的品种有：冠春，郑早 60，郑白 4 号，中白 4 号，秋珍白 6 号，金冠 1 号，金冠 2 号，天正春白 2 号，春大王，旺春，天正夏白 45、50，德高 16 号，北京新 3 号，京秋 3 号，早心白，鲁春白 1 号，京春早，津夏 2 号，新早 89-8，中白 60，津绿 55，北京小杂 60，秦白 2 号，津绿 75，北京橘红心，天正橘红 58，春大将，京春黄，春夏王等。

（2）抗霜霉病的品种有：冠春，中白 4 号，金冠 1 号，金冠 2 号，天正春白 2 号，春大王，旺春，天正夏白 3 号，德高 16 号，鲁春白 1 号，京春早，津夏 2 号，郑早 60，新早 89-8，中白 60，津绿 55，北京小杂 60，郑白 4 号，津绿 75，秋珍白 6 号，北京新 3 号，北京橘红心，天正橘红 58，春大将，京春黄，春夏王等。

（3）对软腐病有抗性的品种有：冠春，郑早 60，金冠 1 号，金冠 2 号，天正春白 2 号，春大王，旺春，天正夏白 3 号，德高 16 号，京春早，津夏 2 号，新早 89-8，中白 60，郑白 4 号，中白 4 号，秋珍白 6 号，北京新 3 号，北京橘红心，天正橘红 58，春大将，春夏王，京春黄等。

（4）对大白菜黑腐病有抗性的品种有：庆阳春，春秋 54，春晓，京秋 3 号，北京橘红心，春夏王，德高 16，青研春白 3 号，秦白 2 号，胶研夏星等。

（5）对大白菜干烧心有抗性的品种有：冠春，金冠 2 号，东星大白菜，新乡小包

23,中白 4 号,菊锦,春黄,丰抗 70,山东 19,早熟 5 号,夏阳等。

(6)抗病毒病,兼抗霜霉病、黑腐病、黑斑病、白斑病、软腐病中的 1～2 种的品种有:冠春、郑早 60、金冠 1 号、金冠 2 号、天正春白 2 号、冀菜 5 号、山东 12 号、山东 13 号、德高 16 号、北京新 2 号、北京新 3 号、北京小杂 56、北京小杂 75、北京 106、京夏王、京春王、春大王、秦白 3 号、中白 4 号、旺春等。

(二)番茄

(1)抗黄化曲叶病毒(TY)系列番茄:番茄黄化曲叶病是一种双生病毒病害,由烟粉虱传播,目前在世界很多地区均有发生,并有进一步蔓延的趋势。曾在中国的山东、河北、河南、江苏等省大面积暴发,发病地区减产严重,个别地块可造成绝收。此病害已成为番茄生产的主要病害之一,并且此病害一旦发生很难防治,选择抗黄化曲叶病毒的番茄品种可以收到良好的防治效果。目前国内外选育的抗黄化曲叶病毒的品种有:金棚 8 号、金棚 11 号、浙粉 702、春旺 2 号、方舟、浙杂 301、瑞粉 882、凯美、粉红太郎 3 号、领航 6 号、名智、凯特 1 号、奥德莉、布雷达、欧官、多粉 1 号、卢卡、欧瑞达、吉尔等。

(2)抗青枯病的品种有:浙杂 204、渝抗 10、红江南、红丰 1 号、顶丰 2 号、南秀 1 号、红果 3 号、夏红 1 号、秋星、夏星、沙研 1 号、洪抗 2 号、红牡丹等。

(3)抗叶霉病的番茄品种有:阿曼达、仙客 8 号、中杂 105、中杂 109、普罗旺斯、合作 928、金棚 10、蒙特卡罗、佳红 4 号、佳红 5 号、丰收、格雷等。

(4)抗番茄花叶病毒、兼抗叶霉病和枯萎病的品种有:佳粉 18、中蔬 5 号、中蔬 6 号、中杂 9 号、中杂 105、中杂 109、仙客 6 号、仙客 8 号、苏抗 9 号、合作 928、金棚 10 号、金棚 11 号、佳红 4 号、霞粉、浦红 8 号、毛粉 802、西粉 3 号、硬粉 2 号、夏星、秋星、红牡丹、蒙特卡罗等。

(三)黄瓜

(1)抗黄瓜霜霉病的品种有:盛冬 3 号、天津密刺、奇优 2 号、中农 8 号、中农 13、中农 203、中农 1101、津春 3 号、津春 4 号、津杂 2 号、津杂 3 号、津杂 4 号、碧春、京研秋瓜、京研 407、北京 206、北京 401、北京 402、京研迷你 5 号、寒秀 3-6、鲁圣顶峰 1 号、寒秀 88 等。

(2)抗黄瓜白粉病的品种有:津春 2 号、津春 4 号、津春 5 号、津优 1 号、津优 3 号、夏青 4 号、津研 4 号、京研秋瓜、京研 407、北京 206、北京 401、北京 402、中农 4 号、中农 8 号、中农 13 号、农大春光 1 号、京研迷你 5 号、京研绿宝 1249、京丰 459、寒秀 88、鲁黄瓜 10 号等。

(3)耐黄瓜疫病的品种有:中农 5 号、中农 1101、津杂 3 号、津杂 4 号、早青 2 号、京旭 2 号、湘黄瓜 2 号、长春密刺等。

(4)抗(耐)黄瓜细菌性角斑病的品种有:津研 6 号、中农 5 号、夏青、鲁黄瓜 4 号、山东 87-2、冬棚冠军、新农村密刺、沙皇等。

(5)抗(耐)炭疽病的品种有:津杂 2 号、津研 4 号、津研 7 号、夏丰 1 号、中农 5 号等。

(6)抗黑星病的品种有:吉杂 2 号、中农 11 号、中农 13 号、津春 1 号、冬棚冠军、凯特 2 号、凯特 3 号、凯特 98-1、亚历山大、莎龙、沙皇等。

(7)抗病毒病的品种有:北京新 401、北京 402、绿丰等。

(8)抗霜霉病、白粉病、枯萎病的品种有:京丰 16、京丰 459、京丰 68、京丰 298、富源 1 号、冬丰、圣丰、凯迪 F1、新农村密刺、晚秋、莎龙等。

(四)辣椒

(1)抗病毒的品种有:湘研 16、福湘 4 号、京辣 2 号、京辣 4 号、吉椒 8 号、中椒 5 号、中椒 10 号、37-74、冀椒 4 号、丰抗 21、沈椒 4 号、农乐、甜杂 6 号、金塔、8819 线椒、都椒 1 号、国福 308、国禧 103、陇椒 6 号等。

(2)抗青枯病的品种有:京椒 4 号、京辣 1 号、京辣 2 号、京辣 4 号、京辣 5 号、京辣 6 号、国福 308、国禧 103、国禧 107、早杂 2 号、

(3)抗(耐)疫病的品种有:吉椒 8 号、中椒 6 号、甜杂 6 号、金塔、京辣 2 号、洛椒 9 号、都椒 1 号、陇椒 6 号、津椒 5 号、国禧 103、丰抗 21、航椒 8 号、百耐、冀椒 4 号、农大 21。

(4)抗(耐)炭疽病的品种有:中椒 7 号、湘研 16、8819 线椒、沈椒 6 号、丰抗 21、福湘 4 号、冀椒 4 号、早杂 2 号、苏椒 3 号。

(5)抗疮痂病的品种有:湘研 3、湘研 6、湘研 11、湘研 12、湘研 16、湘研 19、丰抗 21、洛椒 4 号、福湘 4 号、新皖椒 1 号等。

(6)抗烟草花叶病毒,中抗黄瓜花叶病毒、疫病、日灼病中的 1~2 种的有:中椒 4 号、中椒 5 号、农大 40、甜杂 6 号、苏椒 4 号、冀椒 4 号、吉椒 2 号、辽椒 3 号、津椒 2 号等。

抗病品种的培育比较困难,周期较长,主要针对种植较为广泛的作物如西红柿、黄瓜、辣椒、小麦、玉米、水稻等,而其他对有机农业比较重要的作物的抗性品种相对缺乏。

抗病品种选择应根据本地区病害发生的严重度,因地制宜地选择针对不同抗性的品种。如我国南方的西红柿青枯病发生比较严重,应适当根据病害发生情况种植抗青枯品种如 Venus、Satum、Ls89、湘引 79-1、CL9-0-0-1-3、CL123-2-4、CL143-0-10-3、秋星、夏星、粤红玉、粤星、丰顺号、杂优 1 号、2 号、3 号、湘番茄 1 号、2 号、洪抗 1 号等。而在我国东北、华北、华东、西南等地区番茄疫病发生较多,其最主要特征是果实、叶片或主茎上的病斑都有明显的轮纹,可在重病田块选用高抗品种如迪丽雅、欧缇丽、凯旋 158 等品种。在我国北方,番茄黄化曲叶病毒(TY 病毒)曾暴发,造成了巨大的损失,推广了多个抗 TY 病毒的硬果品种,如迪芬

尼、齐达利、惠裕、金棚 10 号、金棚 11 号、金棚 8 号、瑞星 1 号、瑞星 2 号、瑞星 5
号、浙粉 702、农博粉霸 3 号、农博粉霸 15 号、农博粉霸 1321、农博粉霸 1316 等。

　　黄瓜上发生的病害种类较多,常见的有霜霉病、灰霉病、白粉病、病毒病、细菌
性角斑、根结线虫病等。目前黄瓜的抗病品种主要是针对细菌性角斑、病毒病、白
粉病等,通常是商用品种对多个病害有抗性。

第三节　健康种苗培育

　　种苗带菌是植物病害发生、传播、扩散的一个重要途径,因而健康种苗的培育
是果树、蔬菜等病害防治的一个关键技术。目前,主要使用的健康种苗类型有播种
苗、嫁接苗、组培苗等。

一、种苗培育

(一)播种苗

　　播种苗是直接使用种子产生的苗,操作简单,使用较为广泛,通常用于甘蓝、花
椰菜、番茄等蔬菜。

　　1. 穴盘育苗

　　穴盘育苗是常用的播种苗培育的一种技术。育苗盘通常含有倒金字塔形、成
排状、相互独立的生长穴,生长穴的大小依据培育种苗的种类而定,倒金字塔的穴
型有利于植物根系的生长和移植。通常生长穴中填充不含病原物的泥炭、蛭石、有
机质等作为植物生长基质。播种后保持较高的温度和湿度催芽,出苗后每个生长
穴中通常保持一株植物。穴盘育苗法使用方便,适合有机蔬菜生产。

　　2. 苗床育苗

　　苗床育苗是在苗圃、温室等培育出幼苗,通常植株幼苗期较脆弱,不能适应田
间生长条件。苗圃育苗一般包含以下几个步骤:①苗床的制备选择光照条件好无
发病历史的地块,通常苗床的高度高于周边地块,便于排水等;②精耕苗床土,通常
也添加有机肥等为小苗的生长提供充足的肥力因子;③将经处理的健康种子或催
芽后的种子均匀地播种到土壤中;④整个育苗期间要注意保持土壤的湿度和温度,
仔细观察小苗的生长情况,及时清除弱苗和病苗;⑤移苗时应注意尽量减少对幼苗
根的伤害。

　　采用种子育苗的方式,保持较高的温度能够促进早出苗、整齐出苗。通常出苗
前一般不放风,维持苗床中较高的气温(30℃)和土温(25℃)。待小苗的真叶长出,
可根据温度及天气情况及时通风炼苗,同时也可以稍微降低苗床的温度,白天
23℃左右,夜晚 15℃左右。随着苗龄增加需要进一步降低苗床温度,促进壮苗的

育成,防止幼苗徒长,白天气温20℃左右,夜间气温15℃左右,土温保持在17℃左右。放风是保持苗床内良好的温度和湿度的重要手段。通常放风口需设置在阳面背风区,大小合适,避免急剧降温导致冻害。光照条件也与壮苗的培育紧密相关,应采用透光性好的新塑料膜,同时保持塑料膜的清洁,增强透光性,条件许可的情况下也可在晴天中午揭开或部分揭开薄膜,让阳光直接照射幼苗。在幼苗培育期间需要分批覆土以淘汰弱苗,提高秧苗的整齐度。每次覆土的厚度不宜太大,通常在0.5 cm左右。覆土前也可以调整苗的密度,保持合适的苗距,拔出弱苗。育苗期间的水肥管理也非常重要,可小水勤浇,切忌一次灌足或大水漫灌。

(二)嫁接苗

嫁接苗是将一个品种的枝或芽接到另一品种或植物的枝或根上形成的具有抗病等性状的苗。嫁接的方法有:靠接法、劈接法、插接法等。生产上常用嫁接苗的蔬菜有黄瓜、冬瓜、西瓜、西葫芦、番茄、辣椒等。

嫁接育苗的优越性:①嫁接育苗可预防土传病害;②减轻根结线虫的危害;③提高抗寒能力;④提高肥水利用率及产量。

(三)组培苗

组培苗是在无菌环境下,将植物的组织或单细胞进行离体培养出完整的植株,达到快速繁殖和脱毒(病毒)。

组培苗比较适合工厂化生产,在生产技术、设备上要求较高。如草莓脱毒苗的生产需要建立无菌系苗、继代培植、生根、驯化移栽、培育商品苗等技术体系。组培苗在马铃薯、蔬菜、果树、草莓、花卉等种植上应用较为广泛。茎尖分生组织生长、分裂最为旺盛的组织,细胞内病毒含量相对较少。利用茎尖分生组织的诱导培养可以有效地脱除植物体上的病毒,进而培育获得无病毒健康种苗。欧美和日本较早使用该技术培育无病毒的草莓,繁育良种。我国在脱毒草莓的培育上也取得了一系列的进展,通常采用0.5~2 mm的茎尖作为初始材料,采用热处理、抗病毒药剂、继代培养的方法进行脱毒处理,热处理会降低草莓茎尖的成活率,较小的茎尖如0.2 mm脱毒效率高(陆广欣等,2011)。利用愈伤组织培养甘薯脱毒苗技术在20世纪80年代已被应用,但愈伤组织培养和扩繁周期长,导致成本高;该技术培育出组培苗容易发生低产低质量变异,扩繁到8代就开始出现变异株,扩繁到10代变异株超过70%。这些缺点限制了甘薯愈伤组培苗的大规模种植。文彤明和刘迪(文彤明和刘迪,2013)发明了不经愈伤组织培养甘薯脱毒苗的组培新技术,与传统通过愈伤组织培养的脱毒苗生产技术相比,有诸多优势:①周期短。全过程为72~76 d,占愈伤组织培养苗所需时间的50%~70%。②稳定性好。本技术生产脱毒苗没有经过愈伤组织培养阶段,因此大大降低了总体污染率,提高了最终成苗率和脱毒率,脱毒性能比较稳定。③效率高。本技术生产脱毒苗可以扩繁到 30 代以上,脱毒苗生产效率高。④成本低。扩大培养的脱毒苗的价格仅为每株 0.1 元左右。

二、育苗管理

1. 温度与光照管理

通常在育苗期内大棚的温度不低于 15℃,在白天、晴天、出苗前、移苗后保持较高的温度,在阴天、野外、出苗后、移苗前维持较低的温度;冬春季光照不足时,应尽量使用新膜覆盖的大棚,穴盘之间保持较大的距离,条件许可可以利用人工光源补足光照。

2. 水分管理

控制好水分,应维持穴盘内或土壤的适当湿度,避免徒长现象。

3. 炼苗

移苗前 7～10 d 需要进行炼苗,以适应定植地点的环境,防止冻害等发生。祝菊红建议根据作物种类采用适宜温度低温锻炼:番茄、西葫芦白天 15～18℃,晚上 5～8℃;茄子、辣椒、黄瓜、西瓜白天 18～20℃,晚上 8～10℃;甘蓝类白天 12～15℃,晚上 3～4℃(祝菊红,2012)。

第四节　天然植物提取物及应用

自然界中生长的各种植物,多数富含天然活性物质如萜烯类、生物碱、类黄酮、甾体、酚类、皂素、香豆素、独特的氨基酸及多糖等,这些物质具有特定的生物活性,可以起到抑制多种植物病原菌活性的作用。杨红兵等研究了角果藜、盐穗木、里海盐爪爪、叉毛蓬、盐角草和小叶碱蓬等六种藜科植物提取物对根癌土壤杆菌、黄瓜角斑病菌、番茄疮痂菌等病原细菌的抑制活性,结果显示叉毛蓬、角果藜和盐角草提取物表现出一定的抗细菌活性,其中以叉毛蓬、盐角草提取物对黄瓜角斑病菌的抑制活性最强;张万里等研究了四季米仔兰和阴香的乙醇提取物对黄瓜炭疽病菌抑菌效果,结果显示两种提取物的抑菌率在 80% 以上;刘浩等研究了博落回、虎杖和黄芩提取物对三种植物病原细菌和六种病原真菌的抑制作用,结果显示,虎杖提取物对根癌土壤杆菌和番茄疮痂病菌表现出较强的抗细菌活性,博落回提取物表现出较强的抗真菌活性。

一、植物提取物的抑菌效果

在有机农业生产体系中植物提取物具有极其重要的作用,有机生产中用植物提取物防治蔬菜病虫害的应用也越来越多。许多植物的天然杀菌物质是水溶性的,可以用水作为溶剂进行溶解提取,浓缩而形成提取物具有防治植物病害的功效;同时,也存在大量的天然杀菌物质是脂溶性的,需要通过有机溶剂浸提、蒸馏和压榨的方法提取,如百里香精油、肉桂精油、肉豆蔻精油、桉树精油等。

(一)对病原真菌的抑制效果

大蒜素是从葱科葱属植物大蒜的鳞茎(大蒜头)中提取的一种有机硫化合物,也存在于洋葱和其他葱科植物中,大蒜提取物可防治黄萎病、枯萎病、水稻烂秧病、棉花苗期病害、恶苗病、大麦条纹病等,还有出苗快、出壮苗等效能。大蒜提取物20%溶液对多种青枯病菌具有很好的抑制作用,在防治番茄、茄子、马铃薯等茄科植物青枯病方面具有很大的潜力;博落回提取物表现出较强的抗真菌活性;金缕梅对多种植物病原真菌具有较广谱的抑菌活性。陈义娟等研究证实茄子茎叶与辣椒茎叶的乙醇提取物均对黄瓜炭疽病菌有显著的抑菌作用;张焱珍等研究结果显示,海南草珊瑚提取物对番茄灰霉病菌有一定的抑制作用;殷帅文等利用花草木樨乙醇提取物的乙酸乙酯萃取部分对番茄灰霉病菌的抑制率达100%,空心莲子草、窃衣、小白酒草和鬼针草对番茄灰霉病菌的抑制率为100%;张万里等研究了四季米仔兰和阴香乙醇提取物对黄瓜炭疽病菌抑菌率在80%以上。

(二)对病原细菌的抑制效果

红辣椒萃取液对细菌性软腐病有很好的抑制效果;穿心莲的提取物可抑制茄科植物细菌性斑点病;虎杖提取物对根癌土壤杆菌和番茄疮痂病菌表现出较强的抗细菌活性;五倍子、石榴皮2种植物提取物对水稻白叶枯病菌及桃树细菌性穿孔病的病菌具有较强的抑制效果。

(三)对线虫的抑制效果

万寿菊根、叶的水或乙醚提取物可抑制蔬菜上南方根结线虫幼虫的孵化;万寿菊的幼苗围绕番茄、茄子或干辣椒的幼苗可减少植物寄生线虫的种群;绿肥植物苍耳的水溶性叶提取物对南方根结线虫有较强的毒性;向日葵的根、花和种子的水提取物对南方根结线虫有毒性,野生向日葵的花的水提取物对南方根结线虫的2龄幼虫有毒杀活性;苦苣菜的叶子和根的水提取物对南方根结线虫有高的毒性,也可抑制卵的孵化;艾蒿的根提取物对南方根结线虫和相似穿孔线虫也有杀线虫活性;鲤肠的全株提取物对南方根结线虫有杀死作用,也可抑制这种线虫卵的孵化。

(四)对病毒的抑制效果

紫杉皮提取液对黄瓜花叶病毒($Cucumber\ mosaic\ virus$,CMV)具有一定的钝化作用,其中100~800倍药液,对CMV的抑制钝化效果分别为38.3%~98.8%;在黄瓜和普通烟草上,于接种前后分别喷施200倍药液,对病害初侵染的作用效果分别为 72.1%～90.5% 和 61.6%～70.5%；板蓝根、大黄、连翘提取物对黄瓜花叶病毒引起的辣椒花叶病具有一定的抑制作用，且对黄瓜花叶病毒引起的辣椒花叶病具有稳定的治疗作用。

二、植物提取物的应用

苦参碱、氧化苦参碱和羟基苦参碱等广泛存在于豆科植物如苦参、苦豆子、广豆根、日本山豆等植物的根中，具有广谱杀虫、杀菌活性。银杏提取素具有很强的杀菌和抑菌作用，可防治蔬菜、果树、小麦、草莓等的灰霉病、白粉病、霜霉病等病害。黄连素是一种生物碱，可从黄连、黄柏、三颗针等植物中提取，可用于防治苹果轮纹病、腐烂病等真菌病害。虎杖的萃取物具有很好的抑菌效果，有效成分为大黄素和白藜芦醇，对白粉病菌和稻瘟病菌有很好的抑制作用。葡萄种子和大黄的萃取物可以有效地降低莴苣褐斑病的发病率。一些菊科植物的提取物对根结线虫具有杀灭活性。一些海藻的萃取物也具有很好的防治草莓灰霉病、葡萄白粉病和番茄幼苗猝倒病的作用。

常用的植物源农药的有效成分有大蒜素、丁子香酚、香芹酚、黄芩苷和黄酮。其中 0.05% 大蒜素浓乳剂可以用于防治黄瓜、枸杞白粉病；混配丁子香酚和香芹酚的 2.1% 水剂，可用于防治番茄灰霉病；5% 丙烯酸香芹酚水剂，可用于防治黄瓜灰霉病和水稻稻瘟；黄芩苷和黄酮的 0.28% 混配水剂，可用于防治苹果树腐烂病。周建宏等（2011）研究发现：丁香、黄芩、芦荟、穿心莲、金银花的水提物对油茶炭疽病菌、软腐病菌的抑制率均可达 60% 以上，其中丁香提取物的抑菌效果最好，高达 96%，在田间对油茶的主要病害都有一定的预防作用。不同提取物混合使用的效果更好，如丁香、黄芩提取物及茶皂素的质量比为 1：1：1 使用后可达 80% 的防效，病果率降低约 60%。植物精油具有较强的抑菌活性且低毒、环境友好，可用于防治蔬菜水果采后病害。有实验表明：采用植物精油对采摘后的水果蔬菜体外熏蒸，对樱桃、番茄、枣和葡萄采后病害有较好的抑制效果（冯武，2006）。

三、常用的植物源农药举例

（一）丁子香酚

0.3% 丁子香酚，商品名为灰霜特、施立克。丁子香酚是从丁香、百部等中草药中提取出的，属植物源低毒杀菌剂。具有广谱、高效，兼具预防和治疗双重作用，是一种溶菌性物质，由植物的叶、茎、根部吸收，对各种作物感染的真菌病害有特效，可防治蔬菜、瓜类等作物上的灰霉病、霜霉病、白粉病、炭疽病、叶霉病、疫病等。使用时每亩用 0.3% 丁子香酚 50 g，兑水 40 kg，于发病初期喷施，3～5 d 喷施 1 次，连续 2～3 次。

丁子香酚不能与碱性农药、肥料混用;当水温低于 15℃时,先加少量温水溶化后再兑水喷施,另外,喷药 6 h 内遇雨需补喷。

(二)大蒜素浓乳剂

常见剂型为 0.05％大蒜素浓乳剂。大蒜为百合科葱属 2 年生草本植物,大蒜素是从大蒜的球形鳞茎中提取的淡黄色挥发性油状物,主要成分为有机硫醚化合物,具有药物和保健功能,也可当作农药。对危害植物的真菌性病原菌具有抑制其孢子萌发及菌丝生长的作用,国内新开发的 0.05％大蒜素浓乳剂用于防治黄瓜、枸杞的白粉病,每亩用 600～1 000 g 兑水喷雾或用制剂 50～100 倍液喷雾,防效较好。

(三)丙烯酸·香芹酚水剂

5％丙烯酸·香芹酚水剂是一种纯天然植物源的高效广谱杀菌剂,广泛应用于有机农业和无公害生产基地,对各种蔬菜、粮食、经济作物、果树上易发生的真菌、细菌、病毒等病害有着显著的预防和治疗作用。

(四)蛇床子素浓乳剂

常见剂型为 1％蛇床子素浓乳剂。蛇床子素是从传统中草药蛇床子种子中提取的天然化合物,其化学名称为 7-甲氧基-8-异戊烯基香豆素,属香豆素类化合物,它除具有香豆素的核心结构苯环和吡喃酮环外,还有重要的农药活性基团——异戊烯结构。

1％蛇床子素对作物白粉病有很好的防效,能够抑制真菌菌体葡萄糖、钙吸收和三磷酸腺苷酶活性,对白粉病菌生活史的各个阶段都有抑制作用。使用时可用 1％蛇床子素 400～500 倍水溶液喷雾,每 5～7 d 喷施 1 次,连续 2～3 次防治黄瓜、草莓白粉病。

(五)小檗碱水剂

小檗碱为中草药毛茛科黄连和芸香科黄柏等植物中提取的一种黄色生物碱杀菌剂,又名黄连素,常见剂型为 0.5％小檗碱水剂。该药能迅速渗透到植物体内和病斑部位,通过干扰病原菌体代谢,抑制其生长和繁殖,达到控制病情发展和杀菌作用。

0.5％小檗碱水剂对番茄灰霉病、叶霉病、细菌性溃疡病、缘枯病、甜瓜蔓枯病、甘蓝黑腐病、西瓜白粉病均有较好的防治效果。

使用方法:发病初期叶面喷施,喷施时必须使植株表面均匀湿润,一般使用浓度 500～600 倍液,每 5～7 d 喷施 1 次,连续 2～3 次。

第五节 有益微生物应用

利用有益微生物防治植物病害对生态环境影响较小,被认为是一种比较有潜力的、安全的病害防治手段。国内外大量报道了利用微生物防治植物病害成功实例。生防菌菌株种类较多,有真菌和细菌。生物防治植物病原真菌和细菌的机理复杂,包括营养和位点的竞争,产生抗生素、葡聚糖酶、蛋白酶等抗菌物质,产生嗜铁素等竞争土壤中少量的铁元素和诱导植物产生抗性。许多生防菌不仅对土传病害有很好防治效果,还对植物的生长具有促进作用,但防治效果常常不稳定,其在生产上的大规模应用潜力有待进一步开发。

一、土壤有益微生物的种类

土壤中存在的有益微生物种类繁多,生产上广泛应用的大体可分为三种:细菌、真菌和放线菌。生防细菌主要有芽孢杆菌(*Bacillus*)、假单胞菌(*Pseudomonas*)、放射型土壤杆菌(*Agrobacterium radiobact*)、节杆菌、肠杆菌、欧文氏菌、黄杆菌、根瘤菌等。真菌主要有木霉菌(*Trichoderma* spp.)、毛壳菌(*Chaetomium* spp.)、淡紫拟青霉(*Paecilomyces lilacinus*)、酵母菌、厚壁孢子轮枝菌(*Verticillium chlamydosporium*)、小盾壳霉和菌根真菌等;放线菌主要是链霉菌属及其相关类群。

二、主要有益微生物在植物病害防治中的利用

对植物真菌和细菌病害有防治作用的微生物种类较多,有真菌、细菌和放线菌。

(一)生物防治细菌

生防细菌主要有芽孢杆菌(*Bacillus*)、假单胞菌(*Pseudomonas*)、放射型土壤杆菌(*Agrobacterium radiobact*)、节杆菌、肠杆菌、欧文氏菌、黄杆菌、根瘤菌等。

1. 假单胞菌(*Pseudomonas*)

假单胞菌属细菌能在植物根际土壤中大量繁殖,多数菌株不仅可抑制植物病害,而且可促使植物生长。目前,在假单胞菌属细菌中对荧光假单胞杆菌(*P. fluorescence*)、丁香假单胞菌(*P. syringe*)、洋葱假单胞杆菌(*P. cepacia*)和恶臭假单胞菌(*P. pitida*)等根际细菌研究较多。研究发现假单胞杆菌(*P. fluorescence*)可抑制萝卜枯萎病的发生,并且对小白菜炭疽病和霜霉病有较好的防治效果。荧光假单胞杆菌对番茄青枯病、烟草青枯病和小麦全蚀病有防治效果。

2. 芽孢杆菌(*Bacillus*)

芽孢杆菌是目前研究较多、应用较为广泛、潜力较大的一类芽孢杆菌属。芽

孢杆菌容易培养,并可以形成抗逆性很强的孢子,容易储存,因而具有很好的应用前景。目前已发现多个芽孢杆菌对常见植物病害具有良好的防治效果,如多黏类芽孢杆菌防治番茄、烟草、辣椒、茄子青枯病;枯草芽孢杆菌防治黄瓜白粉病、草莓白粉病和灰霉病、番茄叶霉病、水稻纹枯病和稻曲病、三七根腐病和烟草黑胫病等;蜡质芽孢杆菌防治水稻纹枯病、稻曲病和稻瘟病、小麦纹枯病和赤霉病、姜瘟病等。

3. 放射型土壤杆菌(*Agrobacterium radiobact*)

该菌 20 世纪在澳大利亚已经商品化生产,对由根瘤土壤杆菌引起的桃、樱桃、葡萄、玫瑰等植物的根癌病有很好的防治效果。

(二)生物防治真菌

生防真菌主要有木霉菌(*Trichoderma* spp.)、毛壳菌(*Chaetomium* spp.)、淡紫拟青霉菌(*Paecilomyces lilacinus*)、酵母菌、厚壁孢子轮枝菌(*Verticillium chlamydosporium*)、小盾壳霉和菌根真菌等。

1. 木霉菌(*Trichoderma* spp.)

生防真菌相对生防细菌种类较少,主要分布在木霉属,如哈茨木霉、绿色木霉、康氏木霉、木素木霉、长枝木霉、多孢木霉和绿粘帚霉,其中对哈茨木霉的研究较多,发现其对蔬菜立枯病、菌核病、腐霉病、灰霉病等多种病害及一些土传植物病害有较好的防效。

2. 毛壳菌(*Chaetomium* spp.)

毛壳菌通常存在于土壤和有机肥中,它可以有效降解纤维素和有机物,并对土壤中的其他微生物产生拮抗作用,因此,毛壳菌成为植物病原菌种的生物防治菌并被广泛应用。

毛壳菌可预防谷物秧苗的枯萎病和甘蔗猝倒病,降低由镰刀菌引起的番茄枯萎病和黑星菌引起的苹果斑点病等的发病率,对立枯病丝核菌、甘蓝格链孢、拟茎点霉属、毛盘孢属、葡萄孢属等病原菌的生长有一定的抑制作用。

3. 淡紫拟青霉菌(*Paecilomyces lilacinus*)及厚壁孢子轮枝菌(*Verticillium chlamydosporiu*)

根结线虫病害对蔬菜生产,特别是保护地蔬菜具有严重的威胁。根结线虫天敌种类较多,有细菌、真菌、病毒、立克氏体、放线菌、捕食性线虫、缓步虫、弹尾虫及原生动物等,其中真菌、细菌和放线菌在生物防治实践上已经取得了显著的成效,而其他的天敌研究较少,尚不具备应用的条件。

淡紫拟青霉菌及厚壁孢子轮枝菌主要是在控制植物病原线虫方面有很好的功效。研究显示,用淡紫拟青霉菌的培养料施入土壤对大豆孢囊线虫可持续 2~3 年的防效,造成大量的空孢囊;用厚壁孢子轮枝菌防治南方根结线虫卵寄生率达

90.8%。

(三)放线菌

放线菌是人们研究最早并应用到生产中的生防微生物。目前广泛应用的抗生素约70%是各种放线菌所产生的,其中最具生防价值的放线菌是链霉菌及其变种。

我国研制开发的井冈霉素、多效霉素和农用链霉素等生物农药已在农业生产中大量应用,并取得了显著的社会、经济和生态效益。如农用链霉素可有效控制由十字花科软腐病菌、番茄溃疡病菌、菜豆疫病菌、黄瓜角斑病菌等引起的多种细菌性病害;井冈霉素可有效防治蔬菜纹枯病、白绢病、根腐病、立枯病等。

三、常用微生物源农药举例

微生物源农药是指由细菌、真菌、放线菌、病毒等微生物及其代谢产物加工制成的农药。按来源微生物源农药包括农用抗生素和活体微生物农药两大类,它包括以菌治虫、以菌治菌、以菌除草等,这类农药具有选择性强,对人、畜、农作物和自然环境安全,不伤害天敌,不易产生抗性等特点。

(一)井冈霉素

又称有效霉素,我国20世纪70年代研究生产,目前制剂类型较多,有水剂、粉剂类型,如0.33%、2%、3%、4%、10%、12%的粉剂及3%、5%、10%的水剂等。

井冈霉素是由吸水链霉菌井冈变种生产的水溶性抗生素,具有较强的内吸性,易被菌体细胞吸收并在其内迅速传导,干扰和抑制菌体细胞生长和发育;吸湿性强,在中性和微酸性条件下稳定,能被多种微生物分解,属高效、低毒杀菌剂;耐雨水冲刷,药后2 h降雨对防效无明显影响,残效期15~20 d,在任何生育期用药均无药害。井冈霉素对人、畜低毒;对鱼类、蜜蜂安全;对作物、果树高效、低毒、无残留、不污染环境。

防治对象:主要用于水稻纹枯病、玉米大小斑病以及蔬菜、豆类等作物病害的防治,可防治蔬菜纹枯病、白绢病、根腐病、立枯病等。

(二)农用链霉素

剂型有10%、15%、20%链霉素可湿性粉剂和72%硫酸链霉素可湿性粉剂。农用链霉素为放线菌所产生的代谢产物,杀菌谱广,特别是对多种细菌性病害效果较好(对真菌也有防治作用);具有内吸作用,能渗透到植物体内,并传导到其他部位;对人、畜低毒,对鱼类及水生生物毒性亦很小。主要用于喷雾,也可灌根和浸种消毒等。

防治对象：农用链霉素可防治大白菜软腐病，大白菜、甘蓝黑腐病，黄瓜细菌性角斑病、霜霉病，菜豆细菌性疫病、火烧病等，甜（辣）椒青枯病、疮痂病、软腐病，番茄溃疡病、疮痂病、青枯病等。

(三)抗霉菌素

又名农抗120、120农用抗霉菌素(TF-120)，是我国自主研制的嘧啶核苷类抗生素，常见剂型有2％和4％农抗120水剂。是一种高效、广谱、内吸强、无污染、无残留、低毒、与环境相容性好的农用抗生素杀菌剂，为刺孢吸水链霉菌的北京变种的代谢产物，主要成分为核苷，它直接阻碍病原菌蛋白质合成而导致病菌死亡，对作物及天敌安全，不污染环境。抗霉菌素不仅对病害有预防和治疗作用，而且有刺激植物生长作用。

防治对象：抗霉菌素适用于防治瓜类、果树、蔬菜、花卉、烟草、小麦等作物白粉病，瓜类、果树、蔬菜炭疽病，西瓜、蔬菜枯萎病等，尤其对葫芦科、茄科的瓜果类、十字花科类蔬菜真菌性病害防治效果更佳。可采用喷雾或灌根法施药防治。

(四)多抗霉素

多抗霉素又名多效霉素、多氧霉素、保利霉素和科生霉素。常见制剂有1.5％、2％、3％、10％多抗霉素可湿性粉剂。其防病机理是干扰病菌细胞壁的几丁质合成，病菌接触药剂后局部膨大破裂，溢出细胞内含物导致病菌死亡。多抗霉素是一种低毒抗生素杀菌剂，有内吸传导作用，具有保护和治疗效果，对人畜、作物及天敌安全，无残留，不污染环境。

防治对象：多抗霉素可有效防治瓜类霜霉病、灰霉病、炭疽病、白粉病、枯萎病，茄子、番茄早疫病、晚疫病、灰霉病、叶霉病、白粉病，十字花科黑斑病、灰霉病，葱、蒜类的紫斑病，芹菜叶斑病等真菌性病害。

(五)木霉菌

哈茨木霉菌剂型为可湿性粉剂，其有效成分为哈茨木霉菌T-22株系(根用型)及G-41菌株(叶用型)，其作用机理：分泌病原菌细胞壁降解酶，阻止病原菌细胞壁的形成，同时产生次生代谢物，阻断病原菌繁殖生长及能量传递。

防治对象：哈茨木霉菌根用型可防治蔬菜立枯病、猝倒病、根腐病等真菌性根部病害；哈茨木霉菌叶用型可防治蔬菜白粉病、灰霉病、霜霉病、叶斑病、叶霉病、褐斑病等病害。

(六)枯草芽孢杆菌

枯草芽孢杆菌常见剂型为可湿性粉剂，其有效成分含量为10亿孢子/g。

其作用机理:枯草芽孢杆菌菌体生长过程中产生枯草菌素、多粘菌素、制霉菌素、短杆菌肽等活性物质,这些活性物质对致病菌或内源性感染的条件致病菌有明显的抑制或杀死作用。

防治对象:枯草芽孢杆菌对草莓及番茄的灰霉病、青枯病,黄瓜白粉病、根腐病,辣椒枯萎病,马铃薯晚疫病,豆类根腐病等土传病害具有显著防效。

四、微生物源农药使用技术

生防菌制剂使用方式比较多样,可以进行浸种、灌根、喷施直接处理,也可以进行堆肥发酵使用。徐刘平等利用蜡样芽孢杆菌的菌液处理土壤,能够较好地防治辣椒疫病,防效达到75%。薛庆云等利用一株沙雷氏生防菌与有机肥混合使用,对青枯病防效超过65%,超过农用链霉素的防治效果。

微生物源农药使用效果与生物农药的微生物种类、成分、剂型及保存关系密切,此外,施用部位与植物的生长时期及施用时的气候环境、施用时间等均会影响微生物源农药的施用效果,因此施用微生物农药时要考虑:施用农药时的气候及施用时间、施用环境、微生物种类及施用时机等因素。

第六节　农　业　防　治

植物病害的发生是寄主植物、病原物和环境因素相互作用的结果,农业防治是运用各种农业调控措施,创造有利于植物生长发育而不利于病害发生的生态环境条件。具体的农业措施包括生产和使用无病种子、健康种苗以及其他繁殖材料;实施合理的种植制度,防止连作障碍或病原菌的积累;保持田园清洁卫生,及时清除销毁病残体;合理设置不同作物在田间的分布或作物的间套作,设置生态隔离带,防止大面积种植造成易于病害扩散和流行的条件;合理地进行水肥管理,提高作物对病原物的抗性;适时利用休耕期如利用夏季高温闷棚处理,降低植物病原物种群数量。

一、选用抗病品种、培育壮苗

抗病品种能通过其自身特定的生物机制阻碍病原菌侵入植物体或阻碍病原菌在植物体内的生长、繁殖,从而降低病害的危害。具有较强抗病虫的品种,可减少某些病害的危害,提高产量,降低农药的使用量,提高经济效益。选择抗病品种时,要根据当地多年来的病害发生情况,有针对性地选择品种,同时种子要饱满,要保证其出芽率,以提升种子的免疫力和存活率,降低病害发生的概率。

培育健康无病的种苗是有机蔬菜成功的关键措施之一。生产中应采取措施创造有利于幼苗生长,不利于病虫害发生的条件,如对种子和育苗床进行消毒处理,冬季采用电热温床、火炕育苗,夏秋季采用遮阳网降温处理,防虫网覆盖,采用营养钵育苗、穴盘育苗等育苗方式,加强苗期管理,保证苗全苗壮,提高植株的抗逆性,可减轻病虫害的发生。针对某些危害严重的土传病,采用高抗或免疫的砧木进行嫁接,可控制病害的发生,如西瓜嫁接在葫芦、黄瓜嫁接在黑籽南瓜上,可防治枯萎病的发生。

二、清洁田园

一般来讲,没有病原菌作物就不会发生病害,让作物生长在相对干净的环境中,作物就会减少或不受病原菌的威胁和侵染,得以健康生长。为此,在有机农业生产中,要及时摘除病叶、病果,及时拔除染病植株,在上茬作物收获后,及时清洁田园,将杂草、作物残体等全部清理干净,这样可消除病虫害的中间寄主和侵染源,可减轻病害的发生与传播。此外,对易感根系病害的蔬菜还要清除残留根。

三、水分管理

水分对病害的发生与传播起着极其重要的作用,多种真菌的孢子可随土壤、空气中的水移动传播并侵染植物,植物地上部分病害的发生与空气湿度、凝结水关系密切,合理调控环境的湿度可以有效减轻或防止病害的发生,因此,合理调控植物栽培环境的湿度对病害的发生与危害就显得极为重要。控制水分的措施包括高畦栽培、尽可能减少大水漫灌次数、露地栽培的遮雨栽培、地膜覆盖、膜下滴灌等,保护地浇水后及时通风除湿等,这些措施均可降低土壤含水量及空气的相对湿度,可有效减轻病害的发生。

四、施肥

有机肥对有机蔬菜的生长有直接的影响,肥料的合理使用不仅可以提高作物产量、保证产品品质,而且可以提高植物的抗病能力,减轻病害的发生,合理施肥需注意以下几个方面:①施用完全腐熟的有机肥。未完全腐熟的有机肥易携带病菌进入土壤,易导致病虫害的发生。②根据蔬菜作物的生长需要合理施肥。施用含氮较高的有机肥会使植物组织结构松散,会导致甘蓝根瘤病、西瓜蔓割病、豆类根腐病等病害发生严重。③在蔬菜生长过程中进行微量元素的叶面补充,微量元素对调节作物生长和防治生理病害有良好的效果。如多施钙肥可强化植物细胞壁,提高作物的抗病性。钙元素缺乏易导致芹菜黑心病、番茄脐腐病等病害的发生。

五、推广高垄高畦栽培

高垄高畦栽培(图 5-2 和图 5-3)突出特点是土壤透气性好,含氧量足,垄面太阳辐射量大,受热面积大,保温性能好,积温高,有利于土壤微生物活动及蔬菜根系生长,提高肥料利用率,增加产量。同时也便于雨后及时排水,保持土壤和空气有适当的湿度,防止湿气滞留,有利于提高植物抗病力,减轻病害的发生。在保护地内冬茬作物,高垄或高畦栽培优势会更加明显。

图 5-2　高畦栽培

图 5-3　高垄及地膜覆盖栽培

六、合理轮作和间、套作

轮作是一项古老的农业制度,实行合理的轮作制度能打断病害循环累计,不仅能迅速降低土壤中病原物的数量,对土传病害有较好的防治作用,还能调节农田生态环境,改善土壤肥力和物理性质。条件许可的情况下,应该采用深根和浅根作物轮作,改善土壤结构疏松性和排水;根系密集的作物与根系稀疏的作物轮作,改善土壤有益动物如蚯蚓或微生物的生活环境;固氮作物与需氮高的作物轮作,维持土壤肥力;阔叶和茎秆类作物轮作,抑制杂草;病害发生严重时,适时控制寄主作物与非寄主作物轮作时间间隔;尽可能地实行不同作物,不同品种的交替种植;条件许可也可以实行水旱轮作。有机蔬菜种植上应该避免同科蔬菜的轮作,充分利用地上空间和地下各个土层的营养元素,实现土壤营养素的消耗和供给的平衡。一般而言,豆科作物(大豆、四季豆、豌豆)、块根类蔬菜(芋头、山药、洋葱、大蒜、萝卜)、叶菜(大白菜、甘蓝、菠菜、生菜)对营养要求逐渐增加,对病害的抵抗力逐渐降低。轮作一般可以采用以下四种模式:叶菜-块根-豆类-瓜果类,块根-叶菜-瓜果-豆类,豆类-瓜果-块根-叶菜,瓜果-豆类-叶菜-块根。

合理的间套作就是把两种或两种以上的蔬菜,根据其生长特征,发挥其种间互利的因素,组成一个复合群体,有效利用光能与地力、时间与空间,形成"互利的环境",减少病虫草害的发生。有些蔬菜在生长过程中能分泌某些液态或气态物质,能忌避和减轻某些病虫害的危害,如花椰菜套种茴香,可减轻花椰菜菜青虫、黑腐病的危害;辣椒套种玉米(图5-4),可减轻辣椒日灼病的发生,减少蚜虫对辣椒的危害,降低辣椒病毒病的发病率等。

图 5-4　辣椒套种玉米

参 考 文 献

[1]　刘保才,王俊琪,孙国语.蔬菜病虫害化学防治中的3R问题与科学使用农药.上海蔬菜,2004(6):68-69.

[2]　万安民,牛永春,吴立人.中国小麦品种抗条锈性丧失及其治理对策:植物保护与植物营养研究进展.北京:中国农业出版社,1999.

[3]　祝菊红.武汉蔬菜穴盘育苗技术总结.长江蔬菜,2012(6):67-68.

[4]　陆广欣,冯利,毛碧增.生物技术在草莓健康种苗培育及种质改良方面的研究进展.热带作物学报,2011,32(8):1584-1589.

[5]　文彤明,刘迪.甘薯脱毒苗产业化生产新技术及其产量、品质分析.江苏农业科学,2013,41(8):109-111.

[6]　王述彬.蔬菜病虫害的综合治理(十二)蔬菜抗病品种的应用与病害防治.中国蔬菜,1998(6):56-58.

[7]　刘剑峰,肖启明,张德咏,等.番茄黄化曲叶病(TYLCV)的研究进展.中国农学通报,2013,29(13):70-76.

[8]　王万能,全学军,肖崇刚.植物诱导抗性的机理和应用研究进展.湖北农业科学,2010,49(1):204-206.

[9]　张咏梅,毕阳,魏晋梅,等.Harpin或BTH诱导厚皮甜瓜抗菌物质的研究.甘肃农业大学学报,2013,48(4):49-55.

[10]　周建宏,刘君昂,邓小军,等.植物提取物对油茶主要病害的抑菌作用.中南林业科技大学学报,2011,31(4):42-45.

[11]　冯武.植物精油对果蔬采后病害的防治及其防治机理研究.浙江大学,2006.

[12]　丁国春.两株细菌对土传病害的生防效果的评价.南京农业大学,2007.

[13]　徐刘平,尹燕妮,李师默,等.拮抗细菌对土传病原菌的作用机理.中国生物防治,2006,22(1):10-14.

[14]　杨红兵,周亚明,刘浩,等.六种藜科植物提取物对植物病原菌的抑制活性.天然产物研究与开发,2009,21:744-747.

[15]　张万里,乔润香,尹飞,等.13种植物提取物对5种果蔬病原真菌的抑菌活性.华南农业大学学报,2009,30(2):40-43.

[16]　刘浩,谈满良,周立刚,等.博落回、虎杖和黄芩提取物对植物病原菌的抑制作用.天然产物研究与开发,2009,21:400-403.

[17]　陈义娟,贾福丽,陈佳,等.植物提取物对黄瓜炭疽病的抑制作用及其苗期防治效果.上海交通大学学报,2011,29(4):67-71.

[18]　殷帅文,王庆先,李强,等.2种植物提取物抑制植物病原菌活性研究.天然产物研究与开发,2009,21:306-311.

[19]　安玉兴,孙东磊,周丽娟,等.菊科植物的杀线虫活性研究与应用.中国农业学通报,2009,25(23):364-369.

[20]　秦淑莲,辛玉成,姜瑞敏,等.紫杉皮提取液对黄瓜花叶病毒的作用机制初探.莱阳农学院

学报,1997,14(3):200-202.

[21] 朱水方.几种中草药抽提物对黄瓜花叶病毒引起的辣椒花叶病治疗作用初步研究.植物病理学报,1989,19(2):123-128.

[22] 陈浩,胡梁斌,王春梅,等.植物源杀菌剂1‰蛇床子素乳剂在黄瓜和土壤中的残留动态.江苏农业学报,2010,26(6):1386-1390.

[23] 刘琴,刘翼,何月秋,等.我国植物病害生物防治综述.安徽农学通报,2012,18(7):67-69.

[24] 马成涛,胡青,杨德奎.土壤有益微生物防治植物病害的研究进展.山东科学,2007,20(6):61-67.

[25] 李金鞠,廖甜甜,潘虹,等.土壤有益微生物在植物病害防治中的应用.湖北农业科学,2011,50(23):4753-4757.

[26] Huang G R,Du X Y,Xu D D,et al. Antifungal activities in methanol extracts of twenty species of plants from Three Gorges Region,Hubei Province(in Chinese). Journal of South China Agricultural University,2007,28(3):37-41.

第六章　虫害管理

　　有机农业应顺应自然,强调农业与自然的和谐。在害虫防治上严格禁止使用化学农药,因此必须采用非农药的防治手段进行害虫防治。在有机蔬菜栽培中,害虫防治主要有农业防治、生物防治及物理防治等措施,必要时可采用有机农业允许使用的药剂进行干预。农业防治就是利用害虫、农作物及其生态环境间的关系,采用行之有效的农业技术,创造有利于蔬菜生长和天敌生存与繁殖而抑制害虫或不利于害虫的生存环境。农业防治可通过土壤肥料、抗虫品种、清洁田园、实行蔬菜的轮作、间作、套作等措施而达到防虫目的。物理防治是采取物理的方法来防治害虫,可以采取诱杀、捕杀、阻断、温湿度控制来防治害虫。生物防治利用了生物物种间的相互关系,以一种或一类生物抑制另一种或另一类生物,其最大优点是不污染环境,生物防治大致可分为以虫治虫、以鸟治虫和以菌治虫三大类。其主要内容包括:利用微生物防治、利用寄生性天敌防治、利用捕食性天敌防治等。近年来由于人们环保意识的增强及有机农业的推动,生物防治得到了迅速的发展,在国内的一些有机生产基地,经常可以看到利用天敌进行害虫防治的实例,有条件的基地甚至建立了自己的天敌繁育中心。

第一节　虫害管理原则及措施

一、有机蔬菜种植过程中害虫防治原则

　　有机农业病虫害防治应遵循"预防为主,综合防治"的基本原则。即在有机农业生产中,对病虫害首先做好预防工作,"预防"是植物病虫害防治的前提,尤其是对国内外一定区域内发生的一些危险性病虫草害,如能严格控制其传入和传出,可有效地控制病虫草害的蔓延和危害。"综合防治"是指从农业生态学的总体出发,采用农业、物理、生物等措施对病虫害进行防治。

　　在有机生产中禁止使用人工合成的杀虫剂、杀菌剂、除草剂、植物生长调节剂和其他农药,禁止使用基因工程技术或其产物。应从生态系统整体功能出发,从作物-害虫-环境三者之间关系出发,充分利用生态系统中的有利因素,综合应用农业的、物理的、生物的措施,创造不利于病虫草滋生和有利于各类天敌繁衍的生态环

境,尽可能保证农业生态系统的平衡和增加生物多样化,减少病虫草害所造成的损失,达到持续、稳定增产的目的。

有机农业观念认为,农业生产过程是一种人类与自然的和谐相处的过程,人类应尊重自然,而不是充当大自然的主宰者。对虫害的控制要充分利用生产系统的自我调节能力亦即生物间的相生相克原理,抑制害虫的暴发,将其控制在经济危害水平之下。因此,作物生产中的虫害防治应采取适当的措施,建立合理的作物生产体系和健康的生态环境,提高系统的自然防御能力和生态恢复能力,而不应像现代农业那样力求彻底消灭病虫草害。

这就要求在有机蔬菜生产中,害虫防治要优先采用农业措施(如选用抗性品种、种子处理、培育壮苗、清洁田园、轮作倒茬、间作套种、中耕除草、深翻晒土、种植诱集作物和趋避作物等),并结合一些物理措施(如利用灯光、色板诱杀、防虫网阻断和人工捕捉等),生物措施(如保护和利用天敌等)及有机生产标准中允许使用的植物源、矿物源及微生物源类物质进行害虫的防治。

二、有机蔬菜种植过程中害虫防治措施

(一)农业防治措施

农业防治就是利用害虫、农作物及生态环境间的关系,采取可行的农业技术措施形成有利于农作物及天敌生长发育的环境,抑制害虫的发生。农业防治是最悠久、最基本的害虫防治方法,具有长期的预防作用,有些农业措施就对害虫有直接的预防作用,其主要原理是利用农业生产过程中各种技术措施和作物生长发育的各个环节,有目的地创造有利于作物生长发育,不利于害虫生长发育繁殖的生态条件和农田小气候环境,以便控制和减小害虫对作物的危害。农业防治具体措施包括:

1. 种子处理

如采用晒种、干热处理、温汤浸种、高锰酸钾浸种、石灰水浸种等方法进行种子处理。

2. 作物多样化种植

在蔬菜田边种植树篱及诱集植物(图6-1)、趋避植物、风屏植物、野花等,既可充分利用阳光、防止水土流失也可诱集天敌,趋避害虫,还可美化环境。如种植伞形花科植物(香芹、胡萝卜、小茴香、芫荽、孜然等)可吸引瓢虫,对防治蚜虫作用明显。田间种植蓖麻、紫穗槐可防治金龟子。

3: 轮作

轮作是有机栽培的最基本要求和特征之一,是用地养地相结合的一种生物学措施,轮作有利于均衡利用土壤养分,能有效改善土壤的理化性状,调节土壤肥力

和防治病虫草害。

4. 间作、套作

作物间作套种(图6-2)是一项时空利用技术,能充分利用季节、土地、气候等条件,提高复种指数,实现一年多熟种植。生产上根据作物之间相生相克的原理进行巧妙搭配、合理种植,可以有效减轻一方或双方病虫害发生的可能。如茄子套种小麦,小麦的麦蚜可吸引瓢虫、小花蝽等天敌,防治茄子蚜虫。在结球生菜地中间作甘蓝可降低结球生菜的斜纹夜蛾发生率。在有机田块内种植葱、姜、蒜、薄荷、艾菊、当归、韭菜等趋避植物可减少蚜虫的发生。

图6-1　菜田边种植树篱及诱集植物防虫　　　　图6-2　苦瓜与芹菜间作

5. 调整播期

播期调整后可避开害虫的危害高峰期,减少害虫的危害。

6. 清洁田园

及时清除上茬作物遗留在田间的病株、病叶、病果,可有效减少害虫及虫卵基数,减轻害虫的发生及危害。

7. 高温晒垡、秋翻冬灌、冬翻冬冻

春茬蔬菜收获后利用夏季的高温晒垡,冬前对蔬菜地进行翻耕晾垡可晒死或冻死害虫和虫卵,降低虫源基数,减少虫害发生。

(二)物理防治措施

物理防治是利用物理的方法进行害虫的防治。其原理是利用害虫对温度、湿度、光谱、颜色、声音等的反应能力,进行害虫防治,是一种常用、简便、低成本且行之有效的防治方法。生产上常用的有:防虫网阻断(图6-3)、灯光诱杀(图6-4)、色板诱杀,性诱剂诱杀,银灰色地膜避蚜,糖醋液诱杀(图6-5),杨树枝诱杀等方法。例如,用活雌蛾制作诱捕器诱杀,把2～4头未交尾的活雌蛾装在尼龙纱网制作的小笼子里,吊挂在水盆上方,每次可诱杀400头左右的雄蛾。

图 6-3 防虫网阻断害虫

图 6-4 灯光诱杀害虫

（三）生物防治措施

生物防治是以捕食性天敌、寄生性天敌及微生物等方法防治害虫。其措施主要有：以菌治虫、以虫治虫，或利用各种允许使用的生物制剂防治害虫。较为常用的捕食性天敌如瓢虫、草蛉、食虫蝽象、捕食螨、螳螂、蛙类、鸭类等；寄生性天敌如寄生蜂、寄生蝇类等；微生物如真菌、细菌、病毒、线虫、原生动物等来防治害虫。生物防治以经济、对作物及环境安全无污染、害虫不易产生抗药性受到人们普遍重视及使用。

图 6-5 糖醋液诱杀害虫

生产上要优化菜田作物布局，创造有利于天敌生存与繁殖的环境，直接保护天敌或向菜田生态系统中直接释放天敌。目前已市场化的天敌有草蛉、瓢虫（图 6-6）、寄生蜂（图 6-7）、捕食螨（图 6-8）等。种植诱集植物诱虫产卵，人工杀灭，也是行之有效的方法，如种植芋芳诱集斜纹夜蛾产卵，然后及时检查、杀灭卵块和幼虫，降低虫口密度。利用性激素诱杀或干扰雌雄蛾交配从而减少其产卵数，降低害虫的数量，在生产上应用较为广泛。

图 6-6 番茄田间
释放瓢虫

图 6-7 番茄田间
释放丽蚜小蜂

图 6-8 辣椒田间
释放捕食螨

（四）药剂防治措施

采用有机农业生产标准允许使用的可以用来控制害虫的植物源、动物源、矿物源及微生物源物质，来控制害虫的发生。具体介绍请参考本章第三节、第四节、第五节。

第二节　天　敌　利　用

我国幅员辽阔，害虫种类繁多，作物常受害虫危害而影响产量和产品品质。我国自使用化学农药防治害虫以来，已形成诸多负面影响，如害虫抗药性、蔬菜农药残留，对人类生存的环境与人类的健康形成危害等。近年来，随着人们生活水平的提高及对健康和环境保护意识的增强，有机农业得到了前所未有的发展。生物防治因其无污染对环境友好，越来越受到人们的重视，生物防治在有机农业生产中扮演着越来越重要的角色，在各地有机农业生产中，生物防治的方法均在大力推广应用，有条件的基地还建有天敌繁育场所（图6-9）。

生物防治的目的在于利用天敌来调整害虫种群密度，属于生态学范畴，天敌本身就是存在于自然界生态系统中的一个生态因子，天敌在自然生态系统中的种群一旦建立，即可对作物害虫具有永续的调控作用，但同时也应注意，天敌不一定能把害虫控制在不发生或防治指标以下。此外，天敌也需要人们为其创造有利于生存与繁殖

图6-9　北京市诺亚有机农庄天敌昆虫繁育车间

的环境条件，才能更好地发挥在防治害虫方面的作用。

目前美国、泰国、日本、韩国及欧盟的许多国家均成立了国家级生物防治研究所，在生物防治市场上，全世界已有近百个生物防治公司在繁育、销售天敌，法国、英国、荷兰等国家也陆续成立了天敌公司，在非洲的南非、埃及、肯尼亚、摩洛哥等国也大量释放寄生蜂来防治害虫。据统计，截止到2010年，俄罗斯释放天敌面积达2 000多万亩。

我国近几年在天敌的研究与利用方面也得到了长足的发展，中国也有很多生物防治机构，目前已有40多种天敌被成功开发利用，如北京农林科学院异色瓢虫、丽蚜小蜂、草蛉的繁育开发；福建艳璇生物防治技术有限公司捕食螨的开发利用等。

自然界中存在许多生物的天敌，即自然生态食物链中的所谓掠食者与被食者的关系。我国作物害虫较重要的天敌，包括捕食性天敌和寄生性天敌，这些天敌可捕食或寄生作物的害虫。在农业生产过程中利用害虫的天敌进行的生物防治,不仅能降低害虫的虫口密度,而且没有残留污染,可实现农业生产和生态环境的永续发展,是符合时代需求的安全防治害虫的方法之一。

一、捕食性天敌

常见的捕食性天敌有:蜘蛛类、椿象类、瓢虫类及草蛉类等。

(一)草蛉

1. 草蛉的生物学特性与饲养繁殖

草蛉为捕食性昆虫,属于昆虫纲的脉翅目。全世界已知有86属共1 350种,据调查中国有记载的有15个属约近百种,分布于南北各地。草蛉种类虽多,但在中国常见的和21世纪初已开展试验作为生物防治的只有10种,即大草蛉、丽草蛉、叶色草蛉、多斑草蛉、粘蛉草蛉、黄褐草蛉、亚非草蛉、白线草蛉、普通草蛉和中华草蛉。草蛉能捕食粉虱、红蜘蛛及多种蚜虫,另外草蛉还喜欢吃食多种害虫的卵,诸如棉铃虫、地老虎、银纹夜蛾、甘蓝夜蛾、麦蛾、小造桥虫等虫卵。由于草蛉能大量地捕食多种农业害虫,因此人们广泛地开展了人工利用草蛉消灭农业害虫的工作,并取得了较为显著的效果。

草蛉属完全变态昆虫。草蛉的卵有的数十粒集中在一片,如大草蛉的卵;有的则单独散产,如丽草蛉和白线草蛉;还有的种类呈十余粒一束。草蛉的卵一般经过3～4 d后孵化。草蛉的幼虫又称蚜狮,幼虫取食时将钳状弯管口器刺入害虫体内,吸尽体液并把害虫的残骸背负在体背上。草蛉幼虫个体间有互相残杀的习性,如果周围缺少食物或没有蚜虫,凶残的幼虫会互相残杀,所以在自然界里很难看到草蛉的幼虫有群集的现象,因此在人工饲养草蛉的过程中经常要注意此问题。草蛉的幼虫可以捕食个体较小及行动较慢的害虫,如蚜虫、粉虱、螨类及其虫卵,草蛉的成虫大多不具有捕食能力,以取食花粉和蜜露为生,成虫具有趋光性。见图6-10。

草蛉成虫和幼虫均可进行人工养殖,成虫的养殖主要以啤酒酵母粉与蜂蜜按一定的比例进行配合,阴干一定的水分后即可饲养。林美珍等用含脱脂蝇蛆粉添加一定量的蛋黄、蔗糖饲养的大草蛉幼虫存活率达96%,羽化率达58.3%。李志飞等用脱脂蝇蛆粉作为饲料主成分饲养丽草蛉效果最佳。在饲养幼虫时,由于草蛉幼虫间有大吃小的现象,因此在幼虫养殖时要在箱(盆)中加入瓦楞纸可增加幼虫间的隐蔽性,降低幼虫相互之间的相遇和攻击的概率,提高幼虫的成活率。

图6-10　草蛉成虫

2. 草蛉的贮存及应用

草蛉大量养殖后不易贮存,目前普遍采用低温、延迟发育而增加其储存时间,当草蛉的卵转为褐色时,说明卵开始孵化,此时可释放到田间进行害虫的防治。草蛉使用时机应选择在害虫发生前或发生初期施用,施用量可依植株大小及害虫的发生密度进行调整。目前,国内外对草蛉防治害虫的研究很多,研究表明,各种草蛉对害虫均有一定的防治效果。

(二)瓢虫

1. 瓢虫的生物学特性与饲养繁殖

瓢虫属鞘翅目瓢虫科,全世界已发现有 5 000 多种,其中 450 种以上栖息于北美洲,我国已发现近 400 种。瓢虫包括食菌性、食植性和捕食性等种类。瓢虫为完全变态昆虫,会经历卵-幼虫-蛹-成虫四个阶段。捕食性瓢虫,外表一般色泽鲜艳,成虫与幼虫均可捕食如蚜虫、介壳虫、粉虱、叶螨等害虫,是农作物害虫防治的好帮手。简便鉴别是食植性的还是捕食性(害虫和益虫)的方法,就是凡是鞘翅的表面,非常细腻,特别光滑,亮晶晶闪闪发光的,一般属于捕食性的瓢虫为益虫;凡是鞘翅上生有密密麻麻的细绒毛的,一般属于植食性就都是害虫。

人工饲养捕食性瓢虫,首先要解决饲料问题,可用斜纹夜蛾、猪肝和花粉按一定比例进行配合,做饲喂饲料。也可用蚕豆苗人工培养蚜虫(图 6-11),当蚕豆苗长出 3～4 cm 高时,把野外采集的少量蚜虫放在豆苗上,在室温 20～30℃、相对湿度 60％～70％的条件下培养 10～15 d,蚜虫就能大量繁殖,这时就可用蚜虫作捕食性瓢虫的饲料。人工饲养捕食性瓢虫的成虫,室内的温度要控制在 20～25℃之间,相对湿度在 70％～80％,成虫产卵时要求温度较高,可在 25℃的温度条件下饲养。但饲养幼虫以平均温度 20℃左右为好。

图 6-11　人工培养蚜虫饲养瓢虫

2. 瓢虫的应用

瓢虫应选择在害虫发生前或发生初期时进行施用,施用量可依植株大小及害虫的发生密度进行调整。

(三)螳螂

螳螂亦称刀螂,无脊椎动物,属肉食性昆虫,广泛分布于世界各地,但尤以热带地区种类最为丰富。世界已知 2 000 种左右,中国已知约 51 种,螳螂是农、林、果树和观赏植物害虫的重要天敌。

螳螂为捕食性昆虫,螳螂可捕食 40 余种害虫,如蚜虫、蝇、蚊、蝗、蛾、蝶类及其幼虫和裸露的蛹、蟋蟀等小型昆虫,蝉、飞蝗、螽斯等大型昆虫,喜欢捕捉活虫,特别是以运动中的小虫为食,3 龄前的幼小若虫,如无活虫,很难饲养成功,因此在螳螂卵块孵化前,应准备活虫饲料,如蚜虫和家蝇等。蚜虫繁殖力极强,较容易饲养,可预先在花盆或小型塑料阳畦中,种植十字花科植物,待出苗后,接种上菜缢管蚜,让其繁殖待用,螳螂的其他饲料昆虫也有很多,如大蜡螟、玉米螟、菜粉蝶、土元、黄粉虫等。3 龄后的螳螂若虫食量较大,只靠有限的活饵料很难满足需要,因此,必须配制人工饲料。另外,螳螂有自相残杀的习性,因此人工笼养有一定难度,室外可用 12 m×6 m×2 m 大笼罩饲养,笼内移植栽种矮小树木和棉花等隔离物,并供螳螂栖息,减少接触机会,避免自相残杀。

螳螂一般一年一代,一只螳螂的寿命有 6～8 个月,即使没有头,螳螂仍能存活10 d 左右。

(四)捕食螨

捕食螨是很多益螨的总称,是以红蜘蛛、锈壁虱、粉虱卵等为主要食物的一种肉食性益螨。生产上释放人工培育的捕食螨来控制害螨(红蜘蛛、锈壁虱、粉虱等)的为害,捕食螨防治蔬菜叶螨技术是利用捕食螨对叶螨的捕食作用,特别是对叶螨的卵和低龄螨态的捕食,而达到抑制和控制害虫的目的。

利用智利小植绥螨防治叶螨已有很长历史了,我国于 1975 年从国外引进,以后在蔬菜、花卉上断续使用;拟长毛钝绥螨是我国本土对叶螨有很好控制作用的钝绥螨,在我国广泛分布。

蔬菜上发生的叶螨主要有朱砂叶螨、二斑叶螨等,其本土天敌的主要种类有拟长毛钝绥螨、长毛钝绥螨、巴氏钝绥螨等,这些种类在我国的大多蔬菜上多为常见,对防治黄瓜、茄子、辣椒等蔬菜上的叶螨有较好的防效,其中巴氏钝绥螨不仅对防治蔬菜上的叶螨有较好的效果,对蓟马也有很好的防效。引进种智利小植绥螨是叶螨的专性捕食性天敌,对叶螨有极强的控制能力。

捕食螨可防治蔬菜、草莓、花卉和食用菌等作物上的叶螨和蓟马。捕食螨释放时间一般在刚发现蓟马或叶螨时释放或作物定植 1～2 周时释放,经 2～3 周时再释放 1 次。

(五)小黑花蝽

小黑花蝽为常见害虫天敌,在蓟马危害的植株上常常见到小黑花蝽的身影。小黑花椿象属全世界有 60 多种,为捕食性昆虫,若虫和成虫均可捕食蚜虫、蓟马、粉虱、叶螨等害虫及其他昆虫的卵,一头小黑花蝽成虫每日可捕捉蚜虫 26.8 头、叶螨 20 头、卵 2.3 粒以上。美国、日本、荷兰、加拿大、德国、中国均有研究饲养小黑花蝽的技术,以利用其对田间小型害虫的防治。

小黑花蝽搜寻捕食能力很强,已广泛利用来防治蓟马、粉虱、蚜虫等小型害虫,为保证其效果,需要注意释放的时机与数量,以发挥其最大的功效。在尚没有害虫发生的情况下释放,小黑花蝽为了寻找食物可迅速向四周爬开,在释放几日后即消失。另外,小黑花蝽个体间有互相排斥现象,因此过量的释放也会导致蝽象转移或自相残杀。

田间释放椿象的数量视植株大小及害虫密度而定。一般在田间释放孵化 2～3 d 后的若虫,若虫在田间某一区域易长期停留,成虫原则上不释放,因其成虫具飞翔能力,当释放到田间后极易在短时间内飞离该区域,而影响其防治效果。

(六)蜘蛛

蜘蛛属节肢动物门蛛形纲蜘蛛目,全世界已报道蜘蛛有 2 000 多属,3 万～4 万种,我国估计有 3 000 余种。蜘蛛分布广泛,繁殖能力强、繁殖快,在农田、果园、菜园及草原均可看到蜘蛛的身影,在自然界中蜘蛛适应能力强,是害虫的重要天敌类群之一。

蜘蛛食性杂,能捕食多种害虫,可捕食鳞翅目、鞘翅目、半翅目、直翅目等昆虫及螨类,如叶螨、白金花金龟子、金纹细蛾、蚜虫、山楂叶螨等。

二、寄生性天敌

寄生性天敌昆虫是指在一段时间内或终生附着在其他动物(寄主)体内或体外,并以摄取寄主的营养物质来维持生存,从而使寄主受到损害的昆虫。寄生性天敌按其寄生部位来说,可分为内寄生和外寄生。内寄生昆虫的幼虫生活于寄主体内,并形成适应于寄主体内生活的特有形态;外寄生昆虫生活于寄主体外,或附着于寄主体上,或在寄主所造成的披盖物内取食。

寄生性天敌昆虫数量繁多,约占已知昆虫种类的 15%,分属 5 目 91 科。多数寄生蜂集中在 5 个目,即膜翅目(寄生蜂)、双翅目(寄生蝇)、鞘翅目、鳞翅目和捻翅目。

（一）赤眼蜂

赤眼蜂是全世界害虫生物防治技术中研究最多、应用最为广泛的一类卵寄生蜂。目前，有 20 多种赤眼蜂被大量繁殖利用，每年放蜂面积在 3 000 hm² 以上，主要用于玉米、蔬菜、水稻、果树等作物上防治害虫，一般可将作物损失下降 70%～90%。

赤眼蜂是属于膜翅目赤眼蜂属的一种寄生性昆虫。赤眼蜂的成虫体长 0.3～1.0 mm，黄色或黄褐色，大多数雌蜂和雄蜂的交配活动是在寄主体内完成的，它靠触角上的嗅觉器官寻找寄主，先用触角点触寄主，徘徊片刻爬到其上，用腹部末端的产卵器向寄主体内探钻，把卵产在其中。

赤眼蜂属的一些种可利用非自然寄主的鳞翅目虫卵进行大量繁殖，常用麦蛾、米蛾、地中海粉螟、粉斑螟等的卵为寄主。我国繁殖赤眼蜂除应用米蛾外，还应用蓖麻蚕、柞蚕、松毛虫的卵大量繁殖松毛虫赤眼蜂和拟澳洲赤眼蜂。大量繁殖全年可达 30～50 代，繁殖赤眼蜂的蜂种，可直接从田间采集被赤眼蜂寄生的害虫卵，或挂寄主卵箔诱集寄生。

田间释放赤眼蜂防治害虫，对环境无任何污染，对人畜安全，保持生态平衡，是一种实用性很强的技术。赤眼蜂喜欢寻找初产下来的新鲜的卵进行寄生，因此防治时要搞好害虫的预测预报，使释放赤眼蜂的时间与害虫的产卵盛期相吻合，做到有的放矢，提高防效。

（二）丽蚜小蜂

丽蚜小蜂，属昆虫纲膜翅目蚜小蜂科恩蚜小蜂属，是世界上广泛商业化的寄生蜂，主要用于温室作物的番茄及黄瓜上，也被小面积用于茄子和万寿菊等作物用于防治粉虱类害虫，目前的研究主要集中在丽蚜小蜂对温室白粉虱、烟粉虱和银叶粉虱的控制效果上。

丽蚜小蜂的雌成虫体型微小，长约 0.6 mm，头部及胸部黑色，腹部黄色，丽蚜小蜂至少寄生 8 属 15 种的粉虱。

要成功地在室内繁殖丽蚜小蜂，必须寻找潜在的寄主，估计寄主的性质并且利用若虫进行取食或寄生，在寄主栖息地释放后，丽蚜小蜂使用视觉和味觉寻找被害作物，在寻找新叶片时，该蜂并不区分叶的上下表面，也不偏好叶中或叶边缘，其碰到寄主的概率取决于丽蚜小蜂的行走速度、粉虱大小、一片叶上的寄主多少。爬行速度会由于下列因素而减慢：叶脉、叶片刺毛多、过多的蜜露、遇到合适的若虫（取食或产卵了就不走了）、温度下降、低气压和体内卵少等。

丽蚜小蜂是温室粉虱若虫的重要寄生性天敌。丽蚜小蜂 20 世纪 70 年代引入我国，20 世纪 80 年代末中国农业科学院生物防治研究所对丽蚜小蜂的人工饲养和繁殖、丽蚜小蜂防治粉虱的研究取得了很大成功。

要成功地在室内繁殖丽蚜小蜂,一般包括以下步骤:①采集和繁殖丽蚜小蜂蜂种;②生产寄主(包括寄主植物及寄主昆虫);③接蜂;④收集制卡;⑤包装保存或直接应用。

市售的蛹卡一般每卡 1 000 头黑蛹,羽化率 75% 左右,每卡可供释放的温室面积 30～50 m²。由于丽蚜小蜂成批生产,接种时间集中,其羽化产卵也相对集中,释放于田间后,易于管理,且寄生的小蜂羽化后,可再一次扩大寄生,反复使用,效果明显。宋瑞生等对丽蚜小蜂释放密度和释放时间对温室白粉虱防治效果进行试验,当白粉虱平均虫口密度为 0.5 头/株时,丽蚜小蜂释放密度保持在 15 万头/hm²、分 3～4 次释放,对白粉虱的防效达 95% 以上;纪世东等应用丽蚜小蜂防治白粉虱,防效达 83%。

(三)小菜蛾绒茧蜂

小菜蛾绒茧蜂,为膜翅目茧蜂科,是一种小菜蛾幼虫寄生蜂,雌虫体长 2.5 mm,体色黑色,是小菜蛾幼虫单栖性的重要天敌之一。小菜蛾绒茧蜂其自然寄生率可达 44%,最高可达 59.4%,对小菜蛾种群数量有明显的控制作用,在田间补充一定数量的绒茧蜂,增加田间种群数量,可发挥天敌的控制效果,已成为菜田生态系统中重要的寄生性天敌。

小菜蛾绒茧蜂放蜂期应选在小菜蛾孵化高峰期后的 2～3 d,放蜂量以益害比 1:(50～80)为宜。

(四)烟蚜茧蜂

蚜虫专性寄生蜂,为膜翅目蚜茧蜂科。主要分布于中国、朝鲜、日本、美国、加拿大等。寄主昆虫有麦棉蚜、桃蚜、二叉蚜、麦长管蚜、大豆蚜等。

烟蚜茧蜂年发生世代随纬度和所处环境不同而表现差异,沈阳年发生 11～12 代,北京 16～19 代,华北平原日光温室内 20 多代,福建室内 20 多代。在沈阳的自然条件下,主要以滞育蛹越冬。主要发生于 5—6 月间,9—10 月间亦有一定数量,对烟田、麦田的蚜虫有一定的控制作用。

烟蚜茧蜂在蚜虫发生初期释放,每亩释放量 3 000 头以上,对蚜虫的控制有效期长达 40 d,但效果稍慢。

第三节 植物源防虫物质及应用

在大自然中,很多植物本身含有丰富的昆虫忌避物质或昆虫的毒性成分,把这些植物经过蒸馏、压榨、萃取、浸泡等方式得到含有这些成分的物质,可利用这些物质在农业生产中进行有害生物的驱离和杀灭,从而为农业生产服务。这类物质对环境友好,对人畜及其他非靶标生物无毒或毒性较低,受阳光或微生物的作用后容易分解,半衰期短,降解快,被害虫取食后富集机制差,因此,大量使用这类杀虫物质一般不会产生药害,不会造成残留及环境污染。

一、植物浸提液

在某些植物中含有一定的毒性物质,具有一定的毒性,这些物质经过特定的加工手段可以分离提取出来,用以杀灭害虫,我们称之为植物杀虫剂。如印楝树的提取物、除虫菊的提取物、苦楝提取物、苦参提取物、鱼藤提取物等。这些植物提取物大多已商品化,称之为植物源杀虫剂。目前已商品化的植物源杀虫剂有:印楝素、除虫菊素、茼蒿素、桉叶素、藜芦碱、苦参碱、鱼藤酮等。

而有些植物本身并无毒性,但具有一定的辛辣味道,对害虫能起到趋避作用,使害虫远离植物的嫩叶、嫩芽,使其四处逃逸,植物免受侵害。如大蒜、辣椒、洋葱等。

(一)苦参碱

1. 来源

苦参碱是由豆科植物苦参的干燥根、植株、果实经乙醇等有机溶剂提取制成的生物碱,一般为苦参总碱,其主要成分有苦参碱、槐果碱、氧化槐果碱、槐定碱等多种生物碱,以苦参碱、氧化苦参碱含量最高。

2. 技术原理

苦参碱、氧化苦参碱等苦参生物碱类均属于神经毒剂,害虫接触药剂后可使其神经麻痹、蛋白质凝固、堵塞气孔,使害虫窒息而死亡,本剂具触杀和胃毒作用,属广谱性植物杀虫剂,对人畜低毒。

3. 防治对象

苦参碱是天然植物性农药,对各种作物上的黏虫、小菜蛾、菜青虫、小地老虎、蚜虫、红蜘蛛、韭菜韭蛆等害虫有明显的防治效果。

(二)除虫菊素

1. 来源

是由除虫菊花中分离萃取的具有杀虫效果的活性成分,它包括除虫菊素Ⅰ、除虫菊素Ⅱ、瓜叶菊素Ⅰ、瓜叶菊素Ⅱ、茉酮菊素Ⅰ、茉酮菊素Ⅱ六种具杀虫活性的物质组成。

除虫菊(图6-12)是菊科的多年生草本植物,原产欧洲,高0.5 m左右,全株银灰色,被绒毛,叶羽状分裂,头状花序,边缘花为舌状花,雌性花冠白色,中央管状花黄色。除虫菊的根、茎、叶、花都含有除虫菊素,最主要分布在除虫菊的头花子房中,以

图 6-12　除虫菊作物

头花中管状小花开放初期至盛期除虫菊素含量最高，是最适采摘期。即使把除虫菊草整个浸泡在 20 倍的水中，也有良好的防治效果。

2. 技术原理

除虫菊素具有麻痹昆虫中枢神经、周围神经系统及对感观器官的作用，为触杀性杀虫剂，击倒作用突出，因此除虫菊素具有趋避、击倒和毒杀三种不同的作用。

3. 防治对象

除虫菊素可防治白菜、辣椒、番茄、甘蓝、花椰菜等蔬菜上的菜青虫、蚜虫、棉铃虫、烟青虫、白粉虱、豆荚螟，芦笋上的负泥虫等，使用时可用 3% 的乳油 800～1 200 倍液喷雾。

4. 注意事项

该制剂以触杀为主，无内吸作用，喷雾时须均匀周到，药液需喷洒到害虫的身体上防治效果更佳。除虫菊素制剂为酸性，不能与碱性物质混合，对鱼类等水生动物有毒性，对蜂类有毒性，施药时最好避开授粉蜂授粉时期。

（三）鱼藤酮

1. 来源

豆科苦楝藤属植物。另外，在一些中草药如地瓜子、苦檀子、昆明鸡血藤根中也有分布。

2. 技术原理

鱼藤酮在毒理学上是一种专属性很强的物质，对昆虫尤其是菜粉蝶幼虫、小菜蛾和蚜虫具有强烈的触杀和胃毒两种作用，无内吸作用。早期的研究表明鱼藤酮的作用机制主要是影响昆虫的呼吸作用，主要是与 NADH 脱氢酶与辅酶 Q 之间的某一成分发生作用。鱼藤酮使害虫细胞的电子传递链受到抑制，从而降低生物体内的 ATP 水平最终使害虫得不到能量供应，然后行动迟滞、麻痹而缓慢死亡。

3. 防治对象

鱼藤酮杀虫谱广，对膜翅目、缨翅目、蜱螨亚纲等多种害虫有效。对蔬菜上的菜粉蝶幼虫、小菜蛾、蚜虫、网蝽、瓜蝇、甘蓝夜蛾、斜纹夜蛾、蓟马、黄曲跳甲、黄守瓜及二十八星瓢虫等具有强烈的触杀和胃毒两种作用。

4. 注意事项

该制剂以触杀为主，无内吸作用，喷雾时须均匀周到，药液须喷洒到害虫的身体上防治效果更佳。该制剂为酸性，不能与碱性物质混合；对鱼类等水生动物有毒性;本品对蜂类有毒性,施药时最好避开授粉蜂授粉时期。

(四)藜芦碱

1. 来源

藜芦碱是存在于百合科植物藜芦属和喷嚏草属植物中的一种生物碱,将植物原料经乙醇萃取制得的植物源杀虫物质。

2. 技术原理

藜芦碱是以中草药为原料经乙醇萃取而成的一种杀虫剂,具有触杀和胃毒作用。该药剂主要杀虫作用机制是经虫体表皮或吸食进入消化系统后,造成局部刺激,引起反射性虫体兴奋,先抑制虫体感觉神经末梢,后抑制中枢神经而致害虫死亡。藜芦碱对人、畜毒性低,残留低,不污染环境,药效可持续 10 d 以上,用于蔬菜害虫防治有高效。

3. 防治对象

藜芦碱防治蔬菜上的菜青虫、卷叶蛾、菜螟、白粉虱、蚜虫等害虫,可用 0.5% 藜芦碱 800 倍液喷雾。

4. 注意事项

该制剂见光易分解,应在避光、干燥、通风,低温的条件下贮存,为提高防治效果,应在害虫的低龄期施用。施药时间冬季可全天施用,夏季在下午 4 时后阳光照射不强烈时施用效果更佳。

(五)印楝素

1. 来源

印楝是一种速生落叶乔木,种子和树皮都可入药。印楝是 2013 年世界上公认的理想的杀虫植物。印楝系楝科楝属乔木,广泛种植于热带、亚热带地区。经研究表明,从印楝果实中提取的印楝素等成分是目前世界公认的广谱、高效、低毒、易降解、无残留的杀虫剂且没有抗药性,对几乎所有植物害虫,室内臭虫、跳蚤、苍蝇、蚊子等都具有驱杀效果,而对人畜和周围环境无任何污染,同时印楝对许多疾病还具有医疗作用,在医药中将有更广泛的应用。

2. 技术原理

一般公认的印楝素对昆虫的作用机理有如下几个方面:直接或间接通过破坏昆虫口器的化学感应器官产生拒食作用;通过对中肠消化酶的作用使得食物的营养转换不足,影响昆虫的生命力。高剂量的印楝素可以直接杀死臭虫、跳蚤等昆虫,低剂量则致使出现永久性幼虫,或畸形的蛹、成虫等。通过抑制脑神经分泌细胞对促前胸腺激素的合成与释放,影响前胸腺对蜕皮甾类的合成和释放,以及咽侧体对保幼激素的合成和释放。昆虫血淋巴内保幼激素正常浓度水平的破坏同时使得昆虫卵成熟所需要的卵黄原蛋白合成不足而导致不育。印楝素对害虫具有拒食、忌避、毒杀及影响昆虫生长发育等多种作用。

3. 防治对象

蔬菜上的菜青虫、小菜蛾、斜纹夜蛾、甘蓝夜蛾、菜螟、跳甲、白粉虱、棉铃虫、蚜虫、叶螨、斑潜蝇等害虫,防治时可用 0.3% 乳油 800～1 000 倍液均匀喷雾。

4. 注意事项

该剂不能与碱性农药混用。

(六)川楝素

1. 来源

川楝素是一种药物,为自川楝树根皮及树皮提出的有效成分。

2. 技术原理

害虫取食和接触川楝素后,可阻断神经中枢传导,破坏中肠组织与各种解毒酶系及呼吸代谢作用,影响消化吸收,丧失对食物的味觉功能,以拒食导致害虫生长发育不正常而死亡。

3. 防治对象

可防治蔬菜上多种害虫,如菜青虫、芜菁叶蝉、跳甲、蚜虫、黄守瓜等。防治时可用 0.5% 的乳油 500 倍液喷雾。

4. 注意事项

该制剂不能与碱性农药混合;喷药时正反面都要喷施均匀。

(七)苦蒿素

1. 来源

苦蒿素是以苦蒿为原料提取有效杀虫物质(山道年),再加上百步碱及其他中草药为增效剂配制而成的广谱植物杀虫剂(杀虫杀卵)。对人畜无毒,也无慢性毒性问题,但对害虫有触杀和胃毒作用。

2. 技术原理

害虫触药或食后麻醉神经,使气门堵塞窒息而死。

3. 防治对象

防治蔬菜蚜虫、菜青虫可用 0.65% 水剂 500 倍液喷雾。

4. 注意事项

苦蒿素不能与酸性与碱性农药混用。使用时随配随用,最好当天使用完,以免影响药效,使用前将药液摇匀后方可加水稀释。

(八)大蒜及提取物

大蒜为百合科葱属 2 年生草本植物,含有丰富的天然抗菌物质,其主要成分为大蒜素,具有特殊的辛辣味,有明显的杀菌、杀虫作用。

据国内有关研究,采用 1%～3% 大蒜浸提液,进行花生浸种处理(或田间喷施),可减少早春花生的烂芽、烂苗损失 36.4% 以上;用于西瓜浸种处理,其防治枯萎病及锈病的效果,优于萎锈灵等化学农药;将番茄种苗进行蘸根处理 5 min,然后定植,能有效防治根结线虫等危害。

用 3%～5% 的大蒜浸提液喷雾可有效地防治蔬菜上蚜虫、粉虱、介壳虫、红蜘蛛等。

二、植物油及植物精油类

植物油是自植物提炼的挥发性油,不同的植物发出不同的气味,这些挥发性油常作为香皂或化妆品的香料、食品添加剂等。天然植物精油含有多种天然化学成分,在国内外很早就应用于害虫的防治。如樟脑油、甲基丁香油、薄荷油、茴香油、熏衣草油等。

植物油接触到虫体会使害虫虫体的气孔堵塞,使害虫产生滞息,也可侵入害虫体内,破坏害虫的正常代谢,产生毒性。此外,喷施到作物体上的植物油可阻碍害虫的取食,对蚜虫、叶螨和粉虱类有阻食效果。1930 年美国就开始利用棉籽油、蓖麻油、亚麻籽油等植物油进行防虫。

截至 2009 年,美国约有 25 种以植物精油为活性成分的产品登记为杀虫剂或杀螨剂。精油如本身登记为杀虫剂,其毒性一般属于对人畜或对环境是安全的无害级别。目前市场上开发较多的有八角油、香茅油,这些植物精油特殊的气味可使害虫产生忌避或忌食作用,有些精油可作为杀菌剂或杀虫、杀菌剂的增效剂。杜学林等,探讨用植物乳油对黄瓜白粉病的室内活性和田间防治作用,结果显示将植物油稀释到 5～10 mL/L,对黄瓜白粉病具有较好的防治作用,室内的保护效果与对照药剂三唑酮乳油相当。李永翔等,探讨乳化植物油对葡萄霜霉病防治效果,结果显示,乳化植物油与波尔多液防治效果差异不显著。

乳化植物油(图 6-13)人们本可食用,施入田间对环境友好,对人畜无任何污染,可作为有机农业防治病虫害的物质进行大力推广应用。根据我们在全国众多有机基地的应用实践发现,植物油不仅是较好的防治病虫害的物质,也是很多植物源农药的增效剂,如果植物油配合植物源杀虫物质混合使用,防虫效果更佳。

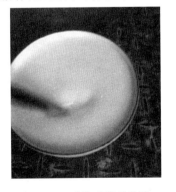

图 6-13　乳化后的植物油

第四节　矿物源防虫物质及应用

一、硫黄类

(一)硫黄

单质硫俗称硫黄,块状硫黄为淡黄色块状结晶体,粉末为淡黄色粉末,有特殊臭味,微溶于乙醇、乙醚,易溶于二硫化碳,不溶于水。工业硫黄呈黄色或淡黄色,有块状、粉状、粒状或片状等。

硫黄自古以来就是一种天然杀虫、杀菌剂,我国农民很早以前就使用硫黄防治农作物的病虫害,目前商品化的产品有:硫黄可湿性粉剂,硫黄悬浮剂等。硫黄具有一定的杀螨效果,在农业生产上广泛应用于果树如柑橘、葡萄等及部分蔬菜上防治螨类及粉虱类害虫,也可用于防治瓜类白粉病。硫黄虽具有一定的杀螨、杀粉虱效果,但对于昆虫的毒害很低,对有益昆虫天敌的伤害大大低于化学农药,因此在有机农业的栽培管理上允许使用硫黄及硫黄制剂。

使用 50％硫黄悬浮剂可防治蔬菜上的红蜘蛛、白蜘蛛等,也可防治芦笋茎枯病、褐斑病、锈病及瓜类白粉病、霜霉病、炭疽病等,一般以 800～1 000 倍液进行常量喷雾,间隔 10～15 d。硫黄悬浮剂为感温药,当气温高于 30℃时,不建议使用,施药时间一般应选在上午 10 时前和下午 4 时后。

(二)石硫合剂

石硫合剂是传统的杀虫、杀菌剂,在我国已有较长的使用历史,不易产生抗药性。石硫合剂是由生石灰、硫黄加水熬制而成的一种用于农业上的杀菌剂,由于其取材方便、价格低廉、效果明显、对多种病菌有抑杀作用,应用较为广泛。常用配料比为生石灰∶硫黄∶水＝1∶2∶(10～15)。石硫合剂主要成分是多硫化钙(CaS),为红褐色有臭味的液体,呈碱性。1883 年美国主要用于防治葡萄白粉病,1886 年发现能防治梨园介壳虫后,使用面积及使用范围逐渐扩大,至今许多国家仍在作为杀虫、杀菌及杀螨剂使用。目前石硫合剂已商品化,不需自行配制。

石硫合剂的杀虫作用原理是:①药液喷施到虫体后,侵蚀害虫表皮的蜡质层及体壁,并向内部渗透,使蚜虫、螨虫、介壳虫等害虫中毒死亡及影响卵的孵化。②可溶性多硫化物起还原作用,固态硫阻塞昆虫气门,使昆虫窒息死亡。

其杀菌机理为石硫合剂分解产生的硫化氢和游离硫,能夺走菌类细胞中的氧,使其正常的生理机能失控而死亡,硫还能在进入菌体后,使菌体结构正常的氧化还原受到干扰,导致生理功能失调而死亡。

各种蔬菜对石硫合剂的反应不同,不易产生药害的蔬菜有白菜、茄子、南瓜、丝瓜、西瓜等;对石硫合剂敏感的蔬菜有马铃薯、番茄、豆类、圆葱、姜、黄瓜等,这些蔬菜通常不建议使用石硫合剂,尤其是温室黄瓜更敏感。使用石硫合剂防治蔬菜病虫害时,必须注意使用浓度,具体使用方法为:用 0.1～0.2°Bé 溶液,防治黄瓜、甜瓜、豌豆等的白粉病及螨类;用 0.2～0.5°Bé 溶液,防治茄子、南瓜、西瓜等的白粉病、螨类。

石硫合剂使用注意事项:①一般药品不宜与石硫合剂配合施用;②石硫合剂与波尔多液接连使用时,两种药剂使用的间隔期最少在 2 周以上;③石硫合剂系强碱性药品,对皮肤及喷药器械有腐蚀性,不能用铜、铝容器贮存,因此,配制药品和喷药时要做好工作人员的防护工作,喷过石硫合剂的器械用完后要及时用醋水洗涤,防止对喷雾器造成损坏。

二、矿物油

矿物油为天然物质,是由原油经蒸馏与精炼过程而得到的石油衍生物。矿物油的未矿化值(unsulphonated residue 简称 UR 值)在 50%～90%之间即为休眠期用油,UR 在 92%以上的矿物油,则被公认为可安全施用于农作物的叶片或枝条等幼嫩组织上,也称之为农用矿物油。市售的农用矿物油 UR 值一般在 92%～96%之间。

矿物油杀虫剂的作用机理主要为:①喷施矿物油后可使矿物油附着在成虫、幼虫或卵的表面,覆盖、堵塞害虫的气孔,阻滞害虫的气体交换从而延缓害虫的活动或使其窒息死亡;②干扰或忌避产卵行为。如施用矿物油后,施用部位可延缓梨木虱前来产卵 5 周左右;③干扰或忌避取食行为。植物表面喷施矿物油后,在植物的表面会附着一层油膜,这层油膜可起到防止蚜虫与叶蝉等刺吸式口器的害虫取食,对咀嚼式口器的害虫也会产生一定的忌避效果。

使用矿物油防治害虫时要注意:①温度较高时施用会产生药害(因油渗入植物细胞后可使作物的蒸腾作用、光合作用及呼吸作用受到一定的干扰)。②施用矿物油的浓度不可太高,否则易产生药害。③有些蔬菜对矿物油较敏感,使用前一定要做好试验,待试验不产生药害后方可大面积使用。

三、硅藻土

硅藻土是一种硅质岩石,主要分布在中国、美国、法国、丹麦等国。天然硅藻土的主要成分是 SiO_2,优质硅藻土是白色,SiO_2 含量常超过 70%。单体硅藻无色透明,硅藻土的颜色取决于黏土矿物及有机质等,不同矿源硅藻上的成分不同。

硅藻土,是被称之为硅藻的单细胞植物死亡后经过 1 万～2 万年的堆积期,形成的一种化石性的硅藻堆积土矿床,硅藻是最早在地球上出现的原生生物之一,生存在海水或者湖水中,正是这种硅藻,通过光合作用向地球提供氧,促进了人类和动植物的诞生。

硅藻土的防虫机理为:硅藻土中因含较高成分的 SiO_2,因而可吸着其本身 4 倍重量的水,具有剥蚀和吸收作用,当害虫在附着有硅藻土的作物上爬行时,产生干燥作用并使害虫的体表与硅藻粉剂摩擦导致机械损伤而死亡。

第五节　微生物源防虫物质及应用

微生物源农药开发利用途径较多,也是世界上公认的"无公害农药",使用后具有高效、长效、安全、廉价、病虫害不易产生抗药性,不伤害天敌,繁殖快,对环境友好等特点,是综合防治农林病虫害的重要手段,可在人为控制下进行规模化培养,未来将成为生物农药构成的主体。我国微生物源农药开发利用较早,如 20 世纪 70 年代研究生产的井冈霉素,多年来一直是控制水稻纹枯病的首选品种。微生物源农药可分为,细菌类生物农药、真菌类生物农药、病毒类生物农药、线虫类生物农药、放线菌类生物农药。

一、细菌类杀虫物质

在细菌类生物农药中,苏云金杆菌($Bacillusthuringiersis$,Bt)是目前世界上用途最广,应用最成功的生物杀虫剂。据统计,苏云金杆菌占生防制剂总量的 90% 以上。在细菌类杀虫物质中除苏云金杆菌外,还有球形芽孢杆菌($B. sphaericus$)、金龟子芽孢杆菌($B. papilliae$)、蜡状芽孢杆菌($B. larvae$)等。

（一）苏云金杆菌($Bacillusthuringiersis$,Bt)

苏云金杆菌是在德国的苏云金地区发现的细菌性杀虫剂,由于其体内含有杀虫的晶体毒素,而又对人、畜、植物和天敌无害,不污染环境,不易使害虫产生抗药性,已成为国内外研究、生产及应用最多的一种微生物杀虫剂。主要对部分鳞翅目害虫幼虫有较好的防治效果,可用来防治菜青虫、菜粉蝶、玉米螟、烟青虫、尺蠖、松毛虫、地老虎等害虫,也可防治果巢蛾、枣尺蠖、美国白蛾等。

作用机理:Bt 的杀虫原理是苏云金杆菌经害虫食入后,寄生于中肠内,在肠内适宜的碱性环境中生长繁殖,晶体毒素经过虫体肠道内蛋白酶水解,形成有毒效的较小亚单位,它们作用于虫体的中肠上皮细胞,引起肠道麻痹、穿孔、虫体瘫痪、停止进食,随后苏云金杆菌进入血腔繁殖,引起白血症,导致虫体死亡。Bt 有多种菌株,不同菌株的杀虫效果差异较大。

使用方法:①在使用 Bt 时,为了增加害虫的食欲提高防治效果,可在配好的溶液中,再加入 1% 红糖。②在害虫早期的 1 龄、2 龄时使用对害虫防治效果较好,对生活较隐蔽又没有转株危害特点的害虫,必须在蛀孔、卷叶隐蔽前施用。③使用Bt时,可加入乳化植物油提高防虫效果。④Bt对紫外线敏感,因此施药最好选在早上或傍晚,气温在19℃以下或35℃以上使用Bt时基本无效果。⑤购买Bt制剂时,最好选择生产不久的新产品,以提高防虫效果。⑥蚕对毒素极为敏感,在养蚕地区不能使用苏云金杆菌制剂。

(二)球形芽孢杆菌(*B. sphaericus*)

该细菌是一种广泛存在于自然界,与苏云金杆菌相似的杆菌,是目前研究最为深入,在我国应用最为广泛的生物杀虫剂。在欧洲和非洲的许多国家已被用于防治蚊子幼虫。球形芽孢杆菌和苏云金杆菌以色列亚种具有相似的生物活性,被用于防治蚊子幼虫和蚋的幼虫。

(三)金龟子芽孢杆菌(*B. papilliae*)

该细菌专性寄生金龟甲的幼虫即蛴螬,用于防治地下害虫蛴螬,防治范围包括铜绿金龟子、阔胸金龟子、黄褐金龟子、棕色金龟子等50多种金龟子幼虫,而且药效可持续9年以上,是一种成功地用于防治金龟子虫害的长效微生物农药。目前已知有日本金龟子芽孢杆菌、缓死芽孢杆菌、欧洲缓死芽孢杆菌,研究最多的是日本金龟子乳状芽孢杆菌。

作用机理:金龟子芽孢杆菌的芽孢被幼虫吞食后,在中肠内萌发,营养体侵入中肠柱形细胞中,然后穿入营养体进入体腔。害虫感染后血液呈白垩色混浊乳液状,罹病的蛴螬呈乳白色,故称乳状病。金龟子感该菌后仍能活动,因而有利于病菌传播,造成害虫种群的传染病。该菌耐旱能力强,在土壤中可保持数年活力,为长效杀虫剂。

使用方法:在田间适当距离挖穴,每穴中加入 2 g 含孢子 10^6 个/g 的菌粉,即可有效防治地下害虫蛴螬、金龟子。蔬菜定植未覆土前,每穴中加入 2 g 含孢 10^6 个/g 的菌粉,再填土可有效防治蔬菜田中的蛴螬、金龟子等地下害虫。

二、真菌类杀虫物质

在害虫的生物防治方面,真菌是研究、生产和应用最多的生物类群之一。真菌类生物农药主要是虫生真菌、白僵菌(*Beauzeria*)、绿僵菌属(*Metarhizium*)、被毛孢属(*Hirsutella*)、穗霉属(*Nomuraea*)等。其中白僵菌应用最为广泛。近几年来绿僵菌研究越来越广泛,全世界有 200 多种昆虫被这种真菌感染致死。真菌杀虫剂的研究在我国有较长历史,对制剂的安全性、防治松毛虫和玉米螟等研究都做了大量的工作,它致病力强,效果好,对人、畜、作物无毒,因而有广阔的应用前景。

（一）白僵菌（*Beauzeria*）

白僵菌是一种真菌性微生物杀虫剂,菌落为白色粉状物,产品为白色或灰白色粉状物。白僵菌可以侵入 6 个目 15 科 200 多种昆虫、螨类的虫体内大量繁殖,主要感染鞘翅目甲虫和鳞翅目幼虫,在其体内不断产生白僵素和草酸钙结晶,这些物质可引起昆虫中毒,打乱新陈代谢以致死亡。

作用机理:当白僵菌的活孢子与害虫接触后,在适宜的条件下分生孢子萌发,分泌几丁质酶,溶解昆虫表皮,生长的菌丝侵入虫体内增殖并分泌毒素和草酸钙结晶,吸收昆虫体液作为其营养物质,破坏了昆虫的新陈代谢并产生大量的菌丝和分泌物,使害虫生病,经 4～5 d 后害虫死亡。死亡的虫体呈现白色且虫体僵硬,体表长满了菌丝和白色粉状孢子,而孢子可借风、昆虫等继续扩散,侵染其他害虫。

防治范围:白僵菌杀虫剂可防治多种作物上的鳞翅目害虫,如菜青虫、小菜蛾、棉铃虫、玉米螟等,对松毛虫有特效。

使用方法:①喷菌法,把菌粉用水稀释配成菌液,每毫升菌液含孢子 1 亿个以上,将配好的菌液均匀地喷施到蔬菜上即可。②喷粉,将每克含孢子 1 亿个以上的菌粉,均匀地喷施在蔬菜上即可。③将用白僵菌毒死的害虫僵尸收集后进行研磨,然后配成每毫升 1 亿个以上孢子(将 100 个虫体加工后,兑水 80～100 kg)即可在蔬菜上喷雾防虫。

（二）绿僵菌（*Metarhiziumanisopliae*）

本剂为活体真菌杀虫剂,真菌的形态接近于青霉。菌落绒毛状或棉絮状,最初白色,产生孢子时呈绿色。制剂为孢子浓缩经吸附剂吸收后制成。其外观颜色因吸附剂种类不同而异,含水率小于 5%。分生孢子萌发率 90% 以上。剂型:粉剂(含孢子 23 亿～28 亿活孢子/g)。绿僵菌属子囊菌门肉座菌目麦角菌科绿僵菌属,是一种广谱的昆虫病原菌,在国外应用其防治害虫的面积超过了白僵菌,防治效果可与白僵菌媲美。

作用机理:能够寄生于多种害虫的一类杀虫真菌,通过体表入侵作用进入害虫体内,在害虫体内不断增殖通过消耗营养、机械穿透、产生毒素,并不断在害虫种群中传播,使害虫致死。绿僵菌具有一定的专一性,对人畜无害,同时还具有不污染环境、无残留、害虫不会产生抗药性等优点。

使用方法:防治蛴螬。包括东北大黑鳃金龟、暗黑金龟子、铜绿金龟子等的多种幼虫。采用菌土法施药。每亩用粉剂 2 kg,拌细土 50 kg,中耕时撒入土中。也可用菌剂 2 kg 与 100 kg 有机肥混合后结合施肥撒入田中,但不如中耕时撒入土中效果好。

（三）蜡蚧轮枝菌

蜡蚧轮枝菌是一种重要的昆虫病原真菌。该菌属于半知菌类,寄生范围广,能寄生蚧类、蚜虫类、螨类和粉虱类,也可寄生鳞翅目的一些害虫及线虫、蓟马等。市场上的剂型为(含 50×10^8 活孢子/g)的可湿性粉剂。

作用机理:蜡蚧轮枝菌喷施到虫体表面,在适温和空气相对湿度 $85\%\sim100\%$,或体表有自由水存在的条件下,蜡蚧轮枝菌的孢子容易萌发,在孢子萌发的过程中穿透寄主表皮并产生蛋白酶、几丁质酶和脂肪酶,酶和机械作用共同降解昆虫体壁,蜡蚧轮枝菌侵染昆虫后 $4\sim6$ d 内致使昆虫死亡。

防治范围:蜡蚧轮枝菌杀虫剂可防治多种作物上的蚜虫、蓟马、粉虱、螨虫、蚧类等。

使用方法:①蚜虫的防治,蜡蚧轮枝菌浓度在 10^7 孢子/mL 以上喷雾使用,可以很好地控制蚜虫的为害。②温室白粉虱的防治,将蜡蚧轮枝菌浓度在 3×10^7 孢子/mL 的孢子悬浮液喷雾使用,对白粉虱有很好的防治作用。

注意事项:本品在湿度大,温度在 $12\sim35℃$ 的环境中使用效果最好。蜡蚧轮枝菌可以和杀菌剂、杀虫剂及杀螨剂混用。

三、病毒类杀虫物质

昆虫病毒种类多、分布广、专性强,目前已分离到的昆虫病毒有 1 200 多种,已有 60 余种昆虫病毒被引入大田试验,我国也有 20 多种进入田间试验,应用最多的有核型多角体病毒(NPV)、颗粒体病毒(GV)、质多体病毒(CPV)。我国棉铃虫多角体病毒登记最早。

病毒类杀虫剂发展也受到一定因素的制约,如需要通过寄主昆虫才能增殖,培养困难;专性强、杀虫谱较窄;昆虫致死的时间太长;易受环境、温度、阳光、气候的影响等。

（一）小菜蛾颗粒体病毒

该产品为新型昆虫病毒杀虫剂,其作用机理为该病毒在小菜蛾肠中溶解,进入细胞核中复制、繁殖、感染细胞,使其生理失调而死亡。对天敌安全。目前剂型为:40 亿 PIB/g 可湿性粉剂。

使用方法:防治十字花科蔬菜小菜蛾,每亩使用制剂 $150\sim200$ g,加水 50 kg 或稀释 $250\sim300$ 倍喷雾,遇雨需补喷。

注意事项:不能与杀菌剂农药混配。

（二）银纹夜蛾核型多角体病毒

该药为一种新型昆虫病毒杀虫剂,害虫感染后,可在寄主细胞的核内寄生和增殖,感染后寄主一般需 4～20 d 才死亡。银纹夜蛾核型多角体病毒杀虫谱广,对为害蔬菜类等农作物的鳞翅目害虫有较好的防治效果,具有低毒、药效持久,对害虫不易产生抗性等特点。目前剂型为:10 亿 PIB/mL 悬浮剂。

使用方法:防治十字花科蔬菜甜菜夜蛾,每公顷用制剂 1 500～2 250 mL,加水750 L 均匀喷雾。应于傍晚或阴天、低龄幼虫高峰期时施药。

注意事项:本品不能与酸碱物质混合存放。

(三)菜青虫颗粒体病毒

本剂是由感染菜青虫颗粒体病毒死亡的虫体,经加工制成。其杀虫机理是颗粒体病毒经害虫食入后直接作用于害虫幼虫的脂肪体和中肠细胞核,并迅速复制,导致体液绿色,最后变成黄白色,体节肿胀,食欲不振,最后停食死亡。死亡体壁常流出白色无臭液体。该病毒通过病虫粪便及死虫感染其他健虫,只对靶标害虫有效,不影响害虫的天敌,不污染环境,持效期长。剂型为:浓缩粉剂。

使用方法:①菜青虫颗粒体病毒可用于防治蔬菜菜青虫、小菜蛾、银纹夜蛾、粉纹夜蛾、甜菜夜蛾、菜螟、斜纹夜蛾、棉铃虫、棉造桥虫、棉红铃虫、茶尺蠖、茶卷叶螟等害虫。防治蔬菜上菜青虫、小菜蛾、银纹夜蛾、菜螟等,每亩用粉剂 40～60 g,兑水稀释为 750 倍液,在幼虫 3 龄前,于阴天或晴天下午 4 时后喷雾,持效期为 10～15 d。施药期以卵高峰期最佳,喷药时叶片正、反面均要喷匀喷到。②对死亡的虫体,可以收集起来集中捣烂,过滤后将滤液兑水 200 倍液喷雾。每亩用 5 龄幼虫20～30 条即可。

注意事项:不能与碱性农药混用;贮存在阴凉、干燥处,防止受潮。注意药品的保质期。

(四)甘蓝夜蛾核型多角体病毒

病毒被幼虫咽下后,包含体在寄主的高碱性中肠内溶解,释放出包有衣壳蛋白的病毒粒子,穿过围食膜并侵入中肠细胞。在细胞核内脱衣壳,然后进行增殖。最初产生未包埋的病毒粒子,加速幼虫死亡,最终大量的包含体被释放到环境中。1～3 龄幼虫通常在施药后 7 d 死亡,杀虫速度较慢。剂型为:2.5×10^{12} PIBs/L 水剂。

使用方法:用于防治甘蓝夜蛾,也可防治棉铃虫、马铃薯块茎蛾、小菜蛾等。叶面喷雾推荐剂量为每公顷 2.5×10^{12} PIBs/L 水剂 4 L。

注意事项:不能与含铜的杀菌剂混用;在 4℃ 下干燥保存,保质期为 2 年;配制药液时使用不含氯的中性水。

四、线虫类杀虫物质

线虫呈纺锤形和蚯蚓状,身体细长,无节,体外有一层坚实的角质膜,寄生于昆虫体腔,摄取寄主营养使害虫死亡。已知昆虫寄生线虫有 3 142 种,国外研究应用最多的是营专性寄生的索线虫和营兼性寄生的新线虫属。实践证明,多种线虫在控制昆虫自然种群中起重要的作用。营腐生和寄生相结合的线虫和专性寄生线虫可用于害虫的防治。

感染期的新线虫通常从昆虫的口腔进入寄生在嗉囊里,也可通过昆虫的气孔、肛门等自然孔口进入害虫体内的中肠,然后穿透肠壁进入血腔,发育后在血淋巴中迅速繁殖,并释放体内共生的细菌,在不到 48 h 内,使昆虫引起致命的败血症而死亡;索线虫感染期幼虫则是用口针,穿透寄主腹部的节间膜而进入体腔内,生长迅速,大量摄取营养,使寄主的某些器官失调,致使寄主生殖腺发育不全甚至萎缩,以致完全丧失生殖能力。当寄生期幼虫脱出寄主时,寄主组织遭到破坏,使其体液流出感染细菌,而最后死亡。

新线虫可以防治多种害虫,如土壤害虫、食叶害虫和钻蛀性害虫。其防治害虫的特点:第一,具有主动寻找感染寄主能力,可以较好地防治一般农药难以奏效的蛀心虫、卷叶虫及土壤害虫;第二,害虫不会产生抗性;第三,对哺乳动物安全;第四,可大批廉价地人工培养。缺点是:抗高温、干燥及紫外线能力差,定居缓慢,施用期、施用量及施用方法还存在一些问题。

五、放线菌类杀虫物质

放线菌中的链霉素有许多用于生产杀虫抗生素,不仅对鳞翅目、直翅目、双翅目等害虫有杀灭作用,而且对线虫、螨类也有杀灭作用。多杀菌素是从土壤放线菌多刺糖多孢菌发酵培养物中分离到的杀虫抗生素,商品名为催杀、菜喜等,剂型有2.5%悬浮剂、48%悬浮剂。多杀菌素具有广谱的杀虫活性,能有效地控制鳞翅目、双翅目和缨翅目害虫,对鞘翅目和直翅目中取食植物叶片的害虫也有很好的防治效果,但多杀菌素不能有效地防治刺吸式昆虫和螨类。

第六节　物理性防治技术及应用

采用物理方法防治害虫,因其操作简便、成本低廉、效果明显、对环境友好等优点,目前已广泛应用于有机及无公害蔬菜生产实践中。物理防治,即采用物理的方法利用各种物理作用减少害虫危害的方法,包括各种阻断材料的利用,以及颜色、灯光诱引而加以捕捉,或是改变昆虫的生活条件(高温、低温的调节)等,使害虫无法生存。目前利用较为广泛的方法有:防虫网阻断,颜色诱集,灯光诱集,趋避,温、湿度调控等。

一、防虫网阻断

防虫网阻断是保护地蔬菜栽培中最常用、最为经济的防治害虫方式之一。蔬菜防虫网,是以聚乙烯为原材料经拉丝、纺织而成的形似网状的窗纱,具有抗拉强度大、抗太阳曝晒、耐腐蚀、耐雨水冲刷、无毒无味、价格低廉等优点,防虫网如使用得当可连续使用4～5年。

图6-14 大棚放风口防虫网 阻断害虫

防虫网防虫原理是在种植蔬菜的周围人工构建隔离屏障,使害虫与栽培的蔬菜隔离,害虫不接触蔬菜从而达到防治害虫的目的。另外,不同颜色的防虫网的反射、折射光,对害虫也有一定的趋避作用。防虫网特别适用于设施栽培(图6-14)及夏秋害虫危害严重的季节使用,对菜青虫、黄曲条跳甲、蚜虫、粉虱、小菜蛾、猿叶虫、甜菜夜蛾、斜纹夜蛾、玉米螟、棉铃虫等害虫,防治效果显著。

使用防虫网防治害虫时要注意:①覆盖前一定要对土壤及设施内进行消毒处理,杀死或驱离残留于设施内或土壤中的害虫及虫卵。②使用防虫网时一定要把四周压实、压严,包括设施的门口也一定要张挂防虫网,防止害虫进入。③使用防虫网一定程度阻碍了设施内风的流动,可能导致设施内温度的升高,尤其是夏季栽培时,因此,要注意设施内的降温工作。④使用防虫网阻断技术防虫时,同时也影响了授粉昆虫的进入,可能导致设施内茄果类蔬菜的授粉不良。⑤要根据期望阻隔的目标害虫的最小体积,选择合适目数的防虫网,一般生产上选择20～50目的白色或银灰色的防虫网使用,如使用银灰色防虫网不但阻隔了害虫的直接进入,同时也有一定的趋避作用,防虫效果更佳。

二、色板诱杀

色板诱杀害虫原理是利用害虫对一定波长、颜色的特殊光谱的趋性,将黄油、机油等专用胶剂涂在黄色、蓝色的塑料板上制成害虫诱捕装置(简称黄板、蓝板),进行物理诱杀害虫。多数害虫具有明显的趋黄绿的习性,特殊类群的害虫对于蓝

紫色有显著趋性。如蚜虫类、粉虱类、叶蝉类害虫喜趋向黄色、绿色;寄生蝇、种蝇、蓟马喜趋蓝色,但有些种类的蓟马喜趋黄色;夜蛾科、尺蠖蛾类害虫对色彩较暗淡的土黄色、褐色有较显著的趋性。图6-15为大棚内张挂色板防虫。

使用色板诱杀害虫时要注意:①根据诱杀的目标害虫,选择不同颜色的色板。②悬挂色板时要注意色板的高度,一般色

图6-15 大棚内张挂色板防虫

板悬挂高度为蔬菜生长点上部15～20 cm处,并随蔬菜的生长不断提高悬挂高度。③注意张挂色板的数量,一般每亩张挂 15～20 张色板。④色板及色板上的黏胶有一定的使用时间,当发现色板的黏性降低时要及时更换,或重新涂油以保持适当的黏度,以免影响色板的粘虫效果。

三、银灰色膜趋避

一些害虫对银灰色有忌避性,如蚜虫、烟粉虱等害虫,生产上可在田间或设施的门口、通风口等处张挂一定数量的银灰塑料条或用银灰色地膜覆盖蔬菜来趋避害虫,从而达到防虫目的。

蔬菜田间铺设银灰色地膜避虫,每亩需银灰色地膜 5 kg 左右。或将银灰色膜裁成宽 15～20 cm 的膜条悬挂于大棚内作物上部,高出植株顶部 20 cm 以上,膜条间距 15～30 cm,纵横拉成网眼状,使害虫降落不到植株上。棚室的通风口也可悬挂银灰色地膜条趋避害虫。见图 6-16。

图 6-16 银灰色膜覆盖防虫

四、灯光诱杀

杀虫灯是利用昆虫对不同波长、波段光的趋性进行诱杀,进而有效压低虫口密度和基数,控制害虫的种群数量,是重要的物理防治技术。

1. 频振式杀虫灯

据报道,频振式杀虫灯可以诱杀多种作物上的 13 个目、67 科的 150 多种害虫。利用杀虫灯诱控技术控制农业害虫,不仅杀虫谱广,诱虫量大,诱杀成虫效果显著,害虫不易产生抗性,对人、畜安全,促进田间生态平衡,而且安装简单,使用方便。

2. 发光二极管(LED)光源杀虫灯

发光二极管(LED)为新光源杀虫灯是利用昆虫的趋光特性,设置害虫敏感的特定光谱范围的诱虫光源,诱导害虫产生趋光、趋波兴奋效应而扑向光源,光源外配置高压电网杀死害虫,使害虫落入专用的收虫袋,达到杀死害虫的目的。利用 LED 灯可诱杀棉铃虫、小菜蛾、夜蛾、地老虎、金龟子、蝼蛄、食心虫等几十种害虫。

3. 黑光灯

黑光灯是一种特制的气体放电灯,它发出 330～400 nm 的紫外光波,这是人类不敏感的光,所以把这种人类不敏感的紫外光制作的灯叫作黑光灯。黑光灯具有很强的诱虫作用,是杀虫用灯的理想光源。

黑光灯的诱虫原理是大多数趋光昆虫喜欢 330～400 nm 的紫外光波和紫光波,特别是鳞翅目和鞘翅目昆虫对这一波段更为敏感。因此,专门设计出能够放射光波 360 nm 的黑光灯,对鳞翅目和鞘翅目害虫进行诱杀。

五、温湿度控制

利用高温或低温,经过一定的特定时间,使害虫身处不适合的环境而无法生存,从而达到彻底消灭害虫的目的,此项技术常用于进出口植物产品检疫处理的除虫技术,尤其是对危害水果及蔬菜的果实蝇类。农业生产中可利用设施进行环境调控(温、湿度调控),控制某些害虫的种群密度,蔬菜生产中最常用的是保护地闷棚技术。

保护地闷棚技术主要针对蚜虫类、螨虫类、粉虱类、蓟马类、潜叶蝇类等微型害虫。另外,也应注意闷棚防病和防虫有一定的操作共同点,也有操作上的区别。适用于防病的是高温,降湿控制;而适用于防虫的是高温、高湿控制。因此应用闷棚的方法防治病虫害需要较高的管理技巧,把握得当才能收到事半功倍的效果。

具体方法:利用温湿度进行害虫防控操作时,首先在实施前注意天气预报,确认实施前当天无雨(最好选择在作物也需浇水时),并在实施的前 1 d,闭棚试验,掌握最佳闭棚时间,最高温度可否提升至最高温限及达到最高温限的时段(能达到最高温限的时间越长,控害效果越好)。早上阳光较好开始在棚内喷水,使棚内作物叶片、土表湿润为宜,闭棚提温产生闷热高温,创造不利于微型害虫发生的环境,杀死抗逆性弱的害虫个体,有的害虫热晕后掉在叶面的水滴中淹死或掉在潮湿的泥土表面被黏死。当棚内温度下降到 25℃ 以下时,开棚降温降湿。间隔 5~7 d 实施 1 次,视害虫发生情况,连续 3~5 次。

第七节 绿篱建设与害虫生物防治技术

常规蔬菜生产中,为节省劳力、方便机械化操作、便于管理,往往大面积种植单一品种的蔬菜,当大面积土地被某一种作物品种覆盖时,这片土地的生物群落就会变得单一化,会为有害生物的发展提供良好的生存空间,动物群落简单、单一,从而增加了有害物种暴发的风险,这种生产方式往往会导致某种病虫害大面积暴发而无天敌可以制衡的情况。相反,当基地的周围环境复杂(多样化)时,周围环境里的物种可对这片土地的生态稳定性起到一定的控制作用,某一病虫害较难暴发成灾。例如,在单纯的十字花科蔬菜种植区,蚜虫、跳甲和鳞翅目害虫易达到暴发水平,因此在蔬菜生产中要提倡多种蔬菜混合种植以减少害虫种群的暴发概率(Pimentel,1961)。

害虫的控制与管理是有机蔬菜栽培中极其重要的环节,在有机蔬菜栽培的害虫控制与管理上,不能仅靠有机农业中少之又少的允许使用的物质及方法控制害虫,而应从动物、植物、微生物、土壤等因素有效循环来综合考虑。多年来的相关研究显示,田间植物多样化有利于病虫害的管理与控制,在多作物混合种植区害虫种群密度较低的一个原因归功于植物的多样性,增强了天敌的作用,这是因为单一作物大面积种植使得天敌昆虫的食物(花粉和花蜜)、替代寄主或猎物、越冬和繁育场所等资源严重不足,而植物种类的增加可为天敌提供更适合的微观环境、更多的食物和替代寄主或猎物等资源。Landis等(2000)也提出,仅仅靠提高植物多样性本身并不能提高天敌的效能,甚至会带来更严重的害虫增长和暴发,因此,提高天敌作用效果所需要的植物多样性的关键组分需要认真筛选,以提供"正确"的多样性和"正确"功能的植物。此观念应在有机蔬菜基地中的实际生产上加以应用。

一、种植绿篱作物增加植物多样性

绿篱可由灌木或小乔木以近距离的株行距密植,也可种植经济作物等,这些灌木、小乔木或作物紧密结合、规则的种植形式,称作绿篱。绿篱不但可提高园区的观赏效果和艺术价值,起到遮盖不良视点、隔离防护、防尘降噪等作用,也有提高田间植物多样性的效果。

植物多样性是指在田间栽种两种以上的植物,这些植物包含具有生产性的经济作物或不具生产价值的植物。植物多样性的目的在于促进田间的生物物种的多样性,而生物物种的多种多样对田间的害虫具有一定控制和制衡作用。如在有机蔬菜基地的田垄间或路边种植玉米、芝麻、蓖麻、冬青、桑树、金银花、竹子等作物及树种可增加植物多样性。

二、植物多样性与害虫生物防治的关系

调查显示,相对于单一种类植物的田间,植物多样化的田间内所生存的微生物、昆虫和动物种类较多,在这样的田间环境下害虫与天敌之间接触机会更容易、更多,害虫遇到天敌的机会就更大,这样的环境较容易达到生态平衡。采用植物多样性这样的田间操作方法一方面可提高田间生物多样性,另一方面也可减少人们对农药的过度依赖。不仅能省下农药开支,而且能建立一个生态友好的自然环境。

人为创造生物多样性的环境,可从食物链的最基层的植物开始建立,然后吸引害虫及其他植食性动物前来取食,随着时间的延续,天敌的食物种类与数量也增加,天敌种群的数量和种群也会增加,直到天敌种群在这个生产环境中成功建立,天敌的种群就会在这个生产环境下控制害虫的密度。

如何能实现通过植物多样性而达到生物多样性的目的,除在生产区内种植作物种类多样化外,生产区建立一定数量的绿篱,也是达到生物多样性的重要手段。

三、如何建立绿篱

绿篱是由灌木、小乔木或其他植物近距离密植,栽成单行或多行,紧密结合的

规则的种植形式,也叫植篱、生篱。其中,绿篱提供害虫天敌栖息场所与害虫的生物防治有着密切的关系。

将绿篱应用在有机蔬菜种植中可起到:①防风、防尘、降噪及阻隔外来有害物的作用;②可为害虫的天敌提供栖息场所;③可遮盖不良视点;④绿篱可提高生产基地的观赏效果和艺术价值等。

绿篱不仅能为多种生物提供栖息场所,同时也增加了生长在绿篱下的杂草种类及数量,这样绿篱和杂草上就可蕴藏多种寄生性和捕食性天敌,如寄生蜂、鸟类、螳螂、蜘蛛等,这些天敌对维持整个菜田的生态环境的平衡具有相当重要的作用。

绿篱为天敌昆虫提供食物、提供越冬和繁殖场所、提供逃避农药和耕作干扰等恶劣条件的庇护所以及适宜生长的微观环境。常用绿篱植物种类包括:蜜源植物、诱集植物、储蓄植物、指示植物和护卫植物等。

(一)蜜源植物做绿篱

蜜源植物是指那些能为天敌、特别是寄生性天敌提供花粉、花蜜或花外蜜源的植物种类。主要是指花粉、花蜜等自然蜜源丰富且能被天敌获取的显花植物。国内外研究也显示利用蜜源作物当作田间绿篱,可增加蔬菜种植区内寄生蜂、寄生蝇及食蚜蝇的数量,因为这些蜜源作物的花粉和花蜜提供了寄生性天敌充足的食物源以及良好的栖息处,这些天敌的增加有助于防治菜田蝶、蛾类及蚜虫等害虫;另外,蜜源植物还可吸引蜜蜂、蝇类等授粉昆虫前来访花,从而增加茄果类蔬菜的授粉率,提高产量,如油菜、野菊花、紫云英、荆条、枣树、杨槐等。见图6-17和图6-18。

图6-17　向日葵作为绿篱

图6-18　油菜作为绿篱

(二)储蓄植物做绿篱

储蓄植物,也称载体植物、银行植物,是一类新开发的生防植物,近几年逐渐开发为一种新生物防治技术,并成为研究中的新亮点。储蓄植物系统(Banker plant system)又称开放天敌饲养系统(open-rearing system),主要包括储蓄植物、替代食物和有益生物三个要素,一个完整的储蓄植物系统至少包括其中的两个基本要素。

储蓄植物系统是一个天敌饲养和释放系统,是在作物中有意添加或建立的用于温室或大田害虫防治的系统。储蓄植物系统用于防治蚜虫的研究最多,可能是由于蚜虫的替代寄主容易寻找等原因所致,其次是粉虱、蓟马、有害螨及潜叶蝇等有害生物,这些都是体型较小、温室条件下容易滋生暴发的主要类群。

储蓄植物作为绿篱优点:①可进行预防性防治,即在靶标害虫为害作物前,在绿篱上建立预防性的有益生物种群;②对靶标害虫具有高效持续的控制效果;③在绿篱储蓄植物中若引入广食性的捕食性天敌,可同时控制多种害虫。

(三)诱集植物做绿篱

诱集植物是一类常见的生物防治植物,诱集植物一般比要栽培的作物(主栽作物)对靶标害虫有更强的吸引作用,害虫被吸引后转向诱集植物并在其上停留,从而减少对目标作物的损害,诱集植物的诱导性是植物生态体系中普遍存在的现象,是植物在长期的进化过程中形成的。

多数诱集植物适宜害虫生长,它们一开始会成为害虫相对集中的聚集点,后期当虫量增加时,诱集植物又会成为害虫的发生源,这就需要及时采取措施在害虫迁出之前集中治理。例如,用欧洲山芥作为绿篱诱杀小菜蛾;用苏丹草和香根草作为绿篱诱杀二化螟;用碧桃作为绿篱可诱杀蚜虫等。

诱集作物作为绿篱的作用:①利用害虫对某些特定物种或作物生长阶段所具有的视觉、触角或嗅觉的喜好,引诱和防治害虫,达到保护主栽作物的目的;②通过绿篱的挥发性物质吸引害虫,然后进行集中防治;③诱集植物作为绿篱可吸引害虫同时增加有益生物种群,达到控制害虫的目的。

(四)护卫植物做绿篱

护卫植物是那些集中了指示植物、诱集植物、储蓄植物、栖境植物等功能于一体的植物。例如,茄子可作为一品红的护卫植物,万寿菊是许多蔬菜控制蓟马的护卫植物。

绿篱的种类不仅局限于一种,了解各种绿篱的主要功能后,可以做两种以上的功能搭配。好的绿篱植株须具有容易种植、生长快速、不宜过高、根系拓展不宜过强、植株害虫种类与栽培区作物不同等特性。

此外,玉米也可作为相当不错的短期生长绿篱材料,玉米作为绿篱材料在有机蔬菜生产中应用较为广泛,玉米植株上有较多的瓢虫数量,对于田间容易发生蚜虫、粉介壳虫、叶蝉等小型刺吸式害虫的栽培作物,有控制害虫密度的功能。

参 考 文 献

[1] 刘世琦,张自坤.有机蔬菜生产大全.北京:化学工业出版社,2010.

[2] 北京市科学技术协会.有机农业种植技术.北京:中国农业出版社,2006.

[3] 范淑英,吴才君,蒋育华,等.利用植物诱集防治斜纹夜蛾.中国蔬菜,2003(6):33-34.

[4] 姜宇晓,殷伯贤,刘小英,等.诱集植物在结球生菜种植中的作用研究.上海蔬菜,2015(4):67-69.

[5] 林美珍,陈红印,王树英,等.大草蛉幼虫人工饲料的研究.中国生物防治,2007,11,23(4):316-321.

[6] 李志飞,陈泽坦,严珍,等.丽草蛉幼虫人工饲料的研究.热带作物学报,2013,34(3):547-550.

[7] 杨普云,赵中华.农作物病虫害绿色防控技术指南.北京:中国农业出版社,2012.

[8] 纪世东,吴春柳.棚室蔬菜应用丽蚜小蜂防治白粉虱的影响因素及应对措施.中国植保导刊,2005,(12):18-19.

[9] 宋瑞生.丽蚜小蜂释放密度和释放时间对温室白粉虱防治效果的影响.河北农业科学,2011,15(2):54-55.

[10] 陈学新,刘银泉,任顺祥,等.害虫天敌的植物支持系统.应用昆虫学报,2004,51(1):1-12.

[11] 王运兵,崔朴周.生物农药及其使用技术.北京:化学工业出版社,2010.

[12] 台湾有机农业技术要览策划委员会.台湾有机农业技术要览.台湾:财团法人丰年社,2011.

[13] 杜学林,邢光耀,任爱芝,等.植物油乳油对黄瓜白粉病的防治作用.安徽农业科学,2010,38(30):16926-16928.

[14] 李永翔,杜相革.有机葡萄生产中葡萄霜霉病发生规律及药剂防治效果研究.中国农学通报,2008,24(6):366-369.

[15] 肖英方,毛润乾,万方浩.害虫生物防治新概念——生物防治植物及创新研究.中国生物防治学报,2013,29(1):1-10.

[16] Landis D A,Wratten S D,Gurr G M. Habitat management to conserve natural enemies of arthropod pests in agriculture. Annual Review of Entomology,2000,45:175-201.

[17] Pimentel D. Species diversity and insect population outbreaks. Annals of the Entomological Society of America,1961,54:76-86.

▶ 下 篇 各 论

第七章 黄瓜有机生产技术指南

第一节 黄瓜栽培和品种概况

一、黄瓜栽培概况

黄瓜起源于喜马拉雅山南麓的热带雨林地区,根系属浅根系,根系集中于植株周围 30 cm 左右的范围内,分布在土壤耕层,是弱根系,黄瓜的主根木栓化早,断根后再生能力差,因此不可在秧苗过大时定植。黄瓜茎是蔓生性,也称为蔓,长度依品种类型而异,可达 1～8 m。黄瓜叶分为子叶、真叶。花是雌雄同株异花。黄瓜喜水喜肥而又不耐肥怕涝。在我国已有 2 000 多年的栽培历史,是我国的主栽蔬菜作物之一,在我国蔬菜生产和消费中都占有非常重要的地位。

随着我国农业产业结构调整及经济的快速发展,黄瓜的栽培面积日趋稳定,品种更加丰富,栽培茬口划分更加细致,并实现了周年生产、周年供应。2009 年黄瓜发展到 103.7 万 hm²,占全国蔬菜种植面积的 5.5% 左右。我国蔬菜生产持续稳定发展,种植面积由 1990 年的 0.063 亿 hm² 增加到 2011 年的 0.197 亿 hm²,产量由 1990 年的 1.95 亿 t 增加到 2011 年的 6.79 亿 t。

根据不同的地理位置及栽培习惯,我国大体上可以分为以下 6 个黄瓜种植区:①东北类型种植区,主要包括黑龙江省、吉林省、辽宁省北部、内蒙古自治区、新疆北疆等地区,此区冬季气候严寒,虽然越冬加温温室黄瓜种植面积呈逐年上升趋势,但其栽培总面积仍然较小,主要为露地、大棚栽培及节能日光温室栽培。②华北类型种植区,主要包括辽宁省南部、北京市、天津市、河北省、河南省、山东省、山西省、陕西省、江苏省北部。这是我国栽培茬口最多的一个地区,是我国主要的温室黄瓜、大棚黄瓜种植区,也是我国黄瓜最大生产区。③华中类型种植区,主要包括江西省、湖北省、浙江省、上海市、江苏省、安徽省,此区主要为露地和大棚黄瓜栽培,近几年来也发展了一定面积的越冬日光温室,用作冬季栽培黄瓜。④华南类型种植区,主要包括广东省、广西壮族自治区、海南省、福建省、云南省。此区一年四季均可露地种植黄瓜,冬季也有一些小拱棚及地膜覆盖栽培,但由于夏季温度偏高,夏黄瓜种植面积小。⑤西南类型种植区,主要包括四川省、重庆市、贵州省。此区属于高原地区,纬度低,海拔高,气候及地理环境复杂,栽培茬口多样,主要为露地及大棚黄瓜栽培,近年四川、重庆的高山地区节能日光温室黄瓜也有了一定的栽培面积。⑥西北类型种植区,主要包括甘肃省、宁夏回族自治区、新疆南疆。此区黄瓜栽培基础比较差,但近年来发展较大,特别是保护地黄瓜种植面积有了很大的增长,但种植技术与华北地区等地还有差距。另外,西藏、青海省的黄瓜种植发展也很快,栽培总面积有一定增长,以露地种植为主,大棚、节能日光温室的种植面积有所增加。

二、品种选择

(一)中国各地栽培的黄瓜品种

1. 华南型

分布于中国长江以南。植株较繁茂,耐湿热,为短日性植物;果树较小,瘤稀,多黑刺;嫩果绿色、绿白色、黄白色,味淡,老熟果黄褐色,具网纹。

包括华南地方品种及品种间杂交一代新品种,如云南昆明早黄瓜,浙江杭州青皮,上海扬行黑刺,湖南长沙朗梨早黄瓜,湖北武汉青鱼胆,广州二青,湘黄瓜1、2、3号等。

2. 华北型

分布于中国黄河流域以北。植物长势中等,对日照长短反应不敏感,较耐低温;嫩果棍棒状、绿色、瘤稀、多白刺,老熟果黄白色,无网纹。适合设施春提早栽培黄瓜品种:中农4号、5号、7号、9号、12号、201号、202号、203号,津杂1号、2号、4号,津优1号、2号、5号、10号。适合设施秋延后栽培黄瓜品种:中农8号、津杂3号、津春2号;适合夏秋露地栽培的津妍4号等。

(二)茬口安排及品种选择

一年生植物应进行三种以上作物轮作,黄瓜茬口安排应进行三年以上的轮作,连作能助长病害的蔓延。黄瓜结果多,需要土壤肥力较高,故前茬以选施肥较多的蔬菜为宜。春黄瓜一般以冬闲地、越冬蔬菜或小葱为前茬,后茬为架豆或秋菜;夏黄瓜前茬为绿叶菜,后茬为秋菠菜或移栽大白菜;秋黄瓜多以菜豆、葱蒜类、甘蓝、早番茄为前茬,以越冬菠菜为后茬。

品种选择原则:越冬茬选用抗寒性状较好的品种,而且容易嫁接、耐低温弱光、产量较高的品种,如516黄瓜、506黄瓜、津优31号、裕优3号、绿冠、津春3号、津研2号、4号等品种;早春茬和秋延后栽培的品种选用耐高温、品质较好的品种,如津优1号、2号、3号等品种。津优2号、3号、5号、21号可抗霜霉病、白粉病、枯萎病三大病害；早青2号、中农2号、津杂1号、3号，津研7号等品种比较抗疫病；而中农13号较抗黄瓜细菌性角斑病。

越冬茬8月底9月初下种育苗，早春茬在12月下旬到1月上旬下种育苗，秋延后一般在7月中下旬下种育苗。见表7-1。

表7-1　北方各地露地黄瓜栽培季节

项目		北京	济南	郑州	西安	太原	兰州	乌鲁木齐	哈尔滨	呼和浩特
播种期	春茬	3月下	3月中	3月中	3月中	3月下	3月中	3月下—4月初	4月	4月
	秋茬	7月初	7月初	6月中—7月中	7月	6月下—7月上	—	6月中		
收获期	春茬	5月上—7月上	5月上—7月上	6月下	5月中下旬	6月上—7月	6月上—7月下	6月中	6月下—7月上	6月中
	秋茬	8月中—9月中	8月中—9月中	9月下	8月中—9月下	8—9月	—	8月上		

第二节　育苗管理

一、种子要求

应选择适应当地的土壤和气候条件、抗病虫的植物种类及品种。在品种的选择上应充分考虑保护植物的遗传多样性。应选择有机种子或植物繁殖材料。当从市场上无法获得有机种子或植物繁殖材料时，可选用未经禁止使用物质处理过的常规种子或植物繁殖材料，并制订和实施获得有机种子和植物繁殖材料的计划。

应采取有机生产方式培育一年生植物的种苗。

不应使用经禁用物质和方法处理过的种子和植物繁殖材料。

二、种子处理方法

黄瓜侵染性病害，30%以上是由种子带菌而传病的，如炭疽病、黑星病、黑斑病、细菌性角斑病等，因此播种前对种子消毒是至关重要的。对种子消毒的方法较多，其中热力杀菌方法（温汤浸种）较常用，易操作、杀菌谱广、提高发芽率等优点。

温汤浸种具体做法：先将黄瓜种子浸入室温水中预浸4 h，捞出后浸入55℃热水中，利用热力杀菌消毒15 min，然后捞出投入凉水中冷却降温，再转入催芽或播种。

催芽方法：浸种后的种子用干净的湿纱布包好，外面包上拧干的湿毛巾，置于

25～30℃的地方催芽。每天用温水淘洗 1～2 次,淘洗后继续催芽,在 25～30℃的温度下 16～20 h 即可发芽,可分批拣出已经发芽的种子播种或放置在 5～8℃的条件下,等全部出齐后一起播种。

三、营养土的准备

一般采用营养钵育苗。营养基质要求营养合理、透气性好,土团坚实度适中。多年试验采用:50％蛭石＋45％腐熟有机肥＋5％草炭(炉渣灰)的营养基质,黄瓜苗长势良好,抗病性较强。

四、苗期管理

苗期主要是温、湿、光、肥的调节。黄瓜喜温怕寒,质柔嫩,抗逆性比其他一般蔬菜差,掌握适宜温度是控制幼苗徒长、促进根系发育及花芽分化的有力措施。播种至出土前要提高温度,白天 30℃左右,夜间 20℃以上,以利早出苗。当有 2/3 的幼苗开始出土时,及时放风降温,白天 25～30℃,夜间控制在 18℃左右,防止形成高脚苗。第一片叶出现后到四叶期是花芽分化期,适当降低夜温不仅可防止徒长,且有利于雌花分化,白天 20～25℃,夜间 15～18℃。定植前 10～15 d,逐渐加大白天放风量,减少夜间覆盖,进行幼苗锻炼。

五、定植

定植期要求白天气温在 25～28℃,地温在 20～25℃,夜间地温在 12℃以上,实行宽窄行方式栽植,宽行一般 70～80 cm,窄行 40～50 cm,株距 25 cm。高畦覆膜栽培,定植后覆膜,实行膜下暗灌。定植后在黄瓜生长过程中,使用 200 倍的竹醋液灌根,灌根后可促进黄瓜的叶片、茎粗和株高的生长,提高黄瓜产量和品质。见图 7-1。

图 7-1 黄瓜定植

第三节 土 肥 管 理

一、土壤条件

黄瓜的根系浅,对氧要求严格,在栽培上必须增施有机肥,提高土壤有机质含量和透气性。选择 pH6.0～7.5,富含有机质、排灌良好、保水保肥的偏黏性沙壤土,忌与瓜类作物连作,前茬最好为豆科作物。黄瓜吸收土壤营养物质量为中等,对五大营养元素吸收量以钾最多,钙其次,再其次是氮,磷和镁较少。

二、土壤养分管理

(一)有机肥料施用方式

1. 基肥

基肥通常在种植前施下,撒施后再整地栽培。最好在施肥整地 3~7 d 后再进行种植或移栽。

2. 追肥

生长周期短的蔬菜品种施用基肥后可满足生长全过程的需要,瓜类、茄果类蔬菜生长周期长,后期应追肥,满足生长需求。追肥的用量和施用次数视作物种类和生长周期而不同,一般采用撒施方法施在地面、距离蔬菜根部 10 cm 左右。

追肥可施用液体有机肥,可以自行制作,材料选用高氮豆粕类,加水软化,可添加微生物菌剂、红糖,经过发酵 60 d 即可使用,液体有机肥当作叶面肥可以及时补充蔬菜所需养分,施用前稀释 30~50 倍。

每生产 1 000 kg 商品瓜约需 3 kg 纯氮、五氧化二磷 0.7 kg、氧化钾 3.5 kg 左右。在有机栽培中,由于不施用化肥,因此肥料以有机肥为主。施肥可分为基肥和追肥。基肥由牛粪、鸡粪、农作物秸秆按一定的比例混合,将 C/N 调至 30 左右、水分在 55% 左右,添加一定量的微生物菌剂充分混合发酵腐熟 20 d,当 C/N 降至 20 左右时视为完全腐熟,可以施用。一般基肥用量为每亩用量 6.8 m³。追肥使用完全腐熟的有机肥,追肥量可多次少量,结合浇水进行,追肥总量为每亩施 500 kg 腐熟有机肥。

(二)堆肥

堆肥是将动植物形式的有机原料转化成腐殖质的过程。与不受控制的自然分解过程相比,堆肥过程中的分解速度更快,能够达到更高的温度并获得更高质量的肥料。

1. 堆肥的优点

堆肥是一种很好的营养均衡的肥料;制作它不需要太大的花销;升温过程可除去杂草种子和病菌;增加土壤有机物的含量。

2. 堆肥的初始条件

(1)碳氮比(C/N)　堆肥化过程中,碳素是堆肥微生物的基本能量来源,也是微生物细胞构成的基本材料。堆肥微生物在分解含碳有机物的同时,利用部分氮素来构建自身细胞体,氮还是构成细胞中蛋白质、核酸、氨基酸、酶、辅酶的重要成分。微生物每消耗 25 g 有机碳,需要吸收 1 g 氮素,微生物分解有机物较适宜的

C/N 为 25 左右。秸秆 C/N 40～60,畜禽粪便 C/N 10～30。

（2）水分　堆制过程中保持适宜的水分含量,是堆肥制作成功的首要条件。对于绝大多数堆肥混合物,推荐的含水量上限为 50%～60%。一般情况下,可以用不太精确的挤压测试来测量混合物料的湿度,如使用挤压测试时,堆肥混合物应该感觉起来比较潮湿,并有渗水的情形,但还不至于呈现大量水滴。干秸秆含水率 5%～10%,畜禽粪便含水率 55%～70%。

（3）粒径　堆肥物料的分解主要发生在颗粒的表面或接近颗粒表面的地方,由于氧气可以扩散进入包裹颗粒的水膜,这些地方有足够的氧气保证有氧代谢的需求。在相同体积和质量的情况下,小颗粒要比大颗粒有更大的表面积。所以如果供养充足小颗粒物料一般降解要快一些。一般推荐的颗粒粒径为 1.3～7.6 mm。

三、种植绿肥作物

绿肥,尤其是豆科绿肥是一种重要的土壤培肥措施,绿肥种植与应用也是有机农业最具典型的特征之一。在欧洲,一些有机农民协会标准中就明确规定,至少要有 20%～25% 的土地种植绿肥,如果作物收获后有 12 周的休闲期,则必须种植豆科绿肥,可见绿肥在有机生产中的重要性。绿肥作物主要有:豆科作物,禾本科作物,十字花科作物等。

（一）绿肥作物的种类

（1）豆科作物　毛苕子、紫云英、三叶草、猪粪豆等。豆科作物可固定空气中的氮,为供给氮的最佳方法。分解较快,后茬作物容易利用养分。

（2）禾本科作物　黑麦、苏丹草、大麦等。禾本科作物具有优越的养分吸收能力,可以有效地调节设施栽培的盐类,积累部分的土壤养分。含有较多的可以还原的有机物,增加土壤有机物含量,有很好的土壤物理学性的改善效果。

（3）十字花科作物　盖菜、油菜等。十字花科作物具有绿肥效果,同时也有扼制土壤病原菌与土壤害虫的生物熏蒸效果。

（二）种植绿肥的作用

1. 改善土壤物理性质

促进土壤的团聚,提高土壤的改良效果。通过绿肥的供给,完善土壤的透气性与保水力。

2. 改善土壤化学性质

糅杂于土壤之中的绿肥作物被微生物分解而腐蚀,加强土壤含有作物养分的能力。绿肥作物吸收并抽出土壤中过多的盐类,防止盐分积累。豆类的绿肥作物因根围细菌的活动固定空气中的氮,使土壤更加肥沃。

3. 改善土壤生物学性质

促进土壤微生物的活性,增加微生物的多样性与密度。增加分解绿肥的纤维素、木质素、胶质的有用微生物。如果把绿肥作物应用在轮作系统当中,可以预防忌地现象、抑制线虫及土传病害等特定病原菌的增殖。

4. 其他

绿肥作物提供翠绿的田地和华丽的花叶,让周边环境十分美好。绿肥作物覆盖表土,能预防土壤水分遗失及侵蚀。绿肥作物分泌化感物质,覆盖土壤的全部面积,增加覆盖率,抑制杂草的发生。十字花科绿肥植物能具有对病害虫的生物熏蒸效果。

四、轮作

在向有机农业转化过程中,轮作是首先要解决的问题,只有解决轮作问题,才能摆脱现代农业严重依赖的农业化学品,实现有机农业的生产,所以轮作是有机栽培的最基本要求和特性之一。无论是土壤培肥还是病虫害防治都要求实行作物轮作。这是因为:

(1)轮作可均衡利用土壤中的营养元素,把用地和养地结合起来。

(2)可以改变农田生态条件,改善土壤理化特性,增加生物多样性。

(3)免除和减少某些连作所特有的病虫草的危害。利用前茬作物根系分泌的灭菌素,可以抑制后茬作物上病害的发生,如甜菜、胡萝卜、洋葱、大蒜等根系分泌物可抑制马铃薯晚疫病发生。

(4)合理轮作换茬,因食物条件恶化和寄主的减少而使那些寄生性强、寄主植物种类单一及迁移能力小的病虫大量死亡。腐生性不强的病原物如马铃薯晚疫病菌等由于没有寄主植物而不能继续繁殖。

(5)轮作可以促进土壤中对病原物有拮抗作用的微生物的活动,从而抑制病原物的滋生。

从植保角度要考虑病原物的寄主范围,然后再考虑哪些作物轮作,如黄枯、枯萎病的轮枝菌的寄主范围较广,棉花和茄科植物如马铃薯、茄子轮作,病害将越来越重,因为它们都是轮枝菌的寄主。其次要考虑作物轮作的年限,不同病虫害在作物的土壤中存活的时间不同,轮作的年限也不同。

一年生植物应进行三种以上作物轮作,轮作植物包括但不限于豆科植物、绿肥、覆盖植物等。豆科作物如豆角、毛豆等包括在内,并将需肥多和耐瘠性蔬菜,根系深和根系浅的蔬菜进行轮作,每隔 2 年,露地蔬菜最好实行一次与水稻的水旱轮作。蔬菜轮作参考模式如下:

叶菜类→块根(茎)类→豆类→瓜果类;

块根(茎)类→叶菜类→瓜果类→豆类;

豆类→瓜果类→块根（茎）类→叶菜类；

瓜果类→豆类→叶菜类→块根（茎）类。

主要蔬菜的参考轮作年限见表 7-2。

表 7-2　主要蔬菜的参考轮作年限

蔬菜	轮作年限	蔬菜	轮作年限	蔬菜	轮作年限
西瓜	5～6	辣椒	3～4	大白菜	2～3
黄瓜	3～5	马铃薯	2～3	甘蓝	2～3
甜瓜	3～5	生姜	2～3	花椰菜	2～3
西葫芦	2～3	萝卜	2～3	芹菜	2～3
番茄	3～4	大葱	2～3	莴苣	2～3
茄子	3～4	菜豆	2～3		

第四节　栽培管理

一、黄瓜生长周期

黄瓜的生长期可分为发芽期、幼苗期、抽蔓期、结果期（图 7-2）。

图 7-2　黄瓜生长周期

发芽期：从种子萌动到第一片真叶出现，历时 5～10 d。

幼苗期：从子叶出现到定植前，植株具 4～5 片叶，历时 30～45 d。

抽蔓期：从幼苗定植到第一个瓜坐住，该期结束茎高 30～40 cm，真叶展开 7～8 片，历时 10～20 d。还是以营养生长为主，但开始向生殖生长转化。

结果期：从根瓜坐住到拉秧结束，露地黄瓜结果期约 40 d，日光温室冬春茬黄瓜结果期 120～150 d。该期特点是连续不断开花结果。

二、肥水管理

黄瓜属于营养器官与产品器官同步生长发育型蔬菜，灌水与施肥要结合起来。黄瓜生长快、结果早、结果多、产量高，需肥量较大，但黄瓜的根系分布浅，吸肥力弱,又不能忍耐高浓度的土壤溶液,否则容易"烧苗"。因此在黄瓜生育过程中要多次施肥,每次施肥量要小。在施足基肥的情况下,第一次追肥在缓苗后进行,结合浇水每亩施 100 kg 腐熟鸡粪,然后浇水。第二次追肥在根瓜膨大期,每亩施150 kg 腐熟鸡粪,然后浇水。在根瓜摘除后第三次施肥,每亩施 150 kg 腐熟鸡粪,然后浇水。以后追肥的量要少,大约为每次 50 kg 腐熟鸡粪。减少果实中硝酸盐含量,提高果实品质。

三、温湿度及光照控制

实行温度控制可使黄瓜地上与地下、营养生长与生殖生长达到平衡,因此对棚室进行温度控制对黄瓜生长作用巨大,一定的温度也可对某些病虫害起到促进与抑制作用。在黄瓜栽培中温度控制到,白天室温在 25～32℃,前半夜 16～18℃,后半夜为 10～12℃;也可根据黄瓜生长控制温度,定植初期,可适当提高棚室气温,一般开始结瓜时,或未结瓜时可适当降低温度,当结瓜较多时可适当提高温度。

定植初期大棚湿度可稍高,可控制相对湿度在 90% 左右,随着黄瓜的生长,可逐渐降低湿度,在黄瓜结瓜期可保持相对湿度在 85% 左右,中午及时排风降湿。阴雨天不浇水,选用晴天上午,当棚室温度达 20℃ 左右开始浇水。生长中后期保持小水勤浇,浇水时实行膜下暗灌。浇水后及时放风除湿。

光照下限 1 万 lx,上限为 5.5 lx。棚中瓜少要创造低温弱光短日照环境诱生幼苗,当植株多瓜时要创造高温强光长日照环境以增加产量。光照强可进行遮光处理,光线弱可增加照明灯,挂反光幕(膜),增加光照。

四、授粉

黄瓜为雌雄同株虫媒异花授粉作物,不经授粉、受精同样可以结实,但其结果能力远不及充分授粉受精者生长良好,因此人工授粉可以提高产量。人工授粉的具体方法为:在每天上午 9—10 时,取当日开的雄花除去花瓣,对准当日开的雌花柱头轻轻涂抹,每朵雄花可授 2～3 朵雌花。

第五节 病虫害和生理病害

一、病害管理

(一)霜霉病

1. 病症
苗期和成株期均可发病,主要危害叶片。子叶被害初呈褪绿色黄斑,扩大后变黄褐色。真叶染病,叶缘或叶背面出现水浸状病斑,以后病斑逐渐扩大,受叶脉限制,呈多角形淡褐色或黄褐色斑块,湿度大时叶背面或叶面长出灰黑色霉层。后期病斑破裂或连片,致叶缘卷缩干枯,严重的田块一片枯黄。见图7-3。

图 7-3 黄瓜霜霉病病症

2. 防治方法

用高锰酸钾浸种消毒,可使病原微生物失活,有效防治霜霉病;霜霉病流行往往需要一定的温度或湿度,可通过调节温湿度等手段,控制小环境,抑制霜霉病的发生。

在栽培管理过程中可用硫黄熏蒸采用高温闷棚的方法进行防治,如环境条件不适合闷棚也可采用药剂防治的方法。

在黄瓜霜霉病发病前或发病初期可用 1∶1∶250 倍波尔多液药剂预防,注意要每 6～7 d 喷施 1 次,连续 3 次。

可采用 50～100 倍液的竹醋液抑制黄瓜霜霉病孢子的萌发,防治田间黄瓜霜霉病。

碳酸氢钠 500 倍水溶液在霜霉病发病初期每 3 d 喷施 1 次,连喷 5～6 次也可收到不错的效果。

(二)灰霉病

1. 病症

病菌主要从开败的雌花侵入,致花瓣腐烂,长出灰褐色霉层,进而向幼瓜扩展,使小瓜条变软、腐烂和萎缩,病部先发黄,后长出白霉并逐渐变为淡灰色,严重时,瓜条腐烂脱落。病花如果落在叶片上,则引起叶片发病,病斑初水渍状,后为淡灰色圆形或不规则的大型病斑,病斑上有时有灰色霉层。茎蔓发病后,茎部腐烂,严重时茎折断,整株枯死。见图7-4。

2. 发病条件

灰霉病是黄瓜的主要病害,主要症状是危害蔬菜的茎、叶、花、果,造成烂苗、烂

图 7-4 黄瓜灰霉病病症

花、烂果,潮湿时病部产生灰白色或灰褐色霉层。病菌多从开败的雌花侵入,致花瓣腐烂,并长出淡灰褐色的霉层,进而向幼瓜扩展,到脐部成水渍状,花和幼苗褪色,变软,腐烂,表面密生灰褐色霉状物。烂花、烂瓜及病卷须落在茎叶上引起茎叶发病。高湿(相对湿度 94% 以上),较低温度(18~23℃),光照不足,植株长势弱时容易发病,气温超 30℃ 或低于 4℃ 相对湿度不足 90% 时,停止蔓延,棚内湿度大,结露,吐水时间长,放风不及时,发病重。

3. 防治方法

首先要在黄瓜生长期及时摘除病花、病果、病叶,带出棚室外,并进行深埋或集中沤制,此方法可减少灰霉病的侵染源和大量的病残体,对灰霉病的防治效果明显;收获后彻底清除病残组织,对保护地进行深翻,将病残体埋入土壤下层,减少越冬病源。然后加强管理,清除棚面尘土,增强光照,加强通风,降低棚室湿度,减少结露和吐水,注意保温,上午适当晚放风,使棚室温度达 33℃,下午放风,增强抗病力,抑制病菌的生长。

在病害发病初期,也可喷施 500 倍的碳酸氢钠水溶液(配制要用清水,不能使用热水,要用清洁水,防止碳酸氢钠分解而失去杀菌效果,要随配随用,不要与其他杀菌剂混用),每 3 d 使用一次,连续使用 5~6 次。

(三)炭疽病

1. 病症

黄瓜炭疽病从幼苗到成株皆可发病,幼苗发病,多在子叶边缘出现半椭圆形淡褐色病斑,上有橙黄色点状胶质物,茎部发病,近地面基部变黄褐色,渐缢缩,后折倒。成叶染病,病斑近圆形,直径 4~18 mm,灰褐色至红褐色,严重时,叶片干枯。茎蔓与叶柄染病,病斑椭圆形或长圆形,黄褐色,稍凹陷,严重时病斑连接,绕茎一周,植株枯死。瓜条染病,病斑近圆形,初为淡绿色,后成黄褐色,病斑稍凹陷,表面有粉红色黏稠物,后期开裂。见图 7-5。

图 7-5　黄瓜炭疽病病症

2. 发病原因

高温高湿易发病,相对湿度达 90％潜育期仅为 3 d 左右,湿度低于 54％时不发病。温度 22～24℃发病最重,30℃以上,8℃以下停止发病。通风不良,氮肥偏多,灌水过量,重茬,发病较重。

3. 防治方法

选用无病株、无病果留种,种子用 55℃温水浸泡 15～20 min。加强通风,降低湿度,使棚室湿度保持在 70％以下,减少叶面结露和叶缘吐水。实行 3 年以上轮作,清除病残组织,全生育期地膜覆盖。用 0.2％碳酸氢钠水溶液喷雾,5～6 d 喷 1次,连喷 4 次。也可在黄瓜炭疽病发病前或发病初期,使用波尔多液喷雾,每 7 d 喷 1 次,连续 3 次,均对黄瓜炭疽病控制起到良好的效果。

(四)白粉病

1. 病症

黄瓜植株任何部分都可发生,其中以叶片为最多,一般不危害果实,发病初期,叶片正面或背面产生白色近圆形的小粉斑,渐渐扩大成边缘不明显的大片白粉区。白粉病在植株生长中、后期容易发生。发病早危害重,损失大。见图 7-6。

图 7-6 黄瓜白粉病病症

2. 防治方法

首先实行轮作,加强管理,清除病残组织,选用抗病品种。棚室种植前,用硫黄粉和锯末点燃熏蒸闷棚,可杀死棚室内残留的病原菌;在黄瓜生长的中后期,在大棚内挂硫黄熏蒸罐熏蒸,每亩挂 8~10 个,加热让硫黄由固体变为气体挥发,进行杀毒,可抑制黄瓜白粉病的发生。0.2%碳酸氢钠(小苏打)溶液喷雾防效良好,每3 d 喷施 1 次,连喷 4 次,可有效防治白粉病的发生。

(五)疫病

1. 病症

黄瓜疫病又称疫霉病,农民叫死秧。全国各地均有发生,常引起大片死秧。幼苗染病多始于嫩尖,初呈暗绿色水渍状萎蔫,逐渐干枯呈秃尖状。成株发病,主要在茎基部或嫩茎节部,出现暗绿色水渍状斑,后变软缢缩,病部以上叶片萎蔫或全部枯死。土传,以菌丝体、卵孢子及厚垣孢子随病残体在土壤或粪肥中越冬,成为第二年的初侵染源,条件适宜时产生孢子囊,借风、雨、灌溉水传播。见图 7-7。

图 7-7 黄瓜疫病病症

2. 防治方法

选用抗病品种,并用南瓜作砧木进行嫁接换根,在防治疫病发生的情况下,也可防治黄瓜枯萎病的发生。

对种子进行温汤浸种,具体方法:将黄瓜种子在室温下浸泡 3~5 h,然后加入种子体积 3~5 倍的热水,保持水温 50~55℃约 20 min,捞出催芽播种;高畦地膜覆盖栽培,苗期控制灌水,结果期见干见湿,不要大水漫灌,及时清除病残组织,加强通风,降低湿度。

在黄瓜疫病发病前或发病初期可用 1∶1∶250 倍波尔多液药剂预防,注意要每 6~7 d 喷施 1 次,连续 3 次,可预防治疗黄瓜疫病的发生。

(六)细菌性角斑病

1. 病症

黄瓜细菌性角斑病存在于种子内外,随病残体在土壤中越冬,存活期 1~2 年,可通过雨水、昆虫和农事操作等途径,从气孔、水孔、伤口处侵入。发病适温 24~28℃,发病相对湿度为 70%,低温、高湿易发病,昼夜温差大,结露重,时间长,发病较重。见图 7-8。

图 7-8 黄瓜细菌性角斑病病症

2. 防治方法

对种子进行温汤浸种,具体方法:将黄瓜种子在室温下浸泡 3~5 h,然后加入种子体积 3~5 倍的热水,保持水温 50~55℃约 20 min,捞出催芽播种;用无病土育苗,与非瓜类作物实行 2 年以上轮作,加强田间管理,生长期收获后清除病残组织。

在黄瓜角斑病发病前或发病初期可用 1∶1∶250 倍波尔多液药剂预防,注意要每 6~7 d 喷施 1 次,连续 3 次,可预防治疗黄瓜角斑病的发生。

二、虫害管理

(一)黄瓜蚜虫

蚜虫属同翅目蚜总科。又称蜜虫、腻虫等,为刺吸式口器害虫,主要危害瓜类、茄科等蔬菜。

1. 形态特征

成虫分有翅型和无翅型,体小柔软。成蚜体长卵形,长近 3 mm,宽约 1 mm,黑褐色。若蚜体长 1～2 mm,绿色。高温干旱天气有利于蚜虫繁殖、迁飞活动。见图 7-9。

2. 危害症状

蚜虫在 20℃左右、气候干燥的条件下繁殖迅速,危害及繁殖高峰一般在 5 月中旬和 10 月中下旬。成虫对黄色有强烈的趋性,不善于飞翔。以成、若虫集于叶片、嫩茎、花蕾、

图 7-9 黄瓜蚜虫

顶芽等部位,刺吸汁液,使叶片皱缩、卷曲、畸形,严重时引起枝叶枯萎,甚至整株死亡。蚜虫分泌的蜜露还会诱发煤污病、病毒病,并招来蚂蚁等。

3. 防治方法

(1)蔬菜收获后,及时清除田园及附近杂草,减少蚜源。

(2)也可采用银灰色薄膜条及黄板趋避和诱杀蚜虫,每亩挂 30 张黄板,黄板放置位置在植物顶端 15～20 cm 处效果最佳。

(3)用 0.36%苦参碱水剂防治红蜘蛛、叶螨、蚜虫、菜青虫、小菜蛾、夜蛾及粉虱等有良好的防治效果。5%除虫菊素乳油对害虫有较强的触杀、胃毒作用,可防治蚜虫、螟虫等。

(二)白粉虱

1. 形态特征

成虫体长 1.0～1.5 mm,淡黄色,翅面覆盖白蜡粉,俗称"小白蛾子"。翅脉简单,沿翅外缘有一排小颗粒。卵长约 0.2 mm,侧面观为长椭圆形,基部有卵柄,从叶背的气孔插入植物组织中。初产时淡绿色,覆有蜡粉,而后渐变为褐色,至孵化前变为黑色。1 龄若虫体长约 0.29 mm,长椭圆形;2 龄约 0.37 mm;3 龄约 0.51 mm,淡绿色或黄绿色,足和触角退化,紧贴在叶片上;4 龄若虫又称伪蛹,体长 0.7～0.8 mm,椭圆形,初期体扁平,逐渐加厚呈蛋糕状(侧面观),中央略高,黄褐色。见图 7-10。

图 7-10 黄瓜白粉虱

2. 生活习性

此虫是由我国东部扩展到华北、西北等地的。在温室条件下 1 年可发生 10 余代,以各虫态在温室越冬并继续为害。成虫羽化后 1～3 d 可交配产卵,平均每头雌虫可产卵 142 粒左右。也可进行孤雌生殖,其后代为雄性。成虫喜欢黄瓜、茄子、番茄、菜豆等蔬菜,群居于嫩叶叶背和产卵,在寄主植物打顶以前,成虫总是随着植株的生长不断追逐顶部嫩叶,因此在作物上自上而下白粉虱的分布为:新产的绿卵、变黑的卵、幼龄若虫、老龄若虫、伪蛹。新羽化成虫产的卵以卵柄从气孔插入叶片组织中,与寄主植物保持水分平衡,极不易脱落。若虫孵化后 3 d 内在叶背可做短距离游走,当口器插入叶组织后就失去了爬行的机能,开始营固着生活。白粉虱从卵到成虫羽化发育历期,18℃时 31 d,24℃时 24 d,27℃时 22 d。各虫态发育历期,在 24℃时卵期 7 d,1 龄 5 d,2 龄 2 d,3 龄 3 d,伪蛹 8 d。白粉虱繁殖的适温 18～21℃,温室条件下约 1 个月完成 1 代。

3. 危害特点

温室白粉虱在我国的存在是典型的生物入侵的结果,最初,我国并没有温室白粉虱,它是随着蔬菜种子和农产品的进口传入我国的。温室白粉虱成虫和若虫吸食植物汁液,被害叶片褪绿、变黄、萎蔫,甚至全株死亡。此外,尚能分泌大量蜜露,污染叶片和果实,导致煤污病的发生,造成减产并降低蔬菜商品价值。白粉虱亦可传播病毒病。

温室白粉虱在我国北方冬季野外条件下不能存活,通常要在温室作物上继续繁殖危害,无滞育或休眠现象。第二年通过菜苗定植移栽时转入大棚或露地,或乘温室开窗通风时迁飞至露地。因此,白粉虱在发生地区的蔓延,人为因素起着重要作用。白粉虱的种群数量,由春至秋持续发展,夏季的高温多雨抑制作用不明显,到秋季数量达高峰,集中危害瓜类、豆类和茄果类蔬菜。在北方由于温室和露地蔬菜生产紧密衔接和相互交替,可使白粉虱周年发生。

4. 防治方法

对白粉虱的防治应以农业防治为基础,加强栽培管理,培育出"无虫苗"为主要措施,合理使用化学农药,积极开展生物防治和物理防治。

(1)农业措施 提倡温室第一茬种植白粉虱不喜食的芹菜、蒜黄等较耐低温的蔬菜,而减少番茄的种植面积,这样不仅不利于白粉虱的发生,还能大大节省能源。育苗前清理杂草和残株,以及在通风口增设尼龙纱等,控制外来虫源,培育出"无虫苗"。避免黄瓜、番茄、菜豆混栽,以免为白粉虱创造良好的生活环境,加重危害。

(2)物理防治 黄色对白粉虱成虫有强烈诱集作用,在温室内设置黄板(1 m×0.17 m 纤维板或硬纸板,涂成橙黄黄色,再涂上一层粘油,每亩 30～40 块)诱杀成虫效果显著。粘油(一般使用 10 号机油加少许黄油调匀)7～10 d 重涂一次,要防止油滴在作物上造成烧伤。本方法作为综防措施之一,可与释放丽蚜小蜂等协调运用。

(3)生物防治 可人工繁殖释放丽蚜小蜂,当温室番茄上白粉虱成虫在 0.5 头/株以下时,按 15 头/株的量释放丽蚜小蜂成蜂,每隔两周 1 次,共 3 次,寄生蜂(丽蚜小蜂)可在温室内建立种群并能有效地控制白粉虱危害。用于防治温室或大棚生产中的白粉虱。丽蚜小蜂羽化后取食白粉虱分泌的蜜露或者虫体液作补充营养,可延长寿命。在适温(26.7℃)条件下其寿命可达 20 多天。买到的商品丽蚜小蜂,是尚未羽化出蜂的"黑蛹",一般每一张商品蜂卡上粘有 1 000 头"黑蛹"可供 30～50 m² 温室防治白粉虱使用。

(4)药剂防治 用 0.36% 苦参碱水剂等防治有良好的防治效果。5% 除虫菊素乳油对害虫有较强的触杀、胃毒作用,可防治粉虱、蚜虫、螟虫等。在天然除虫菊中添加 200 倍竹醋液,防治效果更加显著有效。自制花椒液防治白粉虱、蚜虫:花椒 50 g,加水 500 g 左右在锅内加热煮沸,熬成 250 g 的药液,使用时加水 6～7 倍喷洒。

三、生理病害

(一)花打顶

1. 症状

在黄瓜苗期或定植初期最易出现花打顶现象,其症状表现为生长点不再向上生长,生长点附近的节间长度缩短,不能再形成新叶,在生长点的周围形成雌花和雄花间杂的花簇。花开后瓜条不伸长,无商品价值,同时瓜蔓停止生长。见图 7-11。

2. 病因

(1)干旱 营养钵育苗,钵与钵靠得不紧,水分散失大。苗期水分管理不当,定植后控水蹲苗过度造成土壤干旱。地温高,浇水不及时,新叶没有发出来,导致花打顶。

(2)肥害 定植时施肥量大,肥料未腐熟或没有与土壤充分混匀,或一次施肥

图 7-11　黄瓜花打顶症状

过多,容易造成肥害。同时,如果土壤水分不足,溶液浓度过高,使根系吸收能力减弱,使幼苗长期处于生理干旱状态,也会导致花打顶。

(3)低温　温室保温性能不好或育苗期间遇到低温寡照天气,夜间温度低于15℃,致使叶片中白天光合作用制造的养分不能及时输送到其他部分而积累在叶片中(在 15～16℃条件下,同化物质需 4～6 h 才能运转出去),使叶片浓绿皱缩,造成叶片老化,光合机能急剧下降,而形成花打顶。另外,白天长期低温也易形成花打顶。同时,育苗期间的低温、短日照条件,十分有利于雌花形成,因此,那些保温性能较差的温室所育的黄瓜苗雌花反而多。

(4)伤根　在土温低于 10～12℃,土壤相对湿度 75% 以上时,低温高湿,造成沤根,或分苗时伤根,长期得不到恢复,植株营养不良,出现花打顶。

3. 防治方法

(1)疏花　花打顶实际是植株生殖生长过于旺盛,营养生长太弱的一种表现,因此先要减轻生殖生长的负担,摘除大部分瓜纽。需要特别注意的是,在温室冬春茬黄瓜定植不久,由于植株生长缓慢,往往在生长点处聚集大量雌花(小瓜纽),常被误认为是花打顶,其实,只要进行正常的浇水施肥,待黄瓜节间伸长后,这一聚集现象会自然消失。

(2)叶面喷肥　通过摘掉雌花等方法促进生长后喷施沼液、液体有机肥等叶面肥。

(3)水肥管理　发生花打顶后,浇大水后密闭温室保持湿度,提高白天和夜间温度,一般 7～10 d 即可基本恢复正常,其间可酌情再浇 1 次水,以后逐渐转入正常管理。适量追施天然的硫酸钾镁肥。

(4)温度管理　育苗时,温度不要过高或过低。应适时移栽,避免幼苗老化。温室保温性能较差时,可在未插架前,夜间加盖小拱棚保温。定植后一段时间内,白天不放风,尽量提高温度。

（二）畸形果

黄瓜果实一般为棒状，而在子房发育过程中，常会发生各种生长不均衡的现象，造成果实变弯，或果实尖端变细等，形成各种各样的畸形瓜。正常果实在花芽分化过程中子房发育正常，开花后各部分均衡生长。而畸形瓜有的是由于在花芽分化发育过程中，由于营养不良、温度障碍等原因不能形成正常子房；有的是因为在开花后授粉受精不良，果实发育受抑制。单性结实能力弱的品种，在受精困难，或日照、水分等环境条件不良时，更易形成畸形瓜。见图7-12。

图 7-12　黄瓜畸形果

弯曲瓜的形成少数是由于外物阻挡造成的，大部分是由于生理原因。茎叶过密，通风透光不良，在肥料、土壤水分等不足的条件下，也易产生弯曲瓜。果实受精不完全时，仅仅在先端形成种子，由于种子发育吸收养分较多，所以先端果肉组织特别肥大，最终形成大肚瓜。在植株生长势衰弱时，由于营养不良，极易形成大肚瓜。在缺钾时更易形成大肚瓜。

第六节　收获和收获后管理

一、收获

黄瓜以嫩瓜为产品，应及时采摘，迟收不但影响品质，而且延缓下一个瓜的发育。根瓜还应适当提早采摘。一般在花谢后8～18 d采收。结果初期每隔3～4 d采收一次，盛果期瓜秧发育快，应及时采收，一般1～2 d采收一次。有机蔬菜收获前，要设立有机蔬菜生产批号。在有机蔬菜的收获、运输和销售过程中严格采用批号系统。

二、收获后管理

在装载有机蔬菜之前，应对运输工具进行检查，确保运输工具已按有机标准清洗干净,并无有毒、有害等禁用物质残留,尽量运输车有机专用,无法专用时划定特定区域,严格区分以防止混杂。

参 考 文 献

[1] 台湾有机农业技术要览策划委员会.台湾有机农业技术要览.丰年社,2011.

[2] 张振贤.蔬菜栽培学.北京:中国农业大学出版社,2003.

[3] 张振贤.高级蔬菜生理学.北京:中国农业大学出版社,2008.

[4] 曹宗波,张志轩.蔬菜栽培技术(北方本).北京:北京化学工业出版社,2009.

[5] 李季,彭生平.堆肥工程实用手册.北京:化学工业出版社,2005.

[6] 曹志平,乔玉辉.有机农业.北京:化学工业出版社,2010.

[7] 焦彦生,郭世荣.有机蔬菜生产中的病虫害防治策略.中国农学通报,2006,4(22):371-374.

第八章 番茄有机生产技术指南

第一节 番茄的特性及栽培现状

一、番茄的特性

番茄别名西红柿、番柿等,为茄科番茄属植物,在热带地区为多年生植物,而在温带地区则被栽培为一年生植物。番茄是果肉嫩软、果汁滋润的浆果。原产南美洲热带高原原始森林中,据说在16世纪印第安人将番茄带到了北美洲南部的墨西哥,开始进行人工栽培。17世纪,番茄开始向亚洲传播,首先由葡萄牙人传到东南亚,再传入中国。我国作为蔬菜食用和栽培的时间始于20世纪初期,真正作为蔬菜大面积栽培是从20世纪50年代初迅速发展起来的。番茄是世界年总产量最高的30种作物之一,目前,美国、俄罗斯、意大利和中国是番茄的主要生产国。

番茄的产品器官为果实(图8-1),营养丰富,风味可口,色泽鲜艳,生、熟食皆可,又比一般水果价格低廉,是大众喜爱的水果。番茄也可加工成汁或罐藏。在欧洲多用于加工成多种独特调料,而在我国多以果实直接消费。

图 8-1 番茄果实

番茄果实中含有大量的营养物质,如可溶性糖、有机酸、蛋白质、维生素等。另外,番茄果实中还含有丰富的钙、铁、磷、钾、钠、镁等矿物盐类,对人体的正常代谢有促进作用,其果汁中含有甘汞,对肝脏病有特效,也有利尿,保肾之功能。此外番茄果实中的番茄红素具有较强的抗氧化能力,对癌症疾病也有辅助治疗作用。

二、栽培现状

(一)我国番茄栽培现状

我国番茄栽培主要以设施栽培为主,露地栽培也有一定的种植面积,主要以春季栽培较为常见,是蔬菜种植较为常见及重要的变现性作物。据统计,2007年我国番茄栽培面积约 84 万 hm^2,其中鲜食番茄约为 74.2 万 hm^2,加工番茄为 9.3 万 hm^2。2006 年全球番茄的总产量 12 500 万 t,中国的番茄产量为 3 254 万 t,占到了全球产量的 26%。其中大多数是在设施内栽培的。

我国目前番茄栽培水平相比世界发达国家有一定的差距,并且很不均衡,2006年,荷兰大面积的智能化温室每亩的年产量达到 40 000 kg 以上,而我国在 2010 年平均产量只有 3 361.3 kg,在我国蔬菜种植水平较高的寿光每亩的年产量也仅有 10 000~15 000 kg。

(二)有机番茄及栽培

有机番茄种植在整个生产过程中必须按照有机农业的生产方式进行,也就是在整个生产过程中必须严格遵循有机食品的生产技术标准,即生产过程中完全不使用化学合成的农药、化肥、生长调节剂等化学物质,不使用转基因工程技术,同时还必须经过独立的有机食品认证机构全过程的质量控制和审查。有机番茄的生产必须按照有机食品的生产环境质量要求和生产技术规范来生产,以保证它的无污染、富营养和高质量的特点。见图 8-2 和图 8-3。

图 8-2　有机番茄栽培

图 8-3　有机番茄

有机食品生产被人们誉为"朝阳产业",有机食品市场空间广阔。据联合国粮食和农业组织发表的一份报告分析表明,在过去的 10 年间,在一些国家的市场上,有机农产品的销售额年递增率超过 20%。这与一些常规食品市场的停滞不前形成了鲜明的对比。

有机番茄的种植讲究的是安全、自然的生产方式,可以很好地促进和维持生态平衡。有机番茄无化学残留,口感佳,而且已被证明比普通番茄更具营养。现在人们对安全食品的需求日益强烈,国内市场前景非常乐观,消费者对番茄品质的要求也越来越高,有机番茄的生产技术也有了较大的提高,有机番茄的生产面积也逐渐扩大,在我国几乎每个有机生产基地均有有机番茄的栽培。

三、番茄品种

(一)有机番茄的品种选择

在有机番茄种植中品种的选择非常关键,有机生产者在番茄品种选择上要从品种对病虫害的抵抗性、生长性、当地消费习惯及用途等方面加以考虑。

1. 选择对病虫害具有抗性的品种

番茄的病虫害防治是决定有机栽培能否成功的关键要素。目前,市场上大多数新品种为经过改良的综合抵抗性品种。在有机番茄栽培中,灰霉病、叶霉病、轮纹病、疫病、斑点病、白粉病、枯萎病、青枯病等主要病害较为常见,选择品种时应多加注意。

番茄叶上长毛,对蚜虫的抵抗力较强,但温室粉虱对其危害较大。

目前,对主要害虫具有综合抵抗性的品种尚未开发出来,因此,选择番茄品种时应选择害虫发生不频繁的品种进行栽植。

2. 根据植物学特性及植株的生长习性进行品种选择

(1)根据植物学特性可分为:普通番茄、大叶番茄、直立番茄、梨形番茄及樱桃番茄。

(2)根据植株的生长习性可分为:无限生长型、有限生长型、半有限生长型。

3. 根据栽培用途进行品种选择

番茄按栽培用途可分为:普通鲜食类、加工番茄类及樱桃番茄类等。可根据其用途进行品种选择。

4. 根据当地的消费习惯进行品种选择

地区不同其消费习惯不同,如有些地区喜欢红色番茄品种,有些地区喜欢粉红色品种,因此在品种选择时要考虑种植地的消费习惯。

(二)主要品种的特性

1. 红果品种

(1)佳红 5 号 无限生长型中熟型品种。果形周正,稍偏圆,单果重 130～

150 g，未成熟果无绿果肩，果实成熟后亮红美观，均匀整齐，商品性好，果肉硬，耐贮运，果皮韧性好，裂果少。抗番茄花叶病毒病、叶霉病、枯萎病。适合保护地及长季节栽培，也可作为露地栽培品种。

（2）红宝石　国外引进的一代杂交番茄新品种，无限生长型，高抗黄化曲叶病毒（Ty），大红色，颜色鲜红亮丽，植株生长旺盛，叶片适中，属中早熟型品种。对环境适应能力强，开花坐果能力强，果实大小均匀，果实高圆形，硬度大，抗裂性非常好，在极端天气下不裂果，单果重 250 g 以上，口感佳，产量高，是市面上大红西红柿的高端品种。抗病能力强，高抗叶霉病、病毒病、灰霉病，耐根结线虫，抗早晚疫、青枯病。

（3）布兰妮　以色列引进，一代杂交品种，无限生长型，果实红色，中早熟，圆球形，果皮坚硬，极耐储运，果实大小均匀，萼片舒展，色度、口感、商品性极佳，单果重 250 g 左右，植株生长旺盛，连续坐果能力强，产量极高。高抗早、晚疫病、青枯病、细菌性叶斑病、溃疡病、根腐病、灰霉病、叶霉病等多种病害，露地和保护地均可栽培。

（4）旺达 F1　国外引进的一代杂交新品种，果实圆球形、红色，果皮坚硬，果实大小均匀，色度、口感、商品性佳，无青皮、无青肩，不裂果、不空心，单果重 250 g 左右，极耐储运。此品种中早熟，无限生长型，植株生长旺盛，连续坐果能力强，可连续坐果 10 穗不早衰，产量极高。抗早、晚疫病、青枯病、根腐病、灰霉病、叶霉病、叶斑病等多种病害。

（5）合作 905　品种属中早熟一代杂交种，植株无限生长型，生长势中等，普通叶型，8～9 片叶着生第一花序，间隔 3 片叶着生下一花序，生育期 115 d 左右。果实近圆形，果皮、果肉均为红色，单果重 250 g 左右，最大 700 g，商品性好，硬度高，耐储运。抗病性强，适应性广。

（6）布拉德　又称石头番茄，果实大红色，属一代杂交品种。植株无限生长型，节间中等，生长势强，坐果容易，果实大小均匀，果实扁圆形，3～4 心室，单果重 230 g 左右，萼片平展美观，颜色鲜红靓丽，果实硬，耐储运，抗病性强，对黄萎病、枯萎病、叶霉病、根腐病及灰斑病都具有抗性。适合越冬及早春栽培。

（7）艾娜德　以色列进口一代杂交中熟品种。植株生长旺盛，无限生长型，对环境适应能力强，叶片大小中等，透光透风性好，萼片大而伸展，开花坐果能力强，属中熟型品种。果实大红色，颜色鲜红亮丽，果实大小均匀一致，果圆形、硬度高，正品果率极高，单果重一般在 230 g 左右，口感好，产量高。该品种抗病能力强，高抗黄化曲叶病毒（Ty），抗病毒病，耐根结线虫。适合早春、秋延迟、越冬茬栽培。

（8）丰收　无限生长型品种，植株生长势均衡，中早熟，耐寒性及丰产性好。果实大红色，微扁圆形，大中型果，单果重 230 g 左右。果实硬，耐贮藏。抗番茄花叶病毒、黄化曲叶病毒（Ty），抗叶霉病、黄萎病、枯萎病及根结线虫病。适合北方早春、早秋、秋冬日光温室和南方露地越冬栽培。

2. 粉果品种

(1)凯特2号　为荷兰进口的早熟品种，该品种属无限生长型，植株生长势强，单果重290 g左右，果实粉红色，高圆形，硬度大，大小均匀，耐储运。极耐低温弱光，连续坐果能力特强，产量高，高抗黄化曲叶病毒（Ty）、抗叶霉病、叶斑病等多种病害，抗根结线虫，无青皮无青肩，不裂果不空心，适宜越冬一大茬、秋延迟、越冬和早春保护地栽培。

(2)中杂105　植株无限生长型，生长势中等，中早熟。幼果无绿色果肩，成熟果实粉红色，果实圆形光滑，大小均匀一致，单果重200 g左右，果实硬度高，耐储运，商品果率高，品质优，口味酸甜适中。对番茄花叶病毒病（TOMV）、叶霉病和枯萎病有抗性，且具有较好的丰产性，特别适合日光温室和保护地栽培。

(3)中杂109　本品种为无限生长型鲜食番茄。幼果无果肩，成熟果实粉红色，果实近圆形，平均单果重200 g以上。果实硬度高，耐贮运；果实整齐，商品率高。高抗TOMV（番茄花叶病毒），抗叶霉病、枯萎病。适合保护地长季节栽培，一般大棚种植亩产可达8 000 kg，温室栽培可达10 000 kg以上。

(4)金棚8号　属无限生长型中熟品种。植株生长势强、叶量适中，整齐度高；花穗整齐，花数较多，容易坐果。该品种对环境适应能力强，既耐热也耐寒，连续坐果能力强，适应性广。成熟果实深粉红色，果实高圆，无绿肩，亮度好，硬度高，果脐小，单果重230 g左右。抗黄化曲叶病毒（Ty）、抗枯萎病。适宜我国日光温室、大棚秋延后和越冬栽培。

(5)金棚11号　无限生长型粉红色早熟品种，属于金棚M6的改良类型。该品种抗黄化曲叶病毒（Ty），抗南方根结线虫，兼抗番茄花叶病毒（ToMV）、枯萎病和叶霉病；中抗黄瓜花叶病毒，晚疫病、灰霉病发病率低。果实高圆，果面发亮，果形好，果脐小，一般单果重230 g左右，果实均匀度较高，果实商品性好。果实硬度、货架期优于金棚一号。植株长势好，前期产量高，连续坐果能力优于金棚一号。适宜在黄化曲叶病毒（Ty）发病严重地区的日光温室越冬栽培及保护地春提早栽培。

(6)中研988　属高秧无限生长型早熟粉红果品种，叶量中等，通风透光性良好。单果重较高，一般可达350 g左右，耐低温性强，连续坐果能力强，耐高温能力极强，没有空洞果。果实膨大迅速，产量高，果实高圆，上下果整齐均匀，着色鲜艳亮丽，商品性极好，果皮厚、硬度高，耐储运，高抗番茄早疫病、晚疫病、灰霉病、叶霉病、筋腐病；对根结线虫也有一定抗性，基本不影响产量，适合早春、秋延后及越夏栽培。

(7)凯萨　早熟品种，比一般品种早7 d左右上市；果实超大，一般单果重300 g

左右;果实圆形,硬度非常高,果实大小均匀一致;该品种耐寒性极好,在冬天气温极低的地区仍能很好地生长和膨果,不裂果不空心,无青皮无青肩;高抗黄化曲叶病毒(Ty)、耐叶斑病、叶霉病、抗根结线虫,对早晚疫、青枯病、病毒病有很好的抗性。

(8)蒂娜 荷兰进口,无限生长型早熟番茄新品种,植株生长势强。单果重280g左右,硬度极高,耐贮运,果实粉红靓丽,色泽鲜艳,果圆形,果实大小均匀,是精品果的首选品种。该品种耐低温弱光,连续坐果能力强,产量高。抗病能力强,高抗黄化曲叶病毒(Ty)、高抗根结线虫;抗叶霉病、灰霉病,抗早晚疫、青枯病;耐叶斑病等多种病害。无青皮无青肩,不裂果不空心。适宜秋延后、日光温室越冬和保护地早春栽培。

(9)欧诺 荷兰进口,高档粉红色番茄新品种,无限生长型,植株长势旺盛,抗逆性强,极耐热,在高温高湿环境中坐果率高,在越夏种植中不裂果不空心。连续坐果力强,果实圆形,单果重280g左右,无青皮无青肩,硬度高,耐贮运,产量高。抗病性强,高抗叶霉病、灰霉病、黄化曲叶病毒(Ty),叶斑病,耐根结线虫,适合越夏、秋延后保护地栽培。

(10)富克斯 荷兰进口,杂交一代粉果番茄新品种,无限生长型,植株长势旺盛、叶量适中。早熟品种,比一般品种约早一周上市。果实特硬、耐压、耐储运,货架期长,大果类型,单果重300g左右,产量极高。果实高圆形,颜色粉红艳丽,无绿肩。商品性优,口感风味极佳。抗逆性强,耐弱光性好,高抗叶霉病、灰霉病、枯萎病、耐根结线虫,抗死棵能力强。适合越冬、早春、秋延后栽培。

(11)萨盾 荷兰进口,一代杂交种,无限生长型硬粉中早熟番茄新品种,植株生长旺盛。果实粉红色,圆球形,无绿果肩,大小均匀,硬度高,不空穗,单果重330g左右,货架期长。抗病能力强,高抗叶霉病、灰霉病、耐根结线虫、黄萎病、枯萎病,抗死棵。该品种与市场同类产品比,表现出其高抗黄化曲叶病毒(Ty)的特点,果实商品率高、适应范围广等优势,深受菜农欢迎,是十分难得的好品种,适合黄化曲叶病毒高发地区栽培。

3. 樱桃番茄品种

(1)粉佳人 千禧类型,植株无限生长,早熟樱桃番茄新品种。植株长势旺盛,连续坐果能力强,萼片美观;果实椭圆形,粉红色,糖度高,耐储运,产量高,不易裂果,单果重20g左右;抗病能力强,高抗黄化曲叶病毒(Ty)。适合露地及保护地种植。

(2)红秀丽 中早熟品种,植株无限生长型,长势旺盛,高抗番茄黄化曲叶病毒(Ty);果实短椭圆形,鲜红色,单果重25g左右,产量高,折光糖度7°,番茄风味浓,果皮较厚,果肉硬度高,不易裂果,耐贮存性、耐热性好,但耐寒性一般。该品种适宜南方地区秋、冬季露地和北方高海拔地区夏、秋季大棚栽培。

（3）千惠　荷兰引进，无限生长型红果早熟樱桃番茄新品种。该品种植株生长旺盛，开花坐果能力强，萼片美观，产量极高。果实椭圆形，成熟后转大红色，颜色鲜红靓丽，单果重 24 g 左右，口感好，果肉厚，果皮光泽度好，抗逆性强，不易裂果。适合保护地和露地栽培。

（4）红太阳　北京农业技术推广站培育而成的中早熟樱桃番茄新品种。植株无限生长型，生长势较强，叶片颜色较深，第一花穗着生在第 6～7 节之间，花穗间隔 3 节，每穗坐果 20～40 个，最高可达 50 个，果实红色、圆形，果肉较厚，心室数 2～3 个，平均单果重 13 g 左右，不易裂果；口感酸甜适度，风味较好，综合抗病性强，适应性广，在我国南北方均可种植。该品种前期较耐低温，更适宜于保护地冬春季栽培，每亩适宜的种植密度 3 000 株，亩产可达 5 000 kg 左右。

（5）千禧　台湾农友种苗公司培育，是最先推向国内市场的无限生长类型粉红樱桃番茄品种。该品种植株生长势强，中后期复序花多，每穗果 14～31 个；果实椭圆形，颜色粉亮，单果重 20 g 左右，风味浓厚，可溶性固形物含量高达 10％ 左右，品质极其优良。由于其丰产性好，对病毒病、早疫病、晚疫病、叶霉病等番茄常见病害综合抗病能力强，不易裂果、耐储运，受到种植户普遍欢迎。适合保护地和露地各种栽培形式栽培。

（6）黄珍珠　无限生长类型黄色樱桃番茄品种，既可生产中种植使用，也可作为观赏植物种植。植株生长势强，果实椭圆形，可溶性固形物含量可达 9％ 左右，风味浓厚，品质极佳，果实黄色鲜亮，深受市场欢迎。果实单果重 20 g 左右，每穗果 25～35 个。综合性状表现优良，特别是生长后期，即使延至 7—8 月高温季节也不易裂果，耐储运，果实的产量、品质，也没有太大下降。适合保护地和露地的各种形式栽培。

（7）维纳斯　北京农业技术推广站培育的中早熟樱桃番茄品种，植株无限生长型，生长势中等，叶片较短，叶柄较长较细，具有较好的通风透光性，第一花穗着生在第 6～7 节，以后每隔 2～3 片叶着生一个花穗，单个花的花柄、花萼较短，每穗坐果在 20～30 个之间，平均单果重 15 g 左右，果实圆形橙黄色，果肉较厚，果皮较薄，酸甜可口，风味多汁、清新，在高低温条件下，维纳斯坐果都表现良好，适宜于我国南北方保护地冬、春、秋季栽培，每亩定植 3 000～3 500 株，一般亩产 4 000 kg 以上。

（8）黄秀丽　植株无限生长型中早熟樱桃番茄品种。果实短椭圆形，橘黄色，口感脆，单果重 23 g 左右，折光糖度 7°～8°，果皮较厚，果肉硬度高不易裂果。该品种耐贮存性、耐热性好，但耐寒性一般，容易栽培，产量高。适宜南方地区秋、冬季露地和北方高海拔地区夏、秋季大棚栽培。

（9）黄罗曼　荷兰进口，无限生长型黄色番茄新品种，果实卵圆形，亮黄色，每穗挂 8～12 个果，转色一致，单果重 120 g 左右，无绿肩，抗裂性强，果实硬度高，耐贮运，货架期长。抗烟草花叶病毒（TMV）、黄化曲叶病毒（Ty）、抗黄萎病、枯萎病及白粉病,适宜秋延后、早春保护地和温室越冬栽培。

(10)紫千禧　荷兰引进,千禧类型,无限生长型紫黑色樱桃番茄品种,中早熟。植株生长旺盛,开花坐果能力强,产量高。果实椭圆形,果实成熟后转紫黑色,并带有绿色条纹,单果重 23 g 左右,口感好,萼片美观,果肉厚,不易裂果,抗逆性强,果皮光泽度高。适合保护地和露地栽培。

(11)黑珍珠　2005 年从美国引进的中早熟、无限生长型新品种。该品种植株长势旺盛,茎秆粗壮,叶片浓绿、较厚,第一花穗着生在第 6~7 节之间,每花穗的花数 20~50 朵。果实未成熟时有绿肩,果梗粗壮,离层非常明显,萼片细长秀美,果实成熟期较一致,紫褐色、圆形果,平均单果重在 20 g 左右,果实内含较高的茄红素、维生素 C 及大量的花青素,营养价值极高。另外,果实皮薄、多汁,具有浓烈的水果香味,酸甜可口,品质极佳,对于喜食酸甜味的人来说,是上佳的选择。品种综合抗病性较强,适宜我国南北方保护地、露地栽培。由于其植株长势旺盛,生产上应适当稀植,一般每亩定植 2 500~2 800 株,亩产可达 5 000 kg 左右。图 8-4 为有机栽培的红色樱桃番茄,图 8-5 为有机栽培的黄色樱桃番茄。

图 8-4　有机栽培的红色樱桃番茄　　　图 8-5　有机栽培的黄色樱桃番茄

第二节　育　苗　管　理

一、育苗技术

番茄的营养生长和花芽分化同时在育苗期间进行,种苗品质的优劣直接影响番茄定植后的生长发育,直接影响番茄的产量与品质。因此,培养出健壮的种苗是番茄高产的基础。

番茄壮苗标准的量化指标:叶绿素含量>1.55 mg/g,叶面积>96 cm²,根体积>0.6 cm³,茎粗>0.55 cm,壮苗指数>17.5,株高<25 cm。

番茄壮苗标准的表观指标:茎秆粗壮、子叶完整、叶色浓绿、生长健壮,不受病、害虫的危害,根系发育良好,花芽的发育程度处于适当状态。

（一）有机育苗条件

有机育苗必须是在获得有机认证的地块,最好是在有机生产基地内部建立育苗圃(床),这样可减少外界环境对育苗圃(床)的影响。使用的基质应含有足够的养分,保肥、保水能力强,透气性优。种子需使用有机种子,但在事实上难以买到有机种子时,允许使用未被化学处理过的非转基因种子,但必须制订和实施获得有机种子的计划。育苗的养分供应可通过有机材料供应养分,病虫害防治时应按有机方法进行。

（二）育苗设施的选择

育苗设施应根据当地的气候、育苗季节及设施条件等因素加以确定。有机育苗大多使用设施育苗(如连栋温室、日光温室、大棚、小拱棚等),这样有利于控制温湿度及病虫害的防控,在高温季节可利用湿帘降温或遮阳网覆盖育苗(图 8-6 和图 8-7),冬季可在设施内利用电热线加热,提高苗床温度,创造适宜的育苗环境。

图 8-6　夏季湿帘降温　　图 8-7　夏季遮阳网覆盖降温

（三）育苗的优缺点

蔬菜育苗的目的是根据生产需要,育成足够数量、质量良好的秧苗,满足生产需要。

1. 育苗的优点

可充分利用有限的生产季节,延长作物的生长期,做到收获早、产量高。育苗可提高土地利用率,做到经济、合理地利用土地,便于人为创造条件培育出符合要求的壮苗,实施标准化及规模化生产,节省种子、定植时间及劳动力的投入,在人为创造的良好育苗环境下育苗,可有效防止自然灾害的威胁,提高育苗质量,便于防治病虫害。

2. 育苗的缺点

需要制订合理的育苗计划及生产计划,技术人员需要过硬的育苗技术,管理人员需要倾注过多的心血。另外,在冬季育苗时可能增加取暖费用,夏季育苗时可能增加降温费用,育苗期间投入的劳动力较多。

二、基质制备

(一)育苗基质应具备的条件

配制育苗基质时,育苗基质应具备良好的排水性、透气性及持水性,有适合番茄生长发育的 pH(6.0~6.5),EC 值要在 0.5~1.2 mS/cm 以下,可以提供适合番茄生长发育的根系环境,且具有较为优良的物理及化学性状,并具有一定的持久性能,含有番茄生长发育所需的养分。基质不能受到病虫害的侵染,不能含有杂草种子或其他有害成分。

选择有机基质材料时还要考虑:基质材料应具有可回收性及不能生成垃圾,且不能损坏大田的栽培环境;基质材料不能存在恶臭、污染等因素;不能添加化学肥料和其他人工合成的物质。如购买商品基质使用,基质必须符合有机资材标准,可以使用完全腐熟的堆肥、菇渣、蚯蚓粪、椰壳等有机物与无菌土壤等材料配制基质。

(二)有机育苗基质材料

有机育苗基质可选择:土壤、堆肥、草炭、蛭石、珍珠岩、菇渣、锯末等有机材料。

1. 土壤

土壤是最常用、最廉价的育苗材料,作为有机育苗材料时,应选用有机粮田的土壤。土壤作为有机育苗基质,当怀疑受到土壤传染性病害侵染或有害虫及虫卵时,应立即停止使用并利用太阳能进行消毒处理,预防传染源的侵入。用土壤作为育苗材料时其缺点是密度过高,透气、透水性较差。

2. 堆肥

是有机栽培中普遍使用的材料。但堆肥的质量受制作方法和堆肥材料的影响较大,因此选择优质的堆肥材料尤为重要。使用堆肥作为基质材料时,堆肥应至少在使用前 6 个月堆制完成。堆肥在基质的添加量一般在 20%~30%。

3. 菇渣

是蘑菇生产后的废弃物,我国每年有大量的废弃菇渣产生,而菇渣中含有丰富的粗蛋白、粗脂肪和氮浸出物,还含有钙、磷、钾、硅等矿物质,营养相当丰富。由于在蘑菇栽培过程中经过了充分的分解,菇渣结构组成稳定,并且菇渣的结构呈粒状,类似于土壤的团粒结构,是一种很好的潜在替代草炭的基质材料。

4. 草炭

含有大量水分和未被彻底分解的植物残体、腐殖质及矿物质。有机质含量在30%以上,质地松软易于散碎,比重0.7~1.05,多呈棕色或黑色,具有可燃性和吸气性,pH一般为5.5~6.5,呈微酸性。由不同物质组成的"草炭"有不同的物理性质与化学特性。含丰富的氮、钾、磷、钙、锰等多样元素,是纯天然的有机物质,是一种无菌、无毒、无公害、无污染、无残留的绿色物质,在蔬菜育苗中使用最为广泛。

5. 蛭石

在有机基质中应用仅次于草炭,在基质中易吸附水分和营养成分,并且含有钙和镁等微量元素,pH中性。

6. 珍珠岩

珍珠岩是一种火山喷发的酸性熔岩,经急剧冷却而成的玻璃质岩石,因其具有珍珠裂隙结构而得名。一些较大颗粒珍珠岩逐渐被用于蔬菜育苗中,作为育苗基质材料的必备成分,以增加营养基质的透气性和吸水性。

7. 蚯蚓粪

是蚯蚓对有机废弃物进行生物降解后的产物,不但本身具有放线菌等大量的有益微生物,而且能够大大提高育苗基质的微生物量和微生物活性,有效改善基质的微生物区系,从而间接地控制了病菌的生长、繁殖,提高蔬菜苗的抗病性。另外,蚯蚓粪添加到育苗基质中可有效克服连作障碍。

8. 石灰石

石灰石主要成分碳酸钙($CaCO_3$),天然来源。农业应用主要用于补偿pH和养分供应。生石灰或熟石灰不能用作基质材料。

(三)有机基质的配制

首先根据当地资源条件准备基质的材料(蛭石、珍珠岩、草炭、蚯蚓粪、堆肥等),并确认基质材料是否受到病虫害的污染,有没有杂草种子,如未受到污染,没有杂草种子可作为基质材料使用。根据季节选择表8-1中列出的基质材料进行搭配,并按比例进行混合。将混合好的原料中,每立方米添加10 kg的蚯蚓粪或6~8 kg完全腐熟的堆肥,进行充分混合,混合后装盘(钵)待用。见图8-8。

表8-1 番茄有机基质的材料搭配

有机基质类型	有机基质原材料混合比例(体积比)		
	草炭	蛭石	珍珠岩
有机基质A型(冬春季)	2	1	0
有机基质B型(夏秋季)	2	1	1
有机基质C型(通用型)	6	2	1

图 8-8 基质育苗

三、播种

(一)播种前的准备

1. 育苗棚室消毒

育苗前应首先对育苗设施进行消毒处理,如夏季在棚室内可采用高温闷棚或药剂熏蒸等方法进行消毒处理。

(1)日光高温闷棚 在夏季的高温期,向棚室内洒水,密闭育苗设施,保持棚温60℃以上,棚室相对湿度80%以上,连续暴晒2周左右,可有效杀灭室内的病原菌、害虫及虫卵。

(2)药剂熏蒸 将棚室密闭,每亩用硫黄粉3~5 kg分散多处点燃后密闭24 h,放风后再育苗。

2. 穴盘选择及消毒

(1)穴盘选择 有机育苗的穴盘材质应选用聚乙烯或聚丙烯吹塑穴盘,禁止使用聚氯乙烯材料的穴盘。茄果类蔬菜(如茄子、辣椒、番茄等)的育苗一般选择50穴或72穴的穴盘;瓜类蔬菜(黄瓜、南瓜、西瓜、冬瓜等)的育苗一般选择32穴或50穴的穴盘;甘蓝、花椰菜等蔬菜的育苗一般选择72穴的穴盘。

(2)穴盘消毒 新购买的穴盘可以不用消毒,用清水冲洗晾晒干后可直接使用;对多次重复使用的穴盘,可用肥皂水洗净后放入1 000倍的高锰酸钾溶液中浸泡2 h,也可用高温蒸汽(70~80℃)熏蒸30 min,然后用自来水冲洗干净晾晒干后使用。

3. 基质用量

可根据育苗数量计算基质用量。一般情况下,每立方米育苗基质可填装T50穴盘285盘,可填装T72穴盘250盘,填装Q105穴盘475盘。

4. 种子的准备

有机农业禁止使用化学合成物质,要遵循有机农业生产原则,使用有机种子。番茄种子的寿命长达4~5年,但是因为较长时间的种子发芽不良,影响发芽率,因此,建议使用采种后不到两年的种子。

番茄种子用量的确定:合格种子发芽率一般在 80%～90% 之间,番茄种子每克约 300 粒左右,按 80% 出苗率计算,可育出 240 株幼苗。一般每亩定植 2 500～3 000 株,加上 50% 的损耗率,每亩番茄需种子 20～30 g。

5. 种子消毒

用于有机农业的种子消毒方法有:温汤浸种法、药剂浸种法、干热处理法、温汤药剂浸种法等。

(1)温汤浸种法　先用少量的凉水将种子浸泡洗净,再将种子捞出投入到55℃的温水中,用温度表朝一个方向不停地搅拌,以保证种子受热均匀,边搅拌边查看水温,使水温保持 50℃ 恒温 25 min。25 min 后在室温水中继续浸泡种子 8～10 h,使之吸足水分。

(2)药剂浸种法　先把番茄种子放入常温水中预浸泡 4～5 h,起水后再浸入 0.2% 的高锰酸钾水溶液中 5 min,再用清水洗净后放入 25℃ 左右的温水浸种 6～8 h,使种子吸足水分后进行催芽处理。

(3)干热处理法　将充分干燥的种子置于 70℃ 恒温箱内干热处理 72 h,可杀死许多病原物,而不降低种子发芽率。尤其对防止病毒病效果较好。

(二)播种要点

1. 播种期的确定

从预计定植时期进行逆推,减去苗龄,即为播种期。夏季高温期育苗苗龄一般在 30～40 d;冬季低温期育苗苗龄一般在 60～70 d;春、秋季育苗苗龄介于冬季、夏季之间。

2. 播种

将配制好的基质加水至相对湿度 40% 左右,并堆放 2～3 h,将基质装入选定的穴盘中,使每个孔穴都加满,表面抹平,使各个横格清晰可见,将穴盘的基质压实后播种。播种时每穴播 1 粒种子,播深 0.8～1.0 cm,然后用基质或细沙等盖上种子 5 mm 左右,充分淋水使底部渗出水滴为宜,以后用报纸或地膜等覆盖,防止干燥。放入育苗设施内,白天温度控制在 25～30℃,夜间温度保持在 16～20℃,种子出芽后应及时去掉覆在穴盘上的覆盖物,防止高温烫伤。

四、育苗管理

(一)营养管理

育苗时的营养供给除在基质中添加蚯蚓肥或堆肥外,也可以用液体肥料进行叶面喷施。具体各种营养的供应来源可参考下列物品。

氮:血粉、肉粉、棉籽粉、豆粉、茶枯饼粉、羽毛粉、蹄角粉、豆粉、畜禽粪便等。

磷:骨粉、虾副产品、制糖副产物、磷矿石等。

钾:钾矿粉、花岗岩粉、豆粉、土豆皮的灰粉、草木灰等。

(二)温度管理

高温季节育苗或苗床温度较高,花芽的分化及发育速度较快,但花芽数量却较少较弱,容易落花;低温季节育苗或苗床温度较低,着花节位较低,花芽数量较多,且花朵也较大,但种苗的发育变慢,且易形成畸形果。

一般来说,番茄从 2 片真叶时开始进入花芽分化期,2~7 真叶时分化 1~3 穗花,8~11 片真叶时分化第 4~6 穗花,12 片真叶时分化 7 层以上的花穗。

培育优质秧苗温度管理十分重要,管理时应遵循"前高后低,昼高夜低"的原则。出苗前,棚室温度白天保持在 25~30℃,夜间温度保持在 16~20℃;出苗后,棚室温度控制在,白天 23℃ 左右,夜间 13~15℃;育苗后期的夜间温度调到 10~12℃ 为宜,这样可防止幼苗徒长,培育壮苗。

(三)嫁接育苗

蔬菜嫁接技术在瓜类蔬菜上应用较多,近年来嫁接在番茄生产上也时常应用。番茄嫁接后可显著提高番茄的抗逆性和生长势,进而提高产量和品质。经多年试验,番茄嫁接可有效防止番茄黄化曲叶病毒病、枯萎病、青枯病及根结线虫的发生。土壤的传染病严重时可使用嫁接苗进行栽培。见图 8-9 和图 8-10。

图 8-9　蔬菜育苗床　　　　图 8-10　嫁接后的番茄苗

1. 砧木的选择

选择抗病性强,根系发达,生长势强,与接穗亲和力强的砧木。目前在华北地区应用较多的番茄砧木品种主要是北京农林科学院蔬菜研究中心的"果砧 1 号"。但在山东各地使用日本、韩国进口的砧木种子较多。

2. 播种

砧木和接穗可以同时播种,但播种前要对种子进行温汤浸种和种子催芽,一般亩用种量 20 g 左右,播种时要把砧木种子播在 50 孔的穴盘中,接穗种子可播在平底穴盘中。

3. 嫁接

(1)嫁接时期　番茄的最佳嫁接时期是当砧木、接穗 5～6 片真叶时,此时期砧木和接穗的下胚轴茎粗基本一致正好适合嫁接。

(2)嫁接方法　由于番茄的接穗和砧木直径基本相同,可采用贴接的方法进行嫁接。采用贴接的方法进行嫁接,因伤口愈合面大,有利于缓苗,嫁接的成活率高。具体方法如下:

①削切砧木　将砧木苗在第二片和第三片叶之间用切片斜切一刀,砧木苗下部留两片真叶,削成呈 30°的斜面,切口斜面长 0.6～0.8 cm。

②削切接穗　接穗苗上面留 2 叶 1 心,将接穗苗的茎在紧邻第三片真叶处用刀片斜切成 30°的斜面,切口斜面长 0.6～0.8 cm,尽可能让砧木和接穗的接口大小接近。

③贴接　将削好的接穗苗切口与砧木苗的切口对准形成层,贴合在一起。

④固定接口　将接口对好,用嫁接夹夹住嫁接部位,将嫁接苗放入已经准备好的小拱棚内,再喷木霉菌 300 倍液,防止病害的发生。

(3)嫁接后的管理　嫁接苗嫁接后一般 10 d 左右便可成活,因此此时期的管理尤为重要。

①温度管理　嫁接后的前 3 d,白天温度保持在 25～27℃,夜间温度 17～20℃,地温在 20℃;嫁接 3 d 后,将白天温度保持在 23～26℃,夜间温度 15～18℃;嫁接 10 d 后,嫁接苗基本成活,可撤掉小拱棚。

②湿度管理　嫁接后的前 3 d,小拱棚不要通风,保持小拱棚相对湿度在 95% 左右;嫁接 3 d 后,适当降低湿度,每天可揭开薄膜两头换气 1～2 次,换气时先小后大,保持拱棚内相对湿度在 75%～80%;5 d 后应增加通风量;嫁接 10 d 后,嫁接苗基本成活,转为正常管理。

③遮光管理　嫁接后的前 3 d,小拱棚要遮光处理;3 d 后见光和遮光交替进行,但晴天中午一定要遮光处理,防止太阳直射,当嫁接苗见光后不萎蔫时,可全部去掉遮阳网。

④成活后的管理　嫁接苗成活后要及时去除砧木上萌发的枝芽,白天保持温度 25～27℃,夜间温度 15℃;保持穴盘内基质材料的见干见湿。定植前 5～7 d 加大放风量,降低温度进行炼苗。

(四)移植适期

当真叶展开 7～9 片、第一花序的花开到 10% 的时候,最适合定植。定植之前用竹醋液 200 倍液＋800 倍 Vt 菌液蘸根,有助于番茄幼苗的生根与初期生育。见图 8-11 至图 8-13。

图 8-11　有机番茄定植后全景　　图 8-12　有机番茄生长中　　图 8-13　有机番茄生长
　　　　　　　　　　　　　　　　　　　　期全景　　　　　　　　　　后期全景

第三节　土壤管理

一、土壤管理的原则

土壤作为作物载体,它的环境质量直接维系着农产品的安全。人们的健康与食物的健康息息相关,而健康的作物必来自于健康的土壤。土壤的物理、化学及生物学特性的良好需要生产者进行健康的管理及维护,进而实现农业生产能力的持续性。

（一）有机农业土壤管理的目标和原则

健康的土壤能维持土壤生物群落的多样性,有助于控制植物病害、害虫及杂草,有助于与植物的根形成有益的共生关系,促进植物养分的循环利用。

有机农业土壤管理的目标:维持土壤固有的生态健康与有机农业生产能力的持续性。

有机农业土壤管理原则:修复常规农业所带来的生态环境失衡并使其扰乱程度最小化,加强农业生态内部资源的循环利用,维持和增进农业生态系统的多样性,防止土壤与养分的流失,尽可能维持和提高土壤的肥沃程度。

（二）土壤的管理方法

实行包括轮作、间作、套作等的作物栽培制度,与绿肥作物及覆盖作物互作,并将农牧业废弃物进行循环利用,增加土壤有机物供给;通过栽培方法进行土壤的健康及土壤污染管理并利用其他有机农业允许使用的材料如动植物、微生物进行土壤及养分管理。

二、适宜番茄栽培的土壤条件

（一）物理条件

番茄不仅根系发达,而且其再生能力强。另外,番茄的根群大多分布在 30～

50 cm 的土层中,根系较深,能吸收较深层次的土壤养分,因此番茄的栽培对土壤的要求不很严格,但要获得高产,应选择土层深厚、有机质丰富、排水和通气性良好的肥沃壤土。番茄栽培在沙壤土中早熟性较好,在黏壤土中栽培则产量较高,但不宜栽培在黏土或低洼地中。

(二)化学条件

番茄对土壤的酸碱度要求以 pH 在 5.6～6.7 较为适宜,即弱酸性的土壤,在此范围内的土壤养分效率最高,如果土壤 pH 过低,有效磷不溶化,番茄生长发育不良;在 pH 7 以上的碱性土壤中,番茄幼苗生长发育较为迟缓,但当植株长到一定大小时,生长会逐渐变好,而且在弱碱性的土壤生长的番茄品质较好。因此在生产上过酸和过碱的土壤要进行改良。土壤的 EC 为 2.0 以上,或者钾及镁的浓度过高,尽管土壤内钙较充分,也容易造成钙的缺乏症状。

(三)番茄的养分供应及吸收

番茄在生育过程中,需吸收大量的营养物质,要提高番茄的产量和品质,氮、磷、钾大量元素和钙、镁、硼、硫、铁、锌、锰等微量元素的及时供给是至关重要的。据研究,每生产 5 000 kg 的番茄果实需从土壤中吸收氮 17 kg、磷 5 kg、钾 26 kg。这些元素 73% 左右分布在果实中,27% 左右分布在根、茎、叶等营养器官中。此外,缺少微量元素会引起生理病害。在番茄一生中对氮、磷、钾、钙、镁 5 种元素的吸收比例为 100：26：180：74：18。

在番茄的不同生育期,对氮、磷、钾等营养物质的吸收数量有所不同。番茄的苗期对氮、磷、钾的吸收比例为 1：2：2;在番茄第一花序果实膨大前,植株对氮的吸收量逐渐增加,到结果盛期时达到吸收高峰。番茄对磷的吸收总量虽然不及氮、钾多,但磷对番茄根系和果实的发育有极其重要的作用,吸收的磷大约 94% 存在于果实及种子中,在幼苗期增施磷肥对花芽分化和根系发育有着良好的效果。番茄对钾的吸收量最大,尤其是在果实的膨大期,钾对糖的合成、运转及提高细胞液的浓度有重要的作用。番茄对钙的吸收量也较大,缺钙时叶尖和叶缘萎蔫,生长点坏死,果实易发生脐腐病。

三、土壤有机物的管理

(一)土壤有机物的作用

土壤有机物是指存在于土壤中的含碳的有机物质。土壤有机质是土壤固相部分的重要组成成分,尽管土壤有机质的含量只占土壤总量的很小一部分,但其对土壤形成、土壤肥力、环境保护及农业可持续发展等方面都有着极其重要的作用。有机物在改善土壤物理性状中的作用是多方面的,其中最主要、最直接的作用是改良土壤结构,促进团粒状结构的形成,从而增加土壤的疏松性,改善土壤的通气性和透水性,大大提高土壤的保水能力;其次,可提高土壤吸热性能,提升土壤温度;增加土壤阳离子交换量及持肥力,增大土壤缓冲能力,提高土壤中磷的有效性;消除土壤农药残留和重金属的污染;增加土壤微生物活性,供应激素及维生素等促进作物生长发育的物质,增强作物的抗逆性。

(二)土壤有机物质的维持

增加和保持土壤有机物质,主要的农业技术措施有:

(1)秸秆还田。秸秆还田是增加土壤有机质含量、提高土壤肥力的重要措施,对于改善土壤结构、增加土壤保水、保肥能力、提高作物的抗旱性效果明显。

(2)增施有机肥。利用农业废弃物制作的堆肥,将堆肥施入土壤可增加土壤有机物的含量,提升耕地质量及耕地的综合生产能力。

(3)种植绿肥。绿肥可为土壤提供丰富的有机质和氮素,改善土壤的理化及生物性状,改善土壤结构。

(4)减少土壤有机质的消耗。例如,实施轮作,采取少耕、免耕、覆盖等措施,其目的就是减少和控制土壤氧气的供应,削弱微生物分解活动。覆盖则可以减少土壤水土流失。这样才能保持土壤有机物质在提供养分的同时,增加能源,保持有机物含量稳定。

四、轮作

轮作即在同一块田地上有顺序地在季节间和年度间轮换种植不同作物或复种组合的种植方式。是用地养地相结合的一种生物学措施。有利于均衡利用土壤养分和防治病、虫、草害;能有效改善土壤的理化性状,调节土壤肥力。

(一)合理的轮作有利于维持土壤的健康

为了维持土壤的健康及养分持续供应,生产上常采用下列措施进行轮作:

(1)在栽培叶用蔬菜等需氮量较大的作物时,可种植固氮作物(豆科作物),用以持续供应氮养分。

(2)可与生物量多的绿肥作物(如苏丹草等作物)进行轮作栽培,用于有机物的持续供应。

(3)栽培养分需求量低的根菜类时,可与果菜类蔬菜进行轮作,以持续利用果菜类蔬菜后茬的残留养分。

(4)制定轮种体系时,尽可能在3年内,至少栽培一次绿肥作物或其他豆科作物。

(5)为了增加土壤养分的循环,提高养分利用率,可运用深根性作物和浅根性作物的轮种体系。

（6）为了改善土壤的物理性状,可将根部生物量多的作物纳入轮种体系中（如黑麦草）。

（7）在主栽作物之间种植绿肥作物或覆盖作物,并纳入轮作体系当中。

（二）合理的轮作体系可减轻病虫草害的发生

（1）为了控制杂草,交替栽培植化相克作物和非植化相克作物。如以黑麦、高粱、小麦、大麦、燕麦、毛野豌豆作为覆盖材料时,其释放的物质对杂草萌发和生长有抑制效应。

（2）避免连续种植成为特定病原菌寄主的同科作物。

（3）为了防治土壤病虫害,而将十字花科（如芥菜、油菜）等具有生物熏蒸效果的作物包括在轮种体系内。

五、绿肥作物

绿肥作物是以其新鲜植物体就地翻压或沤、堆制肥为主要用途的栽培植物总称。绿肥作物多属豆科,在轮作中占有重要地位,而且多数绿肥也可兼作饲草。世界上农业发达国家都把厩肥、绿肥和种植豆科作物等,作为增加土壤养分的主要来源。绿肥作物一般采用轮作、休闲或半休闲地种植,除用以改良土壤以外,多数作为饲草,而以根茬肥田,或作为覆盖作物栽培以保持水土和保护环境。

（一）绿肥作物的作用

1. 土壤的物理性状改善

通过促进土壤团粒化,提高土壤改良效果。通过供应绿肥,改善土壤的透气性和持水力。

2. 土壤的化学性状改善

掺入土壤中的绿肥作物通过微生物分解和腐蚀,并以此增加保存作物养分的能力。利用绿肥作物吸收并去除过多的盐分,以防止盐分累积。豆科绿肥作物通过根瘤菌的活动固定空气中的氮,以此确保土壤的肥沃度。

3. 土壤的生物性状改善

通过促进土壤微生物的活性,增加微生物的多样性和密度。增加分解绿肥的纤维素、木质素、果胶素等元素的有用微生物。

若将绿肥作物纳入轮种体系当中,便可有效预防作物的连作障碍,还具有遏制线虫及土壤病害等特定病原菌的增殖效果。

4. 其他

绿肥作物可提供绿色原野和美丽的花朵,具有美化周边景观的作用。绿肥作物可覆盖表土,预防土壤流失及侵蚀。绿肥作物可分泌化感物质,并覆盖整个土壤,增加表土的覆盖率,以遏制杂草的滋生。十字花科绿肥作物对土壤病虫害具有生物熏蒸的功效。

(二)绿肥作物的种植

种植绿肥作物时应优先选用适合特定地区和季节的品种。由于在开花前夕,绿肥作物体内的营养成分最多,因此在此时翻耕最为理想,但要根据番茄的定植季节来决定。在将绿肥还原于土壤之前,可先施用石灰石、天然石膏、可用性磷矿石、堆肥和微生物剂。

碳氮比高的禾本科绿肥作物应尽可能地切碎后进行深翻,以加快还原土壤后的分解速度。绿肥开始分解后,为了最大限度地减少养分流失,应立即种植主作物。

不同的绿肥作物其 C/N 不同,还原于土壤的绿肥无机化过程长短也不尽相同,通常情况下在温暖地区至少需要两周、低温地区需要 4 周左右的时间。

禾本科作物及豆科作物通过混播或交互播种的方式进行条播,对番茄的初期生育及后期养分管理均有好处。

(三)绿肥作物的种类

1. 豆科作物

通过固定大气氮,供应氮成分的最佳方法。豆科作物分解快,便于后耕作物利用养分。经常利用的豆科作物有:长柔毛野豌豆、紫云英、猪屎豆属(菽麻、美丽猪屎豆)、三叶草等。

2. 禾本科作物

养分吸收能力超强,可有效调节设施栽培盐分积累地的土壤养分。可还原的有机物含量多,能有效增加土壤有机物的含量,并具有改善土壤物理性质的功效。经常利用的禾本科作物有:黑麦、苏丹草、大麦等。

3. 菊科作物

菊科植物对环境适应力强,广泛分布于全世界,有研究证明,菊科植物对近 40 种植物寄生线虫具有生物活性。如万寿菊、孔雀草、大蓟、苍耳、艾蒿、野红花等。

4. 十字花科作物

具有绿肥效果和对土壤病原菌、土壤害虫的生物熏蒸功效。如芥菜、油菜(图 8-14)、甘蓝(图 8-15)等。

(四)绿肥的应用

1. 长柔毛野豌豆(毛叶苕子)

(1)特性 将长柔毛野豌豆作为绿肥还原于土壤中时,因其含有较高的养分含量(鲜物重养分含量为 N 0.56%,P_2O_5 0.12%,K_2O 0.46%),可提供有机番茄栽

图 8-14 油菜

图 8-15 甘蓝

培的大部分氮肥。碳氮比为 10 左右,碳氮比较低,分解速度快。具有较强的耐寒性和抗旱性,可防止土壤流失以及遏制杂草的发生,多用作覆盖作物,而且春季开紫色的花,非常艳丽,也可用作景观作物。

(2)播种期及播量　长柔毛野豌豆春、秋均可播种。春播者在华北、西北以 3 月中旬至 5 月初为宜;秋播者在华北地区以 9 月上中旬以前为好,可提高越冬存活率。番茄收获后种植或收获前在番茄的地垄或垄沟里播种。亩播种量 3～5 kg,如果播种时间延缓,应增加播种量。种子发芽温度约为 21℃,发芽天数为 14 d 左右。

(3)收获和利用　一般在定植番茄的两周前将长柔毛野豌豆还原于土壤当中,这样可免受气体损害。也可撒于番茄的行间,减少杂草的滋生。

与普通番茄栽培方式相比,通过栽培长柔毛野豌豆后用作绿肥,并种植有机番茄,氮、磷、钾肥的投入量分别减少至 88%、74%、34% 左右,提高了养分利用效率。

长柔毛野豌豆分解迅速,故在种植长期性作物番茄时,可能会导致后期缺肥现象,要及时进行后期补充追肥。

2. 苏丹草

(1)特性　典型的夏季用 1 年生饲料作物,主要用作青绿饲料,也可用作绿肥作物或盐分累积较高的设施蔬菜中的除盐作物。

苏丹草耐高温、耐旱性能强,生育旺盛,较易栽培,含有大量可还原于土壤中的有机物,对土壤改良具有很好的效果;苏丹草初期生长较为缓慢,扎根后植株生长迅速。地下水位高的土壤或碱性土壤中苏丹草生长发育较差。

(2)播种期及播量　喜温暖湿润,耐旱力强,不耐寒、涝。种子发芽最低温度 8～12℃,最适温度 20～30℃。平均气温达到 15℃ 以上即可发芽,因此适合在夏季高温期播种。

播种量:亩用种量 2～3 kg 的比例撒播或条播,条播行距 30 cm,播种深度 2～3 cm,播后要镇压,苏丹草可与一年生豆类作物混播。

(3)苏丹草的利用　用作番茄栽培的轮作植物,当作绿肥使用时,应在抽穗前刈割、粉碎，并还原于土壤当中。设施栽培土壤盐分累积较高时，可用苏丹草作为除盐作物，一般在种植 60 d 后，即当苏丹草吸收较多盐分后再进行刈割、粉碎，然后从设施中移出。

苏丹草还原于土壤，具有防治线虫的功效。夏季用作绿肥作物时，苏丹草的栽培时间与番茄的栽培时间重叠，故应在不栽培番茄或土壤休闲时栽培苏丹草。

设施栽培苏丹草，亩生草量达到 2 000 kg 时，土壤中的盐分降低率高达 39.1% 左右，其除盐效果极高。

3. 小黑麦

(1)小黑麦的特性　小黑麦耐寒性较强，在海拔 2 400 m 的西南高寒地区也能安全越冬，可耐 −25～−30℃ 的低温，而且耐瘠、耐旱、耐干热风和耐荫力强，在气候条件多变、水肥条件较差的高寒地区，产量高于小麦。早春的低温伸张性突出，易栽培，覆盖冬季地表，可减少水土流失。

小黑麦的地上部分与地下部分的比率(S/R 率)为 0.88，地下部分的生育量较多，因此有助于改善土壤的物理性状。

特别注意的是，小黑麦的 C/N 率较高，当小黑麦施入土壤后可能导致土壤氮饥饿现象，故在小黑麦还田时应添加一部分含氮量较高的有机原料。

(2)播种期与播量　高寒地区：9 月下旬至 10 月上旬，一般地区：10 月上旬至 10 月中旬播种；最适发芽温度为 25℃，但在地温 4～5℃ 条件下，也会在 4 d 内发芽。亩播种量 10 kg 左右，撒播或与豆科绿肥作物混播均可。

(3)黑麦的利用　在高寒地区，冬季休耕期种植黑麦，并在主作物栽培前将其还原到土壤中或利用黑麦作物残茬覆盖土壤，可有效防止杂草滋生。覆盖效果将持续到定植或播种后 50 d。番茄栽培前，通过在冬季休耕期轮种小黑麦，可亩供应氮 5.3 kg、磷酸 5.3 kg、钾 14.7 kg 左右。

将小黑麦还原于土壤时，为了促进分解和氮的矿化，最好是将油粕、菜粕、血粉等含有大量氮成分的材料撒施还原于土壤。

在实际生产中常和长柔毛野豌豆混播，混播比例长柔毛野豌豆和黑麦按 3：1 的比例混播，可降低绿肥的 C/N 比。

将小黑麦还原于土壤当中，会因氮饥饿而在番茄的生育初期无法正常供应无机氮，故应在番茄定植后，及时给土壤追施氮含量较高的液肥，以供应氮养分。

小黑麦抽穗期之前是还田最佳时机，时间越久，小黑麦碳氮比就会越高，分解越慢。

4. 猪屎豆(菽麻)

(1)猪屎豆特性　猪屎豆又称太阳麻、野苦豆、野花生等，豆科。初期生育非常快，可固定大气中的氮，供应土壤氮养分，具有土壤改良和美化环境的作用。此外，猪屎豆具有遏制土壤内根结线虫及根腐线虫等的功效。

茎的内部为空心,因此长时间栽培,也不会变硬,易翻耕。特别注意的是,猪屎豆种子和幼嫩枝叶有毒,故不能饲喂家畜。

(2)播种与播量 高冷地,6月上旬至7月下旬播种;一般地区,5月上中旬至9月上中旬播种。亩播种量4~5 kg,撒播或条播均可。

(3)猪屎豆利用 当猪屎豆植株长到1~1.5 m(50 d)时,将植株细切成5~10 cm的小段或粉碎后翻耕于土壤。一般经2~3周即可完全腐熟。

将猪屎豆还原到土壤后,每亩可减少2~3 kg的氮肥施肥量。另外,混入猪屎豆到土壤以后栽培番茄,能抑制土壤线虫的增殖速度。

(五)绿肥作物对番茄栽培的作用

有机农庄进行绿肥种植,不仅能够确保提供可靠的有机物,也是健全土壤管理的良好方法。设施栽培绿肥宜选在冬季,在种植主栽作物之前或主栽作物的间歇期。设施内绿肥作物的生育速度比露地的快很多,短暂时间的栽培也能得到充分的效果。

当绿肥作物生长到适当的时候即可还田,还田时用秸秆切割机或旋耕机等机械耕翻到土壤,与土壤充分混合后,当土壤含水量较高时,一般2~3周即完成腐熟过程。

进行番茄栽培时,需计算绿肥作物所含有的肥料成分,按目标产量和土壤供肥能力,计算需肥量,不足部分以有机物料加以补充。

六、堆肥

有机农业严格禁止化肥的使用,应利用有机农业废弃物进行堆肥供给有机农作物养分,并尽可能在有机基地内实现有机物的循环,自行制造和利用堆肥。见图8-16和图8-17。

图8-16 堆肥的机械化翻堆　　　图8-17 腐熟的堆肥施入土壤

堆肥可增加土壤的有机物含量,提高土壤阳离子代换量、土壤持水量及土壤生物活性,进而提高其他养分的利用率。完全腐熟的堆肥中含有大量的腐殖质成分,能有效防止土壤养分流失,并缓慢释放出作物所需的养分。具体堆肥条件及方法请参考第四章。

第四节 栽 培 管 理

一、生理特性

(一)番茄的生理

番茄在阳光充足、营养充分、温度较低时,有利于花芽分化。第一花序着生在第 6~9 片叶子之间,从此每隔 1~3 片着生 1 个花序。早熟品种一般间隔 1~2 片叶着生 1 个花序,中、晚熟品种每隔 2~3 片叶着生 1 个花序。另外,环境或营养状态等因素,直接影响到花序着生,花序提早或推迟产生。

番茄是自交亲和性作物,自花受精率高达 96%~99.5%。花的受精条件为:夜间温度在 13~24℃,白天温度在 15.5~32℃。正常情况下,开花 30 d 后果实才可以成熟收获。

(二)温度

番茄属喜温性蔬菜,但相比其他果类蔬菜较耐低温,昼夜有温差有利于坐果及果实的膨大。适合于番茄生长的白天温度为 20~30℃,夜间温度为 15.5~21℃。番茄栽培温度范围在 10.5~30℃较为适宜。为了使番茄良好生长并生产优质的果实,需要把地温保持在 13℃以上。

种子发芽期,适宜温度为 25~30℃,高于 30℃幼苗细弱,低于 25℃出芽较慢。

幼苗期,白天适温 20~25℃,夜间适温 10~15℃。

开花坐果期,白天适温 20~30℃,夜间适温 15~20℃,高于 35℃的高温及低于 15℃均不利于花芽分化,易引起落花落果。

结果期,白天适温为 25~28℃,夜温16~20℃,温度低果实生长缓慢。

成熟期,白天适温 22~27℃,夜间适温 10℃以上。

秋冬季番茄为延长供应期,应使果实晚熟。在番茄基本长大待熟时,不浇水或少浇水,注意通风防病,保持偏低温度,进行活秧贮存。

番茄喜温,但不耐高温。夏季番茄栽培当环境温度过高时,需要在白天安装遮阳网、通风孔、湿帘、换气扇等设施进行降温。

(三)光照

番茄是喜光性蔬菜,生长发育需要充足的光照。番茄的光饱和点为 7 万 lx,要求较强烈光线,阳光至少达到 1 万~3 万 lx,才可以正常生育。在弱光条件下,坐果不良,对果实发育也有影响。

番茄的光合作用主要在上午进行,这就要求在冬季保护地栽培中,采用透光性好的无滴膜,冬春季节保持膜面清洁,在温度适宜的前提下要较早地去除草苫和覆盖物,日光温室后部张挂反光幕,尽量增加光照强度和时间,这样会更利于番茄进行光合作用,促进花芽的分化和植株的生长。但在夏秋季节要适当遮阳降温。见图 8-18 和图 18-19。

图 8-18　大棚覆盖反光膜

图 8-19　冬季番茄栽培
补光灯补光

(四)水分

根据番茄不同生育阶段对湿度的要求和控制病害的需要,最佳空气相对湿度的调控指标是缓苗期 80%～90%、开花坐果期 60%～70%、结果期 50%～60%。生产上可通过覆盖地膜、无纺布、稻壳等措施或膜下滴灌或暗灌,通风排湿、温度调控等措施,尽可能把棚室内的空气湿度控制在最佳指标范围。

番茄对土壤淹水的适应能力弱,番茄田土壤渍涝可导致土壤氧气不足,在土壤空气中的氧气低于 2% 的情况下容易枯死,高于 5% 以上的情况下番茄生长发育健康。增加灌水量可维持较强的植物活力,而若浇水过多则会造成植株畸形与裂果数增加、糖度降低等后果。另外,灌水一般在上午进行为宜,但在高温情况下,在下午进行更有利。

二、栽培技术

在我国,由于各地气候条件的差异,番茄栽培采用的栽培方式有所不同,但不外乎连栋智能温室、日光温室、大中棚及露地栽培等几种类型。表 8-2 为华北地区设施和露地番茄主要茬口安排。

表 8-2 华北地区设施和露地主要茬口安排

栽培设施	茬口	播种期(旬/月)	定植期(旬/月)	收获期(旬/月)	备注
露地	春露地	下/1—上、中/2	中、下/4	中/6—下/7	冬季育苗应在日光温室内进行,可用电热温床加热夏季育苗时应采用湿帘或遮阳网降温
	越夏栽培	中、下/3	中、下/5	上/7—上、中/9	
塑料拱棚	春茬	中/1—上/2	中、下/3	中/5—中/7	
	秋茬	下/6—上/7	中、下/7	下/9—中/11	
日光温室	春茬	下/10—上/11	上、中/1	上/4—下/6	
	秋茬	下/7—上/8	上、中/9	下/11—下/1	
	秋冬茬	下/6—上/7	下/7—上、中/8	中/9—下/12	
	秋冬春茬	上、中/9	下/10—下/11	中/1—上、中/6	
	冬春茬	上/12—下/12	下/1—上/2	下/3—下/6	

（一）露地春番茄栽培技术

露地栽培是我国大部分地区番茄栽培的主要方式,因其栽培季节充分利用了自然条件,不需人为增温,不需搭建任何设施,所以生产成本较低,但在有机栽培中由于防治病虫害的难度较大,成熟时商品卖相较差,有机基地栽培面积普遍较小。

1. 品种选择

露地番茄栽培中一般选择晚熟高产类型的抗病品种进行栽培。露地栽培的品种可选择途锐 759、佳红 5 号、毛粉 802、红盾金果 158、中研 988、布兰妮、合作 918、合作 928、蒂娜等;樱桃番茄品种可选择粉佳人、千禧、千惠、黑珍珠等。

2. 播种期

一般均在晚霜过后定植,按定植期减去育苗期推算播种日期。小拱棚育苗一般苗龄 90 d 左右;大拱棚或不加温日光温室育苗一般苗龄 70 d 左右;保温效果较好的日光温室苗龄 55~60 d。

3. 播种量

种子用量(g/亩)＝(每亩秧苗数＋安全系数)×种子千粒重÷发芽率

一般大果型番茄种子的千粒重 3.2 g 左右,如发芽率 80% 左右,按 30% 的损耗计算,每亩定植 2 500~3 300 株需种子 13~18 g。

4. 育苗及育苗后的管理

参考第二节育苗管理。

5. 施肥、耕地、起垄做畦

选择前茬是豆类、十字花科或粮食作物的土壤,要求土质疏松、土层深厚的地块。每亩施完全腐熟的有机肥 5 000 kg 以上,深翻 30 cm 并耙平。按 1.3~1.5 m 的间距做成小高畦,畦面宽 70~80 cm,畦沟宽 60~70 cm,畦高 15~20 cm,畦面用地膜覆盖。

6. 定植期

长江流域在 3 月中下旬定植;黄河流域在 4 月上中旬定植;河北南部平原在 4 月中下旬定植;河北中部及北京平原地区为 4 月下旬定植;河北北部及辽宁南部通常 5 月中旬定植。也可按当地地温稳定通过 10℃时定植。

7. 定植密度及定植

有机种植考虑到病虫害防治的原因,密度一般略低于常规栽培。通常每亩定植 2 500～3 300 株。

定植作业一般选择在晴天的上午进行,定植后及时浇定植水。

8. 定植后的管理

(1)水肥管理 定植后及时浇定植水,定植 1 周后如未遇雨,可根据土壤墒情浇缓苗水,当第 1 穗果坐住后,每亩施用豆粕发酵液(豆粕∶水=1∶15)400 kg,另施天然矿物硫酸钾 15～20 kg,并及时浇水;第 2 穗果开始膨大时,每亩施用豆粕发酵液(豆粕∶水=1∶15)400 kg,并及时浇水;第 3 穗果开始膨大时,每亩施用豆粕发酵液(豆粕∶水=1∶15)300 kg,另施天然矿物硫酸钾 12～15 kg,并及时浇水;以后保持土壤见干见湿,坐果后切忌土壤忽干忽湿,否则易造成裂果。追肥的选择可用自制的液肥,也可以用产气 3 个月以上的沼液追肥。

(2)植株调整 番茄整枝方法较多,可根据品种特性、栽培方法、栽培密度等选择合适的方法进行整枝。露地中、早熟品种和栽培密度较高情况下宜采用单干整枝法,采用单干整枝法番茄果实始收期较早,具体方法为:每株只留 1 个主干,把所有侧枝都陆续摘除打掉(即打杈),主干留 4 穗果后打顶,打顶时在第 4 序花上部要至少保留 3 片叶,以防第 4 穗果受日晒而感染日灼病,失去商品价值。露地中、早熟品种为提高产量,延长采摘时间也可采用改良单干整枝法(又称一干半整枝法),即在主干进行单干式整枝的同时,保留第一花序下面的第一个侧枝,待其结 1～2 穗果后留 2 片叶摘心,该整枝法兼有单干和双干整枝法的优点。晚熟品种可留双干也可单干整枝,留双干时定植时要适当稀植,整枝时保留第 1 穗花下的竞争枝,使其和主干并列生长,成为双干,达到保留果时摘心打顶。打顶时一定选在晴天无露水时进行,以防止伤口腐烂,感染病害。及时摘除番茄下部的病、老叶,增加通风透光性,减少病害的发生。

(3)支架、绑蔓 露地番茄栽培时,当植株长到 20 cm 以上时,可采用竹竿或塑料杆作为支架材料为番茄搭支架,以防番茄坐果后植株倒歪,每 3～4 根竹竿绑在一起插成"锥形"。然后用绳子将番茄主干与竹竿(或塑料杆)绑在一起即可。见图 8-20 和图 8-21。

(4)授粉 番茄为自花授粉作物,正常情况下可通过昆虫、风进行自然授粉。为提高自花受精率,可在开花期使用电子振动授粉器或在开化期每亩释放一箱熊蜂辅助授粉。

图 8-20　采用竹竿支架

图 8-21　利用大棚钢架吊绳绑蔓

（5）疏花疏果　及时疏花疏果是生产高品质番茄的必要措施，疏花疏果不仅保证了番茄的连续结果，而且也大大提高了果实的商品性。具体方法：每穗选留 5～6 朵正常健壮的花蕾，其余花蕾全部疏掉，特别是疏掉第一花穗中的第一朵最早开放的花，以便营养集中供应后面的花蕾，提高优质果率，这是争取早熟和第一果穗产量的关键措施；正常花蕾的萼片数为 5～7 枚，9 枚以上的花蕾多发育为畸形果，应及时疏除，这样可减少养分消耗，使留下的花得到更多的营养，提高坐果率；待每穗果坐齐后，再及时疏掉畸形果、特小果，一般大果型品种留 2～3 个果，中果型品种留 3～5 个果，小果型品种留 4～6 个果。

9. 收获

作为蔬菜食用的番茄，露地早熟品种开花后 35～40 d 可采收；中熟品种开花后45～50 d 即可采收。从果实外表看，当果实已有 3/4 的面积变成红色（即坚熟期）时为采收适期，应及时采收。另外，夏秋番茄由于气候条件适合转色，番茄着色快、成熟快，易软化变质，就近销售的应在果实开始转红后采收；远距离调运的，应在转色期采收。

（二）大棚番茄栽培技术

大棚由于保温性能不及日光温室，因此在番茄栽培中主要茬口分为春季提早和夏秋茬栽培两种方式。

1. 品种选择

大棚春季提早栽培，由于前期温度较低，后期温度较高且光照强的特点，在品种选择上要选择前期耐低温的品种。如金棚 8 号、金棚 1 号、毛粉 802、合作 928、中研 988 等品种。

夏秋茬栽培由于在初夏季节育苗，在温度较高的 6 月份后定植，因此在品种选择上要选用耐高温、抗病毒、丰产性好、商品性好的品种。如合作 928、9015、金棚 8号、欧诺、百利、格雷、哈特、撒恩等品种。

2. 播种期

大棚春提早番茄栽培,在华北地区一般在 1 月中旬至 2 月上旬播种育苗,3 月中下旬定植,苗龄通常在 60 d 左右;大棚夏秋茬番茄栽培一般在 6 月下旬至 7 月上旬播种育苗,7 月中下旬定植,苗龄通常在 25 d 左右。

3. 播种量

一般大果型番茄种子的千粒重 3.2 g 左右,如发芽率 80% 左右,损耗率 30% 计算,每亩定植 3 500 株需种子 18 g 左右。

4. 育苗及育苗后的管理

参考第二节育苗管理。

5. 施肥、耕地、起垄做畦

定植前 20 d 扣好大棚膜,对大棚内采用硫黄熏蒸消毒 24 h,然后放风 24 h。每亩施完全腐熟的有机肥或堆肥 5 000～7 000 kg,并深翻 30 cm,耙平土壤,按 1.3～1.5 m 的间距做成小高垄,垄面宽 70～80 cm,垄沟宽 60～70 cm,垄高 15～20 cm 的"M"形高垄,垄面上用地膜覆盖,使用银灰色膜更好。

6. 定植期

大棚春季提早栽培,当棚内最低气温稳定在 10℃ 以上,10 cm 土壤地温稳定在 12℃ 以上时即可定植。华北平原地区一般在 3 月中、下旬进行定植。长江流域一般在 2 月下旬到 3 月上旬定植。

大棚夏秋茬番茄栽培一般在 6 月下旬至 7 月上旬播种育苗,7 月中下旬定植。

7. 定植密度及定植

有机种植考虑到病虫害防治的原因,定植密度一般略低于常规栽培。大棚春提早通常每亩种植 3 200 株左右,夏秋茬番茄通常每亩种植 2 800 株左右。定植作业一般选择在晴天的上午进行,定植后及时浇定植水。

8. 定植后的管理

(1)水肥管理　春茬番茄栽培定植后及时浇定植水,一般不需浇缓苗水,但夏秋茬番茄栽培浇定植水后,由于此时正处于高温期,因此必须浇缓苗水。当第 1 穗果长到直径 3 cm 大小,第 2 穗果坐住后结合施肥浇催果水,此时追肥以钾肥为主,每亩可使用罗布泊的硫酸钾 10 kg;第 3 穗果、第 4 穗果膨大时分别追 1 次肥,每亩施用豆粕发酵液(豆粕:水=1:15)400 kg,并及时浇水,此时追肥以速效的液体肥为主(可使用沼液、自制液肥);以后保持土壤见干见湿。坐果后切忌土壤忽干忽湿,造成裂果。追肥的选择可用自制的液肥,也可以用产气 3 个月以上的沼液追肥。

(2)温度控制　定植后的 1 周内,为促进缓苗,尽可能提高棚室内温度,棚室内的温度不超过 30℃ 时可不放风,气温达到 30℃ 以上时才放风;当幼苗生长点叶色变淡,表明已度过缓苗期,开始生长,此后要适当降温防止幼苗生长过旺,保持白天 25℃ 左右,夜间 13～15℃;开花后可适当提温,白天最高不超过 28℃,最低夜间温度不低于 15℃；第 1 穗果进入膨大期后气温控制在 15～30℃，一般晴天上午达 28℃开始放风，傍晚气温降到 16℃时关闭放风口；结果期降低夜温有利于果实膨大，保持昼夜温差 15～20℃。

（3）光照 春茬番茄定植后到 5 月底前，此阶段为增加光照要及时清除大棚膜上的灰尘提高棚膜的透光率；6 月初后，由于光照较强，此时期在晴天上午 11 时到下午 3 时之间棚顶覆盖遮光率 50%～60% 的遮阳网降低棚温。番茄夏秋茬定植，由于正是高温季节，光照强，为便于降温和调节光照，要在棚室的顶部覆盖活动的遮阳网，在中午的强日照和高温时段覆盖遮阳网遮阳降温，光照强度下降后及时撤下遮阳网。

（4）植株调整

①吊蔓 番茄为半匍匐性，因此需要吊蔓或搭架对植株进行固定。棚室内为了防止遮光，一般不采用搭架的方式，而采用银灰色的吊绳进行吊蔓。首先将铁丝水平固定在日光温室的钢架上，铁丝方向和番茄的种植行平行，然后在铁丝上吊银灰色绳，每株 1 根，下部绑在番茄植株的根部，吊蔓后随着植株的生长，将植株缠绕在吊绳上即可。

②打杈 日光温室一般采用单干整枝，即只保留主干，摘除全部叶腋内长出的侧枝，但定植后的第一侧枝可适当保留一定时间再摘除，因为地上部侧芽的生长，能一定程度地刺激根系生长，一般长到 9 cm 左右即可摘除，以后长出的侧枝要及时摘除，以减少对养分的消耗。阴雨天或露水不干时打杈，易给病菌的侵入创造条件，因此打杈时要选择晴天通风时进行，利于伤口愈合，减少病菌的侵入。

③摘心 当果穗达到目标数目后，可摘除植株生长点（即摘心），摘心可打破植株的顶端优势，利于养分向果实部分输入，促进果实生长与膨大，但摘心时要保留最上部花序上的 2～3 片叶，防止果实在太阳下暴晒，造成果实日灼病。

④摘除病、老叶 为改善植株的通风透光性，一般当植株的第一穗果进入绿熟阶段时，可将第一穗果下部的老叶、黄叶及时摘除。但发现植株有病叶时要及时摘除，这是有机蔬菜栽培极为重要的措施。

（5）授粉 大棚内部由于昆虫数量少、空气流动差、加之空气湿度大，一定程度减少了自花受精率，需要采取辅助的方法提高受精率。具体方法：可在大棚内释放熊蜂进行辅助授粉，每 1 000 m² 用 1 箱熊蜂，即可满足授粉需要；也可在开花期每 1～2 d 使用电子振动授粉器辅助授粉 1 次。使用方法只需将授粉器背在肩上，一手拿着操作柄，打开电源开关，震动整个花穗果柄，也可直接震动花穗上下的番茄茎蔓，俗称"打秆"而完成授粉，授粉时间一般选择在上午 9—10 时进行。

（6）疏花疏果 当果实坐住后，及时疏去多余的花和果，一般每花序留 3～4 个健康果实，疏去畸形果和过大过小的果实，这样操作可保持果实成熟时果实大小均匀。

(7)采收　果实不软化,果实除果肩外全部着色后,即可采收。此时采收的果实含糖量高、风味浓、品质好、营养价值高。

(三)日光温室番茄栽培技术

日光温室番茄栽培的茬口安排可分为春茬、秋茬、秋冬茬、冬春茬等栽培方式。秋冬茬栽培主要在6月下旬至7月上旬播种,8月份左右定植,冬季收获,此茬口苗期气温高,定植后适温生长,结果期气温下降到全年最低气温的阶段,因此,在育苗期要考虑通风降温,后期考虑防寒保暖及补光措施。冬春茬栽培在华北地区主要是指12月份播种,翌年的1、2月份定植的番茄,此茬口苗期与生长前期处于低温、寡照条件,植株生长缓慢,对花芽分化不利,栽培上要考虑防寒保暖、补光等措施。

1.品种选择

冬春茬栽培因苗期与生长前期处于低温、寡照条件,因此品种选择时要考虑耐低温、弱光,连续结果性强、品质好的品种。如普罗旺斯、中研988、粉冠888、合作928、L402、金棚8号、蒂娜、凯萨等品种。

秋冬茬栽培由于苗期气温高,结果期温度低,品种选择时要考虑抗病毒能力强,耐低温弱光,连续坐果能力强的品种。如中研988、普罗旺期、金棚11号、合作928、凯特2号等品种。

2.播种期确定

冬春茬栽培时,由于此时期育苗气温较低、光照较弱,一般品种的苗龄需要50～70 d。如定植期在1月中旬,那么育苗期需要在11月中旬进行。秋冬茬育苗时,由于育苗期气温较高,苗龄一般需要30～40 d。

3.播种量

一般大果型番茄种子的千粒重3.2 g左右,如发芽率80%左右,加上30%的损耗率,按每亩育苗2 500～3 300株需种子13～18 g。

4.育苗及育苗后的管理

参考第二节育苗管理。

5.施肥、耕地、起垄做畦

选择前茬是豆类、十字花科等蔬菜的地块。亩施完全腐熟的有机肥5 000 kg以上,深翻30 cm后耙平。因为设施栽培的栽培时间长,要增加堆肥与有机物的施用量,在定植前15 d施用、混合土壤并注意气体发生。

按1.3～1.5 m的间距做成南北向的小高垄(南北向便于通风透光),垄面宽70～80 cm,垄沟宽60～70 cm,垄高15～20 cm的"M"形高垄,畦面上铺设滴灌管,然后用地膜加以覆盖。土壤地膜覆盖不但提高日光温室内的温度,也大大降低了温室内的湿度,使番茄发病率显著降低。

6. 定植期

在华北地区要选择保温性能较好的日光温室。冬春茬番茄栽培,定植期一般在1月中下旬至2月中旬。秋冬茬番茄栽培,定植期一般7月下旬至8月中旬。

7. 定植密度及定植

有机种植的病虫防治以"预防为主,综合防治",有机生产提倡植物的健体栽培,为减少病虫害的发生,有机栽培的密度一般略低于常规栽培。通常每亩定植2 500～3 300株,定植作业时一般选择在晴天的上午进行,定植后及时浇定植水。定植水不宜太大,太大易造成地温下降,影响缓苗及生根。

8. 定植后的管理

(1)水肥管理 定植后及时浇定植水,春茬及秋冬茬栽培由于定植时气温较低,蒸发量较小,一般不需要浇缓苗水;秋茬及秋冬茬栽培由于定植时气温较高,蒸发量较大,一般浇定植水后15 d内需浇1次缓苗水。当第1穗果长到直径3 cm大小,第2穗果坐住后结合施肥浇催果水,此时追肥以钾肥为主,每亩可使用罗布泊的硫酸钾10 kg;第3穗果、第4穗果膨大时分别追1次肥,每亩施用豆粕发酵液(豆粕:水=1:15)400 kg,并及时浇水,此时追肥以速效的液体肥为主(可使用沼液、自制液肥);以后保持土壤见干见湿。坐果切忌土壤忽干忽湿,造成裂果。追肥的选择可用自制的液肥,也可以用产气3个月以上的沼液追肥。冬季日光温室栽培由于土壤温度较低,根系对钙、硼等元素的吸收能力降低,易导致中、微量元素缺乏症,应及时补充中、微量元素。

(2)温度控制 定植后的1周内,为促进缓苗,尽可能提高温度,温室内的温度不超过30℃时可不放风,气温达到30℃以上时才放风。当幼苗生长点叶色变淡,表明已度过缓苗期,植株开始生长,此后要适当降温防止幼苗生长过旺,保持白天25℃左右,夜间13～15℃;开花后可适当提温,白天最高不超过28℃,最低夜间温度不低于15℃;第1穗果进入膨大期后气温控制在15～30℃,一般晴天上午达28℃开始放风,傍晚气温降到16℃时关闭放风口;结果期降低夜温有利果实膨大,保持昼夜温差15～20℃。

(3)光照 冬春茬和秋冬茬番茄定植后,此阶段正处于光照最弱时期,因此要尽可能采取措施增加棚室的光照。具体措施:在温室的后墙张挂反光膜,及时清除大棚膜的灰尘提高棚膜的透光率,条件允许的情况下可在日光温室内安装补光灯进行补光。

(4)植株调整

①吊蔓 番茄为半匍匐性,因此需要吊蔓或搭架对植株进行固定。温室内为了防止遮光,一般不采用搭架的方式,而采用银灰色的吊绳进行吊蔓。首先将铁丝水平固定在日光温室的钢架上,铁丝方向和番茄的种植行平行,然后在铁丝上吊银灰色绳,每株1根,下部绑在番茄植株的根部,吊蔓后随着植株的生长,将植株缠绕

到吊绳上即可。见图 8-22。

②打杈 日光温室一般采用单干整枝,即只保留主干,摘除全部叶腋内长出的侧枝。但定植后的第一侧枝可适当保留一定时间再摘除,因为地上部侧芽的生长,能一定程度地刺激根系生长,一般长到 9 cm 左右即可摘除。以后长出的侧枝要及时摘除,以减少对养分的消耗。打杈时要选择晴天通风时进行,利于伤口愈合。在阴雨天或露水不干时打杈,易给病菌的侵入创造条件。

③摘心 当果穗达到目标数目后,可摘除植株生长点(摘心)。摘心利于养分向果实部分输入,促进果实生长与膨大。但摘心时要在最上部的花序上部再保留 2～3 片叶。

图 8-22 利用大棚
钢架吊绳绑蔓

④摘除病、老叶 为改善植株的通风透光性,一般当植株的第一穗果进入绿熟阶段时,可将第一穗果下部的老叶、黄叶及时摘除。但发现植株有病叶时要及时摘除,这是有机蔬菜栽培极为重要的措施。

图 8-23 番茄采用熊蜂
进行授粉

(5)授粉 日光温室内部由于昆虫数量少、放风量较少、空气湿度大,一定程度减少了自花受精率,需要采取辅助的方法提高受精率。具体方法:可在日光温室内释放熊蜂进行辅助授粉,每 1 000 m² 的温室可放置 1 箱熊蜂,即可满足授粉需要(图 8-23);也可在开花期使用电子振动授粉器辅助授粉,每 1～2 d 人工使用电子振动授粉器辅助授粉 1 次,使用时只需将授粉器背在肩上,一手拿着操作柄,打开电源开关,即可操作。操作时,一般选择在 9—10 时进行,可以震动整个花穗果柄,也可直接震动花穗上下的番茄茎蔓,俗称"打秆"而完成授粉。

(6)疏花疏果 当果实坐住后,及时疏去多余的花和果,一般每花序留 3～4 个健康果实,疏去畸形果和过大过小的果实,这样操作可保持果实成熟时果实大小均匀。

(7)采收 果实不软化,果实除果肩外全部着色后,即可采收。此时采收的果实含糖量高、风味浓、品质好、营养价值高。

(四)液肥的制作及应用

液肥又称液体肥料,是指含有一种或几种营养元素的液体产品。由于其速溶、均匀等优点,是灌溉设备首选的肥料。大棚、日光温室一般采用滴灌的方式浇水,液体肥料可配合滴灌施用,实行水肥一体化,不但施用方便也提高了肥料利用率。

自制液肥时通常用的原料有:大豆粕、菜粕、芝麻饼、米糠、酸乳、EM 菌液等。

1. 利用大豆粕、米糠及 EM 菌制作液肥

将大豆粕(非转基因大豆的豆粕)10 kg 与米糠 10 kg 充分混合后,接种 EM 菌液 1 kg,将原料含水量调至 50%,堆闷 20 d 左右,当原料长满菌丝后,稀释相当于材料重量 4 倍的水,放入大的容器中,在常温下进行发酵 50 d 后,一般氮含量为 0.4%左右,稀释 10 倍后随滴灌浇水滴入植株根部。

2. 利用菜籽粕、酸奶制作液肥

将菜籽粕(饼)6 kg,酸奶 4 kg 混合在 300 kg 水中,20℃以上的温度条件下发酵 15 d,每天搅拌 1 次,15 d 后可用。此发酵液可直接灌根施用不需稀释。见图 8-24。

3. 利用菜籽粕、万寿菊进行液肥的制作

万寿菊是自然界中为数不多的杀线虫植物,具有一定的杀虫作用,利用豆粕与万寿菊混合发酵后可制作液体肥料。该液体肥不但可提供蔬菜养分,也可起到防病杀虫的作用。见图 8-25。

具体方法:将菜籽粕(饼)10 kg,新鲜万寿菊粉碎的植株 10 kg,Vt 菌 1 kg,混合后放入大的塑料桶中(或其他容器中),在塑料桶中放入 150 kg 水,每天搅拌 1 次,发酵 30 d,过滤后,即可直接喷施叶面或灌根,效果明显。

图 8-24　利用菜籽粕和
酸奶制作的液肥

图 8-25　利用菜籽粕和
万寿菊制作液肥

第五节　病虫害及生理障碍

一、病害管理

(一)叶霉病(Leaf mold)

叶霉病是保护地常见病害,特别是春季(3—5 月份)与秋季(9—10 月份)设施内番茄的受害严重,严重时病叶率达 80%以上,极大地影响了番茄的产量和品质。但设施内通过充分换气降低湿度,叶霉病受害程度较轻。在露地番茄栽培中如遇

天气持续降雨、连续阴天叶霉病也时常发生。

1. 病原菌及病状

叶霉病的病原菌属于半知菌亚门的枝孢菌属真菌。病原菌的生育温度范围为5~30℃,最适生长温度为20~25℃,相对湿度85％以上。

叶霉病首先表现在叶片上,叶片由下到上产生病斑,发病初期叶正面褪绿变黄,进而在叶背后形成灰棕色或紫灰色绒状霉层(分生孢子)。见图8-26和图2-27。

图 8-26 番茄叶霉病病叶

图 8-27 番茄叶霉病田间症状

2. 发病规律

只发病于番茄,主要发生在叶上。在受害的叶子与种子上越冬而为初次侵染源,田间发病后,通过气流传播。设施内的温度在20~25℃范围、昼夜温差大、相对湿度达85％以上的情况下发病严重。

3. 管理办法

(1)选用抗病品种。是目前防治叶霉病最行之有效的方法,目前抗叶霉病的品种较多,如佳红5号、中抗105、萨盾、红宝石、布兰妮、中研988、欧诺、富克斯等。

(2)种子消毒。种子播种前用温汤进行浸种可杀死种子表面的病原菌,防止种子带菌。

(3)通风并降低设施内的湿度。设施大棚内安装透气设备可降低相对湿度,设施内进行换气可抑制结露现象、减少日夜温差,能造成不利于病原菌孢子发芽等生长的环境。用地膜或绿肥覆盖地面,降低设施内的湿度,减少病害的发生是预防叶霉病最重要的措施之一。

(4)摘除老叶、病叶。及时摘去病叶、老叶,并集中后焚烧或深埋在土壤深处,可加强通风透光性并可减少病源。

(5)高温闷棚。选择晴天中午,关闭棚膜,使棚室内的温度升到30~33℃,并保持2 h,然后通风降温。可有效控制病害的发生。

(6)药剂防治:在叶霉病发病初期用1:1:200倍的波尔多液喷雾,每10~15 d喷施1次,连续2~3次;或50％的硫黄悬浮剂800倍液5~7 d喷施1次,连喷3

次;也可用 2‰武夷菌素 300～500 倍液或哈茨木霉菌叶用型 300 倍液喷雾,每 5～7 d 喷施 1 次,连喷 3 次。

(二)番茄早疫病(Early blight)

番茄早疫病又称轮纹病,全国各地番茄种植区均有发生,发病后常引起落叶、落果,是大棚、温室等设施番茄栽培中重要的病害之一。

1. 病原菌及病状

病原菌是半知菌亚门链格孢属的一种真菌。病斑上的黑霉是分生孢子,病原菌以菌丝体、分生孢子和分生孢子梗随病残体在田间越冬。

番茄早疫病,苗期、成株期均可发病,可危害叶、茎、果实。叶片上初为水渍状,后变褐色小斑点,扩大后呈圆形或椭圆形黑斑,中心暗灰褐色,具有同心轮纹,边缘有浅绿黄色晕环,严重时病斑融合,叶片枯死、脱落,叶片发病多从植株下部的叶片开始;茎部染病,病斑多着生在分枝处,病斑呈褐色椭圆形或菱形、稍凹陷、具同心轮纹,植株易从病部折断;果实受害,多在果实蒂部附近开始,初为椭圆形暗褐色病斑、稍凹陷,有裂缝,同心纹,病部较硬,上面密生黑色霉层,后期病果易开裂,提早变红。见图 8-28 和图 8-29。

图 8-28　番茄早疫病危害叶片

图 8-29　番茄早疫病危害果实

2. 发病规律

病原菌以菌丝体、分生孢子和分生孢子梗随病残体在田间越冬。通过气流、雨水传播,病菌从气孔或伤口侵入,也可直接穿透表皮侵入。高温、高湿有利于发病,温度 20～25℃、湿度在 80‰以上发病重,连阴雨或多露时发病重。

3. 管理办法

(1)选用抗病品种。抗早疫病的品种,如红宝石、布兰妮、中研 988、凯萨、蒂娜、千禧等。

(2)种子消毒。播种前对种子用温汤浸种处理,可杀死附着在种子表面的病原菌。

（3）轮作倒茬。与非茄科作物实行 3 年以上的轮作。

（4）改善棚室环境。加强通风透光，注意放风除湿。

（5）摘除病叶、老叶。及时摘除病叶、老叶并集中焚烧或深埋在土壤深处，可减少病原菌基数。

（6）药剂防治：发病前每 15 d 用 1∶1∶200 倍的波尔多液喷雾，可对早疫病有预防作用。发病初期用 3 亿 CFU/g 哈茨木霉菌 300 倍液，或 77% 氢氧化铜 600 倍液喷雾，每 5～7 d 喷施 1 次，连续 3 次。

（三）番茄晚疫病(Late blight)

番茄晚疫病又称番茄疫病，番茄保护地和露地栽培均可发病，发病后如不及时防治，一周内可造成毁灭性灾害。因此对晚疫病病害要特别加以重视，提早预防，提早发现，发现后及时防治。

1. 病原菌及病状

番茄晚疫病病原菌是鞭毛菌亚门疫霉属的一种真菌。病斑上的白色霉层是孢子囊和孢子囊梗，孢子囊中有游动的孢子。病菌以菌丝体随病残体或在马铃薯上越冬，也可在温室番茄植株上越冬。

幼苗和成株期均可发病，危害茎、叶和果实。幼苗子叶先发病，出现不规则水浸状暗绿色至褐色浸润状病斑，边缘有明显的霉层，逐渐向叶柄、茎部蔓延，感染茎部使茎部变细并呈现黑褐色，潮湿时表面生出白霉，并引起幼苗折倒、枯死；成株期多从下部叶片的叶尖或边缘呈现不规则的暗绿色水渍状病斑，后变为褐色，湿度大时，叶背面病、健部交界处有一圈白色霉状物；茎受害，开始成暗褐色，后变黑褐色稍凹陷；果实上病斑主

图 8-30　番茄晚疫病
危害叶片

要发生于青果，病斑初为油渍状暗绿色，渐变棕褐色，病部呈不规则云纹状，有明显边缘，表面粗糙，病斑质地硬，潮湿时上生少量白霉。见图8-30至图 8-32。

2. 发病规律

病菌以菌丝体随病残体或在马铃薯上越冬，也可在温室番茄植株上越冬，孢子囊借风雨传播，雨水可把病菌从地面溅到植株上，成为中心病株。低湿和高湿条件有利发病，在相对湿度达 95% 以上，叶面有水滴，温度在 18～22℃ 条件下，病害发生快。降雨促进本病的发展，因此多雨的季节或设施内湿度大，叶面有露滴，晚疫病扩展迅猛，日光温室越冬栽培时在棚室的前部发病较重，滴水多的区域发病重。

图 8-31　番茄晚疫病危害茎秆　　　　图 8-32　番茄晚疫病危害果实

发现中心病株如不当天去除或喷药处理,次日可见已迅速扩散,如不加以防治在条件适合的情况下 1~2 d 后可全田发病。

3. 管理办法

(1)种子消毒。播种前对种子用温汤浸种处理,可杀死附着在种子表面的病原菌。

(2)选用抗病品种。目前对番茄晚疫病有抗性的品种,如布兰妮、旺达、中研 988、凯撒、L402、中杂 4 号、佳粉 17 等。

(3)轮作。与非茄科作物实行 3 年以上的轮作。

(4)摘除老叶、病叶。及时摘去病叶、老叶,并集中后焚烧或深埋在土壤深处,可加强通风透光性并可减少病源基数。

(5)地膜覆盖。露地或设施内番茄栽培建议用地膜覆盖地面,减少雨水或设施内滴水溅到植株上的机会。

(6)药剂防治:发病前每 15 d 用 1:1:200 倍的波尔多液喷雾可对晚疫病有预防作用;发病初期用 10% 多抗霉素可湿性粉剂 500 倍液或 77% 氢氧化铜 600 倍液喷雾,每 5~7 d 喷 1 次,连续 3~4 次。

(四)灰霉病(Gray mold)

主要发生在设施栽培的番茄田内,当棚室内持续 20℃ 左右的温度和湿度较大时发病严重,连续低温寡照发病重,主要发病的月份是 12 月至翌年 5 月的设施栽培时期。如加强温度管理与湿度控制,不造成低温多湿的环境,可减少灰霉病发生。花期和果实膨大期是侵染高峰。

1. 病原菌及病状

属于半知菌亚门灰葡萄孢菌。该菌不仅危害番茄也危害草莓、黄瓜和其他茄科植物等。病原菌寄主范围很广。菌丝的最适生长温度为 20~25℃。

灰霉病可发生在叶、茎、果实等地上部各个部分。在叶子上由叶尖开始发病,病斑呈"V"形向内发展,初为水渍状,浅褐色,边缘不规则,有深浅相间的轮纹,潮湿时表面长出少量灰霉,最后枯死;果实被害时,多数从残留的花或柱头、萼片开始侵染,然后向果实或果柄发展,导致果皮变成灰白色,软腐,病部表面长出灰色霉层,果实间相互传染。见图 8-33 和图 8-34。

图 8-33　灰霉病对番茄叶片的危害　　图 8-34　灰霉病对番茄果实的危害

2. 发病规律

病原菌在病残体、土壤或棚室表面越冬,寄主范围较广泛,通过 1 次传染形成分生孢子,借气流传播到周边的植物体,或通过雨滴在植物表面扩散,通过 2 次传染发病率上升。设施栽培中由于正处于低温期,不容易通风换气而长期形成低温高湿的环境,尤其是设施内气温为 15℃左右,设施内塑料顶棚更易出现较长时间的结露,此条件更适合灰霉病的发生。

3. 管理办法

(1)选用抗病品种。如红宝石、布兰妮、旺达、中研 988、金棚 11、蒂娜、欧诺、富克斯、萨盾等。

(2)改善棚室环境。冬季棚室采取措施改善棚室低温多湿环境,可使用换气扇、暖气或空气调节设备,防止棚膜结露。

(3)合理密植。建立适宜的定植密度,为番茄提供合适的生长发育空间,增加通风透光性。

(4)摘去病叶、老叶及坐果后果实上的残花。将摘除后的病叶、老叶及残花集中后焚烧或深埋在土壤深处,可加强通风透光性并可减少病源基数。常见一些种植户,将已感染的叶片、果实等从植物体摘除后直接扔到设施内土壤上。这样更易传染,病害更易加重,所以一定要将它们放到塑料袋并拿到棚室外面处理。操作时要在上午露水干后进行,工作完成后用 1∶1∶200 倍波尔多液喷雾,防止伤口感染。

(5)地膜覆盖,膜下灌水。提倡地膜覆盖栽培,实行膜下灌水,可有效降低棚室内湿度,降低病害发生率。

(6)药剂防治:发病前每 15 d 用 1∶1∶200 倍的波尔多液喷雾可对晚疫病有预

防作用;发病初期用3亿 CFU/g哈茨木霉菌300倍液喷雾,每5～7 d喷施1次,连续3次,也可喷施500倍的碳酸氢钠水溶液(配制要用清水,不能使用热水,要用清洁水,防止碳酸氢钠分解而失去杀菌效果,要随配随用,不要与其他杀菌剂混用),每3 d使用1次,连续使用5～6次,此方法对叶霉病也有一定防治效果。

(五)白粉病(Powdery mildew)

设施内环境干燥,温度在20～25℃的条件下多易发生,每年春季的3—6月份与秋季的9—10月份发生率高。

1.病原菌及病状

病原菌无性阶段为半知菌亚门的拟粉孢属;有性阶段为子囊菌亚门的内丝白粉菌属。

主要危害叶片。叶面初现白色霉点,散生,后逐渐扩大成白色粉斑,并互相连合为大小不等的白粉斑,严重时整个叶面被白粉所覆盖,像被撒上一薄层面粉,故称白粉病。叶柄、茎部、果实等部位染病,病部表面也出现白粉状霉斑。白粉状物即为本病病征(分孢梗及分生孢子)。见图8-35。

图 8-35　番茄白粉病症状

2.发病规律

温暖潮湿及高温干旱的环境易发病。在华南地区,病菌有性阶段不常见,主要以无性态分生孢子作为初侵与再侵接种体,在病残体上越冬变成第1次侵染源,依靠气流辗转传播危害,完成病害周年循环,无明显越冬现象。在温室或大棚保护地栽培,病害发生普遍而较严重。

白粉病全年都会发生但以3—6月份与9—10月份发生率高。发病温度为15～28℃。最适宜温度为25℃左右。

3.管理办法

(1)选择抗病品种。选用抗病及耐病的品种。

(2)改善环境。设施栽培管理时要改善潮湿的环境,加强通风换气,这样会减

少白粉病的发生率

（3）摘除老叶、病叶。及时摘去病叶、老叶，并集中后焚烧或深埋在土壤深处，可减少病源基数。

（4）药剂防治：白粉病发生初期，使用乳化植物油 300 倍液或大黄素甲醚 300 倍液喷雾，每 7～10 d 喷施 1 次，连续喷施 3～4 次。

（六）青枯病（Bacterial wilt）

典型的土壤传播病害，在长江以南酸性土壤上经常发生，尤其是在 7—8 月份的雨后，环境温度在 30℃ 以上的高温情况下极易发生。由于该病发病后很难进行防治，因此使用抗青枯病的砧木进行嫁接或与茄科以外的植物进行轮作效果较好。

1. 病原菌及病状

病原菌由假单孢属杆菌侵染所致，是一种土传细菌性病害。病原菌可侵害土豆、花生、茄子、辣椒、烟草等 50 科 450 种以上的寄主导致发生疾病，病原菌的最适生育温度为 35～37℃，可以说属于高温型细菌。

苗期侵染，但不发病，直到结果初期才显示症状，开始时顶端叶片萎蔫下垂，最后中部凋萎；发病初期病株中午萎蔫，夜间恢复正常，土壤干旱，气温偏高，染病 2～3 d 后导管被细菌堵塞，很快死亡，植株虽枯死而茎叶仍为青绿色。发病植株茎下端表皮粗糙，并长出长短不一的不定根，将病茎或根部切开可看到导管部褐变，将此茎或根剪下洗净，放入盛有清水的玻璃杯中，清水变混浊，以此区别于枯萎病。见图 8-36。

图 8-36 青枯病田间发病症状

2. 发病规律

病原菌在土壤中能生存 2～3 年，是一种典型的土壤细菌。细菌在杂草的根周边或已埋没的植物残体上也能生存越冬。土壤水分含量高及较高的环境温度会损害番茄的根系，易被病原菌侵染导致青枯病发生。

高温期的 6—10 月份发生重，露地番茄栽培在 7—8 月份，由于正值雨季且气温持续在 30℃以上,极易导致该病的发生。病原菌通过灌溉水移动传染,田间排水不良、根部有伤口及根结线虫发病严重的地块更易发生。

3. 管理办法

(1)嫁接防病。目前尚无对青枯病有抵抗性的品种,可用抗青枯病的砧木嫁接进行抗病。

(2)轮作。连作有助于青枯病的发生,所以应与茄科(烟草、茄子、土豆、番茄)以外的植物进行 3～4 年轮作。由于病原菌不能长时间生存于淹水状态,有条件的地区可以与水稻实行轮作,减少土壤病原菌的基数。

(3)土壤消毒。已发病的田块可在夏季利用太阳热进行土壤消毒。

(4)加强管理,改变种植方式。雨后及时排涝,降低土壤温度(如高畦栽培,地膜或绿肥覆盖),增施有机肥提高土壤通透性,均有助于降低病害的发生。

(5)药剂防治:发病初期可用 77% 氢氧化铜 800 倍液,或 20% 井冈霉素水溶剂,每 25 g 兑水 50 kg 灌苑,每 7～10 d 灌苑 1 次,每株 150 mL,连续 3 次,可控制青枯病的发展。

(七)番茄黄化曲叶病毒(TYLCV)

番茄黄化曲叶病毒(Tomato yellow leaf curl virus,TYLCV)1964 年最早在以色列发生,2002 年传入南方省份,2007 年传入河南和山东,2008 年该病在全国多省份发展蔓延,2009 年在河北局部及山东大暴发。此病毒以媒介虫烟粉虱传播,植株感染后呈现出黄化曲叶、丛矮病毒症状。

图 8-37 黄化曲叶病毒
田间危害症状

1. 病原菌及病状

番茄感染后严重矮缩,植物体停止生长,从叶的中间向上或向下卷缩,顶端似菜花状,嫩叶呈现出淡黄色,叶脉之间颜色变淡而萎缩,病叶变小且粗糙、变厚、变硬,病株严重矮化,落花严重,结果少或下部果实不能正常着色,顶叶首先发病且发病严重,但该病毒不会从幼叶向老叶传播。见图 8-37。

2. 发病规律

仅以烟粉虱传播,烟粉虱在 5～10 min 以内获得病毒而转移,已被感染的烟粉虱一直在体内具有病毒,感染后 2～3 周时呈现出症状,被感染的烟粉虱不但向温室内部而且向外部移动扩散。春大棚番茄发病较轻,秋大棚番茄发病最为严重。日光温室越冬茬番茄育苗时间不同发病程度不同,9 月份前开始育苗的发病较重,9 月份以后开始育苗的发病较轻。

3. 管理办法

(1)选用对 TYLCV 敏感性较差的品种。番茄品种间对 TYLCV 的敏感性差异较大,多数特色樱桃番茄品种如京丹绿宝石、京丹 8 号、千禧等,对 TYLCV 耐病性较强,而大多数主栽的粉色的大果番茄品种对该病敏感,发病严重。大果型品种可选用,佳红 8 号、金棚 8 号、金棚 11 号(粉)、浙粉 708、荷兰 8 号、夏妃、粉满园等。

(2)防虫网阻断烟粉虱的危害。育苗时在苗床设置 50 目以下防虫网防止烟粉虱的进入;从市场采购商品苗时要仔细观察是否有烟粉虱的卵、若虫及成虫的存在,若发现立即彻底地清除防止后期感染。如果在大棚内发生病毒感染,首先应消灭烟粉虱的成虫,然后将植物体烧掉或深埋。

(3)杂草清除。及时彻底地清除温室周边的杂草及残枝落叶,减少虫源。

(4)药剂防治:主要是对媒介虫烟粉虱进行防治,可用乳化植物油 300 倍液与苦参碱 500 倍液混合进行喷雾防治,或用竹醋液 200 倍液与 0.36% 苦参碱 500 倍液混合进行喷雾防治。

(八)病毒病

病毒病为世界性病害,是露地栽培和夏秋栽培的重要病害,秋保护地也发病较重,冬季保护地栽培则发病较轻。病毒病一旦发生即很难防治,应以预防为主。

1. 病原菌及症状

常见的番茄病毒病症状(图 8-38)有 4 种。分别是花叶型、蕨叶型、条斑型及混合型。

(1)花叶型　从苗期到成熟期均可发病,主要由黄瓜花叶病毒(CMV)引起。其表现为新生叶片上出现黄绿相间、深浅相间的斑驳,叶脉透明,叶略有皱缩,顶叶生长缓慢,病株比正常株略矮。

图 8-38　番茄病毒病症状

(2)蕨叶型　多由黄瓜花叶病毒引起,植株出现不同程度矮化,上部叶片变成丝状,中下部叶片向上微卷,叶脉紫色,微显花斑,侧枝生蕨状小叶,呈丛枝状。花冠加厚增大,形成巨花,很少坐果,果实褐心。

(3)条斑型　多由烟草花叶病毒(TMV)引起,条斑型表现为茎、叶柄、果实等部位产生黑褐色条纹状坏死,叶背叶脉呈紫褐色油渍状条斑,严重时植株死亡。果实畸形,紧硬,条斑凹陷。

(4)混合型　由多种病毒感染引起,症状与条斑病变相似,区别在于果实,混合型的果实病斑小而且不凹陷,条斑型果实上产生不规则褐色下陷的油渍状坏死斑,后期变为枯斑。

2. 发病规律

高温及干旱有利于发病,田间管理差,病健相互摩擦和小型害虫有利于发病及病害的传播。华北地区田间病毒在 6 月份以前,以烟草花叶病毒为主,6 月份后以黄瓜花叶病毒为主。

3. 管理办法

(1)选用抗病毒品种。如佳红 5 号、红宝石、艾娜德、丰收、中杂 109、金棚 11 号、凯撒、千禧、黄罗曼等。

(2)种子消毒。可采用药剂浸种法(先用一般温水将种子预浸 4～5 h。起水后再浸入 0.2% 的高锰酸钾水溶液中 5 min,再用清水洗净后放入 25℃ 左右的温水浸种 6～8 h,使种子吸足水分后进行催芽处理)。干热处理法(将充分干燥的种子置于 70℃ 恒温箱内干热处理 72 h,可杀死许多病原物,而不降低种子发芽率。尤其对防止病毒病效果较好)。

(3)培育壮苗,适时播种。多施磷、钾肥,使植株健壮生长,增强抗病力。

(4)合理浇水和防治害虫。及时浇水不使土壤过于干旱,及时防治害虫,如蚜虫、白粉虱、烟粉虱等。

(5)药剂防治:发病初期用 200 倍竹醋、牛奶或食醋灌根,每株灌 150 mL,连续 2～3 次,对防治病毒病有一定的效果。

(九)番茄溃疡病

番茄溃疡病属检疫对象,是一种危害性很大的病害。

1. 病原菌及症状

病菌为棒杆菌细菌。

细菌引起的维管束病害,幼苗或成株期均可染病。苗期感病,植株生长缓慢,叶片卷缩,直至枯死。成株期感病,起初下部叶片凋萎下垂,叶卷缩,似缺水状,渐扩大,叶片黄褐干枯,有时一侧或部分小叶凋萎;后期茎秆上现出黄色或黑色狭长条斑,上下扩展,茎髓部中空,变褐,茎部生出大量的气生根。果实染病,幼果皱缩,畸形,果实凹陷,种子不能成熟。在青果上呈现外圈白色的圆形斑点,"雀眼状",后变成褐色,中央粗糙略突起,许多斑点可融合成不规则的大斑块,植株后期死亡。见图 8-39 和图 8-40。

2. 发病规律

病菌在种子上或土壤中的病残体上越冬,病原菌自伤口侵入,通过农事操作(如整枝、打杈、灌水)等传播蔓延。病菌最适生长温度 25～29℃,致死温度53℃。在露地栽培中,如遇天气多雨,易发病。

3. 管理办法

(1)种子检疫。对番茄种子进行严格的检疫,防止种子带菌。

图 8-39　番茄植株发病症状

图 8-40　果实发病症状

（2）种子消毒。可采用温汤浸种或高锰酸钾药剂浸种。

（3）药剂防治：在溃疡病发病初期，可用 77％氢氧化铜 600～800 倍液 5～7 d 喷施 1 次，连续 3～4 次。发现病株及时进行拔除处理，并用 20％的石灰水浇灌根区。

二、虫害管理

（一）粉虱类

露地及保护地栽培普遍发生，在塑料大棚或玻璃温室等设施栽培内全年均可发生，是发生于番茄等多种蔬菜生产中的重要害虫。

1. 形态及发生特点

（1）温室白粉虱　成虫的大小为 1.5 mm，体色为淡黄色被蜡粉后呈现出白色，两翅合拢时，平覆在腹部上，通常腹部被遮盖。初产卵为白色，以后变成褐色。若虫从 2 龄起开始稳定生活，末龄虫为椭圆形。

白粉虱喜欢在小叶与新苗上产卵，1 龄虫为移动生活，2 龄虫以后为稳定生活。从卵到成虫需要 3～4 周，成虫产 100 个左右的卵，也可进行孤雌生殖，其后代为雄性。

（2）烟粉虱　成虫的大小为 1 mm 左右，体色为深黄色，伏在叶上的时候翅膀的展翅角度为 45℃。

发生特点与温室白粉虱相似，成虫产卵时在植物的上下部或整个植物叶前后面都可产卵。

2. 危害症状

若虫、成虫吸吮植物汁液影响植株生长，分泌的排泄物可发生煤污病，阻碍叶片光合作用而降低产量。见图 8-41 和图 8-42。

烟粉虱是番茄黄化萎缩病、烟草曲叶病等病毒疾病的媒介。

图 8-41　温室白粉虱　　图 8-42　粉虱危害后发生的煤污病

3. 管理办法

(1)防虫网阻断。为了防止粉虱类的接近,在设施的门口、放风口、侧窗安装防虫网。

(2)黄板诱杀。利用粉虱的趋黄性,在每个棚室按每亩张挂 30 块黄板,进行诱杀。

(3)搞好棚室卫生。及时清除前茬留下的植物残体,并带出棚室外,并对棚室进行彻底的消毒处理。

(4)利用粉虱的天敌进行害虫防治。温室白粉虱的寄生性天敌为丽蚜小蜂,烟粉虱为蚜小蜂与蒙氏浆角蚜小蜂,饱食性天敌的斯氏钝绥螨对这两种害虫都可以适用。

(5)轮作倒茬。实行轮作换茬,与粉虱不喜食的芹菜、生菜或葱蒜类进行轮作。

(6)药剂防治:用乳化植物油 300 倍液与苦参碱 300 倍液混合进行喷雾防治,也可用竹醋液 200 倍液与 0.36% 苦参碱 300 倍液混合进行喷雾防治。

(二)美洲斑潜蝇

美洲斑潜蝇一年四季都可引起危害,尤以夏、秋季虫口密度最大。在我国的许多地方暴发流行,危害猖狂,造成作物减产。

1. 形态及发生特点

发育阶段分为卵,幼虫,蛹,成虫。成虫的体长为 2 mm 左右,幼虫一般潜在叶内取食叶肉,长大后体长也可达到 2 mm,体色为黄色或淡黄色。

在温室里一年中都可发生,在冬天发生密度相当高,发育期间较短,从卵到成虫一般不超过 20 d。

2. 危害症状

幼虫潜在叶内取食叶肉,仅留下表皮,形成隧道,严重时隧道斑痕密布,导致叶片光合作用降低,危害严重时常造成早期落叶。成虫是在叶上钻孔后吸食汁液或者产卵,在叶表面产生很多小小的白色斑点或隧道。见图 8-43。

3. 管理办法

（1）防虫网阻断及黄板诱杀。为了防止美洲斑潜蝇进入设施内，在设施的门口、放风口、侧窗安装防虫网。利用斑潜蝇的趋黄性，在每个棚室按每亩张挂 30 块黄板，进行诱杀。

（2）清洁田园。清洁田园和田边杂草，上茬收获后及时清除病残体，集中销毁，减少虫口密度。

（3）人工摘除带虫及虫卵的叶子。及时将受危害的叶片进行人工摘除处理，并带到棚室外，进行填埋处理，可减少虫口基数。

图 8-43　美洲斑潜蝇对
番茄的危害状

（4）药剂防治：在虫道 2 cm 以下时，利用植物源或微生物源农药进行防治。可使用 0.3% 印楝素乳油 1 000 倍液喷雾，或 1.8% 的阿维菌素乳油 2 000 倍液喷雾，每 5～7 d 喷施 1 次，连续 3 次。

(三)斜纹夜蛾

斜纹夜蛾属鳞翅目夜蛾科，又称夜盗虫、乌头虫等。以幼虫咬食叶片、花蕾、花及果实，初龄幼虫啃食叶片下表皮及叶肉，仅留上表皮呈透明斑；4 龄以后进入暴食，咬食叶片，仅留主脉。幼虫还可钻入果实内危害，并排泄粪便，造成污染，使之降低乃至失去商品价值。在 7—8 月份露地发生最多。

1. 形态及发生特点

卵为球形而扁平，形成凝块，被盖毛样的鳞片。老熟幼虫体长 38～51 mm，夏秋虫口密度大时体瘦，黑褐或暗褐色；冬春数量少时体肥，淡黄绿或淡灰绿色。成虫体长 14～21 mm；翅展 37～42 mm，褐色，前翅具许多斑纹，中有一条灰白色宽阔的斜纹。

2. 危害症状

幼虫钻入番茄果实内部而造成危害。也可钻蛀番茄植株的茎部，被害植株在农事操作中易被触碰后而折断。

3. 管理办法

（1）防虫网阻断。设施栽培中，可利用防虫网，阻止斜纹夜蛾的成虫侵入危害。

（2）保护和利用天敌。斜纹夜蛾的天敌种类较多，如瓢虫、蜘蛛、赤眼蜂、寄生蜂、病原菌及捕食性昆虫。

（3）诱杀防虫。利用成虫趋光性，于盛发期点黑光灯诱杀；利用成虫趋化性配糖醋(糖∶醋∶酒∶水＝3∶4∶1∶2)加少量苦参碱诱蛾。

（4）药剂防治：在斜纹夜蛾三龄前用苏云金杆菌可湿性粉剂 800 倍液，或用 1.5% 的多杀霉素悬浮剂 800 倍液，或乳化植物油 300 倍与苦参碱 300 倍混合液进行喷雾,每5~7 d喷施1次,连续2~3次。

（四）棉铃虫

棉铃虫是露地栽培番茄最常见的害虫之一。

1. 形态及发生特点

棉铃虫在我国1年发生2~7代,以蛹在土中越冬。成虫具有趋光和趋杨树枝性,夜间交尾产卵,多散产于植株的顶尖及嫩梢,嫩叶、果萼、果荚、果穗及茎基部。刚孵化的幼虫仅啃食嫩叶、花蕾、嫩梢等,3龄后开始钻蛀,1头幼虫可钻蛀多个果及果穗。

2. 危害症状

啃食嫩叶、花蕾、嫩梢等,3龄后开始钻蛀,1头幼虫可钻蛀多个果及果穗。被蛀的果易从蒂部进入雨水,而后易被病菌危害造成腐烂和脱落,而造成减产。

3. 管理办法

（1）冬前翻耕。在预种植番茄的地块,通过冬前翻耕,减少田间越冬虫源。

（2）诱杀防虫。利用棉铃虫的趋光性和趋化性,可使用黑光灯、高压汞灯、杨树枝把或性诱剂诱捕盆诱杀成虫。

（3）防虫网阻断。设施栽培中,可利用防虫网,阻止棉铃虫的成虫侵入。

（4）药剂防治:利用黑光灯或性诱集剂对害虫发生时期进行预测,在卵高峰后3~4 d和6~8 d连续2次喷洒苏云金杆菌乳剂或棉铃虫核型多角体病毒进行防治。

（五）茶黄螨

参见辣椒害虫管理。

（六）蚜虫

参见辣椒害虫管理。蚜虫危害番茄见图8-44。

图 8-44 蚜虫危害番茄

三、生理障碍

（一）脐腐病

脐腐病是一种生理性病害,又称顶腐病、蒂腐病。在夏季高温季节容易发生,发生后影响番茄的产量和品质。

1. 发生原因

发生于土壤缺乏钙,或者氮、钾素肥料过多、土壤干燥或者高温的情况。即使土壤中不缺钙,但由于氮素和钾素的含量较高时会抑制钙的吸收,也可导致脐腐病的发生。另外,土壤干燥时,根对钙的吸收减少,植物体内会产生大量的草酸将钙离子沉淀,致使植物体内游离钙离子缺乏也引起脐腐病的产生。在花期和坐果期遇到干旱时,叶片过量的蒸腾,导致果脐部所需的大量水分被叶片夺走,生长发育受阻也会导致脐腐。

2. 危害症状

此病害主要危害果实,大果实容易发生。该病一般发生在果实长如核桃大时,最初表现为脐部出现水渍状病斑后逐渐扩大,使果实顶部凹陷、变褐,症状随之发展,遇到潮湿条件,表面生出各种霉层,常为白色、粉红色及黑色。病害不严重时果实尚可成熟,严重时扩展到半个果面,果实停止膨大并提早变红,果实缺少光泽,失去应有商品价值。见图 8-45。

图 8-45 番茄脐腐病

3. 管理办法

(1)补充钙肥。在缺乏钙的土壤,种植前施足够量的石灰。

(2)遮阳网覆盖降温。在高温季节为防止设施内温度过高,要及时在高温时段使用遮阳网遮阳降温。

(3)土壤覆盖降温。避免夏天地温上升覆盖地膜或覆盖干草,降低地温。

(4)合理浇水。保证花期及结果初期水分供应,在果实膨大后应注意保持土壤见干见湿。

(5)增施微肥。番茄第 1 穗果坐住后是吸收钙的高峰期,此时每周用 1% 的氯化钙或自制蛋壳钙,进行叶部喷施,每穗花开放前进行喷施,连续 3～4 次,可有效防止脐腐病的发生。在高温和低温的季节要硼、钙同补。

(二)日灼果

番茄日灼果又称日烧果,是果实成熟期常见的一种生理病害。

1. 发生原因

强光暴晒而引起,如果在果面上有水滴时更容易发生。栽培密度过低时果实上面无枝叶遮挡,易发生日灼果。

2. 危害症状

果实向阳面上发生大面积失色变白的病斑,病斑变干后呈现白纸状,变薄。组织坏死,易引起炭疽病及其他腐生菌的侵染,出现黑色的霉层。湿度大时又会引起细菌侵染而腐烂。

3. 管理办法

(1)合理密植。在露地的番茄栽培中,要合理密植,如果栽培密度过小,枝叶不易遮挡果实的太阳直射光,易导致日灼果。

(2)合理摘心。摘心时最上部果穗之上要至少保留 3 片叶子。

(3)加强管理。加强肥水及病虫害的管理,防止落叶,促进茎叶健壮生长。

(三)畸形果(窗门果、大脐果、椭圆形果等)

1. 发生原因

育苗时由于在花芽分化过程当中 5～7℃的低温、高温或者密植,花芽发育不良的时候发生。氮素过多或者土壤水分过多的时候多发生。氮与钾的使用量过多或者钙、硼的吸收不良的时候也易造成畸形果。

图 8-46　窗门果

2. 危害症状

温室内和早春番茄易发生畸形果(乱形果),如顶裂果、大脐果、椭圆形果和从果实的蒂部往下产生划线,像拉锁样子的窗门果。见图 8-46。

3. 管理办法

(1)调控育苗环境。在育苗期的时候避免过低温或高温的环境。要保持白天气温为 20～30℃,晚上气温为10℃以上。

(2)合理施肥。不要将基质有过湿情况及氮肥过多施用,尤其是在花芽分化阶段防止肥水过多。

(3)采用熊蜂辅助授粉。在温室和保护地栽培时,使用熊蜂授粉,会减少因授粉不良产生的畸形果。

(四)裂果

裂果也叫纹裂果。指果实肩部(近果柄部位)出现裂缝的果实。

1. 发生原因

纹裂除与品种有关外,也与栽培过程中的高温、强光、干旱等条件,特别是久旱突遇雨或浇水过大(久旱遇水,会使果肉与已经老化的果皮不能同步膨大而产生纹裂)。

同心圆状纹裂和果实侧面纹裂,多发生在果面有水滴的情况下,在高温、强光、干旱等不良条件下,果面产生的木栓层吸水后易产生。

2. 危害症状

纹裂主要发生在近果柄处,果面发生同心状断续的纹裂,或由果柄向果肩处纵向放射状裂纹。多发生在果实的成熟期。见图8-47。

3. 管理办法

(1)选择不易裂果的品种。中小型果、高圆形果的品种不易裂果,大型果、圆形果和木栓层厚的品种易裂果。

图8-47　番茄裂果症状

(2)增施有机肥。多施有机肥,深耕土壤可有效缓冲土壤水分的剧烈变化。

(3)植株管理。摘心不宜过早,打底叶不宜过狠,防止果实受强光直接照射。设施大棚内避免水滴直接滴溅到果实上,冬天覆盖2层膜,可有效防止水滴落到果实上,进而防止裂果的产生。

(五)筋腐病

番茄筋腐病也叫条腐病、条斑病等,是最近几年发生较为普遍的一种生理病害。

1. 发生原因

褐色筋腐病多由不良环境条件促成,如光照不足、低温多湿、空气不流通,二氧化碳不足,夜温高,缺钾、氮素过多,以及病毒侵染等。

白色筋腐病通常被认为与烟草花叶病毒有关。

2. 危害症状

有两种类型,一是褐色筋腐,主要发生在果实背光处,下位花序的果实较上位多。发病处着色不良,红熟果面有明显的绿色或淡绿色斑,果肉变硬,切开果实可见果内维管束(外侧)变褐死亡,果实成空腔。二是白变型筋腐病,多发生在果皮部的组织上。病部具有蜡样光泽,质硬,果肉似"糠心状"。病部着色不良。

3. 管理办法

(1)品种选择。选用抗病毒的品种和非硬果品种。为减少筋腐果的发生不选择硬果品种和不抗病毒品种。

(2)合理密植。低温弱光易发病,因此要合理密植及适当整枝,改善株间透光性。

(3)合理调控土壤水分。土壤水分过多,土壤氧气不足时,有利于该病发生。提倡起垄栽培,膜下滴灌,防止一次灌水量太大。

(4)合理施肥。当氮肥施用量过多,钾肥不足或钾的吸收受阻时,筋腐病发生重。施用未经完全腐熟的有机肥、密植、小苗定植、强摘心都可能诱发本病的发生。

(六)磷缺乏

1. 发生原因

一般在磷吸收将会下降的低温期,火山灰土的土壤容易发生。土壤 pH 较低或者过于坚实的土壤易发生。

图8-48　番茄磷缺乏症状

2. 危害症状

在低温期下部叶片颜色变成紫色(茄子色),严重时叶变小而无光,摸的时候像干叶子一样很干燥。果实变小,成熟时间较慢,导致果实数量少品质下降。见图 8-48。

3. 管理办法

(1)合理调控温度。在低温期的时候,避免因温度过低影响植株对磷的吸收,导致磷缺乏的损害。在育苗期或者正值初期的时候,将地温提高到最低 18℃以上,将夜间温度保持 12℃以上。

(2)增施磷肥。在磷缺乏的土壤,增施有机肥,必要时可增施含磷高的有机物,如骨粉、虾副产物等。

(七)钾缺乏

1. 发生原因

易发生于沙质土壤,低日照与低温期(地温较低的时候钾吸收较难)的土壤。土壤里钾含量较低、植株生育旺盛,在果实的膨大期,钾的吸收量赶不上供应量时易发生。另外,由于钙肥的过量使用也可导致钾元素的拮抗作用,钾不易吸收的情况。

2. 危害症状

容易表现在生育较快的时期、果实膨大期。生育初期叶片失绿由叶缘开始发生,以后向叶肉扩展,与氨气危害(gas injury)叶片类似的症状。在生育的最盛期靠近中部叶的叶尖端开始褐变,而后枯死。叶色变黑、叶片变硬,果实发育不良,形状有棱角,着色不均匀,易脱落。

3. 管理办法

(1)增施有机肥。增施腐熟有机肥,改良土壤。

(2)增施钾料。追肥时多施用有效钾含量高的肥料,可以滴灌、冲施硫酸钾肥(矿物硫酸钾)等钾元素含量高的水溶肥,特别是温度低时更应该施用,也可叶面喷施含钾量高的叶面肥。

（八）钙缺乏

1. 发生原因

土壤中钙的含量缺乏时容易发生；如果土壤中钙的含量较高，但氮或钾素含量过多、土壤干燥的情况下也会发生钙缺乏症；高温期比低温期发生多。

2. 危害症状

初期幼叶边缘为浅绿色，叶背呈紫色，后期叶尖和叶缘枯萎，植株瘦弱，生长点附近的幼叶边缘发黄皱缩，部分枯死；根系不发达，影响对养分和水分的吸收；幼果易发生脐腐果，也可引起裂果、多蕊的变形果及空洞果。

3. 管理办法

（1）调节土壤酸碱度。酸性土壤可施用石灰调节土壤 pH。

（2）增施有机肥。增施有机肥改良土壤，使土壤钙处于易吸收状态。但施肥时要注意维持土壤适宜浓度。

（3）合理灌水。加强田间管理，注意排涝防旱，尤其是在番茄生长的中后期，注意水分均衡供应。

（4）增施微肥。坐果后，在易发生脐腐病的地块用 0.3%～0.5% 的氯化钙或 200 倍液的自制蛋壳钙，从初花期开始，每周喷施 1 次，连喷 3～4 次，以减轻病害。

（九）镁缺乏

1. 发生原因

冬季的低温影响了根系对镁的吸收。土壤中镁含量虽然多，但由于施钾多影响了作物对镁的吸收时也易发生。当植株对镁的需要量大而根不能满足需要时也会发生。

2. 危害症状

一般从下部叶开始发生，在果实膨大期靠果实近的叶片首先发生；开始叶脉间黄化和变成黄褐色，黄化先从叶中部开始，后慢慢扩展到整个叶片，但有时叶缘仍为绿色。刚发生时先失绿，后期一部分变成枯斑，病果无特别症状。见图 8-49。

图 8-49　番茄缺镁症状

3. 管理办法

（1）增施有机肥料。多施腐熟有机肥，改良土壤理化性质，使土壤保持中性。必要时可用石灰调节土壤的 pH。

（2）平衡施肥。做到平衡施肥，不要过多施用钾肥。当土壤中镁含量不足时，可施用镁肥进行调节。

(3)合理灌水。番茄生长前期,应适当控制浇水,最好采用滴灌或喷灌,严防大水漫灌,促进根系生长发育;番茄生长后期保持土壤见干见湿。

(4)增施微肥。生长期植株表现镁缺乏症状时,可在叶面喷洒 1％～2％硫酸镁水溶液,每 2 d 喷施 1 次,每周喷洒 3～4 次。

(十)硼缺乏

1. 发生原因

土壤酸化,硼元素被淋失掉以后施用过量石灰都易引起硼的缺乏;土壤干燥、有机肥施用量少容易发生;施用钾肥过量时也容易发生;根系吸收受到限制或者是植株需硼量大,土壤中硼元素供应不足。

2. 危害症状

新叶停止生长,植株呈萎缩状态;番茄茎弯曲,茎内侧有褐色木栓状龟裂;果实表面有木栓状龟裂;叶色变成浓绿色。

3. 管理办法

(1)增施有机肥。改良土壤,增施完全腐熟的有机肥。酸性土壤改良时要注意石灰的用量,防止石灰施用过量引起缺硼。

(2)施用硼肥。出现缺硼症状后,叶面喷施硼肥,一般稀释 800～1 200 倍,3～4 d 喷施 1 次,直到缺硼症状消失。

参 考 文 献

[1] 曹华.番茄优质栽培新技术.北京:金盾出版社,2014.

[2] 徐琼华,岳艳玲,师进霖.番茄育苗基质多目标营养施肥优化模型研究.北方园艺,2011(16):62-65.

[3] 柏彦超,周雄飞,赵学辉,等.蚓粪基质克服西瓜连作障碍的应用效果研究.中国农学通报,2011(08):212-216.

[4] 安玉兴,孙东磊,周丽娟,等.菊科植物的杀线虫活性研究与应用.中国农学通报,2009(23):364-369.

[5] 张光星,王靖华.番茄无公害生产技术.北京:中国农业出版社,2002.

[6] 张春奇,查素娥,李红波.番茄育种研究概况及展望.农业科技通讯,2011(3):29-33.

第九章　辣椒有机生产技术指南

第一节　辣椒的特性及栽培现状

一、辣椒的特性

辣椒,又叫番椒、辣茄、海椒、秦椒等,属茄科辣椒属一年生或多年生草本植物,是可食用的带有辣味的果实类蔬菜,果实通常呈圆锥形或长圆形(图9-1,图9-2),未成熟时呈绿色,成熟后变成鲜明红色、黄色或紫色,以红色最为常见。辣椒既可鲜食、调味,也可入药,具有重要的经济价值和食疗保健作用。

图 9-1　长辣椒品种

图 9-2　圆辣椒品种

辣椒原产于中美洲和南美洲热带地区的墨西哥、秘鲁等地,明朝末年引入中国,首先在甘肃、陕西等地栽培,目前是我国餐桌上重要的香辣料,干制辣椒是我国出口创汇的重要农产品之一。辣椒营养丰富,不但富含维生素 A、维生素 B、维生素 C,也含有丰富的辣椒素、辣椒红素、胡萝卜素、碳水化合物和矿物质等,其中辣椒中的维生素 C 含量高居各类蔬菜之首。

作为辣椒主要成分的辣椒素具有:分解脂肪组织,预防肥胖;有效阻止致癌物质,减少癌细胞,遏制癌症的发生;有效防止脑细胞氧化,预防老年痴呆症,有效强化并提高心肺功能的作用。

二、栽培现状

(一)国外栽培现状

辣椒是世界上最大的调味料作物,全球辣椒种植总面积达 370 万 hm²,总产量 3 700 万 t,其中干辣椒种植面积 200.15 万 hm²,产量 278.97 万 t。目前,干辣椒产量占据前 4 位的国家分别为:印度、孟加拉国、中国和秘鲁,其中印度干辣椒产量最高,达 124.4 万 t,约占世界干辣椒产量的 44.6%;其次为孟加拉国 42.96 万 t,约占 15.4%;中国为 25 万 t,约占 8.91%;秘鲁为 16.49 万 t,约占 5.91%。在鲜辣椒生产中,中国产量最大约为 1 402.63 万 t,占世界鲜辣椒产量的 51.8%,墨西哥占 6.92%,土耳其占 6.44%,印度占 4.13%。中国和印度在辣椒种植面积及产量上分别居世界第一和第二位,日本和韩国种植的辣椒单产较高,居世界领先水平。全球出口辣椒较多的国家有中国、印度、西班牙、马来西亚、越南等。

(二)国内栽培现状

由于辣椒适应性较强,自传入我国后,各地普遍栽培,是我国人民喜食且栽培面积较大的重要蔬菜和调味品。我国辣椒种植总面积基本稳定在 140 万～160 万 hm²,仅次于白菜类蔬菜,占世界辣椒面积的 35.0%;辣椒总产量 2 800 万 t,占世界辣椒总产量的 46%;经济总产值 700 亿元,居蔬菜之首位,占世界蔬菜总产值的 16.67%。全国年辣椒种植面积超过 6.7 万 hm² 的省份有江西、贵州、湖南、四川及湖北;除南方外,北方也有知名的辣椒产区,如河南、河北、陕西等。

我国辣椒生产分为干椒及加工类型品种、鲜食辣椒品种及鲜食甜椒类型品种,其中干椒及加工类型品种种植面积最大达 80 万 hm² 左右,其次为鲜食辣椒类品种,种植面积达 50 万 hm² 左右,鲜食甜椒类型品种种植面积为 30 万 hm² 左右,辣椒生产已成为许多省、市、县的主要经济支柱作物和出口创汇型作物,并已形成了许多有代表性的种植地区,如西北、西南、华中辣椒种植区。

近年来,南方各地如海南、广东、广西、云南等地四季均可生产辣椒,基本形成了冬季南菜北调的生产基地;鲜食辣椒全国各地均能春夏栽培,北方等地区如华东、华北、西北及东北各地采用大棚和日光温室越冬栽培,并走向规模化生产。春夏栽培,保证了夏季供应。秋季大棚栽培,保证了秋冬季的供应。

(三)有机辣椒

有机辣椒是遵循可持续发展原则,采用特定的生产方式生产,经专门机构认定,许可使用有机食品标志商标的无污染、安全、优质、营养的辣椒。

随着有机认证农产品生产量的不断增加,有机辣椒的产量也在不断增加,目前,在众多有机生产基地的蔬菜栽培中,基本上均有有机辣椒的栽培。见图 9-3。

图 9-3　有机辣椒栽培

三、辣椒品种

（一）有机辣椒栽培品种选择标准

1. 选择对病虫害有抗性的品种

在有机辣椒的栽培中，病虫害的防治是关键环节，也是极为重要的成功因素。目前我国科技育种专家已研发出许多对辣椒疫病和病毒病有综合抵抗性的品种。但对辣椒的主要病害如炭疽病、白粉病及细菌性斑点病有抗性的品种仍未得到系统开发利用，因此需要通过栽培的方法来避免上述病害的发生和危害，现阶段只能利用环境调控及有机农业允许用的材料进行防治。另外，对主要害虫的抵抗性辣椒品种尚未得以开发利用，因此需要根据害虫的特点，选择害虫发生率较少的品种予以栽培。

2. 按成熟期及株型选择品种

（1）辣椒根据成熟期，分为早熟品种、中熟品种、晚熟品种。

早熟品种：第 1 朵花着生节位在 8 节以下的，结果早，前期产量高，生育期较短。

中熟品种：第 1 朵花着生节位在 8～12 节，植株中等高、生育期介于早熟及晚熟品种之间。

晚熟品种：第 1 朵花着生节位在 12 节以上，植株高大，生育期长，产量高。

为了避开病虫害发生的高峰期而选择栽培早熟品种，可最大限度地减少后期炭疽病和病毒病的发生率。

（2）根据株型，分为直立型、开叉型、半开叉型等品种。

直立性株型品种透气性强，因此炭疽病的发生率较低。对于炭疽病发病严重的地区可采用直立型品种进行栽培，可有效降低炭疽病的发生及危害。

3. 按果实辣味选择品种

根据其味道又分为甜椒类品种、半辣型品种和辛辣型品种。

甜椒类型：属于灯笼椒类，植株高大健壮，叶片肥厚，花大果大，味甜肉厚，品质好，宜作鲜菜生食或炒食。

半辣型:多属于长角椒和灯笼椒类,植株中等,果实向下生长,果肉较厚,味较辣或微辣,可炒食、腌渍、制酱等。

辛辣类型(又称朝天椒):多属于簇生和圆锥椒类,植株较矮,分枝多,叶狭长,果实朝天生长,果实薄,种子多,辣味浓烈,多作干椒栽培。

4. 按果实类型选择品种

按果实性状可分为灯笼椒、长辣椒、簇生椒、圆锥椒和樱桃椒5类。

灯笼椒类:分枝性较弱,叶片和果实较大,果实似灯笼。

长辣椒类:株型矮小至高大,分枝性强、叶片较小或中等,果实一般下垂,先端尖,微弯曲。

簇生椒类:叶狭长,果实簇生,向上生长,果色深红,果肉薄,辣味浓,油分高。

圆锥椒类:植株较矮,果实圆锥形或圆筒形,多向上生长,味辣。

樱桃椒类:叶中等大小,圆形或椭圆形,颜色多样,辣味强,常加工成干辣椒。

5. 选择生理特性优的品种

在有机辣椒的栽培中最大的生理失调就是石灰缺乏症,由于此症状一旦发生就很难进行彻底治愈,因此选择对石灰缺乏症稳定的品种尤为重要。

干辣椒应选择辣味适宜,着色快,能产更多辣椒面的品种。

青辣椒应选择在低温或弱光的条件下也能顺利开花,且叶片背面绒毛少,产量高、口感好的品种。

6. 选择适合消费者嗜好的品种

一般消费者喜好色素含量高,干果具有较好的光泽,表皮没有褶皱的辣椒品种。

在有机辣椒栽培中,即使被确定园艺性状较优的品种,也不建议只栽培一种品种,最安全、最优选择就是栽培两个或两个以上的辣椒品种。

(二)适合有机栽培的辣椒品种

1. 长辣椒品种

(1)红泽一号 利用鸡泽辣椒和川椒杂交选育而成。该品种早熟,连续坐果性强,株高60 cm,株幅55 cm,果长20 cm,单果重18～20 g,嫩果皮绿,熟果鲜红,辣味浓,抗病性强,耐高温,亩产鲜椒3 000 kg左右。品种适应性强,全国大部分地区均可种植,露地或大棚均可栽培,既可青椒时采摘上市,也可红椒时销售。可腌渍、制椒酱、剁辣椒及鲜辣椒上市销售,是鲜辣椒走市场的最佳品种。

(2)京辣4号 果实长粗牛角形,嫩果翠绿色,果皮光滑,耐贮运,商品性好。果长22～24 cm,果横径4.3～4.5 cm,单果重90～150 g,耐低温,抗病毒病和青枯病,适合华北、西北、东北等地区露地或保护地栽培。

(3)中椒106 植株生长势强,果肉较厚,耐贮运。果实粗牛角形,果面光滑,果色绿,成熟后鲜红色,单果重50～60 g,大果可达100 g以上。中早熟,开花至采收 35 d 左右,既可采收青椒,也可采收红椒,田间抗逆性强,抗病毒病,耐疫病,适宜全国各地露地栽培。

(4)苏椒 6 号 株高 50～55 cm,开展度 50 cm 左右,分枝性强,结果较集中,第一果着生于主茎 8～9 节,果长灯笼形、深绿色、有光泽,果长 8～9 cm,果肩宽 3.9～4.5 cm,平均单果重 35 g,最大果重可达 60 g。味较辣,早熟,耐热性、抗病性强,早期产量高,保护地和露地均可栽培。

(5)农大 3 号 中国农业大学育成,中早熟,果实长粗牛角形,纵径 30 cm 左右,单果重 130 g 左右,果面黄绿色,有光泽。该品种对低温适应性强,抗病性强,连续坐果性好,高产,商品率高。

(6)农大 24 号 中国农业大学育成的中早熟、植株较直立型品种。果实味微辣,长粗羊角形,纵径 30 cm 左右,单果重 120～150 g,果面黄绿色,光滑而富有光泽,商品性好,植株上、下部果实大小较一致。该品种抗病性较强,连续坐果性极好、高产、稳产,对高温和低温均有一定的耐性,适合保护地栽培。

(7)中椒 10 号 早熟微辣型辣椒一代杂种。具有早熟、丰产、多抗、耐弱光等特点,植株生长势强,平均株高 76.8 cm,开展度 69～81 cm,始花节位 6～10 节,果实长羊角形,果面光滑,深绿色,果实纵径 16.2 cm,横径 3.1 cm,肉厚 0.29～0.34 cm,2～3 心室,胎座中等大小,平均单果重 30.9 g,果实品质优,商品性好,味微辣,脆嫩,口感好。适合早春保护地栽培。

(8)辽椒 19 号 辽宁省农业科学院育成的中早熟大牛角椒,生育期 108 d,植株直立,生长势强,长势整齐,结果集中,商品性好,亩产 5 500 kg 左右;果长 22～28 cm,果横径 4 cm 左右,平均单果重 150 g,果色绿色,果面光滑,味辣。抗病毒病,耐疫病、耐低温。适合塑料大棚和日光温室栽培。

(9)吉椒八号 辣椒酱用品种。综合性状优良、丰产,植株生长势强,株高和开展度 60 cm 左右,始花节位 13 节;果实羊角形,青果绿色,果长 20 cm 左右,果横径平均 2.5 cm,单果重 35～45 g,亩产 4 000 kg 左右;抗辣椒疫病,抗病毒病,适宜地膜覆盖提早和秋延后栽培。

(10)陇椒 6 号 株高和开展度 73 cm 左右,早熟,生长势中等,单株结果数多,果羊角形,绿色,果长 22 cm,果肩宽 2.8 cm,肉厚 0.25～0.3 cm,单果重 35～40 g,味辣,果实商品性好,品质优良,抗病毒病,耐疫病,耐低温寡日照,一般亩产 3 500～4 000 kg,适宜全国日光温室及保护地栽培。

(11)航椒 8 号 平均株高 98 cm,开展度 60.3 cm,半直立型,叶色绿,始花节位 9～10 节,从定植至青果采收 45 d 左右,平均单株果数 15 个,单果重 65 g,果实长羊角形,纵径 25 cm,横径 3.1 cm,果肉厚 0.30 cm,果面微皱,青熟果深绿色,老熟果紫红色,味辣,平均亩产 5 000 kg。该品种抗病性强,抗病毒病、白粉病和疫病,适合保护地栽培。

(12)芭莱姆　荷兰瑞克斯旺公司推出。该品种连续坐果能力强,产量高,果实大,牛角形,果长 18～25 cm,果横径 4～5 cm,外表光亮,商品性好,单果重 100～150 g,辣味较浓。抗烟草花叶病毒,适合秋冬、早春日光温室或其他保护地栽培。

(13)中寿 12 号　中国农业大学寿光蔬菜研究院育成的早熟品种。该品种株型紧凑,植株生长旺盛,果实长粗牛角形,果长 25～30 cm,果肩宽 4～5 cm,单果重 100～150 g,果实浅黄绿色,光滑顺直,果肉厚,耐贮运,辣味适中,商品性好,连续坐果能力强,高产稳产,该品种最大特点是耐低温、弱光、耐高温,抗病性强。

(14)长辣 1 号　早中熟线椒品种。植株长势较强,株高及开展度 63 cm 左右,侧枝多,连续坐果力强,单株挂果 45 个左右,始花节位 8～10 节,青熟果淡绿色,成熟果鲜红色,果面光亮微皱,果实细长,果长 18～20 cm,果宽 1.4～1.7 cm,肉厚 0.20～0.25 cm,单果重 16～18 g,果皮薄,肉质脆,辣味较强,平均亩产 1 976 kg。该品种抗病及抗逆性强,较耐低温、耐热,抗病毒病、疫病、疮痂病。适合露地及保护地种植。

(15)国福 403　中熟线椒品种。植株生长势较旺,半直立株型,茎秆有绒毛,连续坐果能力强,基本上节节有果,果长 22～24 cm,果宽 1.7 cm,单果重 23～28 g,果实光亮,果形美观,青熟果绿色,红果鲜亮,辣味香浓,且辣中带甜,食味极佳,耐贮运,商品性好。耐热、耐湿性强,高抗病毒病,抗青枯病、炭疽病和疫病。持续收获期长,绿红果兼收,适宜多种加工。

2. 灯笼椒品种

(1)中椒 7 号　早熟灯笼椒品种,株高和开展度 63 cm 左右,第一花序着生在 8～9 节,定植后 30 d 左右可采收,较同类早熟品种早 5～7 d。该品种果实大,商品率高,平均单果重 100～120 g,平均亩产量 3 075.0 kg,比同类品种平均增产 35.27%。该品种对病毒病和疫病有较高的抗性。在全国 20 多个省(区)市累计推广种植面积 63.2 万亩,种植面积占早熟甜椒种植面积的 80%～90%。

(2)中椒 108 号　中熟甜椒一代杂交种。植株生长势中等,始花至采收约 40 d,果实商品性好,商品率高,耐贮运,货架期长。果实灯笼形,纵径 11 cm,横径约 9 cm,肉厚 0.6 cm,4 心室率高,果面光滑,果色绿,单果重 180～220 g,平均亩产 4 000～5 000 kg。抗病毒病,耐疫病。适用于保护地冬春茬栽培。

(3)冀椒 4 号　中晚熟杂交种。生长势强、叶片较大,株型较紧凑,平均株高 68 cm,开展度 48 cm,13 节左右着生第一花;果实灯笼形,果形美观,深绿色,果大肉厚,一般单果重 120 g,最大单果重达 250 g,丰产性好,平均亩产 4 000 kg,最高达 5 100 kg,果实味甜质脆,商品性好,耐贮运。抗病毒病及日灼病,较抗炭疽病及疫病。主要用于露地地膜覆盖栽培。

(4)红英达　国外引进的中早熟灯笼椒品种。植株生长势强,株型紧凑,分枝较多,株高 60～70 cm,开展度 50～60 cm,9～10 节着生第一花,该品种易坐果,果形一致,生育期 130～140 d,从播种至始收约 90 d。果实 3～4 心室,果面光滑,果皮绿色,果肉厚,品质优,商品性佳,果长 11 cm,果肩宽 9 cm,果肉厚约 0.5 cm,平均单果重 170 g,亩产 4 000 kg 以上。抗病抗逆能力强,耐低温,抗病毒病、枯萎病、青枯病、炭疽病、灰霉病能力较强,耐贮运。适合保护地的早春、越冬及秋延后种植。

(5)黄甜椒　以色列引进的中熟灯笼形甜椒新品种。该品种坐果率高,成熟后果实转黄色,外表光亮,生长速度快,果长 8~10 cm,直径 9~10 cm,单果重 200~250 g,商品性好,耐储运,耐病性强。

(6)国禧 107　国家蔬菜工程技术研究中心育成的早熟灯笼形甜椒品种,果实绿色,果表光滑,商品率高,耐贮运,果长 12 cm,果横径 10 cm,肉厚 0.53 cm,单果重 170~300 g,膨果速度快,持续坐果能力强,整个生长季果形保持很好,高抗病毒病,抗青枯病,低温耐受性强。适于华北保护地早春和秋延后拱棚种植。

(7)国禧 804　国家蔬菜工程技术研究中心育成的中熟灯笼形甜椒品种,植株生长健壮,果实绿色,果面光滑,果肉厚,商品率高,耐贮运,果长 10 cm,果横径 8.5 cm,单果重 160~270 g,低温耐受性强,持续坐果能力强,高抗疫病、病毒病。适于露地和保护地种植。

(8)ND26　中熟灯笼形甜椒品种。适合于收青椒和黄彩椒,4 心室率高,绿色,单果重 200 g 左右,肉质厚,坐果性好,耐贮运,货架期长,抗病毒病。

(9)黄星 1 号　北京蔬菜研究中心培育的中早熟灯笼形杂交种,果实 3~4 心室,果皮光滑,嫩果为绿色,熟果呈金黄色,果长 10 cm,果横径 8.5 cm,单果重 150~250 g,肉厚 0.6 cm,品质优,可生食,含糖量高,坐果率高,转色快,抗病能力强,持续结果能力强。亩产 4 000 kg 以上,适于保护地种植。

(10)红苏珊　植株生长中等,茎粗壮,节间较短,连续坐果能力强,果实方正,商品率高,单果重 180 g,果肉厚,果实转色后颜色鲜红,亮美,味微甜,硬度好,耐贮运,绿果红果均可采收,亩产量达 10 000 kg 左右。抗烟草花叶病毒能力强。

3. 露地干辣椒品种

(1)天宇 3 号　韩国引进的中熟干辣椒品种。株高 85 cm,开展度 60 cm 左右,分枝力和坐果力强,生产势旺盛,成熟性较一致。果实簇生,朝天生长,每簇可结 6~7 个果,单株结果 400 个左右,果长 5~6 cm,果横径约 1 cm,味辣,红椒色泽鲜红发亮,易干制,不皱皮,亩产干椒 350 kg 左右。抗花叶病毒。

(2)湘辣 702　单生朝天椒中熟品种。果实小羊角形,果长 8 cm,宽 1.2 cm,青果深绿色,熟果鲜红,果实单生、朝天,果尖钝圆,前后期果实一致性较好,辣味浓,单株挂果多,丰产潜力大,耐湿热,抗性强。

(3)天宇 5 号　一代杂交的中熟朝天椒品种,植株生长旺盛,株高可达 1.3 m 左右,单株分枝 7~10 个,果实簇生,每簇 6~7 个果,果实上冲,果长 5~6 cm,果茎粗 0.6 cm,果型圆直,颜色浓红,辣度极高。该品种结果性强,结果集中,单株结果 200 个以上,最多单株结果可达 700 个,熟性一致,利于采收,易干制,亩产干椒 500~600 kg。

对枯萎病、病毒病抗性好。

（4）绿宝天仙　美国阿特拉斯种子公司培育的早熟杂交种。该品种植株长势旺，果实密集，果长 4.5～5.5 cm，果径 0.6 cm 左右，单株结果 200 个左右，果实深红色，果面光滑，味浓辣，易干燥，适于加工出口，干椒亩产量 500 kg 左右。由于该品种抗热性及抗倒伏能力强，夏季生长良好。对辣椒疫病、炭疽病抗性较为突出。

（5）超级金塔（圣尼斯）　株型适中，株高 75～85 cm，开展度 60～70 cm；果长 12～14 cm，果径 1.8～2.5 cm，坐果部位较低，且集中，成熟期一致，早熟性好，着色快。红果颜色深，光泽油亮，品质优秀，商品性超群，产量高，可做鲜椒，更适宜做干椒。

（6）红丰 404（香港益农）　植株生长旺盛、株型适中的中晚熟品种，株高 100 cm，开展度 90 cm，分枝多，坐果率高，单株挂果 60～80 个，果实长 13 cm，果肩宽 2 cm，单果重 20 g 左右，亩产鲜椒 3 000～4 000 kg，果皮光洁亮丽，老熟后果皮大红，着色均匀。抗热耐瘠，抗病性强，高抗青枯病、病毒病、枯萎病、炭疽病、疫病、灰霉病、细菌性角斑病等多种病害，是当前红尖椒主栽品种。

（7）韩星一号　韩国引进的一代杂交优质干椒品种。果型较大，株高 80～90 cm，开展度 75～85 cm，生长势强，一般亩产干椒 500 kg，辣椒果实羊角型，果长 15 cm，横径 3.5～4.0 cm，干椒单果重 3.5～4 g，单株结果数 25 个以上。该品种果实成熟晾干后呈紫红色，皮厚，平整光滑，色素含量高，辣味适中，商品性状好，高抗病毒病，是适合加工出口及色素提取的优质干椒品种。

（8）益都红　我国多年种植的传统品种。植株较直立，生长势强，成株高 60～70 cm，开展度 75 cm 左右。第一果着生在主茎 12～14 节，果实向下，果实羊角形，略弯，果实表面有棱，青果期果皮黄绿色，老熟后变紫红色，果长 12 cm，果横径约 2.6 cm，果肉厚约 0.2 cm，平均单果重 3 g。干椒油分多，辣味浓，色素含量高，品质好，抗病性强，亩产量 300 kg 左右。

（9）京椒 2 号　国家蔬菜工程技术研究中心育成的中早熟 F_1 杂交种。植株生长健壮，分枝能力强，持续坐果能力强，单株坐果 60 个以上，果实圆羊角形，果长 13～15 cm，果横径 2.1 cm 左右，单果鲜重 20 g 左右，干椒单果重 4.2～6.0 g。嫩果深绿色，成熟果鲜红色，干辣椒暗红色，光亮，高油脂，辣椒红素高，辣味强，是鲜绿椒、红椒、加工干椒的多用品种。绿椒亩产 3 500～5 000 kg，红鲜椒产量 3 000 kg 左右，干椒产量 300～350 kg，该品种高抗病毒病和青枯病，抗疫病，适合全国各地露地种植。

第二节　育 苗 管 理

一、育苗技术

（一）有机育苗条件

有机育苗圃必须是获得有机认证的地方，最好在有机生产基地内部建立育苗圃，这样可减少外界环境对育苗圃的影响。使用的基质应含有足够的养分,保肥、保水能力强,透气性优。种子需使用有机种子,但在事实上难以买到有机种子时,允许使用未被化学处理过的非转基因种子,但必须制订和实施获得有机种子的计划。育苗的养分供应可通过有机材料供应养分,病虫害防治时应排除化学性的方法。

(二)育苗的优缺点

蔬菜育苗的目的是根据生产需要,育成数量充足、质量良好的秧苗。

1. 育苗的优点

可充分利用有限的生产季节,延长作物的生长期,做到收获早、产量高;可提高土地利用率,做到经济、合理地利用土地;便于人为创造条件培育出符合要求的壮苗;可实施规格化及批量化生产;节省种子、定植时间及劳动力的投入;在人为创造的良好育苗环境下育苗,可防止自然灾害的威胁,提高育苗质量,有利于防治病虫害。

2. 育苗的缺点

需要对生产计划及栽培更加了解和投入过多的精力,在冬季育苗时有可能增加取暖费用,夏季育苗可能添加降温措施而增加降温费用,育苗时需要较多劳动力投入和过硬的育苗管理技术。

二、育苗设施

育苗指辣椒在苗床中从播种到定植的过程。目前生产上选用的育苗设施主要有:阳畦、温床、塑料拱棚、日光温室等。

1. 阳畦

阳畦又称为冷床,由覆盖物、畦框及风障三部分组成,一般无其他加温设备,主要靠阳光进行增温。设置阳畦时,阳畦一般坐北朝南,东西横长,畦宽 1.2～1.5 m,长度根据育苗数量的需要长短不一。

2. 温床

温床育苗方式常见有:电热温床、火热温床、水热温床等,其中电热温床由于加温快而均匀,可人工调节或自动调节,使用方便,北方地区应用较多。

北方地区育苗时一般把电热温床设在日光温室内,南方地区设在塑料大棚内,具体做法:按温床面积在畦面上覆上一层 5～10 cm 的隔热层(蛭石、稻壳或炉渣均可)并拍实,然后隔热层上再撒上 2～3 cm 的细土(有机地块内的),铺上电热线,在电热线上铺上 5～10 cm 的营养土,或装上基质的穴盘(钵)即可。

3. 塑料拱棚

采用竹竿、塑料薄膜搭建高 1～2 m,宽 1.5～2 m 的拱棚进行育苗。一般 6 m^2 可育苗 4 000 株左右。适合春提早和秋延后时期进行育苗。

4. 日光温室

利用日光温室良好的保温性能,进行辣椒及其他蔬菜育苗。如冬季温度较低可采用加温设备提高苗床温度,夏季可通过遮阳或湿帘降低温室温度,以满足辣椒幼苗对温度的要求。

三、基质制备

(一)育苗基质应具备的条件

育苗基质应具备较好的排水性、透气性及持水性,拥有适合辣椒生长发育的 pH(5.8~6.5),能提供适合辣椒生育的根系环境,且物理及化学性能优异,并具有耐久性能。

选择基质材料时要考虑:可利用的基质材料的可回收性;基质材料不能因自然条件的影响而被风化、分解,进而生成垃圾,且不能够损坏大田的栽培环境;基质材料不能存在恶臭、污染等因素;不能添加化学肥料和其他人工合成物质。图 9-4 是工人在装育苗基质,图 9-5 是营养钵育苗。

图 9-4 工人在装育苗基质

图 9-5 营养钵育苗

(二)有机育苗基质材料

有机育苗基质可选择土壤、堆肥、草炭、蛭石、珍珠岩、菇渣、锯末等有机材料。

(1)土壤 土壤应选用有机粮田的土壤作为有机育苗基质,有机育苗基质中当怀疑染上土壤传染性病害或有害虫时,可停止使用或利用太阳能进行消毒,并预防传染源的流入。用土壤作为育苗基质其缺点是密度过高,通透性较差。

(2)堆肥 是有机栽培中最普遍使用的材料。但堆肥的质量受制作方法和堆肥材料的影响较大,因此选择优质的堆肥材料尤为重要。使用堆肥作为基质材料时,堆肥应至少在使用前 6 个月堆制完成。堆肥在基质中的添加量一般在 20%~30%。

(3)菇渣 是蘑菇生产后的废弃物,在我国每年有大量的废弃菇渣产生,而菇渣中含有丰富的粗蛋白、粗脂肪和氮浸出物,还含有钙、磷、钾、硅等矿物质,营养相当丰富。由于在蘑菇栽培过程中经过了充分的分解,菇渣结构组成稳定,并且菇渣的结构呈粒状,类似于土壤的团粒结构,是一种很好的潜在替代草炭的基质材料。

（4）草炭　含有大量水分和未被彻底分解的植物残体、腐殖质及矿物质。有机质含量在30%以上,质地松软易于散碎,比重0.7～1.05,多呈棕色或黑色,具有可燃性和吸气性,pH一般为5.5～6.5,呈微酸性。由不同物质组成的"草炭"有不同的物理性质与化学特性。含丰富的氮、钾、磷、钙、锰等多样元素,是纯天然的有机物质,是一种无菌、无毒、无公害、无污染、无残留的绿色物质,在蔬菜育苗中使用最为广泛。

（5）蛭石　在有机基质中应用仅次于草炭,在基质中易吸附水分和营养成分,并且含有钙和镁成分,pH中性。

（6）蚯蚓粪　是蚯蚓对有机废弃物进行生物降解的产物,不但本身具有放线菌等大量的有益微生物,而且能够大大提高育苗基质的微生物量和微生物活性,有效改善基质的微生物区系,从而间接地控制了病菌的生长、繁殖,提高蔬菜苗的抗病性。

（7）珍珠岩　一种火山岩,加热时会膨胀,并会变成轻盈的白色粒子,珍珠岩添加到基质中可提高基质的透气性并优化基质的排水性。

（8）石灰石　用于补偿pH和养分供应。生石灰或氢氧化钙不能用作基质材料。

具体育苗基质材料及添加比例可参考表9-1、表9-2。

表 9-1　利用菇渣替代草炭配制的有机基质实例

分类	各种有机床土的原材料配合比例（体积比）		
	蛭石	珍珠岩	菇渣
有机床土 A 型	1	2	2
有机床土 B 型	1	1	1

表 9-2　利用草炭配制的有机基质实例

分类	各种有机床土的原材料配合比例（体积比）		
	蛭石	珍珠岩	草炭
有机床土 A 型	2	1	6
有机床土 B 型	1	1	3

注:床土的养分不足时,可适当添加完全腐熟的堆肥或蚯蚓粪来补充养分。

四、播种

（一）种子准备

1. 有机种子

有机种子是专门为从事有机栽培的农场或客户生产的、完全不采用化学处理（NCT）和转基因（GMO）的农作物种子。应选择适应当地的土壤和气候条件、抗病虫害的植物种类及品种。在品种的选择上应充分考虑保护植物的遗传多样性。应选择有机种子或植物繁殖材料。当从市场上无法获得有机种子或植物繁殖材料时,可选用未经禁止使用物质处理过的常规种子或植物繁殖材料,并制订和实施获得有机种子和植物繁殖材料的计划。

应采取有机生产方式培育一年生植物的种苗。

不应使用经禁用物质和方法处理过的种子和植物繁殖材料。

2. 种子消毒

用于有机农业的种子消毒方法有温汤浸种法、药剂浸种法、干热处理法、温汤药剂浸种法等物理方法。

温汤浸种法:先用少量的凉水将种子浸泡洗净,再将种子捞出投入到 55℃ 的温水中,用温度表朝一个方向不停地搅拌,以保证种子受热均匀,边搅拌边查看水温,使水温保持 55℃ 恒温 15 min。15 min 后在室温水中继续浸泡种子 8~10 h,使之吸足水分,然后进行催芽处理。

药剂浸种法:先用一般温水将种子预浸 4~5 h。起水后再浸入 0.2% 的高锰酸钾或 1% 硫酸铜水溶液中 5 min,再用清水洗净后放入 25℃ 左右的温水浸种 6~8 h,使种子吸足水分后进行催芽处理。

干热处理法:将充分干燥的种子置于 70℃ 恒温箱内干热处理 72 h,可杀死许多病原物,而不降低种子发芽率,尤其对防治病毒病效果较好。

温汤药剂浸种法:浸种前 2~3 d 在室外曝晒 6~8 h,用 1% 高锰酸钾溶液浸泡 30 min,捞出后反复冲洗。然后用兑好的 55℃ 温水(相当于种子量 5~6 倍),进行温汤浸种,并不停搅拌,10~15 min 后水温降至 30℃ 时浸泡 8 h,捞出用清水洗净种子上的黏液和辣味,然后进行催芽处理。

(二)播种

1. 催芽

将消毒后并吸足水分的种子用湿纱布或湿毛巾包起来,种子包要保持松散透气,将种子包放在带盖的小盆中,置于 25~30℃ 环境中催芽。每天翻动种子包,并用温水投洗 1~2 遍。一般情况下 3~5 d 即可出芽。严禁用塑料袋(塑料布)包裹种子,以防种子因缺氧而腐烂,影响出芽。

2. 播种

(1)苗床上直播 播种宜选择在晴天上午进行(阴雨天播种,地温低,出苗慢,易造成种芽腐烂)。可采用苗床撒播或条播。播种期按前茬作物收获期的 50 d 左右开始播种,苗床浇足水,待水渗完后在苗床上撒一层细营养土,播种量按每 $1 m^2$ 20 g 均匀播入,播后覆 0.5 cm 的细质沙土,然后支架盖膜。种子不出土不要揭膜,如若苗床有裂缝,可用细土盖严,苗出齐后疏苗,间距 3.3 cm,切方,使根集中生长在本钵,便于移栽时操作。

(2)营养钵(营养盘)内直播　近年来采用进口种子较多,因价格昂贵,可采用营养钵(营养盘)育苗。辣椒营养钵育苗技术就是通过容器(营养钵、营养盘)以及配制的营养基质培育辣椒苗,不仅能保护根系,节约种子用量,还能保证幼苗充分吸收养分长成壮苗,提高了幼苗定植后的成活率及辣椒产量和品质。具体方法:将配制好的基质装入营养钵(营养盘)中,先浇足底水,待水渗下后撒一层薄的床土,再播种,每穴播 1 粒催芽后的种子,然后在种子上部覆 0.5～1 cm 的床土,播后覆盖透明地膜,以增温保墒,如苗床外界温度较低,可在夜间加扣小拱棚提高苗床温度。

五、育苗管理

(一)营养管理

育苗期营养不足会阻碍辣椒生长发育,且在定植后很难扎根,同时也会阻碍花芽的形成和发育,因此制造育苗基质时,应均匀投放足量的养分,育苗时,可通过在基质中加入底肥(堆肥或蚯蚓粪)或追肥(液肥、沼肥)供应养分。

各种营养的供应源可参考的物质:

氮,血粉、棉籽粉(非转基因的棉花籽)、牛毛粉、蹄角粉、豆粉、畜禽粪便等。

磷,骨粉、虾副产物、制糖副产物、磷矿石粉等。

钾,草木灰、豆粉、花岗岩粉等。

(二)水、光及温度的管理

育苗期浇水过少过多均会影响育苗质量,浇水过多时作物会徒长并易引起沤根及其他病害的发生;浇水过少时,可抑制作物的发育。浇水应在上午 11 时至下午 1 时之间,浇水时水温最好维持在 20℃左右,并且一次浇灌足量的水,直到作物的根部,最好从下面进行浇水,防止叶面长时间有水滴存在,导致病害的发生。

日照量不足时,坐果节位会上升及花朵数减少,且花朵的质量恶化,故应在育苗期间特别留意采光和通风。

出苗前白天保持在 30℃左右,夜间 18～30℃;子叶展开至真叶出现白天温度控制在 20～25℃,夜间 15～17℃;2～3 片真叶后白天温度控制在 20～25℃,夜间10～15℃。

(三)苗期管理

1. 出苗期

从播种到幼苗出土直立为出苗期。此期苗床温度应控制在 25～30℃,当 70％的幼苗出土时,要及时撤掉覆盖物,并撒上一层草木灰,减少水分蒸发,防止病害的发生。

2. 小苗期

从出苗到分苗的时期。此期要创造光照充足、地温适宜、气温稍低、湿度较小的环境条件。具体管理：播种后80％幼苗出土时开始通风，降低苗床温度，白天保持在20～25℃，夜间保持在12～15℃，地温控制在18℃以上。夜温高极易发生小苗徒长。尽量延长光照时间，如苗床缺水，可在晴天的中午浇1次透水，但切忌小水勤浇。

3. 分苗

分苗就是将小苗从播种床内移出，按一定的距离移栽到移植床中或营养钵中。辣椒花芽分化在3叶期以后，因此分苗最好在2～3片叶时进行分苗。分苗前的3～4 d降低苗床的温湿度，并给以充足的光照，增强幼苗的抗逆性。

4. 分苗后管理

分苗后给苗床创造高温高湿的环境2～3 d，这样有利于缓苗。保持白天温度在25～30℃，夜晚温度控制在15～20℃。

5. 成苗期管理

分苗完成缓苗后到定植前。此时期要进行大量的花芽分化，此期要求较高的

图 9-6　辣椒壮苗

日温和较低的夜温，足够的阳光和适当的水肥，以免幼苗徒长，促进花芽的分化。具体管理措施：白天保持温度20～25℃，夜间15℃，尽可能保持10℃以上的温差。扩大受光面积，保持足够的阳光照射；水分管理应增大浇水量，减少浇水次数，保持土壤见干见湿，定植前一天，苗床浇灌足够量的水，以便于第二天采苗；养分管理时，应注意观察苗情，根据苗情酌情增加肥料的投入，确保养分充足供应。图9-6为辣椒壮苗。

第三节　土 壤 管 理

一、适宜辣椒栽培的土壤条件

1. 物理条件

辣椒对土壤的适应范围较广，在沙土、壤土、黏土等不同土质均能生长，但能够保持水分和养分的壤质土或黏壤土最为适宜；辣椒对渍涝及干旱抵抗力较弱，因此持水力和排水性能良好的土壤最为适合辣椒生长。辣椒属浅根性植物，为了防止土壤水分快速蒸发，宜在辣椒行间增加覆盖物覆盖土壤，且在持续干燥时，应适量浇水。辣椒适宜在有机质含量高，保肥保水能力强，排灌性好，地下水位较低，土层深厚的沙质土壤上栽培。

2. 化学条件

辣椒对土壤的酸碱度要求不高,pH 在 5.2～8.5 都能适应,但土壤的 pH 在 5.6～6.8 最为适宜,在 pH 5 以下的酸性土壤中,辣椒生长发育不良,且辣椒疫病的发生率也会增加,故在 pH 5 以下的酸性土壤中要利用石灰进行适当调节。

3. 辣椒的养分供应

辣椒为吸肥量较多的蔬菜,每生产 1 000 kg 的鲜椒约需氮(N)3.5～5.4 kg、五氧化二磷(P₂O₅)0.8～1.3 kg、氧化钾(K₂O)5.5～7.2 kg、钙 2.2～5.0 kg、镁 0.7～3.0 kg。辣椒在各个生育期,所吸收的氮、磷、钾等营养物质的数量也有所不同,从出苗到现蕾、初花期、盛花期和成熟期吸肥量分别占总需肥量的 5%、11%、34% 和 50%,从初花至盛花结果期是辣椒营养生长和生殖生长旺盛时期,也是吸收养分和氮素最多的时期,盛花至成熟期,植株的营养生长较弱,此时期对磷、钾的需要量最多。

在有机辣椒栽培时,由于不能使用化学肥料,因此应通过绿肥、堆肥及有机农业允许的材料,调节并使用所需养分的量。

二、土壤有机质的管理

(一)土壤有机质的作用

土壤有机质是指存在于土壤中的含碳的有机物质。土壤有机质是土壤固相部分的重要组成成分,尽管土壤有机质的含量只占土壤总量的很小一部分,但它对土壤形成、土壤肥力、环境保护及农业可持续发展等方面都有着极其重要的作用。首先,有机质在改善土壤物理性质中的作用是多方面的,其中最主要、最直接的作用是改良土壤结构,促进团粒状结构的形成,从而增加土壤的疏松性,改善土壤的通气性和透水性,提升地温,防止土壤流失和侵蚀;其次,可增加土壤阳离子交换量及持肥力,增大缓冲能力,增加土壤中磷的有效性;同时也可增加土壤微生物活性,供应作物生长激素及维生素等促进作物生长发育的物质,增强作物的抗性。

(二)增加和维持土壤有机物质

增加和保持土壤有机物质,主要的农业技术措施有:

(1)秸秆还田。秸秆还田是增加土壤有机质含量、提高土壤肥力的重要措施,对于改善土壤结构、增加土壤保水、保肥能力、提高作物的抗旱性效果明显。

(2)增施有机肥。利用农业废弃物制作的堆肥,将堆肥施入土壤可增加土壤有机质的含量,提升耕地质量及耕地的综合生产能力。

(3)种植绿肥。绿肥可为土壤提供丰富的有机质和氮素,改善土壤的理化及生物性状,改善土壤结构。

(4)减少土壤有机质的消耗。例如,实施轮作,采取少耕、免耕、覆盖等措施,其目的就是减少和控制土壤氧气的供应,削弱微生物分解活动。覆盖则可以减少土壤水土流失。这样才能保持土壤有机物质在提供养分的同时,增加能源,保持有机质含量稳定。

三、土壤污染管理

1. 有机耕地土壤污染的主要原因

常规农业耕地的化学肥料随地面径流的流入、源自养殖场的污染源流入或家畜粪尿等物质的过量施用,导致土壤中形成盐分积累;重金属污染的废材料、废矿山的材料流失到附近的农田,可能会造成重金属污染现象;常规农业耕地的农药、肥料的飘移扩散对有机耕地造成的污染等。

2. 防止土壤污染对策

禁止过多施用家畜粪尿,创造与附近常规农田隔离的条件,禁止使用难以确认原料的废材料和受到污染的废水,禁止在重金属污染地区栽培作物,在有机农田周围设置生草带、缓冲地带、排水道等切断污染源流入的设施等。

四、轮作、间套作

轮作即在同一块田地上有顺序地在季节间和年度间轮换种植不同作物或复种组合的种植方式。是用地养地相结合的一种生物学措施。有利于均衡利用土壤养分和防治病、虫、草害;能有效地改善土壤的理化性状,调节土壤肥力。合理的轮作有利于维持土壤的健康,减轻病虫草害的发生及危害。

（一）保护地西瓜、辣椒轮作栽培

采用多层覆盖的方式提高地温,即保护地内再覆盖个小拱棚,小拱棚内覆盖地膜进行早春西瓜栽培,西瓜拉秧后,种植秋辣椒。

1. 保护地西瓜栽培

选择中早熟、耐寒、高产、优质的西瓜品种如京欣 3 号、西农 6 号、丰抗 8 号等与京欣砧 1 号进行嫁接,当年的 1 月中下旬日光温室育苗,3 月上中旬大棚或日光温室内定植。定植前整地施肥,施肥时每亩施完全腐熟的堆肥 5 000 kg,深翻土壤 25 cm 左右,耙平并起垄,垄高 25 cm、宽 80 cm,垄距 1.5 m,每垄定植 1 行,每亩定植 500～700 株,7 月下旬至 8 月上旬拉秧。

2. 辣椒栽培

选择抗病、高产的中晚熟辣椒品种,如香辣一品红、红泽 1 号、天宇 5 号等,于 7 月上旬遮阴育苗,8 月中下旬定植到日光温室内,定植前整地施肥,施肥时每亩施完全腐熟的堆肥 5 000～7 000 kg,深翻土壤 25 cm 左右,耙平并起垄,垄高 20 cm、垄面宽 80 cm,垄距 1.4 m,每亩定植 4 000 株左右,10 月上旬开始采摘,3 月中旬前拉秧。

（二）华北地区辣椒、玉米间作栽培

粮菜间作套种是调整种植结构,提高种植效益的有效途径。辣椒植株较矮小、耐阴,对光照强度要求不严,对强光的耐受性不强,玉米植株高大,且耐强光,夏季可对辣椒遮阴起到保护作用,两者搭配种植可以有效利用光、热、水、土资源,并能有效减轻病虫害的危害,增加单位土地面积的产量和效益。见图 9-7。

图 9-7　辣椒、玉米间作

1. 辣椒栽培

选择抗病、高产、优质的品种进行栽培,如湘椒 702、京椒 2 号、红泽 1 号、天宇 5 号等品种,华北地区 2 月下旬日光温室育苗,4 月下旬露地定植,定植前起垄,垄面宽 30 cm,垄高 15 cm,垄间距 60 cm,垄上定植 1 行辣椒,每亩定植 4 000 株左右,按辣椒和玉米 4∶1 的比例定植(定植 4 行辣椒后,点播 1 行玉米),辣椒 9 月下旬收获。

2. 玉米栽培

选择株型高大、抗病、抗倒伏、产量高的玉米品种,辣椒缓苗后播种,每穴点播 3～4 粒种子,穴间距 35 cm,玉米出苗后及时间苗,每穴保留 2 株健壮的幼苗,每亩留苗 1 300 株左右,玉米 8 月下旬后收获。

(三)春甘蓝、红干椒套种栽培

1. 施肥、整地

整地前每亩撒施完全腐熟的有机肥 5 000～8 000 kg,深耕 25～30 cm 后耙平,起垄,垄面宽 20 cm,垄沟宽 45 cm,垄上定植 1 行辣椒,垄沟内定植 2 行甘蓝。

2. 甘蓝栽培

选择抗寒性强、耐抽薹、抗病、丰产性好的早熟品种,如 8398、中甘 11、绿冠早生等,当 5 cm 地温稳定通过 8℃ 以上时即可定植,甘蓝定植在垄沟内,每沟内定植 2 行,每亩留苗 4 000 株,5 月中下旬收获。

3. 辣椒栽培

选择抗寒性强、耐抽薹、抗病、丰产性好的早熟品种,如益都红、超级金塔、红丰 404、韩星 1 号等,4 月上中旬育苗,5 月中下旬定植在垄上,每亩定植 5 000 株,小果品种双株定植,大果型品种单株定植,9 月份开始采收。

五、绿肥作物

绿肥作物是以其新鲜植物体就地翻压或沤、堆制肥为主要用途的栽培植物总称。绿肥作物多属豆科,在轮作中占有重要地位,而且多数绿肥也可兼作饲草。世界上农业发达国家都把厩肥、绿肥和种植豆科作物等,作为增加土壤养分的主要来源。绿肥作物现一般采用轮作、休闲或半休闲地种植,除用以改良土壤以外,多数作为饲草,而以根茬肥田,或作为覆盖作物栽培以保持水土和保护环境。

（一）绿肥作物的作用

1. 改善土壤的物理性状

通过促进土壤团粒化,提高土壤改良效果。通过供应绿肥,改善土壤的透气性和持水力。

2. 改善土壤的化学性状

掺入土壤中的绿肥作物通过微生物分解和腐蚀,并以此增加保存作物养分的能力。

利用绿肥作物吸收并去除过多的盐分,以防止盐分累积。

豆科绿肥作物通过根类菌的活动固定空气中的氮,以此确保土壤的肥沃度。

3. 改善土壤的生物性状

通过促进土壤微生物的活性,增加微生物的多样性和密度。

分解绿肥的纤维素、木质素、果胶素等元素的有用微生物增加。

若将绿肥作物纳入轮种体系当中,便可有效预防忌地现象,还具有遏制线虫及土壤病害等特定病原菌的增殖效果。

4. 其他

绿肥作物可提供绿色原野和美丽的花朵,具有美化周边景观的作用。

绿肥作物可覆盖表土,预防土壤流失及侵蚀。

绿肥作物可分泌化感物质,并覆盖整个土壤,增加表土的覆盖率,以遏制杂草的滋生。

十字花科绿肥作物对土壤病虫害具有生物熏蒸的功效。

（二）绿肥作物的种植

种植绿肥作物时应优先选用适合特定地区和季节的品种。由于在开花前夕,绿肥作物体内的营养成分最多,因此在此时翻耕最为理想,但要根据辣椒的定植季节来决定。在将绿肥还原于土壤之前,可先施用石灰石、天然石膏、可用性磷矿石、堆肥和微生物剂。

碳氮比高的禾本科绿肥作物应尽可能地切碎后进行深翻,以加快还原土壤后的分解速度。绿肥开始分解后,为了最大限度地减少养分流失,应立即种植主作物。

不同的绿肥作物其 C/N 不同,还原于土壤的绿肥无机化过程长短也不尽相同,通常情况下在温暖地区至少需要两周、低温地区需要 4 周左右的时间。

禾本科作物及豆科作物通过混播或交互播种的方式进行条播,对辣椒的初期生育及后期养分管理均有好处。

（三）绿肥作物的种类

1. 豆科作物

种植豆科作物经翻压后,可使后茬作物充分利用前茬豆科作物的养分,减少后茬作物的施肥量。常用的豆科作物有：长柔毛野豌豆、紫云英、猪屎豆属（菽麻）、三叶草等。

2. 禾本科作物

养分吸收能力超强，可有效调节设施栽培盐分积累地的土壤养分。可还原的有机物含量多，能有效增加土壤有机物的含量，并具有改善土壤物理性质的功效。经常利用的禾本科作物有黑麦、苏丹草、大麦等。

3. 十字花科作物

具有绿肥效果并且对土壤病原菌、土壤的害虫有生物熏蒸的功效。如芥菜、油菜等。

（四）绿肥的应用

1. 长柔毛野豌豆（毛叶苕子）

将长柔毛野豌豆作为绿肥还原于土壤中时，因其具有较高的养分含量（鲜物重养分含量为 N 0.56%，P_2O_5 0.12%，K_2O 0.46%），可充当大部分有机辣椒栽培所需的氮成分。长柔毛野豌豆碳氮比为 10 左右，碳氮比较低，分解速度快，具有较强的耐寒性和抗旱性、较强的防土壤流失及遏制杂草发生的功效，多用作覆盖作物，而且春季开紫色的花，非常艳丽，可用作景观作物。

一般在定植辣椒的两周前将长柔毛野豌豆还原于土壤当中，这样可免受气体损害。也可撒于辣椒的行间，减少杂草的滋生。与普通辣椒栽培方式相比，通过栽培长柔毛野豌豆后用作绿肥，并种植有机辣椒，氮、磷、钾肥的投入量分别减少至88%、74%、34%左右，起到了养分管理效率化的功效。

长柔毛野豌豆分解迅速，故在种植长期性作物辣椒时，会导致后期缺肥现象，要及时进行后期追肥。

2. 苏丹草

典型的夏季用 1 年生饲料作物，主要用作青绿饲料，也可用作绿肥作物或盐分累积较高的设施蔬菜中的除盐作物。苏丹草耐高温、耐旱性能强，生育旺盛，较易栽培，含有大量可还原于土壤中的有机物，对土壤改良具有很好的效果。苏丹草初期生育较为缓慢，但从开始扎根后，生长速度非常迅速。在地下水位高或碱性土壤中的生育状态不够理想。

以辣椒栽培地的轮种作物栽培，并用作绿肥时，应在抽穗前切削，并还原于土壤当中。在设施栽培盐分累积中，用作除盐作物时，应当种植 60 d 以上的时间，以充分吸收过多盐分后再进行切削，然后从园圃中去除。

苏丹草还原于土壤，具有防治线虫的功效。设施栽培每亩生草 2 000 kg 左右，土壤中的盐分降低率高达 39.1%左右，其除盐效果极高。

3. 小黑麦

小黑麦不但耐低温同时也耐瘠、耐旱、耐干热风和耐阴，在气候条件多变、水肥条件较差的高寒地区,能显示其稳产优势,小黑麦较易栽培,冬季可覆盖地表,防止水土流失。

黑麦的地上部分与地下部分的比率(S/R率)为0.88,地下部分的生物量较高,因此有助于改善土壤的物理性质。黑麦的C/N率较高,黑麦施入土壤有可能会与后茬辣椒争氮,故应特别注意。

在高寒地区,冬季休耕期种植黑麦,并在主作物栽培前将其还原处理到土壤当中或利用黑麦作物残茬覆盖土壤,可有效防止杂草滋生。覆盖效果将持续到定植或播种后50 d。辣椒栽培前,通过在冬季休耕期轮种黑麦,可每亩提供氮5.3 kg、磷酸5.3 kg、钾14.7 kg左右。

小黑麦抽穗期之前翻耕到土壤作为绿肥时机最佳。

4. 猪屎豆(菽麻)

初期生长较快,可固定大气的氮,同时具有遏制土壤根结线虫及根腐线虫的作用,种植于闲耕地,具有土壤改良和美化环境的作用。

当猪屎豆植株长到1~1.5 m(50 d)前后翻耕或细切成5~10 cm后翻耕。腐熟期限为2~3周以上。将猪屎豆还原到土壤后,亩可减少2~3 kg的氮肥施肥量。

六、堆肥

有机农业严格禁止化肥的使用,应利用有机农业废弃物进行堆肥供给有机农作物养分,并尽可能在有机基地内实现有机物的循环,自行制造和利用堆肥。

堆肥可增加土壤的有机物含量,提高土壤阳离子代换量、土壤持水量及土壤生物活性,进而提高其他养分的利用率。完全腐熟的堆肥中含有大量的腐殖质成分,能有效防止土壤养分流失,并缓慢释放出作物所需的养分。具体堆肥条件及方法请参考第四章。

第四节 栽 培 管 理

一、辣椒对环境条件的要求

(一)温度

辣椒在果菜类蔬菜当中,属嗜高温的高温性蔬菜。生长发育的最适温度在20~30℃的范围之间,温度低于15℃生长发育完全停止,持续低于5℃则植株易受到冻害。辣椒虽属高温性蔬菜,但辣椒忌高温暴晒,温度过高,也会导致植株生长发育不量,而且也极易诱发病毒病及其他生理病害。但辣椒不同的生育时期对温度的要求也不相同。

育苗时种子发芽最适宜的温度为25~30℃之间,且最低温度应至少保持在

20℃以上,便于种子发芽,温度低于12℃时则难以发芽。

种子出芽后,需稍降温以防幼苗徒长,要保持白天为温度20~22℃,夜间为15~18℃的温度。

辣椒的生长发育最适温度是,白天为25~28℃,夜间为18~22℃,地温夜间为18~24℃。

适合辣椒开花、结果的温度在16~21℃范围内。温度在15℃以下时,受精不良,容易落花;温度低于10℃时不能开花,已坐住的果也不易膨大,还易出现畸形果,故应采取保温措施。温度高于35℃,花器发育不全或柱头干枯不能受精而落花,应彻底进行换气和采取降温措施。

因气温过高,而造成辣椒徒长时,应降低地温,遏制辣椒根部的发育;相反,气温过低时,应提升地温,以促进根部发育,帮助地上部分的生长发育。

(二)光照

辣椒对光照的要求不严格,光饱和点为3万lx,略低于其他果菜类蔬菜(番茄的光饱和点为7万lx),故在较弱的光线下也能很好地生长,但在冬季设施栽培中,可能会出现光线不足的现象,为确保辣椒能够受到均匀的阳光,可采取补光措施,如后墙张挂反光膜,增加补光灯提高光照(图9-8)。

在设施栽培中,采光、通风对辣椒的生育、结果及果实膨大会造成很大的影响,因此冬季栽培时可适当降低种植密度,如地垄要起到140~180 cm的宽度,种植株距要在25~30 cm范围内。

一天当中所形成的同化养分为:上午70%~80%,下午20%~30%。故应在上午确保更多的阳光透过量。冬季通过多重覆盖的方式栽培辣椒时,应选用透光率高的外覆盖材料(图9-9)。

图9-8 冬季辣椒栽培增加反光膜 　　图9-9 辣椒多层覆盖栽培

(三)水分

辣椒为浅根性作物,既不耐旱也不耐涝,因根系不发达,在辣椒不同生育期必须经常供给水分,同时每次浇水也不宜太大,浇水太大时会影响土壤的通透性。

夏季干燥条件会影响辣椒的生长及花芽分化,对产量造成较大的影响。另外,干燥条件也易诱发辣椒病毒病及其他生理病害的发生,故应保持土壤一定的含水量。

淹水情况下,辣椒会因淹水而受到涝害,一般情况下辣椒被浸水 2 d 以上时,就会枯死,故在雨水多的夏季应特别注意排涝。另外,在设施栽培中,辣椒淹水后如遇强光照射,会因根部伤害而导致辣椒枯萎,故每次浇水,浇水量不宜太大,而且在夏季辣椒栽培中要特别注意设施内的排水管理。

(四)养分

辣椒在整个生长发育过程中,如养分缺乏,易导致辣椒品质降低和产量减少,因此充足的肥料供应对辣椒栽培尤为关键,有条件的地方,最好通过实施土壤分析,根据目标产量确定辣椒的施肥量。

养分供应掌握以"底肥为主,追肥为辅"的原则,可通过栽培绿肥作物供应养分或将完全腐熟的堆肥用作底肥。另外,辣椒的生长期较长,故应在辣椒生长后期,将液肥等有机材料用作追肥,便于辣椒吸收利用。

辣椒的需肥量大,除对氮、磷、钾等大量元素有较高的吸收外,也对中、微量元素如钙、镁、铁、硼、铜、锰等多种元素有一定的需求。研究表明,每生产 1 000 kg 辣椒果实需氮 5.19 kg、磷 1.07 kg、钾 6.46 kg,同时还应补充多种中微量元素,以防止各种缺素症引起的生理性病害。

二、栽培技术

在我国辣椒的栽培中,主要有露地早熟栽培、露地地膜覆盖栽培、小拱棚覆盖栽培、塑料大中棚覆盖栽培及日光温室栽培等方式。其中,露地早熟栽培和露地地膜覆盖栽培在我国各地普遍应用,是应用较多的栽培方式,也是适合有机辣椒生产的栽培方式。小拱棚覆盖栽培及塑料大中棚覆盖栽培,是春提早辣椒栽培的主要生产方式之一。

秋延后或越冬茬保护地辣椒栽培,是通过保温设备或加温设备以保持辣椒生长温度,因此需要耗费较多的生产费用,并因秋、冬季或设施内的光、温度、湿度环境的恶化,而极易引发病虫害的发生,因此是对有机辣椒的生产较为不利的栽培方式。

(一)露地栽培

1. 露地栽培的特点

露地辣椒栽培是我国各地较为常见的、面积最大的栽培方式,是在无霜冻灾害的季节,生产出干椒或鲜椒的栽培方式。但由于露地栽培受自然条件如暴雨、台风、干旱、冰雹等气象灾害的影响,辣椒的品质及产量稳定性差,变化严重。

2. 品种选择

露地栽培应选用抗病性强、耐热、品质好、产量高的早熟或中熟品种。长椒品种如陇椒 6 号、航椒 8 号、吉椒 8 号、京椒 4 号、洛椒 98A、苏椒 6 号等；灯笼椒品种如中椒 7 号、中椒 107、中椒 108、冀椒 4 号、红英达、国禧 804、农乐等；干椒生产可选用新椒 4 号、湘椒 2 号、线椒 8819、天宇 5 号、红丰 404、益都红、京椒 2 号等品种。

3. 播种时间

适宜的播种期是定植期减去育苗的苗龄推算出的日期。我国的各地气候差异大，定植期不同，播种期也不同，而且育苗条件的差异也影响其育苗时间。各地辣椒的播种期及定植期可参考表 9-3。

表 9-3　各地辣椒的播种期及定植期

地点	播种期(旬／月)	定植期(旬／月)	采收期(旬／月)
广东、广西、云南	中／9～下／9	上／11	下／1～上／2
杭州、上海	下／10～上／11	下／3～上／4	上／6～下／7
河南南部、安徽	中／12～上／1	上／4～中／4	上／6～中／8
河北中南部	上／1～中／1	上／4～中／4	上／6～中／9
北京	中／1～下／1	下／4～上／5	中／6～下／9
辽宁	上／2～中／2	下／4～中／5	下／6～下／9
吉林	中／3～下／3	下／5	中／7～下／9
哈尔滨	上／3～中／3	下／5	中／7～下／9

4. 大田准备

按目标产量及土壤养分状况计算出施用有机肥的量，将有机肥均匀地撒于土壤，然后深耕 25 cm 左右，耙平并起垄，采用单行种植的垄宽度为 35～40 cm，而采用双行种植的地垄宽度 70～80 cm，起垄的高度在 20 cm 以上，这样可有效实施病害管理。行间覆膜材料通常采用塑料地膜，但也可采用稻草、麦秸、落叶、无纺布、再生纸等有机物材料。

5. 定植

各地区的定植时间均在晚霜过后，当 10 cm 地温稳定在 16℃以上时进行，并应选择晴天定植。定植前一天，应给苗圃浇灌足够的水，以最大限度地保护根部，定植深度应与苗圃的育苗深度一样。定植株距可根据品种、土壤的肥沃度、收获期等条件而定，早、中熟品种其株型、株幅小，定植密度可适当加大，晚熟品种株型较大，株幅大，定植密度应适当缩小。一般大果型品种每亩定植 3 500～5 000 株，小果型品种每亩定植 5 000～8 000 株，个别品种参考种子说明书，采用适宜的密度。定植深度以原育苗覆土深度为准。营养钵育苗的，将其倒转过来，杯底朝上，轻轻拍打杯底,苗坨会自然落出;育苗盘育苗的,可用手捏紧幼苗茎基部,轻轻上提,即可带出苗坨。用小锄头或铁锹挖定植穴,把苗坨放于穴中,用土封严。定植后立即浇定根水,水量要足,使土壤充分湿润。

采用塑料地膜覆盖方式栽培时,应在定植后,用土填埋定植孔,防止土壤氨气挥发及地温过高时熏苗。

加大定植距离可提高单株产量,但群体产量可能降低,因此要合理确定定植密度,种植过密会给病虫害防治带来一定难度,有机辣椒栽培从病虫害防治角度考虑定植密度较常规模式略低。

6. 水的管理

辣椒根部主要分布在表土部分,因此当土壤干燥时,会影响辣椒生长,并引发多种生理失调现象。浇水的方法可采用:垄沟地膜下暗灌或膜下滴灌的方法,采用此种浇水方法可预防辣椒疫病,且有利于施肥管理。

定植后,要及时浇定植水;春季和秋季栽培时,由于温度较高,土壤水分蒸发量较大,可根据实际情况在定植 3~4 d 后浇 1 次缓苗水,但水量不宜太大,以免降低土壤温度,同时辣椒对湿害的耐受力非常弱,浸水两天就会枯死,故应特别注意浇水量,在雨季更应注意排水管理。

辣椒浇完缓苗水后,开始控水蹲苗,直至门椒坐住后开始结合施肥浇水。以后保持土壤见干见湿,切忌土壤忽干忽湿,而影响辣椒生长发育。

7. 整枝搭架

搭架:为防止受到风雨灾害,而引起倒伏,应及时进行搭架支撑,可用 1 m 高的粗竹竿,每隔 2 m 插 1 根,每 2 垄为一组,在竹竿上横向绑缚两道铁丝或塑料绳,以防辣椒倒伏。

整枝:露地栽培的灯笼椒品种可采用四干整枝或多干整枝的方法;长椒品种或干椒品种可采用多干整枝或不规则型整枝方法。

8. 后期养分管理

辣椒进入采收期后应及时追肥,采收期一般每 20 d 追肥 1 次,可自制有机液肥,以用作追肥,具体方法:可在氮素含量高的材料(油粕、鲜鱼等)中,掺入发酵微生物,以制成液肥用作追肥。如用 1∶15 的发酵豆粕液,每次每亩可追施 500~800 kg。

9. 杂草管理

地膜覆盖方式栽培,可在不覆地膜的行间进行中耕除草,对于地膜下的杂草可人工拔除。注意植株封垄后即使为锄草方便也不应将地膜去除,去除地膜后容易导致辣椒疫病的发生。

10. 采收

青椒果实表面皱褶减少,果皮颜色转绿,果面光泽发亮时应及时采收;红椒要转红后及时采收。采收宜在早、晚气温较低时进行。

（二）设施栽培

1. 设施栽培的特点

辣椒为高温性作物，适宜在温度较高的地区栽培。在寒冷的地区栽培，为保证辣椒正常生长发育需要给予适当的加温处理，因此尽可能避开冬季的严寒期进行栽培。在我国的中部地区，通常采用大拱棚或日光温室栽培。在南部地区，通常选择不需要夜间加温的大拱棚进行栽培。

大棚栽培以青辣椒生产为主要目的，而后期也可收获干果。在露地栽培中，还可采用能够促进初期发育，并能提高早期产量的中、小拱棚以及能够有效防治病害的简易挡雨设施进行栽培。

2. 栽培设施的种类

辣椒栽培设施主要有：日光温室、大中拱棚和小型拱棚。它们通常利用竹板或镀锌管搭起框架，然后用聚乙烯薄膜覆盖。

在设施栽培中可设置多层覆盖的方式提高设施内的温度。

3. 品种选择

大棚及日光温室春早熟辣椒栽培宜选苗期耐低温、生长后期耐热、抗病、早熟、高产的品种，长椒品种如中椒 10 号、辽椒 19、陇椒 6 号等；灯笼椒品种如津椒 5 号、辽椒 4 号、国禧 804、塔兰多等。

日光温室秋冬茬辣椒栽培宜选苗期耐高温、后期耐低温弱光、抗病性、丰产性好的中早熟品种。长椒品种如中寿 12、中椒 6 号、37-76、37-79、航椒 8 号、丰抗 21 等；灯笼椒品种如国禧 107、三星、考曼奇、红英达、中椒 7 号等。

4. 定植前准备

彻底清除前茬作物的遗留物并关闭棚室，用硫黄熏蒸的方法进行闷棚处理，此方法可对棚室进行全面的消毒，减少病原菌基数及消灭残留在棚室的小型害虫。由于设施辣椒栽培生育期普遍较长，辣椒生长发育需要较多的养分，整地前应增加堆肥和有机物的使用量。如前茬收获较早，应在定植辣椒的 15 d 前施于土壤，施肥时应将有机肥均匀地撒施田间，并深翻 25 cm，与土壤均匀混合，以免发生气体危害。

设施栽培时，由于栽培条件适宜，生长旺盛，植株较高大，种植行距比露地栽培略宽，这样可防止辣椒徒长，且便于对辣椒实施管理。在实际栽培中通常采用双行栽培的方式，采用双行种植的地垄宽度 80～90 cm，起垄的高度在 20 cm 以上。

5. 定植和初期管理

起垄后选择晴天上午进行定植，定植时按株距 35 cm 左右开穴，逐穴浇定植水，水渗下后摆苗，每穴 1 株，定植深度以育苗时的覆土深度与垄面相平为宜，幼苗成活后及时浇缓苗水。定植密度参考品种特性或种子说明，一般大果型品种每亩定植 3 500～5 000 株，小果型品种每亩定植 5 000～8 000 株。

为了提高地温促进根部发育和苗期生长,应采用透明塑料地膜予以覆盖,最好是在定植前几天事先予以覆膜,以提升地温。

定植后,夜间温度保持在 18℃以上。

6. 植株管理

(1)植株吊蔓　设施栽培的辣椒生育期普遍较长,植株高大,为防止植株倒伏,增加植株的采光和通风,应吊绳牵引每个分枝。具体方法:在辣椒种植行的正上方拉铁丝,每行上拉 1 根,然后用耐老化的尼龙绳将辣椒分枝与铁丝相连,并缠绕即可。注意尼龙绳不要拉得太紧,以免农事操作时拉断侧枝。见图 9-10。

图 9-10　辣椒植株吊蔓

(2)植株整理　辣椒整枝方法常用的有三干整枝、四干整枝、多干整枝和不规则整枝等方法。

三干整枝法:按留强去弱原则,保留强的 3 条结果枝干。此整枝方法有利于早期产量,适合大果型品种的高产优质栽培。

四干整枝法:也叫双杈整枝法。保留四门斗椒上的 4 对分枝中的一条粗壮侧枝作为结果枝。株型大小适中,兼顾了早期产量和总产量。适合大多数甜椒类和牛角椒类品种高产优质栽培。

多干整枝法:四门斗椒上长出的 8 条分枝中保留 5～6 条健壮的三级侧枝作为结果枝。植株保留茎叶较多,适于多数羊角椒类和牛角椒类品种。

不规则整枝法:侧枝长到 15 cm 左右后,将门椒下的侧枝打掉。结果中后期,根据田间的封垄及植株的结果情况对过于密集处的侧枝进行适当疏枝。管理较省事,种植密度小,用苗少,省种。适于羊角椒类品种,其他类型品种的早熟栽培以及露地粗放栽培。

辣椒通常在 7～12 节上结第 1 粒果,故应提早剪掉 7～12 节下面的旁枝。

1 粒辣椒果的发育需要 9 片左右的叶子,因此为了维持辣椒的健康发育,增加植株间的通风透光性,应摘除多余的叶子,并剪除分枝。

小拱棚辣椒春季早熟栽培和春秋地膜覆盖栽培辣椒采用不规则整枝法。塑料大棚春秋连茬辣椒主要采用四干整枝和多干整枝法。塑料大棚春茬辣椒植株开展的大果型品种采取四干整枝或多干整枝法。植株低矮、开展度小的品种采取多干整枝或不规则整枝法。温室冬春茬辣椒中晚熟的大果型品种可选用三干整枝法或四干整枝法;小果型品种可选用四干整枝或多干整枝法。温室秋冬茬辣椒大果型品种,种植密度偏大时,适宜选择四干整枝法,反之选择多干整枝法;小果型品种,单株定植的,采用多干整枝法或不规则整枝法。

7. 环境管理

(1)温度管理　定植后 5～6 d 内不通风,保持较高温度,促使缓苗,为了促进扎根,可采用多种方式保温,其中多层覆盖的方式较为经济有效,确保地温达到20℃左右,并且在夜间也保持18~20℃。缓苗后,开始通风,适当降温,保持棚温白天不超过25℃,夜间不低于15℃。开花坐果期适温为20~25℃,并保持适当的通风量和较长的通风时间,以提高坐果率。

（2）水肥管理　辣椒定植后及时浇定植水,定植后的3~5 d视土壤墒情适当浇水,但浇水量不宜太大。缓苗后至门椒坐住后,一般不轻易浇水施肥,尤其是不可偏施氮肥,否则容易徒长或落花落果。待第1层果实开始采收时,要加强浇水追肥,薄肥勤施,保持田间湿润。一般每采收2次追肥1次,每亩施1∶15的发酵豆粕液体肥600~800 kg,另施天然矿物硫酸钾15 kg。盛果期增加施肥量,每亩施1∶15的发酵豆粕液体肥1 000 kg,另施天然矿物硫酸钾8~10 kg。特别注意的是,辣椒在开花期干燥会导致落花及落果现象,并会影响正常的发育,故应通过适当的浇水确保湿度。

（3）光照管理　为预防冬季设施内因透光不足导致的光缺乏现象,大棚膜应选用透光率高的无滴膜,并要经常清理棚膜的灰尘,保持棚膜良好的透光性,必要时在日光温室的后墙可张挂反光膜,也可在设施内增加补光灯。

8. 辅助授粉

保护地辣椒栽培,由于缺少自然授粉昆虫,可在保护地内释放耐低温、弱光性的熊蜂进行辅助授粉,以提高辣椒坐果率。在辣椒初花期每亩释放1箱熊蜂即可满足辣椒授粉的需要。

9. 采收

青椒果实表面皱褶减少,果皮颜色转绿,果面光泽发亮时应及时采收。

第五节　病、虫、草害管理

辣椒由于生长期较长,在整个生育期会发生30~40种病虫害,通常对辣椒生产造成巨大灾害的病虫害有5~6种。为确保有机辣椒的稳定生产,有效防治主要病虫害尤为重要。

通常在露地辣椒栽培中,疫病、炭疽病、软腐病、病毒病、蚜虫、蓟马、白粉虱及夜蛾类害虫的危害较大,而在设施栽培中,青枯病、白粉病、灰霉病、蚜虫、蓟马的发生率较高。这些病虫害可通过多种方法予以适当的管理。

生产有机辣椒时,对病虫害的基本管理方法如下:

（1）轮作可最大限度地减少病虫害的发生,因此合理轮作在有机蔬菜栽培中极为重要。

（2）选用对病虫害抗性较强的品种。

（3）健康的土壤是生产有机蔬菜的基础,因此在有机辣椒种植时,必须对所栽培的土壤进行健康管理。

(4)保持辣椒栽培地的生物多样性,可有效防治害虫。

(5)为辣椒提供适合生长发育的种植环境,确保作物健壮生长,增加对病虫害的抵抗力。

通过上述方法,仍难以防治病虫害时,还可利用有机农业生产中被允许的材料,进行病虫害的防治。

一、病害管理

(一)猝倒病

1. 病原菌及病症

猝倒病又称为"倒苗""霉根""小脚瘟"。病原菌主要是瓜果腐霉菌、辣椒疫霉和烟草疫霉。

猝倒病是辣椒常见的苗期病害,辣椒播种后,由于病菌的侵染,造成胚芽和子叶变褐腐烂,使种子不能发芽和幼苗不能出土。幼苗出土后,小苗茎基部受病菌侵染,呈水渍状,淡黄褐色,无明显边缘,失水变细,成为线状,而使幼苗折倒,子叶在短时期内仍保持绿色。苗床潮湿时,病部及附近土壤表面有绵状菌丝体。

2. 发生规律

猝倒病主要发生在辣椒苗期,土壤中越冬的病菌,通过流水、带菌肥料或农机具进行传播。此外,播种过密、分苗不及时、地温偏低、浇水过多、通风不良、使用未消毒的旧基质,均可加重此病害的发生。

3. 管理方法

(1)种子浸种催芽。种子尽可能浸种催芽,防止烂种,缩短出苗时间。

(2)农业措施:苗床要选择在背风向阳,地势较高且排水良好的地块;选择连续晴天的日子播种,播种后气温保持在 20～30℃,苗床土壤温度在 16℃以上;苗床适时通风,保持良好的透光性,增加光照,促进秧苗的健壮生长,提高幼苗的抗病力;发现病株及时拔除,并在原位置撒一些石灰;育苗的床土应为 5～7 年内未种过辣椒及茄果类和瓜类作物的土壤;床土最好经充分日晒,育苗肥充分发酵腐熟。

(3)药剂防治:使用哈茨木霉菌 T-22(根部型),苗床灌根 2～4 g/m²。也可用哈茨木霉菌喷淋到苗床上,可有效防治辣椒猝倒病的发生。

(二)立枯病

立枯病除危害辣椒外,也危害其他如茄果类、瓜类、豆类、芹菜、甘蓝、圆葱等 100 多种蔬菜。严重时造成成片死苗。

1. 病原菌及病症

病原菌为立枯丝核菌,属半知菌亚门真菌。

立枯病是辣椒苗期的主要病害，立枯病比猝倒病发病晚，持续时间长，一般当辣椒真叶出现后、开花结果前危害。发病初期幼苗白天萎蔫，夜间恢复，反复几天后，枯萎死亡，茎基部产生椭圆形、暗褐色病斑，略凹陷，扩大到茎基部周围，病部收缩干枯，叶色变黄凋萎，根部变褐腐烂，直至全株死亡。幼苗染病后一般不倒伏，湿度高时，病部产生褐色稀疏的蛛网状霉。

2. 发生规律

病菌在土壤中越冬，通过流水、农具或带菌肥料传播。此外，低温寡照、地温低、湿度大、使用用过的床土或基质育苗，均易引起发病。

3. 管理方法

同猝倒病管理。

（三）疫病

连作田块易发病，通常通过水传染，故在雨季或刮起伴有雨水的大风时，排水条件差的田园受灾程度较严重。为了减少疫病灾害，而应确保排水畅通。

1. 病原菌及病症

病原菌为辣椒疫霉，属鞭毛菌亚门真菌。

苗期染病，茎基部呈水渍状软腐倒伏，病斑暗褐色。成株叶片感病，叶片上出现暗绿色圆形病斑，边缘不明显，潮湿时病斑处出现白色霉状物，叶片大部分软腐，易脱落，干枯后呈淡褐色；茎部染病，出现暗褐色条状病斑，病斑边缘不明显，条斑上枝叶枯萎，病斑呈褐色软腐，潮湿时病斑密生白色霉层；果实染病，一般从果蒂开始，逐渐向果柄、果面扩展，病斑呈水渍状暗绿色软腐，边缘不明显，湿度大时果面

图 9-11　辣椒疫病

密生白色霉状物，干燥后变褐色而枯干变成暗绿色僵果。见图 9-11。

2. 发生规律

辣椒整个生长期均可发病，发病可在根、茎、叶、果实等部位。露地栽培中，6月份后发病重，疫病一般与雨季一同发生，通过雨水传播，8—9月份最为严重。

病原菌在病残体中越冬，成为翌年的初传染源。起初，病原菌以无隔膜的白色菌丝状生长，当环境条件变好时，菌丝中形成游动孢子囊，并放出两个鞭毛的游动孢子，可在水中游动，因此在雨季，疫病传播于整个田园，并侵害地表面附近的根部和茎基部。

3. 管理方法

（1）选择对疫病具有抵抗性的品种。目前市场上的长椒品种如吉椒 8 号、长椒 1 号、国福 403 等；甜椒品种如中椒 7 号、冀椒 4 号及国禧 804 等；干椒品种如绿宝

天仙、红丰404及京椒2号等。

(2)农业措施:疫病菌除危害茄科(辣椒、番茄、茄子)作物外,也危害葫芦科作物(西瓜、黄瓜、香瓜、南瓜),故应与上述作物以外的作物实行轮作;利用黑色无纺布取代塑料覆盖膜或在地垄中覆盖稻草或山野草,可有效减少疫病的发生率;辣椒收获后应及时清除病残体,减少侵染源,降低疫病的发生。

(3)药剂防治:发病初期在辣椒叶片、茎基部及地面上喷洒1:1:200波尔多液,或77%的氢氧化铜可湿性粉剂500～800倍液,或250倍液的大蒜汁,连续喷施2～3次可有效防治辣椒疫病的发生。

(四)炭疽病(Anthracnose)

连作的辣椒田中发病较重。病原菌主要在病残体上越冬,并成为第2年的初侵染源,也可通过种子传播。

1. 病原菌及病症

病原菌为辣椒刺盘孢菌和辣椒长盘孢菌的半知菌亚门真菌。

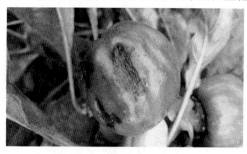

图 9-12 辣椒炭疽病果实受害症状

地上的各部位均可感病,但主要发生在辣椒的果实上。果实感病,初期呈深绿色凹陷斑点,然后逐渐变成圆形或椭圆形,并逐渐变大凹陷,最终扩大成不规则形环形纹,环形纹上密生黑色或橙红色小粒点(分生孢子盘),周围有湿润变色圈,后期染病果实干枯、扭曲。见图9-12。

2. 发生规律

露地栽培的辣椒一般从6月下旬开始发生,之后随降雨量增加或雨季开始,病情加重。由于病原菌通过雨水弹起传播,因此在大棚或挡雨栽培中,炭疽病发生较轻。病原菌在感病种子或染病果实及病残体上越冬,并成为第二年的传染源。

3. 管理方法

(1)选择对炭疽病具有抗性的品种。目前尚未研发出对辣椒炭疽病具有抵抗力的品种,但品种不同,抗性略有不同。通常大果型、枝叶茂盛、分枝性强、果实下垂的品种易发生炭疽病且发病重。

(2)种子消毒。先将种子用少量的凉水浸泡洗净,再投入到55℃的温水中,使水温保持55℃恒温15 min。15 min后在室温水中继续浸泡种子8～10 h,使之吸足水分,然后进行催芽处理。

(3)农业措施:露地栽培的辣椒可实施挡雨栽培,或利用黑色无纺布及作物覆盖垄沟,防止雨水造成泥水溅到辣椒果上;及时去除染病果实或病残体,保持园圃内的清洁,可减少炭疽病的发生。认真做好土壤及养分管理,培育壮苗,定植时适当稀植,增加田间通风透光性,可有效减少炭疽病的发病率。

(4)药剂防治:在炭疽病的发病初期用 57.6% 的氢氧化铜 1 000 倍液,每 6～7 d 喷施 1 次,连续 2～3 次。也可使用 250 倍的大蒜汁,每 3～5 d 喷施 1 次,连续3～5 次。

(五)白粉病

日照不足,通风和换气条件差的设施栽培中发生白粉病的概率要大于露地栽培方式。采用换气扇或天窗等放风换气设备,降低设施内的夜间温度,并确保通风,可有效减少白粉病的发病率。

1. 病原菌及病症

辣椒白粉病的病原菌为子囊菌亚门的鞑靼内丝白粉菌,属真菌。

病原菌只侵害活着的生物组织,具有内部寄生性质。发病从叶子的背面开始,生成白粉状的霉,并逐渐延伸至叶子的正面,严重时导致叶脉坏死,叶子变黄,最终导致落叶现象。见图 9-13。

2. 发生规律

在露地栽培中,从 6 月份左右起开始发生,并在 8—9 月份变得严重。主要在空气湿度低的时间(干燥的气候条件),分生孢子被风传播,导致白粉病的发生率增加。病原菌在病残体内越冬,并成为第 1 次传染源。

图 9-13　辣椒白粉病

3. 管理方法

(1)选用抗病品种。如航椒 8 号等。

(2)农业措施:在设施栽培中,应尽量减少日温差,并确保通风和换气畅通;及时摘除老病叶,彻底清除病残体,并进行焚烧或掩埋处理,以降低传染源的密度;土壤养分不足导致辣椒生长减弱,易诱发白粉病,故应合理施肥,提高植株抗逆能力。

(3)药剂防治:在白粉病的发生初期,喷施 300 倍乳化植物油或乳化植物油混合剂(乳化植物油＋硫黄,乳化植物油＋铜制剂等),或 50% 的硫黄悬浮剂 500 倍液,或 2% 的武夷菌素 150 倍液,或 0.5% 的大黄素甲醚 600 倍液,或 2% 多抗菌素水剂 200 倍液,每 5～7 d 喷施 1 次,连续 2～3 次。也可用小苏打 500 倍液喷雾防治。

(六)青枯病

青枯病是一种土壤传播的细菌病害,通过根部伤口侵入植物体。使用未完全腐熟的堆肥时,发病重(因气体障碍而导致辣椒的根部受到伤害,易造成病原菌的侵入)。青枯病多发生于高温多湿的季节。

1. 病原菌及病症

病原菌为青枯假单胞杆状细菌。

发病初期,植物体的地上部分(叶子和茎)会呈现出白天枯萎,早晚恢复正常的现象,随时间推移整个植物体急速枯萎,直至枯死。切开染病植物体的茎部,木质部已发生褐变,此时将植物茎或根部在水中浸泡,可观察到流出白色细菌的现象。见图9-14。

图 9-14　辣椒青枯病田间发病症状

2. 发生规律

多发生于高温期,在露地栽培中,多在7~8月份,气温上升至30℃以上,且经常浸水或排水不畅时,发生率急剧增加。

病原菌在染病的叶子、茎、根部越冬,可在土壤中生存2~3年。主要通过植物体的根部侵入植物体,且通过灌溉水或雨水移动进行传播。

3. 管理方法

(1)嫁接防病。使用对青枯病具有抵抗性的砧木进行嫁接,可降低青枯病的发病率。抗青枯病的砧木如格拉夫特、韩国505-3、日本原生椒1代等。

(2)农业措施:与茄科(烟草、茄子、马铃薯、番茄等)以外的远缘作物,进行3~4年轮作,有条件的地方可实行水旱轮作,可有效减少青枯病的发生率;提倡穴盘育苗或营养钵育苗,做到少伤根,培养壮苗提高抗病力;发病后及时拔除病株,并撒施生石灰进行土壤处理。

(3)药剂防治:定植至开花期及早喷淋药剂进行预防,药剂可选用硫酸铜1 000倍液,或3%的中生菌素可湿性粉剂800倍液,每隔7 d淋施或灌根1次,连续2~3次。

(七)灰霉病

灰霉病属于高湿低温性病害,辣椒冬季在设施内栽培,由于长期处于高湿低温的环境,易发生灰霉病。辣椒灰霉病苗期和成株期均可发生。

1. 病原菌及病症

病原菌为灰葡萄孢菌,属半知菌亚门真菌。

苗期发病,叶片变褐腐烂,以后干枯,潮湿时表面生出灰霉;成株期地上各部位均能发病,果实多由残花和残留的柱头先发病,也有的从萼片上发病,然后向果面扩展,病部呈灰白色的水渍状,后软化腐烂,病部布满厚厚的灰色霉层。病果一般不脱落。

2. 发生规律

病原菌以菌核在土壤中越冬,遇适宜条件,菌核萌发产生菌丝体和分生孢子,借气流、露滴及农事操作进行传播。花期是侵染高峰期,发育适温20℃左右,相对湿度90%以上,并喜弱光,所以棚室冬春栽培容易发病,病势较重。定植密度大,氮肥使用过多,浇水量太大,通风排湿不及时,发病较重。

3. 管理方法

(1)农业措施:在有机辣椒栽培中,使用优质有机肥,增施磷、钾肥,提高植株抗病能力;浇水时禁止大水漫灌,提倡膜下滴灌,降低设施内的湿度可降低发病率;及时摘除残花、病叶、病果并带出棚室深埋;发病后可用打火机点烧灰霉病病部,减少灰霉病的传播。

(2)药剂防治:发病前每7～10 d用0.3%乳化植物油喷雾可起到预防作用。发病初期可用哈茨木霉菌400倍液,或2%的武夷菌素150倍液,或1:4:600倍的铜皂液400倍液,每5～7 d喷施1次,连续3～5次进行治疗。

(八)病毒病

辣椒通常会感染黄瓜花叶病毒、烟草花叶病毒、辣椒斑驳病毒等,这些病毒通过辣椒种子带菌,借蚜虫传播至健康的植株上。

1. 病原菌及病症

在我国,对辣椒造成伤害的主要病毒有黄瓜花叶病毒(CMV)、烟草花叶病毒(TMV)、马铃薯Y病毒(PVY)、马铃薯X病毒(PVX)、苜蓿花叶病毒(AMV)、烟草蚀纹病毒(TEV)、蚕豆萎蔫病毒(BBMV)等7种。感染率为,CMV占55%、TMV占26%、PVY和PVX各占13%和10.4%、AMV占2%、TEV占11.8%、BBMV占1.4%。其中以烟草花叶病毒和黄瓜花叶病毒危害严重,占80%以上。因此田间病株表现的症状主要也以花叶、畸形为主。见图9-15和图9-16。

图 9-15　辣椒生长正常植株

图 9-16　辣椒病毒病感病植株

2. 发生规律

辣椒病毒病传播的主要途径有两条,一条是昆虫传播;另一条是接触传播。依靠昆虫传播的病毒主要是黄瓜花叶病毒,烟草花叶病毒主要通过机械摩擦、人为接触传播,种子和土壤也能传播病毒,但不是主要途径。

3. 管理方法

(1)选用抗病品种。选用抗病品种是防治辣椒病毒病的重要措施之一。我国抗病毒品种较多,如京椒 4 号、中椒 106、辽椒 19、吉椒 8 号、陇椒 6 号等。

(2)种子消毒:将干种子放在 70℃ 恒温箱中干热处理 72 h,或用 0.2% 的高锰酸钾浸种 5 min 进行种子消毒,可减少病毒病的发生。

(3)农业措施:发现病株及时进行拔除处理,以阻止病毒的进一步传播;通过适时早播、培育无病壮苗等方式增强抗病能力;清除田园内外的杂草,并保持田园清洁。设施栽培中,利用防虫网阻止昆虫媒介侵入,并及时防治害虫。

(4)药剂防治:发病初期可选用 0.5% 菇类蛋白多糖水剂 200～300 倍液,或用 200 倍竹醋液,或 1∶10 的牛奶水溶液进行灌根处理,每株 150 mL,每 10 d 灌根 1 次,连续 3～4 次。

二、虫害管理

(一)蚜虫类

蚜虫是发生于辣椒作物上的主要害虫,繁殖力非常强。蚜虫通过吸食作物汁液传播病毒病,并引发煤污病。发生在辣椒作物上的蚜虫种类主要有桃蚜虫和瓜蚜。在日光温室栽培中全年内都会发生蚜虫危害,而在露地栽培中,则在春、夏、秋季遭受严重的蚜虫危害。

1. 形态及发生特点

桃蚜虫:有翅蚜的体长为 2.0～2.8 mm,体色呈黄褐色或绿色,而无翅蚜的体长为 1.8～2.5 mm,体色有很多种,以红色居多。在各种越冬蔬菜和窖贮蔬菜内越冬,卵也可以在菜心中越冬,在温室内也可越冬,继续胎生繁殖。从翌年 4、5 月份,变成有翅蚜,迁飞到露地辣椒或其他寄主作物上继续胎生繁殖,危害作物。一年内可衍生 9～23 代,寿命约为 29 d。

瓜蚜:无翅胎生雌蚜:体长 1.5～1.9 mm,体色在春、秋两季呈墨绿色,夏季黄绿色。有翅孤雌蚜:体长 1.2～1.9 mm,体色黄绿色。瓜蚜在华北地区一年可发生 10 余代,在长江流域一年可发生 20～30 代,主要以卵在露地越冬作物上越冬,在温室内以成蚜和若蚜越冬或继续繁殖,春季产生有翅蚜迁飞至露地辣椒等蔬菜上危害。

2. 危害症状

成虫和若虫在辣椒叶背面和嫩茎上吸取汁液危害,通过一次性吸汁,导致辣椒叶子变色或变成畸形(图9-17)。传染植物病毒病或通过感染途径诱发煤污病,进而影响叶片的光合作用,造成不同程度的辣椒减产(图9-18)。

图9-17　蚜虫危害辣椒症状　　图9-18　蚜虫危害后发生
　　　　　　　　　　　　　　　　　　的煤污病

3. 管理方法

(1)防虫网阻断。为了防止有翅蚜的迁入,在设施的门口、放风口、侧窗安装防虫网进行阻断。

(2)黄板诱杀。利用蚜虫的趋黄性,在每个棚室按每亩张挂30块黄板,进行诱杀。

(3)搞好棚室卫生。及时清除前茬留下的植物残体,带出棚室外,并对棚室进行彻底的消毒处理。

(4)利用蚜虫的天敌进行害虫防治。在蚜虫的发生初期,放养阿布拉小蜂、蚜虫侏儒、瓢虫、中华草蛉幼虫、蚜茧蜂等天敌进行防治(图9-19)。

(5)药剂防治:可以使用有机农业生产中允许使用的苦参碱、除虫菊素、印楝素等植物源农药进行喷雾防治。为提高防治效果,也可以3~4 d为间隔,在蚜虫发生部位集中施用0.5%乳化植物油或苦楝油和辣椒提取物的混合剂。

图9-19　被蚜茧蜂寄
生后的蚜虫

(二)烟青虫(烟夜蛾)

烟青虫又名"烟夜蛾","烟草夜蛾",通过幼虫危害辣椒的花、蕾及果实,有时也食芽、叶和嫩茎,导致辣椒商品价值降低。露地栽培的辣椒田间受害较重。

1. 形态及发生特点

烟青虫的成虫体长13~17 mm,翅展25~27 mm,体色黄褐色,前翅上正面带有褐色肾状纹、环状纹且各横线清晰,中横线向后斜伸,但不达到环状正下方。后翅黑褐色宽带内侧有一条平行线。后翅翅脉与翅面同为黄色。烟青虫的幼虫呈绿色,老熟的幼虫主要呈浅绿色,但经常会变化,体长约为 40 mm,每节都有 2~3 个斑点。完全长成的幼虫从辣椒中爬出,在土壤中化成蛹,并以这种状态越冬。变成成虫后的 3~5 d,将产下 300~400 个卵。

烟青虫在我国东北、华北地区一年发生 2 代,在山东、河南、安徽等地一年发生 3~4 代,在西北地区一年发生 4~5 代,在华中地区一年发生 5 代。

2. 危害症状

烟青虫的幼虫蛀食辣椒果实形成蛀孔并排出粪便,导致其他细菌从蛀孔侵入,极易引发辣椒软腐病,因此发生烟青虫危害时常常会伴随软腐病的发生,并最终导致落果的现象。一只幼虫通常会加害 3~4 个,甚至 10 个左右的辣椒果,如防治不当,就会遭受 20%~30%的减产。

3. 管理方法

(1)防虫网阻断。设施栽培中,可在防风口、门口张挂防虫网,阻止烟青虫的成虫侵入。

(2)秋季翻耕晒垡,冬季冻垡。秋季翻地冻垡可杀死部分越冬虫源。

(3)摘除卵块、虫果。人工及时摘除卵块、虫果并深埋于土壤中。

(4)利用烟青虫的天敌进行防治。在烟青虫产卵后及时释放赤眼蜂。

(5)诱杀防虫。在辣椒种植田内种植玉米诱集带,诱蛾产卵,集中灭除;或每 50 亩辣椒地设黑光灯一盏,诱杀成虫;也可使用烟青虫性诱剂诱杀成虫。

(6)药剂防治:在烟青虫 3 龄前可使用苏云金杆菌可湿性粉剂 800 倍液,或用 1.5%的多杀霉素悬浮剂 800 倍液喷雾防治。在烟青虫的虫卵时期,则利用 200 倍乳化植物油与 0.6%苦参碱 600 倍混合液进行防治。

(三)粉虱类

2000 年以来粉虱类害虫为害程度加重,是蔬菜生产中主要害虫之一。粉虱类害虫在塑料大棚或玻璃温室等设施栽培中,可对包括辣椒、茄子、番茄等多种作物造成危害,夏季则从保护地移动至露地,给露地作物栽培带来灾难性的伤害,同时也可传播植物病毒。

1. 形态及发生特点

粉虱类成虫的大小为 1 mm 左右,拥有较宽的白色翅膀和黄色身体,它的一生在植物体的表面上可产下 300 个左右的虫卵。

幼虫寄生于寄主植物的叶片背面,直至变为成虫,只在一个位置危害植物。幼虫变为成虫需要 19~20 d,温度越高,幼虫变为成虫所需的时间越短。

2. 温室白粉虱和烟粉虱的区别(表9-4)

表9-4　温室白粉虱和烟粉虱的区别

虫态	温室白粉虱	烟粉虱
虫卵	颜色变化:黄白色→黑色	颜色变化:黄色→褐色
4龄	肤色:白色	肤色:黄色
成虫	形态:落在叶子上时,展翅的线条几乎与叶面形成水平状态	形态:落在叶子上时,展翅的线条与叶面形成45°

3. 危害症状

害虫发生较重时,对辣椒造成极大危害。粉虱类害虫的若虫和成虫以刺吸式口器在叶片背面吸食植物汁液,造成植物叶片褪色、衰弱、落叶、干枯。粉虱排泄的蜜露会引发植物体的煤污病,阻碍植物体的光合作用,降低辣椒的商品价值。粉虱发生情况严重时,会对作物造成极大的危害。见图9-20。

图9-20　白粉虱危害辣椒症状

4. 管理方法

(1)前茬作物收获后及时清洁田园。在设施辣椒栽培中,应彻底消除前茬发生过粉虱类害虫灾害的作物残渣物,并进行消毒处理。

(2)防虫网阻断。在栽培设施的出入口、放风口及侧窗上设置防虫网,以防辣椒受到粉虱类害虫的危害。

(3)保护和利用天敌。可采用丽蚜小蜂、蚜小蜂、草蛉、巴氏钝绥螨等天敌防治粉虱类害虫。

(4)黄板诱杀。利用粉虱类对黄色的趋性,可在田间张挂黄板诱捕粉虱。

(5)药剂防治:可使用对粉虱类害虫引发感染的病原性微生物—球孢白僵菌进行防治,但在施用时,需要适当的温度条件和提高湿度。也可在粉虱类害虫发生初期喷施乳化植物油300倍液和0.6%苦参碱500倍液的混合液,或乳化植物油300倍液与1.5%除虫菊素1000倍液混合喷雾防治,具有显著的防治效果。

(四)蓟马类

蓟马是一种靠吸取植物汁液为生的昆虫,在动物分类学中属于昆虫纲缨翅目。由于体态非常小,很难用肉眼观察到。蓟马以成虫和若虫吮吸心叶、嫩芽、花和幼果的汁液,导致被害辣椒心叶不舒展,生长点萎缩,嫩叶扭曲,花器脱落。幼果受害后变畸形,表皮锈褐色,严重时引起落果,并传播辣椒病毒病,影响植株生长,降低产量和品质。对辣椒造成灾害的蓟马类害虫主要有西花蓟马和台湾蓟马。

1. 形态及发生特点

成虫体长 1~2 mm,呈黄色或浅褐色,翅膀上长有如掸子状的长毛。雌蓟马会在植物表面组织内产下 22~35 个细长的虫卵,而虫卵孵化则需要 5~7 d,蓟马 1 年可繁殖 17~20 代。蓟马幼虫呈乳白色或黄色,对植物体的软组织进行危害,老熟若虫在土壤中化蛹。25℃ 条件下,从虫卵变成成虫大约需要 17 d。

2. 危害症状

蓟马吮吸辣椒表面的汁液,遭到蓟马危害的辣椒叶子会扭曲或弯曲,并呈现出褐色或银白色斑点。蓟马的成虫栖息于辣椒的花朵中加害植物,造成辣椒的落花、果实扭曲或褐变。见图 9-21。

3. 管理方法

(1)保护和利用天敌。对蓟马最有效的天敌有东亚小花蝽和捕食性螨虫类,在设施内每 7 d 每平米释放钝绥螨 200~350 头,可基本控制蓟马的危害(图 9-22)。设施栽培中可利用天敌,但在露地栽培中,放养天敌相对较难。

图 9-21　蓟马危害辣
椒症状

图 9-22　田间释放巴氏
钝绥螨防治蓟马

(2)清洁田园。清除田间杂草并烧毁,减少蓟马的栖息和繁殖场所,降低虫口密度。

(3)色板诱杀。根据蓟马的趋蓝性可每亩悬挂 20 块左右的蓝板,进行诱杀。

(4)药剂防治:在蓟马的发生期可使用 0.6% 苦参碱乳油 500~800 倍液,或 3% 除虫菊素乳油 800~1 000 倍液喷雾,每 5~7 d 喷施 1 次,连续 2~3 次。如与乳化植物油 300 倍液混合使用效果更佳。另外,蓟马有昼伏夜出的习性,建议在下午用药。

(五)螨类

螨类害虫可发生于露地和设施辣椒的栽培中,体态较小,成螨和若螨群栖在叶背面吸食汁液。对辣椒造成灾害的螨类害虫主要有红蜘蛛和茶黄螨。

1. 形态及发生规律

红蜘蛛:红蜘蛛又称朱砂叶螨、棉叶螨。成螨体长 0.3~0.5 mm,体色锈红或红褐色。1年可发生 10～20 代。以成螨在枯枝落叶下、杂草丛中、土壤里越冬。当温度 28℃ 左右、空气相对湿度 35％～55％ 时，最有利于红蜘蛛发生。当温度超过 31℃、空气相对湿度超过 70％ 时，对红蜘蛛的发育不利。红蜘蛛一般从辣椒的下部叶片开始发生，逐渐向上蔓延，当繁殖量大时可在辣椒顶尖群集用丝结团，滚落地面后向四周扩散。天敌有小花蝽、小黑瓢虫、黑襟毛瓢虫等。

茶黄螨：成虫个体很小，体长 0.2 mm 左右，肉眼较难看到，1年发生多代。可在土壤的缝隙、蔬菜及杂草的根际越冬，也可在北方的设施蔬菜上越冬。茶黄螨的迁移除靠本身爬行外，也可通过风的吹送及秧苗、人、畜携带传播。生长繁殖适宜的温度为 18～25℃，适宜的空气相对湿度为 80％～90％。高温对成虫的繁殖不利，也可缩短其寿命。

2. 受灾症状

红蜘蛛：成螨和若螨群栖在叶背面吸食汁液，受害初期叶正面出现白色小斑点，叶片逐渐褪绿成黄白色，严重时叶片变锈褐色，叶枯焦脱落，全株枯死，果皮粗糙呈现灰白色。

茶黄螨：成螨和幼螨均可危害，集中在幼嫩叶部位吸食汁液，受害叶片变黑褐色或黄褐色，并出现油渍状，叶缘向下卷曲。嫩茎、嫩枝受害后变褐色、扭曲，严重时顶部干枯。辣椒受害后，植株矮小丛生、落花、落果，形成秃尖，与病毒病的症状极为相似。见图 9-23。

3. 管理方法

（1）清洁田园。及时清除辣椒田边或保护地周边杂草、枯枝落叶，减少虫源基数。

图 9-23　茶黄螨危害症状

（2）合理施肥、及时浇水。在辣椒栽培中要平衡施肥，及时浇水避免干旱。

（3）保护和利用天敌。可在辣椒田间释放小花蝽、小黑瓢虫、黑襟毛瓢虫等天敌对红蜘蛛进行生物防治；释放尼氏钝绥螨、深点食螨瓢虫、六点蓟马或草蛉等茶黄螨天敌防治茶黄螨。

（4）药剂防治。将牛奶与水按 1∶2 的比例混合后喷到辣椒叶片上，可有效防治螨类的危害。也可用 2.5％ 鱼藤酮 400 倍液，或绿保李 400 倍液，或 0.65％ 茼蒿素 300 倍液，每 5～7 d 进行叶面喷雾，连续 2～3 次，可有效防治螨类害虫的危害。以上植物源药品与乳化植物油 300 倍液混合使用，可提高药效。

三、杂草管理

（一）主要杂草

辣椒与生长旺盛的杂草争抢阳光、养分和水分，如果不能适当管理这些杂草，就会导致大量减产。滋生于辣椒地里的主要杂草有:马唐、马齿苋、铁苋菜、稗草、藜草、艾蒿、篙、打碗花等,这些杂草若不在发生初期采取积极的措施予以除治,就会大面积蔓延,故应特别注意。

(二)杂草防治方法

1. 人工除草

人工除草是通过人力拔除、割刈、锄草等措施来有效防治杂草的方法,是我国多年来延续下来的一种最原始、最简便、最环保的方法。但因较为费工、费时,且劳动强度较大,近年应用逐渐减少。

2. 地面覆盖材料除草

可覆盖塑料薄膜、无纺布、遮光膜、绿肥(种植黑麦、四籽野豌豆等材料并刈割覆盖在辣椒行间)阻止杂草的发生与蔓延。

3. 药剂防治

在喷雾器中装入糙米醋或柿子醋原液后,局部喷洒于滋生杂草的部位,但要使用喷嘴遮盖,确保不接触于作物;也可使用57%的石蜡油乳油20倍液喷雾防治杂草。

四、营养、生理失调

引起作物无法正常生长发育的原因可分为:源自植物内部因素的生理失调和来自外部环境因素的损害。生理失调的主要原因是植物体内的养分不均衡引起的营养失调,而外部因素的伤害大多与温度、水分、气体等因素有关。虽然有许多时候不能根据作物的状态区分生理失调和外部损害,但外部伤害通常是暂时性的,且呈现出均衡的危害症状。

频繁发生于国内辣椒种植户中的营养失调为:因缺乏氮、钾、钙、镁、硼等元素而导致的土壤养分不足症状,此外还有因上述元素之间的拮抗作用或水分不足而引起的养分吸收失调症状。各类生理失调与环境因素损害的种类和对策:

(一)盐分危害

1. 原因

多发生在设施辣椒栽培中,秧苗移栽后,叶片叶缘枯焦,叶片向上翻卷,下部叶片症状明显,植株矮小、生长缓慢。在设施大棚栽培中过多施用家畜粪尿堆肥时,可能会导致盐害,而过量施用磷肥导致磷肥中的磷酸根离子与土壤中的微量元素结合,呈现出微量元素缺乏症状。

2. 对策

应以磷元素含量为标准计算施肥量,而非以氮元素作为施肥标准,采取水旱轮作、栽培绿肥等方式去除盐分,并通过深耕或客土的方式稀释盐分,可降低盐分危害。

(二)土壤物理性不良

1. 原因

因使用大型农机具而导致土壤中形成犁底层时,常常会使辣椒的根系不能下扎,导致根部发育不良;土壤过湿或透气不良会导致枯萎症状或根部腐烂症状。

2. 对策

通过打破长期耕作形成的犁底层、增施完全腐熟的农家肥或种植黑麦等绿肥作物等措施,改善土壤的物理性质。

(三)水分管理不合理

1. 原因

多在地下水位较高的土壤中,因排水不畅或过多浇灌而引发根部腐烂症状;土壤干旱也会因阻碍作物对养分吸收而引发营养失调(硼、钙)和辣椒生长发育受阻等问题。

2. 对策

夏季选择地势较高的田块进行辣椒栽培,雨后及时排水,干旱时适当灌水。采用滴灌方式进行浇水可打破犁底层而促进透水效果,通过土壤覆盖的方式,遏制土壤水分的急剧波动。

(四)施肥管理不当

多表现为过量施用氮肥,而影响磷、钾的吸收;堆肥原料单一,而导致微量元素的缺乏;南方地区为调节土壤 pH 而过量施用石灰,导致作物对磷和钙的吸收困难。辣椒缺钙症状见图 9-24。

图 9-24　辣椒缺钙症状

（五）高温障碍

1. 原因

夏季设施栽培中，当白天气温超过 36℃ 或 40℃ 高温持续 4 h 以上时，或夜间气温达 20℃ 以上、空气干燥或缺水、放风不及时等，都会造成叶片表皮细胞被灼伤。叶片出现黄色到浅黄褐色不规则形病斑，叶缘开始呈现暴晒，也会出现高温障碍。见图 9-25。

图 9-25 辣椒日灼果

2. 对策

选用耐热品种；高温时注意及时浇水、遮阴和放风降温；夏季适当密植，使植株间互相遮阴；与高秆作物（如玉米、高粱等）间作，利用高秆作物的遮阴为辣椒降温。

（六）落叶、落花、落果

1. 原因

辣椒落叶、落花、落果的原因是在花柄、果柄及叶柄的基部组织形成了离层，与着生组织自然分离脱落导致的。主要原因：

（1）温度过高或过低。当气温在 36℃ 以上或在 12℃ 以下，根系受损，造成花粉发育不良，致使不能正常授粉受精而导致落花和落果。

（2）水分过多或过于干旱。水分过多时导致土壤缺氧，根系活力下降或受到损伤，吸收能力减退；土壤过于干旱时也会因植株水分供应不足而引起落花、落果及落叶。

（3）光照不足。低温阴雨雾天或种植密度过大，栽培的株行距不合理，造成光照不足，生长过弱也会出现落花、落果现象。

（4）氮肥过多。氮肥过多时，植株徒长，营养生长过旺，生殖生长受到抑制，引起坐果不良，发生落花、落果。

（5）病虫危害。病虫害等因素也会导致植株落叶、落花及落果。

2. 对策

选用耐高温、低温、耐寒、耐湿、抗病等抗逆性强的品种；大田栽培要强调合理的种植密度，设施内适当稀植，以保持田间良好的通风透光性；合理施肥，保持水分供应均衡，防止水分的忽干忽湿，保持植株营养生长和生殖生长的均衡；及时防治病虫害。

（七）其他

（1）黑紫色果 辣椒果的表面呈黑色或紫色。多发生于低温和干燥的条件下。对策：注意土壤干燥情况，并注意夜间保温。

（2）腐败果　辣椒果的侧面、辣椒蒂部位呈现出凹陷的腐败斑点。多发生于高温及干燥条件，且与缺钙相关。

对策：维持一定的土壤水分，并将石灰石用作底肥。将氯化钙制成液肥，并多次喷洒于辣椒叶面上。

（3）裂果　辣椒果实表面发生横裂或纵裂。辣椒出现裂果现象的原因是土壤忽干、忽湿，且重复多次；大的温差变化及暴露于直射光线下也会发生裂果；低温或高温条件（15℃以下，30℃以上）花粉和受精不良时也会导致裂果的产生。

对策：适时合理灌水；合理密植；夏季注意遮阳降温，冬季注意保温。

参 考 文 献

[1]　王文霞.辣椒的生产现状及发展.北京农业,2014(06).

[2]　陈杏禹.辣椒高效栽培新模式.北京:金盾出版社,2013.

[3]　李贞霞,杨鹏鸣,刘振威.辣椒生产实用技术.北京:金盾出版社,2013.

[4]　刘桂华.辣椒高产栽培新技术.延边:延边人民出版社,1999.

[5]　张志斌.日光温室辣椒高效益栽培技术.北京:中国农业出版社,2011.

[6]　雷锦飞,雷绪劳.大棚西瓜、大辣椒、无架菜豆一年多作高效栽培技术.安徽科技通讯,2010,5.

[7]　陶杰,胡雅辉,唐前君.我国粉虱类害虫的为害情况综述.中国植保导刊,2012(01).

第十章　茄子有机生产技术指南

第一节　茄子的特性及栽培现状

一、茄子的特性

　　茄子起源于亚洲东南部的热带地区,古印度为最早的驯化地。公元4~5世纪传入中国。我国栽培茄子历史悠久,至今有1 000多年的栽培史,类型和品种繁多,一般认为,中国是茄子的第二起源地。茄子在全世界都有分布,亚洲栽培最多,欧洲次之。

　　茄子为茄科属的一种,通常为一年生草本植物,最早为热带多年生灌木,古代又称酪酥、昆仑瓜等。

　　茄子以食用嫩果(图10-1)为主,可煎、煮、炒,也可进行盐渍、晒干食用。果皮有紫红色、绿色、白色、紫黑色、红色、黄色等多种颜色。茄子果实营养丰富,除含有一定的蛋白质、脂肪、碳水化合物外,也含有一定量的微量元素及抗坏血酸、烟酸、核黄素、胡萝卜素等物质。茄子还含有少量的茄碱苷,经常食用可降低人体内的胆固醇、防止动脉硬化、心脑血管疾病的发生,对预防肝脏疾病也有一定的功效。

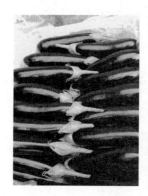

图10-1　茄子果实

二、我国茄子栽培现状

茄子是我国主要栽培的蔬菜之一,据联合国粮农组织(FAO)年鉴统计资料显示,2004 年我国茄子种植面积为 81.7 万 hm^2,总产量为 1 653 万 t,占世界种植面积和总产量的 50% 左右。我国茄子种植面积较大的省份分别是山东、河南、河北、四川、湖北、江苏等地,2013 年仅河北省茄子常年种植面积就达 4.7 万~5.3 万 hm^2。

茄子的产量高,市场广阔,经济效益显著,在一些蔬菜种植区,反季节栽培的茄子,一般产量可达到 150~225 t/hm^2,纯收入 30 万~45 万元/hm^2,由于种植茄子经济效益较好,近年来已成为菜农增收的重要途径之一。

目前在我国已形成 7 个茄子栽培区,其具体栽培区及代表品种为:①东北紫黑长茄区,代表品种为黑又亮;②华北紫红或紫黑圆茄区,代表品种为天津快圆茄和北京六叶茄;③华中紫黑长茄区,代表品种墨茄;④华东紫长茄区,代表品种苏茄和引茄 1 号;⑤华南紫红棒茄区,代表品种为长丰 2 号;⑥西北高圆茄区,代表品种西安灯泡茄;⑦西南紫黑长棒形茄,代表品种为三月茄。

图 10-2 为有机茄子栽培。

图 10-2　有机茄子栽培

三、茄子品种

(一)茄子栽培品种选择的原则

国内外经验表明,优良品种在农业生产中增产贡献率可达 30%~35%,优良品种是取得高产优质和提高效益的基础,因此品种选择就显得尤为重要。在品种选择上应遵循下列原则:

(1)根据栽培方式选择品种。如露地栽培与设施栽培所处的环境条件不同,因此所选的品种也不同。

(2)根据各地的气候特点选择品种。我国地大物博,各地气候条件差异较大,选择品种时要根据当地的气候特征,选择适宜当地气候的茄子品种。

（3）根据栽培季节、茬口选择品种。如春季早熟栽培要求所选的茄子品种早熟性、耐寒性较强；夏秋栽培应选择耐高温、耐潮湿、抗病性强的中晚熟品种；冬季温室栽培应选择耐低温弱光坐果率高的品种；春季露地提早栽培时要选中、早熟性品种，春夏露地选择中、晚熟栽培，应尽可能选择适宜露地栽培的中晚熟品种。

（4）根据当地的消费习惯选择品种。如南方喜欢红紫色的长棒形品种，中原地区偏爱绿色茄子，北方地区则喜欢紫黑色圆形或卵圆形的茄子品种。

（5）优先选择审定的品种。审定的品种质量较为可靠，可减少蔬菜种植的风险。

（6）根据病虫害的发生特点选择品种。我国各地自然条件不同，病虫害发生情况各异，在某一地区常常会发生特有的病虫害，因此只有选择适合当地的抗病品种，才能适应生产的需要，获得较高的产量和经济效益。

（二）茄子品种类型

1. 茄子品种分类

我国茄子品种类型丰富，一般茄子品种可根据果实色泽、果实形状、果肉颜色及成熟期的早晚等分类。

按茄子果皮颜色可分为黑紫色、紫红色、鲜紫色、浅紫色、橘红色、绿色、白绿色、白色、花茄等；按果实形状可分为长条形、线形、长形，鹅卵形、卵圆形、高圆形、圆球形、扁圆形、短筒形、短羊角形和长羊角形等；按果肉颜色可分为白色、黄白色、绿白色和绿色等；按成熟期可分为早熟、中熟、晚熟等。

2. 我国各地主栽品种

河北、河南、山东、山西、内蒙古中部、北京、天津等地区栽培的品种主要以紫色圆果形、绿色圆果形品种为主。该区主栽品种有：京茄 2 号、天津快圆茄、黑霸王、紫光、园杂 471、园杂 11 号、农大 601、大苠、二苠、茄杂 6 号、茄杂 13 号、黑帅圆茄、济杂 1 号、丰研 2 号、蒙茄 3 号、圆丰一号、济丰四号、郑杂 2 号、安茄 2 号、安阳大红茄、洛阳青茄、新茄 5 号等。

吉林、辽宁、黑龙江及内蒙古的东部等地以黑紫色长棒形茄子品种为主，有少量绿色长茄、绿色卵圆形茄等。主要品种有：内茄 2 号、龙杂茄 3 号、龙杂茄 5 号、吉茄三号、吉农 3 号、辽茄 5 号、西安青茄等。

陕西、甘肃、宁夏、新疆、青海等地，以种植卵圆形或高圆形品种为主，也有部分绿皮和白皮品种栽培。主要品种有：大苠、二苠、兰州紫长茄、布利塔、美引茄冠、新茄 4 号等品种。

三、茄子的茬口安排

我国地大物博，南北跨度大，气候条件差异明显，南方地区夏季温度高、雨水多，冬季温和、雨水少，以亚热带季风性气候为主；北方地区夏季温热，冬季寒冷，主要是温带大陆性气候。因此茄子栽培要根据我国南北方的气候特点及茄子的生育期，制定适宜的茬口。具体茬口安排见表10-1。

表 10-1　全国茄子种植区茬口安排

栽培模式	播种育苗期	定植期	始收期	结束期	适合区域
露地栽培	2月中下旬	5月下旬	7月上旬	9月下旬—10月中旬	东北、内蒙古、新疆、甘肃、青海、西藏等地区
塑料大棚春提早栽培	1月上中旬	4月中旬	6月上旬	8月下旬	
塑料大棚秋延后栽培	5月中旬	7月下旬	9月上旬	11月上中旬	
日光温室越冬茬栽培	9月上中旬	11月中旬	次年1月中旬	4月中下旬	
日光温室秋冬茬栽培	7月中下旬	9月上中旬	11月上旬	12月下旬—次年1月	
日光温室冬春茬栽培	11月中下旬	2月中下旬	4月上旬	8月中下旬	
露地栽培	1月下旬	4月下旬—5月上旬	6月中旬	8月下旬	华北地区
塑料大棚春提早栽培	12月上中旬	次年3月中下旬	5月中旬	9月上旬	
塑料大棚秋延后栽培	6月下旬	8月上旬	10月上旬	12月上旬	
日光温室越冬茬栽培	9月上中旬	11月中下旬	次年1月中旬	6月中下旬	
日光温室秋冬茬栽培	8月上中旬	9月中下旬	11月上旬	12月下旬—次年1月	
日光温室冬春茬栽培	11月中下旬	次年2月中下旬	4月上旬	8月中下旬	
露地春茬栽培	11—12月下旬	4月上中旬	5月下旬	10月上旬	长江流域
露地秋茬栽培	5月中旬	7月上中旬	8月下旬	10月下旬	
塑料大棚春提早栽培	10月上旬	次年2月下旬—3月上旬	4月中下旬	7月中旬	
塑料大棚秋延后栽培	7月中旬	8月下旬	10月初	次年2月	
日光温室越冬茬栽培	9月上中旬	11月中旬	次年1月上旬	次年4月下旬	
日光温室秋冬茬栽培	8月下旬	10月中旬	12月初	次年4月上旬	

续表 10-1

栽培模式	播种育苗期	定植期	始收期	结束期	适合区域
春茬露地栽培	10—11月下旬	次年1—2月	4月下旬	7月上旬	
夏茬露地栽培	2—3月	4月中下旬	6月上旬	8月上旬	华南地区
秋茬露地栽培	4月下旬	6月上中旬	7月上旬	11月下旬	
冬茬露地栽培	8月上旬	9月上旬	10月中旬	12月下旬	

第二节 育苗管理

一、育苗技术

育苗是茄子生产中的重要环节之一,是获得早熟、高产、优质生产的重要手段。茄子的种子发芽和幼苗生长对环境条件较为敏感,其全部产量或早期产量的花芽在育苗期间分化或完成花芽发育,对育苗技术要求很高。种苗品质的优劣直接影响茄子未来的生长发育与数量,影响茄子的产量与品质。因此,健壮的种苗是茄子高产的基础。

茄子的壮苗标准:生理苗龄为6~8片叶,日历苗龄为40~90 d。植株健壮,株高15~20 cm,叶片大而肥厚、舒展、浓绿,没有病叶、黄叶,茎粗壮,节间短,根系发达,门茄现花蕾,无病虫害症状。嫁接后的茄子苗见图10-3。

图10-3 嫁接后的茄子苗

(一)育苗技术的条件

1. 有机育苗条件

有机育苗必须是在获得有机认证的基地内进行,最好在有机生产基地内部建立育苗床(圃),这样可减少外界环境对育苗床(圃)的影响。使用的基质应含有足够的养分,保肥、保水能力强,透气性优。种子需使用有机种子,但在事实上难以买到有机种子时,允许使用未被化学处理过的非转基因种子,但必须制订和实施获得有机种子的计划。育苗应通过有机材料供应养分,病虫害防治时应排除化学防治的方法。

2. 育苗设施的选择

育苗设施应根据当地的气候、育苗季节及设施条件等因素加以确定,可以是连栋温室、日光温室、塑料大棚、小拱棚、改良阳畦、电热温床等设施(图10-4,图10-5)。

图 10-4　连栋温室内育苗

图 10-5　小拱棚育苗

（二）育苗的优缺点

蔬菜育苗的目的是根据生产需要，育成数量充足、质量良好的秧苗。

1. 育苗的优点

可充分利用有限的生产季节，延长作物的生长期，做到收获早、产量高；可提高土地利用率，做到经济、合理地利用土地；便于人为创造条件培育出符合要求的壮苗；可实施规格化及批量化生产；节省种子、定植时间及劳动力的投入；人为创造良好育苗环境育苗，可防止自然灾害的威胁，提高育苗质量，有利于防治病虫害。

2. 育苗的缺点

需要对生产计划及栽培深入了解和耗费更多的时间和精力；在冬季育苗时有些地域还可能增加加热及取暖费用，有些地域要增加降温和通风设备，不但需要较多的劳动力同时也要有过硬的育苗技术。

二、基质制备

（一）有机基质的必备条件

基质要保持很好的排水性、透气性、保水性；EC 值在 $0.5 \sim 1.2$ ms/cm 以下，pH 在 $6.0 \sim 6.5$ 之间为宜；基质重量轻、根缠绕性好，没有受到病虫害污染，没有杂草种子或有害成分；含有幼苗生育过程所需的营养成分，并易于操作。

选择有机基质材料之前应考虑以下的事项：育苗基质由多种材料混合而成，多种材料之中，可以再使用的材料要可回收利用；基质材料经自然的风化、分解，不要产生垃圾、恶臭，以免影响劳动者工作环境及损害耕地的栽培环境；基质中不能添加化学肥料与人工合成的物质；可以使用完全腐熟的堆肥等有机物与无菌土壤等材料配制基质。

（二）有机基质的配制

经多个有机基地的实践证明,穴盘育苗时采用表 10-2 列出的基质配比效果较好。

表 10-2　茄子有机基质的材料搭配

类型	有机基质原材料混合比例（体积比）			
	草炭	蛭石	珍珠岩	废菌渣
有机基质 A 型（冬春季）	2	1	0	0
有机基质 B 型（夏秋季）	2	1	1	0
有机基质 C 型（通用型Ⅰ）	6	2	1	0
有机基质 D 型（通用型Ⅱ）	1	1	0	1

根据季节选择表 10-2 中列出的基质材料进行搭配,并按比例进行混合。将混合好的原料中,每立方米添加 10 kg 的蚯蚓粪或 6~8 kg 完全腐熟的堆肥,进行充分混合,混合后装盘(钵)待用。

也可从市场上购买商品育苗基质使用,但市场上购买的基质不能添加任何化学合成的原料,且经过有机认证公司评估通过后,方可使用。

（三）基质填装

将配好的基质装入钵(盘)中,表面用木板或塑料板刮平,注意各穴孔填充程度要均匀一致,将填装好的基质 7~10 个穴盘叠放在一起,双手按压穴盘,可在每个穴孔中间压出深约 0.5 cm 的穴,这样可便于播种。

三、播种

（一）种子的准备

1. 播期的确定

播种期可根据当地的环境、育苗条件、茬口安排、定植期及栽培方法等条件合理安排。冬季育苗,茄子苗龄一般在 80~90 d;夏季和秋延后茄子苗龄一般需要 65~70 d;春季茄子育苗苗龄 70~80 d。各地具体定植和育苗时间可参考表 10-1。

2. 播种量的确定

一般茄子种子千粒重 3.5~5.2 g,种子发芽率 80%~95%,成苗率 70%~80%,以种子千粒重 4.5 g 计算,每克大约有 220 粒种子,每亩定植 2 500 株计算,则每亩理论用种量：

每亩理论用种量＝2 500÷(220×0.8×0.7)＝20.3(g)

考虑到茄子育苗难度较大,一般在育苗时都要有 20%～30% 的预备苗,每亩实际的用种量：

每亩实际用种量＝20.3＋20.3×30%＝26.4(g)

(二)种子的处理

1. 种子消毒处理

播种前进行种子消毒处理,可以促进出苗和预防某些病害的发生。有机栽培茄子可采用高温干燥、温汤浸种、药剂浸种消毒等方法进行种子处理。

(1)高温干燥　将种子日晒 2～3 d,或置烘箱中,将温度保持 70℃ 左右,经 48 h 可杀死种子表面的病原菌,然后进行浸种催芽。

(2)温汤浸种　将种子浸入 55℃ 温水中,不断搅拌并保持水温 15 min,然后转入 30℃ 的常温水中继续浸泡 8～10 h。本方法可杀死附着在种子表面和一部分潜伏在种子内部的病菌。

(3)药剂浸种　先用清水浸种 7～8 h,再用 0.2% 的高锰酸钾浸种 10 min,用清水淘洗干净即可。此方法对茄子褐纹病有一定的防治效果。

2. 种子催芽

将已经浸种处理过的种子,用干净的、浸湿的纱布或毛巾包好,放在适宜的环境条件下萌发,有条件的种植户可购买种子培养箱、催芽箱或催芽器,在这些设备中催芽,催芽时保持催芽设备中温度在 30℃ 左右,并使种子保持一定的湿度,每 6 h 左右翻动种子一次,并用 30℃ 的温水淘洗 1 次,当 75% 左右的种子露白时即可播种。

(三)播种

将经过消毒、浸种、催芽处理过的种子点播在穴盘的穴孔中间,每穴播种一粒种子,注意取种时要轻拿,防止损坏种子已出的芽。播种后,覆盖潮湿的蛭石或配好的基质,并刮平,然后用喷雾器进行喷雾浇水,当穴盘底部有水滴出时,停止浇水,并在穴盘上覆盖地膜,减少水分的蒸发及提高穴盘内基质的温度,当有 50% 的种子出苗后,揭除覆盖的地膜。

四、育苗管理

1. 营养管理

育苗期营养不足会阻碍幼苗生长发育,且在定植后很难扎根,同时也会阻碍花芽的形成和发育,因此在配制基质时,应均匀投放足量的养分,育苗时,可通过在基质中加入底肥（堆肥或蚯蚓粪）或追肥（液肥、沼肥）供应养分。

各种营养的供应源可参考的物质。

氮：血粉、棉籽粉（非转基因的棉花籽）、毛粉、蹄角粉、豆粉、畜禽粪便等。

磷：骨粉、虾副产物、制糖副产物、磷矿石粉等。

钾：草木灰、豆粉、花岗岩粉等。

由于所配的基质中添加了一定量的有机肥和蚯蚓粪，因此在育苗前期可不追肥，但茄子苗龄较长，如若在后期发现茄子叶片黄化时，要及时补充营养液（如沼肥、蚯蚓液体肥、粕类发酵浸泡液等），利于茄苗生长发育。

2. 光、温度及水肥管理

育苗期浇水过少、过多均会影响育苗质量，浇水过多时幼苗会徒长并易引起沤根及其他病害的发生；浇水过少时，可抑制幼苗的生长发育。浇水时应在上午 11 时到下午 1 时之间进行，浇水时水温最好维持在 20℃左右，并且一次浇灌足量的水，直达作物的根部。如果能从穴盘下面进行浇水，可防止叶面水滴的存在，减少病害的发生。

日照量不足时，坐果节位会上升及花朵数减少，且花朵的质量下降，故应在育苗期间特别留意采光和通风，当日照量不足时，可采用补光灯进行补光。

播种后，白天温度控制在 25～30℃，夜间保持在 20～25℃，一般在冬季和早春育苗可通过地热线或其他加温措施来保证苗床温度，温度过低将严重影响出苗速率，并且出苗后猝倒病、沤根病及立枯病等苗期病害极易发生。

3. 病虫害管理

在茄子育苗期，有些病害严重影响出苗及幼苗的正常生长，如猝倒病、立枯病、炭疽病、绵疫病、灰霉病等，有些病害通过种子传播，如黄萎病、枯萎病、菌核病、褐纹病等；此外，病毒病也可在苗期侵染发生，因此防治病虫草害保证苗齐、苗壮，培育壮苗是育苗期一项重要工作。

经多个基地的试验及实践证明，在种子处理的基础上，使用哈茨木霉菌对防治苗期病害效果明显。使用方法：取哈茨木霉菌根用型 200 g，根据配好的基质用水量配置成溶液，然后均匀喷洒在 1 m³ 的基质上搅拌均匀即可；待种子出苗后，每 7～14 d 使用 500 倍的哈茨木霉菌叶用型药液喷洒茎叶。

五、嫁接育苗

茄子嫁接育苗不仅能避免因连作带来的土传病害，增加茄子的抗病能力，而且由于砧木的根系发达，吸水吸肥能力强，可有效提高土壤肥水利用率，增强茄子抗逆性，植株生长旺盛，单株生产力高，提高茄子产量，改善茄子品质，延长茄子上市期。茄子嫁接育苗主要包括砧木选择、培育砧木和接穗苗、嫁接及嫁接后的管理。见图 10-6 至图 10-8。

图 10-6 托鲁巴姆砧木苗

图 10-7 茄子接穗苗

图 10-8 嫁接的茄苗

（一）砧木的选择

作为茄子的砧木，砧木的根系要发达，不能改变茄子品种的商品性、抗逆性，与接穗亲和力要强，这样嫁接后易于成活。目前生产上茄子嫁接使用的砧木主要是从野生茄子中筛选出来的高抗或免疫的品种，主要有赤茄、托鲁巴姆、CRP、耐病VF、野生刺茄等。

（二）嫁接苗与接穗播期的确定

选用砧木的品种不同，生长速度各异，砧木和接穗的播期，要根据所用砧木品种及嫁接方法确定。野生茄品种如托鲁巴姆、CRP 等生长速度较慢，采用劈接法进行嫁接时，一般比接穗提前 20～25 d 育苗，并且要经过催芽处理才能正常发芽；耐病 VF、赤茄比接穗提早 3～7 d 即可。

（三）托鲁巴姆、CRP 催芽方法

因托鲁巴姆、CRP 等野生茄品种较难出芽，必须经过催芽处理，具体方法是：将种子用温汤处理消毒后，再放入常温水中浸泡 48 h，装入湿布袋，放入恒温箱中，调节温度，30℃时 8 h，然后 20℃时 16 h，反复进行交替变温处理，每天用清水冲洗种子一次，8 d 左右即可出芽。注意有机栽培田严禁使用催芽剂及赤霉素处理种子。当托鲁巴姆的种子发芽率达到 50%～60% 时，即可播于准备好的盛入基质的穴盘或营养钵中。

（四）嫁接适期

当砧木茎粗达 3～5 mm，有 5～7 片真叶时，茎下部已木质化为嫁接适期。过早嫁接，砧木茎较细，操作难度大，过晚嫁接，砧木木质化，影响嫁接苗成活率。嫁接部位一般选在砧木第二和第三片真叶之间。

(五)茄子嫁接方法

蔬菜嫁接方法很多,如劈接法、贴接法、靠接法、插接法等,但茄子苗嫁接主要以劈接法和贴接法较为常用。

1. 劈接法

劈接步骤:第一步先将砧木在 2 片真叶上部用刀片平切,在砧木茎中间垂直切深 1.2 cm。第二步将接穗从半木质化处去掉下部,保留 2~3 片真叶并削成楔形,楔形大小与砧木切口相当(1 cm)。第三步将接穗插入砧木的切口中对齐。第四步用弧形嫁接夹夹住固定即可。

2. 贴接法(斜切接法)

贴接步骤:第一步先用刀片在砧木第 2 片真叶上方的节间斜削,去掉顶端,形成 30°的斜面,斜面长 1~1.5 cm。第二步将接穗保留 2~3 片真叶,去掉下部,用刀片削成 1 个与砧木同样大小的斜面。第三步将接穗和砧木的 2 个斜面贴合在一起,用嫁接夹夹住固定即可。

3. 插接法

在砧木苗长到 2~3 片真叶,接穗苗长至 1~2 片真叶时进行嫁接,为保证插接成活率,砧木苗和接穗苗不宜太大。

插接步骤:第一步将砧木第 1 片真叶以上部位平切,在剪口部位用细竹签插个 0.3~0.5 cm 深,略有倾斜的小孔,竹签粗细与接穗茎大体一致。第二步在接穗苗子叶下面把茎削成长 0.3~0.5 cm 的楔形切口。第三步将接穗切口朝下插入砧木的小孔中即可。

(六)茄子嫁接后的管理

茄子嫁接后的成活率的多少除与嫁接技术有关外,与嫁接后的管理关系密切。将嫁接后的嫁接苗及时移入苗床,靠紧,浇透水后扣上小拱棚。

1. 湿度管理

嫁接后的前 3 d,相对湿度控制在 95% 左右,3~6 d 相对湿度适当降低,可降低到 70%~80%,6 d 后相对湿度控制在 60%~65%,如小拱棚内湿度较低,可从嫁接苗下部浇水,尽可能避免上部淋水,防止伤口感染;成活后转入正常管理。

2. 温度管理

嫁接后前 3 d,白天温度控制在 25~28℃ 之间,夜间温度控制在 20~22℃ 之间,3 d 后可适当提高白天温度,降低夜间小拱棚温度。

3. 光照管理

嫁接后的 3~4 d 用毯子或棉被完全遮阴,5~6 d 进行半遮阳,7~10 d 只在晴天的中午遮阳,10 d 后伤口愈合,转入正常管理。

4. 及时去掉侧芽

接口愈合后,接口下的砧木易萌生侧芽,应及时进行摘除处理,以免影响接穗的正常生长,消耗养分。

六、移植

嫁接苗长到适宜大小时,要及时移植在大田中,嫁接苗移植后要及时去除砧木的萌芽,去除接穗的不定根及嫁接夹。还应注意定植时,不要埋土过深,以免埋住嫁接口,不但失去嫁接意义,还易感染土传病害。

第三节　土　壤　管　理

健康的作物必来自于健康的土壤。土壤良好的物理、化学及生物学特性需要生产者进行健康的管理和维护,进而实现土壤生产能力的持续性。

有机农业土壤管理的目标是维持土壤固有的生态健康与有机农业生产能力的持续性。其管理原则为修复常规农业所带来的生态环境失衡使扰乱程度最小化,加强农业生态内部资源的循环机能,维持和增进农业生态的生物多样性,防止土壤与养分的遗失,维持和增进土壤的肥沃度。

一、土壤管理方法

有机农业遵循农场内的封闭(或半封闭)养分循环的生态理论。实行包括轮作、间作、套作、复种等的作物耕作制,绿肥作物及覆盖作物的栽培,作物残渣的循环,有机农畜副产物的有机物供给,通过栽培的方法及利用其他允许使用材料进行土壤及养分管理。

微生物、动植物为原料制造出来的有机农业允许使用的材料作当辅助材料。

二、土壤培肥途径

(1)拓宽有机肥源,加大有机肥的投入量。近年来,我国农业生产中有机肥的投入下降明显,究其原因,一方面与化肥施用方便,效果明显有关,同时也与有机肥来源不足及施用不便关系密切。有机农业是以有机肥料为基础的可持续农业,如果有机肥源较为匮乏,有机农业的发展将变得极为困难,因此,要最大限度地扩大有机肥料来源,提高有机肥的施用比例。

(2)扩大绿肥种植面积。绿肥是一种优质的生物肥源,具有生物适应性、生物富集性和覆盖性,在供应养分、改良土壤和防止土壤侵蚀等方面作用明显。绿肥作物可与其他作物实行轮作、间作或套作,发挥绿肥作物的作用。

(3)发展有机养殖,增加动物性肥源。有机农场可利用有机产品副产物、作物秸秆、食物及蔬菜残渣等,扩大养殖规模,为有机种植提供更多优质的有机肥,同时也为市场提供优质肉、蛋、奶,提高有机农场的经济效益。

(4)发展沼气工程,为种植业提供优质的有机肥。沼气工程的沼渣、沼液是优质的有机肥源之一,发展沼气工程,不但可以获得优质的有机肥,满足作物营养需要,改善土壤理化及生物性状,同时还可以为农民提供清洁能源,改善农村环境。

(5)大力提倡秸秆还田。秸秆还田是当今世界上普遍重视的一项培肥地力的增产措施。秸秆中含有大量的有机质和矿质养分,秸秆还田能增加土壤有机质,改良土壤结构,使土壤疏松,孔隙度增加,容重降低,促进微生物活力和作物根系的发育。秸秆还田增肥增产作用显著,一般可增产 5%～10%。

(6)减少土壤有机质的消耗。实施轮作,采取少耕、免耕、覆盖等措施,其目的就是减少和控制土壤氧气的供应,削弱微生物分解活动。覆盖可以减少土壤水土流失。这样才能保持土壤有机物质在提供养分的同时,增加能源,保持有机物含量稳定。

三、土壤培肥技术

1. 根据有机肥的特性进行施肥

有机肥种类较多,如畜禽粪便、厩肥、堆肥、沤肥、作物秸秆、绿肥、饼肥、沼肥等。沼液为速效肥料,可以随水冲施;作物秸秆、绿肥等可直接还田施用;畜禽粪便、厩肥、堆肥等,一定要经过无害化处理后使用,可以作底肥,也可作追肥施用;饼肥发酵后可以作底肥也可作为追肥施用,但饼肥发酵后制成的速效液体肥随水冲施效果更佳。

2. 根据栽培作物品种特性和生长规律施肥

在制订作物培肥计划时,要根据作物需要的养分及需肥规律针对性施肥。如瓜类作物需较多的磷、钙、硼等元素;豆科作物需较多的磷、钾、钙、钼等元素;叶用蔬菜、桑、茶等需较多的氮元素;番茄、甜菜、马铃薯需较多的钾元素等。

3. 根据土壤性质施肥

沙性土壤团粒结构差,吸附力弱,保水、保肥能力差,但由于通气性较好,养分分解速度快,施肥时要注意多施土杂肥及堆沤肥改良土壤,提高土壤保水、保肥能力;黏重土壤通气性差,微生物活动较弱,养分分解速度慢,耕性差,但保肥、保水能力强,施肥时要注意施用秸秆、绿肥、厩肥、泥炭类等有机肥料,提高作物的供肥能力;南方酸性土壤可施些石灰调节土壤酸碱度;强碱性土壤可施石膏粉或硫黄粉进行调节。

4. 合理轮作、间作,提高土壤自身的培肥能力

合理轮作、间作,可增加土壤的生物多样性,培肥地力,防止病虫草害的发生。如豆科作物或豆科牧草同其他作物轮作或间作,不但增加土壤氮素营养,也可增加土壤中有机质的含量,改良土壤。

四、适宜茄子生长的土壤条件

(一)适合茄子生长的理化条件

茄子对土壤的适应性强,在黏性土壤和沙性土壤中均能正常生长发育,茄子耐肥能力强,为获得高产,应选择土层深厚、有机质丰富、排水和透气性良好,肥沃的土壤环境。为获得高产,茄子不宜栽培在土壤瘠薄排水能力差或低洼地中。

茄子对土壤的酸碱度要求以 pH 在 6.8～7.3 较为适宜,即弱酸到弱碱性的土壤,在此范围内的土壤养分效率最高,如果土壤 pH 过低,有效磷利用率低,茄子生长发育不良;在 pH 7.3 以上的碱性土壤中,茄子苗期会生长发育迟缓,但是植株长到一定大小时,生长会逐渐变得良好,而且在弱碱性的土壤生长的茄子品质较好。

(二)根据茄子生长需要合理施肥

茄子是喜肥作物,土壤状况和养分水平对茄子的坐果率及产量影响较大。茄子生长发育过程中,需从土壤中吸收大量的营养物质。据分析,每生产 1 000 kg 的茄子需吸收氮 3.2 kg、五氧化二磷 0.94 kg、氧化钾 4.5 kg。

茄子幼苗期对养分的吸收量不大,但对养分的丰缺非常敏感,养分供应状况影响幼苗的生长和花芽分化。从幼苗期到开花结果期对养分的吸收量逐渐增加,茄子开始采摘后,进入需要养分量最大期,此时对氮、钾的吸收量急剧增加,对磷、钙、镁的吸收量也有所增加,但不如钾和氮明显。茄子对各种养分的吸收特性也不同,氮素对茄子各生育期都较为重要,在生长的任何时期缺氮,都会对开花结实产生极其不良的影响。从定植到采收结束,茄子对氮素的吸收量呈直线增加趋势,在生育盛期氮的吸收量最高,充足的氮素供应可以保证足够的叶面积,促进果实的发育。磷素影响茄子的花芽分化,所以前期要注意满足磷的供应。随着果实的膨大和进入生育盛期,茄子对磷素的吸收量增加,但茄子的整个生育期对磷的吸收量相对氮、钾的吸收量要少得多。茄子对钾的吸收量到生育中期都与氮相当,以后显著增高。在盛果期,氮和钾的吸收增多,如果肥料不足,植株生长不好。氮、磷、钾配合使用,可以相互促进,提高肥料的养分利用率。

五、合理轮作

轮作即在同一块田地上有顺序地在季节间和年度间轮换种植不同作物或复种组合的种植方式。是用地养地相结合的一种生物学措施。有利于均衡利用土壤养分和防治病、虫、草害;能有效地改善土壤的理化性状,调节土壤肥力。

(一)合理的轮作有利于维持土壤的健康

为了维持土壤的健康及养分持续供应,生产上常采用下列措施进行轮作:

(1)为了持续供应氮养分,在栽培叶用蔬菜等氮需求量大的作物时,可种植固氮作物(豆科作物)。

(2)为了持续供应有机物,可栽培生物量多的绿肥作物(苏丹草等作物)。

(3)栽培养分需求量低的根菜类时,可利用种植果菜类蔬菜后茬的残留养分。

(4)制定轮种体系时,尽可能在 3 年内,至少栽培一次绿肥作物。

(5)为了土壤养分的循环,可运用深根性作物和浅根性作物的轮种体系。

(6)为了改善土壤的物理性质,可将根部生物量多的作物纳入轮种体系当中(如黑麦草)。

(7)在主作物之间种植用于水土保持的覆盖作物,并将其包括在 5 年左右的轮种体系当中。

(二)合理的轮作体系可减轻病虫草害的发生

(1)为了控制杂草,而交替栽培植化相克作物和非植化相克作物。如以黑麦、高粱、小麦、大麦、燕麦、毛野豌豆作为覆盖材料时,其释放的物质对杂草萌发和生长有抑制效应。

(2)避免连续种植成为特定病原菌寄主的同科作物。

(3)为了防治土壤病虫害,而将十字花科(芥菜、油菜等)等具有生物熏蒸效果的作物包括在轮种体系内。

(三)茄子轮作模式

1. 华北南部甘蓝、茄子、大白菜轮作模式

甘蓝栽培:土壤施肥深耕,耙平整地、覆盖地膜,3 月下旬至 4 月上旬定植早熟品种的甘蓝,如 8398、中甘 11、京甘 1 号等品种,亩定植 5 000 棵左右,45 d 后即可收获上市。

茄子栽培:5 月上中旬定植茄子,茄子可选择耐寒性强、优质高产、抗病早熟的品种,定植株距 35~40 cm,行距 60 cm,8 月中下旬拔秧。

大白菜栽培:立秋后 3~5 d 进行白菜播种育苗,8 月下旬定植,11 月上中旬收获。

2. 塑料大棚早春茄子、花椰菜轮作栽培模式

茄子栽培:土壤施肥深耕,土地整平后作高畦,畦高 15~18 cm,畦面宽 60 cm,畦间距 70 cm,按行距 40 cm、株距 35 cm 定植,定植时间 2 月下旬至 3 月上旬,茄子 4 月下旬开始采收上市,7 月下旬至 8 月上旬拔秧。

花椰菜栽培:土壤施肥深耕,土地整平后,做 1~1.2 m 的平畦,8 月下旬至 9 月上旬定植,定植株、行距为 50 cm×50 cm,10 月中下旬收获。此模式可适当提早或推迟蔬菜上市时间,市场价格好,产量高,可显著提高种菜经济效益。

六、间作套种

在同一块地上按照一定的行、株距和占地的宽窄比例种植不同种类农作物的种植制度,叫间作套种。一般把几种作物同时期播种的叫间作,不同时期播种的叫套种。间作套种是运用了群落的空间结构原理,以充分利用生长空间和环境资源发展起来的一种农业生产模式。

(一)间作套种的优点

间作套种可充分利用生长季节,实现一季多收,高产高效;间作套种能够合理配置作物群体,使作物高矮成层,相间成行,有利于该作物的通风透光条件,提高光能利用率;可实现用地养地相结合,既增产,又培肥地力,如与豆类作物间作;间作套种增加了生态系统的生物种类和营养结构的复杂程度,能提高生态系统的稳定性,减少病虫害发生。如胡萝卜、莴笋、洋葱或甘蓝等蔬菜与马铃薯间、套作可阻碍马铃薯晚疫病的发生及发展。

(二)间作套种的注意事项

(1)从株型上,要一高一矮、一胖一瘦。即高秆作物和矮秆作物搭配,以形成良好的通风透光条件和复合群体。如玉米与马铃薯、高粱和大豆搭配。

(2)从根系分布上,要一深一浅,即深根作物与浅根系喜光作物搭配,这样可以充分有效利用土壤中的水分和养分,促进作物生长发育,达到降耗增产的目的。

(3)从品种生育期上,要一早一晚。即主作物成熟期应早些,副作物成熟期应晚些,这样可以在收获主作物后,使副作物获得充分的光能,优质丰产,主副作物生产两不误。

(三)茄子间作套种模式

1. 茄子、菜豆、大白菜间套作栽培

整地后作高低畦,采用高低畦种植,140 cm 为 1 个种植条带。高畦高 15 cm 左右、宽 60 cm,低畦宽 80 cm,高畦上 4 月上中旬地膜覆盖定植 2 行茄子,行距40 cm、株距 35～40 cm,5 月中旬在低畦上播种 2 行蔓生菜豆,菜豆行距为 65 cm,株距30 cm;8 月上旬茄子拔秧,在茄子拔秧处定植 2 行白菜,白菜株、行距 40 cm×40 cm。采用此套作模式,1 年可收获 3 茬蔬菜,可显著提高土地利用率,增加种植收入。

2. 茄子、大蒜套作栽培

10 月上中旬采用起高畦,地膜覆盖的方式种植大蒜,起高畦时,畦高 8～12 cm、底宽 100 cm、畦面宽 70 cm,沟宽 20～30 cm,在畦面上种植大蒜,大蒜行距20 cm、株距 10～15 cm,每畦面上种植 4 行大蒜,每亩种植 3 万株左右;5 月下旬至

6月上旬在畦面上的大蒜行间定植茄子,定植行距50 cm、株距40～45 cm,每亩2 000株左右,茄子可采收到10月份。

3. 马铃薯、甘蓝、茄子间作套种栽培

施肥整地后,按80 cm为1个种植条带,垄沟式种植,起垄时,垄高15～18 cm,垄背宽20 cm,垄沟宽60 cm。3月下旬至4月上旬在垄上种植1行催芽后切块的马铃薯,株距20 cm,亩栽植4 000株左右;垄沟内种2行春甘蓝,定植时间可以和马铃薯同时,也可稍晚,定植株距为35～40 cm、行距40 cm,亩定植4 000株以上;甘蓝收获后,在沟内定植1行茄子,株距40 cm,亩定植2 000株以上,茄子可采收到霜降前后。但要注意由于茄子定植于沟内,夏秋季又是降雨集中期,应做好排涝措施。

4. 辣椒、茄子间作栽培

施肥整地后,起垄种植。起垄高15～18 cm,垄背宽20 cm,垄间距50 cm,2行茄子和2行辣椒间作种植,4月上旬地膜覆盖栽培,茄子株距35 cm,辣椒按每穴双株定植,穴距30 cm。辣椒和茄子间作栽培优点是:生长初期,因苗小,茄子和辣椒互不影响,由于茄子相对辣椒生长较快,后期高大的茄子植株可为辣椒起遮阴作用,防止地温过高对辣椒产生高温障碍以及太阳的直射产生的日灼果,同时也满足了茄子对光热的需求。

5. 西瓜、茄子拱棚间作栽培

施肥整地后作高15 cm、宽60 cm的垄,垄距170 cm,在垄中间种植1行西瓜,垄两侧缘种植2行茄子,定植西瓜时株距保持60 cm,每亩定植650株左右;茄子保持株距35 cm,亩定植2 200株左右。可在露地栽培,为提早供应市场,也可在拱棚内或日光温室内栽培。

6. 日光温室芹菜、平菇、茄子、甘蓝间套作栽培

施肥整地后按140 cm为1个种植带,做成高低畦,高畦宽80 cm,低畦宽60 cm,畦高18～20 cm,10月中旬将芹菜定植于高畦上。低畦内填入食用菌培养料,接种平菇。为提高平菇畦内温度和湿度,在平菇畦上扣小扣棚,降低日光温室内的湿度,可减少芹菜病害的发生。芹菜于1月下旬至2月上旬春节前收获上市。芹菜收获后在芹菜畦上种植早熟甘蓝,品种如中甘11、京甘1号、8398等。平菇于2月上旬出菇,在3月中下旬平整菇畦,定植茄子。甘蓝收获后,茄子单独生长到10月中下旬。此模式可实现1年4收,效益明显提高。

第四节　栽　培　管　理

一、茄子的生理特性

(一)茄子的生长发育期

茄子为喜高温蔬菜,比番茄、辣椒要求的温度高,耐热性强。茄子完整的生育期可分为种子发芽期、苗期、开花坐果期。

1. 发芽期

从种子吸水萌动到第一片真叶露出为发芽期。一般需要 10~12 d。

2. 幼苗期

第一片真叶露出到门茄现蕾开花为幼苗期。一般需要 50~60 d,第一片真叶出现至 2~3 片真叶展开,此阶段主要为花芽分化打基础。幼苗 2~3 片真叶展开后,花芽开始分化,进入花芽分化及发育阶段,此阶段营养生长和生殖生长同时进行,5~6 片叶时现蕾。

3. 开花结果期

从门茄现蕾后进入开花结果期。在结果初期,茄子的营养生长和生殖生长都很旺盛。在四母斗结果后进入结果后期,此时,营养生长渐弱。进入八面风结果期,果实虽多,但单果重下降,产量也开始大幅度下降。

茄子开花早晚与品种和幼苗生长环境关系密切,在光照强和温度较高的条件下生长快、苗龄短、开花早。茄子进入开花结果期后,生殖生长和营养生长同时进行,在果实膨大期,养分的需求量达到最大,此时期的水分供应障碍对茄子的产量影响较大。

(二)温度

茄子喜高温,不耐寒,最适生育温度 22~30℃。出苗前白天温度保持在 25~30℃、夜间温度保持在 16~20℃;花芽分化的白天温度 20~25℃、夜间 15~20℃,温度低,花芽分化迟,长柱花多;温度高,花芽分化提早,中柱花和短柱花多。开花结果期一般白天温度控制在 25~30℃、夜间温度控制 15~20℃。白天温度高于 35℃时茎叶可正常生长,但花器发育受阻,易导致果实畸形和落花落果;白天温度低于 15℃时果实生长缓慢,低于 10℃时停止生长,5℃ 以下时会导致冻害的发生。

夏季露地茄子栽培,当环境温度过高时,需要在白天安装临时遮光物;保护地内可安装遮阳网、通风孔、换气扇及湿帘设备降低温度;冬季栽培茄子时要做好增温措施,尽可能提高环境温度,为茄子生长创造良好的环境,生产出优质果实。

(三)光照

茄子是短日照作物,茄子对日照时间长短不甚敏感,但对光照强度要求较高,生长发育要求中等强度的光照。光照是影响茄子生长、花芽分化和发育、坐果、果实品质的重要因素之一。茄子的光补偿点为 2 万 lx,光饱和点为 4 万 lx。茄子不同的生育期对光照条件要求不同。

种子发芽期,在黑暗环境下给予适当的光照,可促进发芽。茄子苗期,受光照强度和光照时间共同影响大,在自然光照下,光照时间越长,花芽分化越早,着花节位越低,光照时间越短,茄子的生育状况越差,花芽分化延迟,着花节位越高。开花结果期,光照不足、日照减短,会降低茄子的同化作用,易造成开花期延长,长花柱减少,短花柱增多,导致落花,同时果实数量减少,造成减产。另外,光照不足也影响茄子果皮色素的形成,导致着色不良,降低品质。

图 10-9 为冬季日光温室补光,图 10-10 和图 10-11 是补光前后茄子长势。

图 10-9　冬季日光温
室补光　　　　　　　图 10-10　补光后的茄
子长势　　　　　　　图 10-11　未补光的茄
子长势

（四）水分

水分在茄子整个生长过程中具有极其重要的作用,茄子的光合作用、养分的吸收与运输,都是以水分为媒介。茄子叶片较大、较多,蒸腾作用较强,开花结果期较集中,因此水分的充足供应,就显得尤为重要。发芽期土壤水分过多,易导致烂种及幼苗烂根,若浇水量不够,种子发芽慢。苗期最佳空气相对湿度以 $70\%\sim80\%$ 为宜。随苗龄的增加,应适当控制浇水,降低夜温,抑制幼苗徒长。

定植到开花结果前,要控水蹲苗,促进根系向纵深扩展,防止后期早衰。在初花期后,由于茄子生长量大,需水量也随之增加,需要有充足的水分供应,在结果期需水进入高峰,此时缺水易影响根系对水分和养分的吸收,使生长发育受阻,产量降低。茄子生长期含水量过高,会使土壤透气性差,易导致沤根及疫病和黄萎病的发生;但过低的含水量易导致开花、授粉困难,落花、落果严重,畸形果增加,色泽变差,影响产量和品质。茄子生长期适宜的土壤含水量为 $14\%\sim18\%$。

生产上可通过地膜、稻壳覆盖（图 10-12）,膜下灌水,通风排湿,温度调控等措施,尽可能把保护地内的空

图 10-12　冬季地膜、稻壳覆盖降低保护地湿度

气湿度控制在最佳指标范围。灌水一般在上午进行为宜,但在高温季节下午进行浇水更有利。

(五)养分

茄子很少发生肥料过多的危害,但氮肥施肥过多会影响茄子的品质。因此合理科学施肥对增加产量,提高产品品质尤为重要。茄子各个生长期对土壤养分的需求量不同,在茄子生长发育初期,以吸收氮肥、磷肥为主,开花结果期对氮肥、钾肥需求量大。

二、栽培技术

在我国,由于各地气候条件的差异,茄子采用的栽培方式有所不同,通常有设施栽培(智能温室、日光温室、大拱棚、小拱棚)及露地栽培类型。

(一)春露地茄子栽培技术

春露地栽培是我国大部分地区茄子栽培的主要方式,因其充分利用自然条件,无须人为增温,不需要任何设施,所以生产成本较低。露地栽培在高冷地区主要在春末季节进行春茬栽培;华北地区、黄淮海地区、东北地区一般为春茬和夏茬;长江中下游地区一般为春茬、夏茬和秋茬;西南地区一般为春茬和秋茬;但在华南地区可全年进行露地栽培。

1. 品种选择

春露地栽培的茄子,其生长期在夏季高温季节,品种可选择耐热性强、产量高、抗病性好、品质好并适合当地消费习惯和市场需求的品种,如北京六叶茄、北京九叶茄、丰研1号、济南长茄、圆杂2号、吉茄5号、吉茄4号、大龙茄子、黑霸王、杭茄1号、杭丰1号、河南糙青茄、徐州长茄、辽茄2号、宁茄4号、国茄1号、苏崎茄、中日紫茄、红丰紫长茄等。

2. 播期确定

在露地茄子栽培中,一般在晚霜过后开始定植。育苗时播种期的确定,按定植期减去育苗期(苗龄)推算。长江流域以南的冷床育苗一般苗龄在110～120 d;小拱棚育苗一般苗龄100～110 d;大拱棚或不加温日光温室育苗一般苗龄90 d左右;保温效果较好的日光温室苗龄70～90 d。具体苗龄因苗床设备条件及育苗技术的差异而不同。

3. 施肥、耕地,起垄、做畦

施肥、整地:选择前茬是豆类、葱蒜类、瓜类蔬菜、十字花科、粮食作物或3年内没种过茄科蔬菜的土质疏松、土层深厚、保水保肥、排水良好的地块,在冬前翻地晒垡。春季结合整地,每亩施完全腐熟的有机肥5 000～8 000 kg,深翻30 cm后,耙平。

起垄、做畦:南方地区多采用深沟窄畦的方式栽培,畦宽130~200 cm,沟深20~30 cm;黄淮及京津地区一般按1.3~1.5 m的间距做成小高畦,畦面宽70~80 cm,畦沟宽60~70 cm,畦高15~20 cm,畦面用地膜覆盖;东北地区则做成50 cm的垄,每两条垄平行作成100 cm宽的小高畦,采用条开沟的方法,一畦定植双行。

4. 定植期

定植期一般在晚霜过后或当地10 cm地温稳定通过13~15℃时定植。长江流域一般在3月中下旬定植;黄河流域在4月上中旬定植;河北南部平原在4月中下旬定植;河北中部及北京平原地区为4月下旬定植;河北北部及辽宁南部通常5月中旬定植。

5. 定植密度及定植时间

有机种植考虑到病虫害防治的原因,一般略低于常规栽培。通常早熟品种每亩定植2 500株左右,中熟品种2 200株左右,晚熟品种定植2 000株左右。定植作业一般选择在晴天的上午进行,定植后及时浇定植水。

6. 定植后的管理

(1)水肥管理 定植后及时浇定植水,浇定植水时不建议大水漫灌,以防地温降低太剧烈;定植7 d后视墒情可浇缓苗水,此时可结合浇水施提苗肥,每亩施1:20的豆粕发酵液200 kg。茄子第一朵花开放以控水为主,促进根系下扎,防止早衰,此时期可不施肥,当门茄坐住后结合浇水施肥一次,一般每亩施1:20的豆粕发酵液600~800 kg,矿物硫酸钾15~20 kg;对茄"瞪眼"后结合浇水重施追肥一次,一般亩施1:20的豆粕发酵液1 000 kg,矿物硫酸钾15~25 kg。四门斗茄膨大时结合浇水再重施追肥一次,一般亩施1:20的豆粕发酵液1 000 kg,矿物硫酸钾15 kg;以后保持土壤见干见湿,保持15~20 d追肥一次,由于地温的升高,土壤供肥能力的增加,追肥量可适当减少。另外,坐果后切忌土壤忽干忽湿,造成裂果。追肥的选择可用自制的液肥,也可以用产气3个月以上的沼液追肥。

(2)中耕培土 地膜覆盖的田块,如果整地、做畦及铺地膜的质量较高,一般不需要进行中耕、除草和培土。未覆盖地膜的田块,一般要结合除草进行中耕,中耕时以不伤作物根系和疏松土壤为宜,植株封行前结合中耕,可补施腐熟饼肥或堆肥埋入土中,并进行培土,防止植株倒伏。中耕一般进行2~3次,植株封行后一般不再中耕。

(3)植株调整 露地茄子栽培中,可根据栽培密度,品种特性采用不同的整枝方法。对于早熟品种可采取三杈整枝,即除留主枝外,在主茎上第一花序下的第一和第二叶腋内抽生的2个较强大的侧枝保留,连主枝共留三杈,除此以外,基部的侧枝全部抹去。对于中晚熟品种,当门茄坐住后,保留二杈状分枝,并将门茄下的叶腋去除。为了加强植株的通风透光性,减小落花和下部老叶对营养物质的消耗,要及时摘除茄子下部的病、老叶,增加通风透光性,减少病害的发生,并将摘除的叶片集中深埋处理。

(4)搭架、绑蔓　搭架可使茄子植株充分利用光照使茄子果实着色均匀,光泽好,最大限度提高其商品性,此外,可防止茄子植株倒伏,改善田间通风状况,增加坐果,坐果后,果实悬离地面,可减少病害。搭架的形式主要有两种:交叉式和直立式。交叉式立柱是在整枝后,相隔数米,将2根架材交叉斜插入畦中,固定植株,防止倒伏,待植株坐果后,长出较多分枝后用尼龙绳将各支柱连接。直立式则在植株两侧直立2根支架,其他方法同于交叉式支架。

(5)授粉　茄子花为完全花,雌蕊、雄蕊着生在同一朵花上,即花朵能进行自花受精。茄子花朵一般在早上5时开花,到7时左右基本完全开放,但阴天时可能在8时左右才完全开放。花朵的寿命一般会持续3~4 d。因此,茄子一般不需要进行人工授粉,只需要尽量保证植株的授粉条件即可,正常情况下可通过昆虫、风进行自然授粉。有机茄子生产严禁使用植物生长调节剂进行辅助授粉。

(6)收获　判断茄子采收与否的标准是看"茄眼"的宽度,如果萼片与果实相连处的白色或淡绿色环带宽大,表示果实正在迅速生长,组织柔嫩,不宜采收;若环带逐渐变得不明显,表明果实生长转慢或果肉已停止生长,应及时采收。另外,也可以从时间上进行判断。露地早熟品种一般开花后16~18 d可采收;中熟品种开花后20~25 d即可采收。也可从定植期计算,一般定植后40~50 d即可采收商品茄上市。

(二)大棚茄子栽培技术

大棚由于造价低于日光温室,又比小拱棚保温和便于操作,是蔬菜栽培中较为常见的形式。大棚保温性能不及日光温室,比露地温度高,因此在栽培时间上早于露地。在大棚茄子栽培中主要茬口分为春季提早和秋季延后栽培两种方式。茄子春提早栽培,是茄子早熟栽培的一种主要形式,经济效益较高,可比露地提早40 d左右,一般定植后40~45 d开始采收,采收期达2个月以上,由于其上市早、价格高,深受菜农欢迎。茄子秋延后栽培,一般在9月份后上市,在长江中下游及以南地区是解决初冬到元旦期间市场供应的重要一茬,定植后60 d左右开始采收,采收期2个月左右,经济效益较好。

1. 品种选择

春大棚提早栽培,由于前期温度较低,后期温度较高且光照强的特点,在品种选择上要选择早熟、丰产、易坐果,生长前期耐低温弱光,后期耐高温的品种。如茄优1号、天津快圆、京茄1号、京茄2号、茄杂6号、茄杂12号、天津二苠茄、黑霸王F1、黑丽园307、农大601、布利塔、爱丽舍等品种。

大棚秋延后栽培,由于在夏季育苗,定植期在温度较高的6月份后,因此在品种选择上要选用生育期长、生长势强、前期耐热、抗病毒、后期耐寒、丰产性好、商品性好、耐贮的品种。如茄杂 12 号、茄杂 6 号、杭茄 3 号、黑茄王、超九叶、长野黑美等品种。

2. 播种期

大棚春提早茄子栽培:华北地区一般在 12 月上中旬播种育苗,3 月中下旬定植;长江流域 10 月上旬播种育苗,2 月下旬至 3 月上旬定植,苗龄通常在 90～120 d。

大棚秋延后茄子栽培:华北地区一般在 6 月下旬播种育苗,8 月上旬定植;长江流域 7 月中旬播种育苗,8 月下旬定植,苗龄通常在 45～70 d。

育苗设施不同,苗龄不同。

3. 播种量

每亩定植 3 000 株左右,约需种子 26 g。

4. 育苗及育苗后的管理

参考第二节育苗管理。

5. 施肥、耕地,起垄、做畦

定植前 20 d 扣好大棚膜,对大棚内采用硫黄熏蒸消毒 24 h,放风 48 h。每亩施完全腐熟的有机肥或堆肥 5 000 kg,并深翻 30 cm,耙细搂平土壤,按东西向做畦,畦面宽 70 cm,高 25 cm,沟宽 60 cm,采用大小行定植方式,大行距 90 cm,小行距 40 cm,并覆盖地膜(银灰色膜更好)。

6. 定植期

春提早栽培,当棚内最低气温稳定在 10 ℃以上,10 cm 土壤地温稳定在 12 ℃以上时即可定植。华北平原地区一般在 3 月中下旬定植;长江流域一般在 2 月下旬到 3 月上旬定植。

大棚秋延后茄子栽培,华北地区一般在 6 月下旬播种育苗,8 月上旬定植;长江流域一般在 7 月中旬育苗,8 月下旬定植。

7. 定植密度及定植

有机种植考虑到病虫害防治的原因,一般略低于常规栽培。大棚春提早通常每亩定植 2 800 株左右,夏秋茬茄子通常每亩定植 2 200～2 500 株。春提早栽培一般选择在晴天的上午进行定植;秋延后栽培一般选择在阴天或傍晚前后进行定植,定植后及时浇定植水及缓苗水。

8. 定植后的管理

(1)水肥管理 春提早茄子栽培,茄子定植后及时浇定植水,5～7 d 茄子新根基本长出,可根据墒情浇 1 次缓苗水(墒情好的话可不浇缓苗水),但夏秋茬茄子栽培浇定植水后,由于此时正处于高温期,因此必须浇缓苗水。开花前基本不再浇水,进行蹲苗,防止徒长,促进根系下扎,防止早衰,当门茄进入"瞪眼"期后结合浇水每亩施 1:20 豆粕发酵液肥 1 000 kg,矿物硫酸钾 10～20 kg;以后每穗果膨大时追1次肥并浇水,此时追肥以速效的液体肥为主(可使用沼液、自制液肥),每次每亩可使用1∶20的豆粕发酵液800 kg,矿物硫酸钾10～15 kg;以后保持土壤见干见湿。坐果后切忌土壤忽干忽湿,造成裂果。追肥的选择可用自制的液肥,也可以用产气3个月以上的沼液追肥。

(2)温度控制　春提早茄子定植后正值低温期,此时要注意大棚保温,有条件的农场可夜间覆盖棉被保温,定植1周内,为促进缓苗,尽可能提高温度,温室内的温度不超过30℃时可不放风,气温达到30℃以上时才放风。当幼苗生长点叶色变淡,表明已度过缓苗期,开始生长。此后要适当降温防止幼苗生长过旺,保持白天30℃左右,夜间13～15℃;开花后白天气温保持在25～28℃,夜间温度不低于15℃;门茄进入膨大期后气温控制在15～30℃,一般晴天上午达28℃开始放风,傍晚气温降到16℃时关闭放风口;结果期降低夜温有利于果实膨大,保持昼夜温差15～20℃。秋延后茄子栽培时,生产前期气温较高,要注意降温处理;生产后期由于外界温度逐渐降低,管理上要注意加强保温。茄子坐果期保持白天温度22～28℃,夜间13～18℃,有利于坐果。

(3)光照　春提早茄子定植后到5月底前,此阶段为增加光照要及时清除大棚膜的灰尘提高棚膜的透光率。6月初后,在晴天上午11时到下午3时之间棚顶覆盖遮光率50%～60%的遮阳网降低棚温。秋延后茄子定植时,由于正是高温季节,光照强,为便于降温和调节光照,要在棚室的顶部覆盖活动的遮阳网,在中午的强日照和高温时段覆盖遮阳网遮阳降温,光照强度下降后及时撤下遮阳网。

(4)吊蔓　大棚内为了防止遮光,一般不采用搭架的方式,而采用银灰色的吊绳进行吊蔓,固定植株,防止倒伏。首先将铁丝水平固定在日光温室的钢架上,铁丝方向和茄子的种植行平行,然后在铁丝上吊银灰色绳,每株2根,下部绑在茄子植株的根部,吊蔓后随着植株的生长,将植株缠绕到吊绳上即可。

(5)整枝打叶　塑料大棚茄子栽植密度较大,通风差,必须做好整枝打叶工作,利于改善棚内通风透光条件。门茄以下失去功能的老叶要及时摘去,对茄开花时,其下萌芽也要及时除去,防止发生二次侧枝。春提早和秋延后茄子栽培一般采取双干整枝,当四门斗茄子"瞪眼"后,在茄子上面留3片叶摘心,同时将下部的侧枝及老叶、病叶打掉。打权时要选择晴天通风时进行,利于伤口愈合。在阴雨天或露水不干时打权,易给病菌的侵入创造条件。

(6)授粉　大棚内部由于昆虫数量少、放风量较少、空气湿度大,一定程度减少了自花受精率,需要采取辅助授粉的方法提高受精率。具体方法:可在大棚内释放熊蜂进行辅助授粉,每1 000 m² 可释放1箱熊蜂,即可满足授粉需要(图10-13)。

图10-13　大棚内熊蜂辅助授粉

9. 采收

茄子以嫩果为产品,开花到果实成熟一般需要 25 d 左右,果实成熟后要及时进行采收,特别是门茄要适当早收,以免影响植株生长。对茄及以后果实达到商品成熟(即萼片下的一条浅色带消失或不明显时)、果面光泽度最好时采收。采收一般应在下午或傍晚进行,采收时为保护枝条,防止撕裂枝条,影响植株生长,一般用剪刀剪断果柄。

(三)日光温室茄子栽培技术

日光温室茄子栽培的茬口安排可分为冬春茬栽培、早春茬、秋冬茬栽培、越冬茬等栽培方式。

冬春茬在华北地区主要指 12 月上中旬定植的茄子,该茬茄子翌年 1 月中下旬上市,可延续到 7—10 月份。此茬口苗期与生长前期处于低温、寡照条件,植株生长缓慢,对花芽分化不利,栽培上要考虑防寒保暖、补光等措施。

秋冬茬主要在 7 月上中旬播种育苗,8 月中下旬到 9 月上旬定植,苗龄 40～50 d。此茬口苗期气温高,定植后适温生长,结果期气温下降到全年最低气温的阶段,栽培难度较大。

越冬茬主要在 9 月上中旬育苗,定植后正值寒冬季节,低温弱光,栽培及管理难度大,保温、增温及补光是此时期栽培的最大问题,必要时应增加增温设备。

早春茬、秋冬茬茄子栽培请参考大棚茄子栽培技术。

1. 品种选择

冬春茬及越冬茬栽培因苗期与生长前期处于低温、寡照条件,因此品种选择时要考虑耐低温弱光、长势强、易坐果、抗病、高产、耐贮运、品质好、适合当地消费习惯的品种。如黑宝圆茄、快圆茄、茄杂 6、茄杂 12、布利塔、安德烈、大龙、西安绿茄等。

秋冬茬栽培由于苗期气温高,结果期温度低,品种选择时要考虑抗病毒能力强,生长前期耐高温,后期耐低温弱光,连续坐果能力强的品种。如天津快圆茄、天津二苠茄、茄杂 8 号、茄杂 6 号、北京丰研 1 号、西安紫圆茄、安阳紫圆茄、豫茄 1 号等、济丰 3 号、荷兰瑞马、新乡糙青茄、布利塔、黑龙长茄、紫阳长茄、天正茄 1 号、粤茄 1 号、济杂长茄、紫红茄 1 号、大绿长茄等。

2. 播种期确定

定植期减去苗龄即为播种期。

冬春茬栽培,育苗期温度低,光照弱,尤其是育苗的中、后期,育苗时需要较长的时间,一般品种苗龄需要 80～100 d。如定植期在 2 月上中旬,那么播种育苗需要在 11 月中下旬进行。此时期育苗应注意苗床的增温。

秋冬茬栽培,东北、西北地区 9 月上中旬定植,播种时间一般为 7 月中下旬;华北地区 9 月中下旬定植,播种时间为 8 月上旬;长江流域 10 月中旬定植,一般在

8月下旬播种育苗。育苗时正值高温季节,幼苗生长较快,苗龄较短,一般需要40~60 d。此时期育苗时要注意苗床的降温。

越冬茬栽培,一般定植期在11月中下旬,此时期育苗气温适合幼苗生长,苗龄一般在70 d左右,播种育苗一般在9月上中旬进行。

3. 温室消毒

(1)硫黄熏蒸 整地前密闭温室,每亩用硫黄粉1 kg与2 kg锯末均匀混合,傍晚分几处点燃,并密闭温室24 h,然后放风。

(2)高温闷棚 在夏季的7—8月份温室休闲期,深翻土壤后覆地膜并密闭温室,可使膜下的温度升到50℃,经15~20 d,可以消除大部分的土传病害及线虫。

4. 整地、施肥

冬春茬和秋冬茬茄子生长期较长,产量较高,为此这两茬茄子在定植前要施足基肥,一般每亩施完全腐熟的堆肥5 000~8 000 kg,天然磷矿粉50 kg,天然矿物硫酸钾20~30 kg。在定植前15 d将基肥均匀地撒入表面,深翻30~40 cm并耙平,按1.3~1.5 m的间距做成小高畦,畦面宽70~80 cm,畦沟宽60~70 cm,畦高15~20 cm,畦面上铺设滴灌管,然后用地膜覆盖。不具备滴灌条件的日光温室,可起垄栽培,起垄时垄高15~20 cm,垄面宽30~40 cm,垄沟宽25~35 cm,相邻两垄上覆盖地膜。

5. 定植期

华北地区冬春茬茄子栽培,一般在2月中下旬定植;秋冬茬在9月中下旬定植;越冬茬茄子栽培一般在11月中下旬定植。西北及东北地区冬春茬茄子栽培,一般在2月中卜旬定植;秋冬茬在9月上中旬定植;越冬茬茄子栽培在11月中旬定植。长江流域越冬茬一般在11月中下旬定植,秋冬茬在10月中旬定植。

6. 定植密度及时间

有机种植考虑到病虫害防治的原因,一般略低于常规栽培。早熟和中早熟品种每亩定植2 500~3 000株,中熟或中晚熟品种每亩定植2 000~2 300株。

冬春茬定植作业一般选择在晴天的上午进行,定植后及时浇定植水,定植水不宜太大,太大易造成地温剧烈下降,影响缓苗及幼苗生根。秋冬茬定植作业一般选在晴天的下午或阴天的上午进行,定植后及时浇定植水,缓苗后浇缓苗水,但浇水量不宜太大。定植嫁接苗时,注意嫁接口要高出地面一定距离,防止接穗扎根及病菌侵染,失去嫁接意义。

7. 定植后的管理

(1)水分管理 秋冬茬一般定植时间为9月上中旬至10月中旬,定植时气温较高,水分蒸发量大,定植后浇定植水,幼苗缓苗后应及时浇缓苗水;越冬茬及冬春茬,定植时外界环境温度较低,浇定植水后,一般不需浇缓苗水。此后到门茄坐果前一般不需浇水,防止植株徒长影响坐果,也利于根系下扎,防止早衰;门茄坐果后

(门茄瞪眼时)要结合施肥选晴天上午进行浇水。12月下旬至翌年1月下旬的深冬季节尽量不浇水或少浇水,但当作物表现缺水症状时,可选晴天上午结合施肥,采用膜下滴灌或膜下浇小水的方式浇水,以免降低地温。深冬过后天气转暖,应增加浇水次数。2月中旬至3月中旬,每15 d左右浇1次水,3月中旬后,每隔7~10 d浇水1次即可。

(2)肥料管理 冬季蔬菜生长缓慢,需肥量少,追肥时应以速效的液体肥为主,也可用腐熟的有机肥或生物菌肥,施肥时应尽可能与滴灌浇水配合施入,实行水肥一体化,提高肥料利用率。具体施肥时期:门茄"瞪眼"时结合浇水施肥,每亩施1∶20豆粕发酵液800~1 000 kg、矿物硫酸钾15~20 kg;门茄采收后结合浇水再施肥一次,施肥量每亩施1∶20豆粕发酵液800~1 000 kg;2月中旬至3月中旬,每15 d左右结合浇水施一次肥,每亩施1∶20豆粕发酵液600~800 kg,另施矿物硫酸钾10~15 kg;以后随着气温升高,根系吸肥能力增加,施肥量可适当减少,3月中旬后,每浇2次水施肥1次。

(3)温度控制 定植后的7 d内,为促进缓苗,尽可能提高温度,温室内的白天温度保持25~35℃,夜间温度15~22℃,这样有利于新根的发生和促进对养分的吸收;植株缓苗后应注意通风,白天最好保持在23~28℃,最低夜间温度不低于15℃;开花结果期尽可能保持较高的温度,白天控制在25~30℃,夜间不低于15℃。可多层膜覆盖增温(图10-14),使用生物反应堆提高地温(图10-15)。如遇到寒潮,可多层薄膜覆盖,及时覆盖草帘,并在四周加盖草帘保温。温室内温度高于30℃应进行通风;当夜温稳定在15℃以上时,可昼夜通风。

(4)光照 光照是冬季日光温室蔬菜栽培的主要限制因素之一,茄子属于喜光作物,较强的光照可促进茄子生长发育。越冬茬及冬春茬茄子定植后,此阶段正处于光照最弱时期,因此要尽可能采取措施增加棚室的光照。具体措施:在温室的后墙张挂反光膜(图10-16);选择透光率高、流滴性好的棚膜;定期清除大棚膜的灰尘提高棚膜的透光率;阴雨雪天气可使用钠灯、白炽灯、碘钨灯等进行补光;在保证棚内温度的前提下,尽可能早揭晚盖棉被、草苫等覆盖物,延长光照时间。

图10-14 多层膜覆盖增温　　图10-15 使用生物反应堆提高地温　　图10-16 日光温室后墙张挂反光膜

（5）植株调整

①吊蔓　茄子生长中后期，为防茄秧倒伏和减少遮光，需用尼龙绳吊蔓。吊蔓时将绳子的一端系到茄子栽培行上方铁丝上，下端用宽松的活口系到茄子侧枝的基部，每条侧枝一根绳，将侧枝轻轻缠绕住，使侧枝按要求的方向生长。见图 10-17。

②整枝　茄子多采用双干整枝或三干整枝的方法，具体留枝数量可根据茄子品种、定植密度和植株长势而定，早熟品种植株较为矮小，一般采用三干整枝法；中晚熟品种植株长势强，一般采用双干整枝法（图 10-18）。

图 10-17　尼龙绳吊蔓

图 10-18　茄子双干整枝

③摘心　茄子生长前期利用主干结果，越冬栽培时到深冬季节摘心，以萌发的侧枝结果为主，春季后对侧枝不断摘心换头，摘心利于养分向果实部分输入，促进果实生长与膨大。见图 10-19。

④摘除病、老叶　为改善植株的通风透光性，一般当植株的门茄坐住后，可将门茄下部的老叶、黄叶及时摘除，同时对不计划利用的侧芽也要及时抹掉。发现病叶、老叶时要及时摘除，并带出棚室外，这是有机蔬菜栽培极为重要的措施。

图 10-19　日光温室茄子摘心换头

（6）授粉　日光温室内部由于昆虫数量少、冬季放风量较少、空气湿度大，一定程度减少了自花受精率，需要采取辅助的方法提高受精率。具体方法：可在日光温室内释放熊蜂进行辅助授粉，每 1 000 m² 可用 1 箱熊蜂，即可满足授粉需要。

（7）采收　茄子授粉后的第二周果实迅速膨大，从开花至果实成熟一般需要 20～25 d。门茄和对茄要适当早摘，防止坠秧。一般中晚熟圆茄品种，单果增重潜力较大，在保证质量的前提下可以尽量提高单果重；长茄及矮茄品种则相反，以嫩果多采为原则，既要提高产量，又要保证质量。

第五节　病虫害及生理障碍

一、病害管理

(一)茄子猝倒病

茄子猝倒病是茄子苗期的主要病害,多发生于茄子幼苗前期的早春育苗床上,可引起烂种、死苗和猝倒。

1. 病原菌及病状

茄子猝倒病是由霉菌侵染引起的真菌性病害。

多发生在茄子幼苗前期,可引起烂种、死苗和猝倒。烂种发生在种子出土前,在腐烂的种子表面常有灰白色棉絮状物;幼苗猝倒发生在幼苗出土后,子叶开始舒展而真叶尚未展开时,发病初期幼苗茎基部呈水渍状后变黄褐色,然后病斑绕茎一周,病部缢缩成线状而后倒伏死亡。

2. 发病规律

病原菌在植物残体或腐殖质上腐生生活,能在土中存活 2～3 年,靠土壤中水分流动蔓延,然后通过带病种子进行长距离传播。幼苗在低温、高湿、光照不足、苗子长势弱时易发病,发病最适温度为 15～16℃。育苗期间遇阴雨、大雪天气、浇水多、薄膜滴水、通风差、保温不良,即低温高湿情况下,最易生病。

3. 管理方法

(1)种子处理　播种前将种子用 55℃温水浸种 15 min。然后经催芽后采用营养盘或营养钵等方式育苗。

(2)农业措施　选择地势较高、排水方便、背风向阳、土壤肥沃的地块作为苗床;苗床搭上小拱棚用硫黄熏蒸消毒;播种后苗床内合理浇水、加强通风,温度保持20～30℃,地温保持在 16℃以上,防止苗床出现低温高湿的环境;发现病苗应及时拔除。

(3)药剂防治　将哈茨木霉菌根用型药剂 110～220 g,兑水后与 1 m³ 配好的基质混合后进行育苗,或 1 m² 苗床用 2～4 g 哈茨木霉菌根用型兑水后喷雾,每5～7 d 喷施一次,连续 2～3 次,可有效防治茄子猝倒病。

(二)茄子立枯病

茄子立枯病是苗期的重要病害之一,主要发生在苗床,危害幼苗。从幼苗出土到幼苗定植后均可发生,多发生在育苗的中后期,育苗期间苗床湿度大、光照弱、放风不及时易发病,发病严重时导致整片死亡。立枯病病菌除为害茄果类外,还可侵染黄瓜、豆类、白菜、油菜、甘蓝等。

1. 病原菌及病状

此病由真菌半知菌亚门立枯丝核菌 *Rhizoctonia solani* 侵染所致。

立枯病多发生于育苗的中后期,发病初期在幼苗的茎基部生有椭圆形暗褐色病斑,继续发展后,病斑绕茎一周,病部凹陷,失水干腐缢缩;发病初期幼苗白天萎蔫夜间恢复,后期植株萎垂枯死;病苗枯死后立而不倒,故称立枯病。湿度大时病部产生淡褐色蛛丝状的霉层,拔起病苗时丝状物与土圬垃相连。

2. 发病规律

立枯病病原菌以菌丝体或菌核在土壤中的病残体或腐殖质上越冬,可在土壤中腐生 2~3 年,成为土壤的习居菌,土壤带菌是幼苗受害的主要原因。菌丝能直接侵入寄主,通过流水、农具传播;病菌发育的温度范围为 6~35℃,适温 24~30℃,低于 6℃或高于 35℃,生长受到抑制。另外,播种过密、间苗不及时、幼苗徒长、苗弱、高温高湿条件易诱发立枯病。

3. 管理方法

(1)农业防治 合理控制苗床播种密度及温湿度,尤其注意夜温不宜过高,防止幼苗徒长;增施磷、钾肥,培育壮苗,提高幼苗的抗病力。

(2)土壤处理 育苗温室在夏季高温季节,每亩铺碎稻草(麦秸)1 000~2 000 kg,马粪 750 kg,混合后耕地并灌满水、覆盖地膜,最后密闭大棚,使土温升高,保持 20 cm 处地温在 45℃以上 20 d。此法可以杀死土壤中大部分病菌,同时也可杀死地下害虫,改善土壤的通透性,利于植物生长。

(3)药剂防治 将哈茨木霉菌根用型药剂 110~220 g,兑水后与 1 m³ 配好的基质混合后进行育苗。幼苗出土后每 1 m² 苗床用 2~4 g 哈茨木霉菌根用型兑水后喷雾,每 5~7 d 喷施一次,连续 2~3 次,或用 5%井冈霉素 1 500 倍液喷淋茄子植株的根茎部,可防治立枯病的发生。

(三)茄子褐纹病

茄子褐纹病又称干腐病,苗期至收获期均可发生,是茄子重要的病害之一,我国各地普遍发生,在北方地区与茄子黄萎病、绵疫病一起称为茄子的三大病害。褐纹病发病程度因气候条件和地区而异,高温多雨年份发病较重。

1. 病原菌及病状

褐纹病主要是由褐纹拟茎点病菌引起的半知菌亚门真菌性病害。

幼苗受害,茎基部产生褐色凹陷病斑,绕茎一周后,幼苗死亡。成株期叶片发病,初生苍白色圆形斑点,后扩大为圆形或近圆形病斑,边缘褐色,中央浅褐或灰白色,有轮纹、长有小黑点,后期病斑连片,导致干裂、穿孔、叶枯(图 10-20)。茎秆发病,多在茎基部,初生褐色梭形病斑,长有深褐色小斑点,严重时病斑融合成坏死区,使表皮开裂露出白色木质部,病部以上枝条农事操作或遇到大风时易折断枯

图 10-20　茄子褐纹病病叶

死。果实发病,表面产生褐色圆形或近圆形凹陷病斑,边缘隆起,有明显的轮纹,轮纹上密生小黑点,严重时全果腐烂,有时干缩为僵果且不脱落。长茄形果多在中腰部或近顶部开始发病。

2. 发病规律

病原菌主要以菌丝体潜伏在病残体及种子内越冬,或以分生孢子器随病残体在土壤表层越冬,或附在种子表面越冬,成为第 2 年初侵染源。种子带菌常引起幼苗猝倒和立枯,病残体带菌易引起茎部溃疡。病部产生的分生孢子可引起再侵染。分生孢子通过风雨、昆虫及农事操作等途径传播和再侵染,种子带菌是远距离传播的主要途径。28～30℃ 高温和 80% 以上的相对湿度发病重。因此,夏季高温多雨季节易引起病害流行。苗床播种过密、田间地势低洼、土壤黏重、排水不良,定植过密、通风透光差易引起病害流行。

3. 管理方法

(1)种子处理　用 55℃ 温水浸种 15 min,捞出后置于 30℃ 以下的水温中浸种 8～12 h,然后催芽。

(2)农业防治　与非茄科作物实行 3 年以上轮作;选用抗病品种(长茄较圆茄抗病,白茄、绿茄较紫皮茄抗病);加强苗期管理,尽可能使用营养钵育苗;合理浇水(如在炎热夏天,傍晚浇水,在冬季上午浇水,膜下滴灌);及时摘除病叶、病果,收获后彻底清洁田园;使用完全腐熟的有机肥,采用配方施肥技术,适当增施磷、钾肥料。

(3)药剂防治　在茄子褐纹病发病前期,喷施 1∶1∶200 倍的波尔多液,每 15 d 喷施 1 次,连续 2～3 次。茎部发病严重时可用波尔多液涂抹患处。

(四)茄子绵疫病

茄子绵疫病又称烂茄子,该病与茄子褐纹病、茄子黄萎病并称茄子三大病害。茄子各生育期均可受害,全国各地均有发生,发病重的田块损失超过 50%。初夏多雨、梅雨季节或秋季多雨、多雾的年份发病重。绵疫病主要危害果实,也可侵染茎和叶,但危害较轻,一般近地面果实发病较重。

1. 病原菌及病状

绵疫病是由疫霉菌引起的真菌性病害。

苗期被害引起类似猝倒病的症状,成株期发病,以果实受害最重。果实受害,初生水渍状稍凹陷的圆斑,淡褐色至褐色,边缘不明显,扩大后可蔓延到整个果面,湿度大时腐烂,表面生白色絮状霉层,容易从果蒂部脱落或缢缩成僵果。叶片受害,产生不规则或近圆形水浸状淡褐色至褐色病斑,有较为明显的轮纹。嫩茎受也呈水浸状,后变暗绿色或紫褐色,缢缩,上部枝叶萎垂,湿度大时也生稀疏的白霉。见图 10-21。

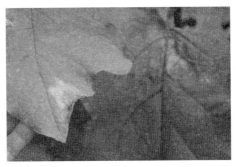

图 10-21 茄子绵疫病

2. 发病规律

病菌主要以卵孢子在土壤中病株残留组织上越冬,成为翌年的初侵染源。卵孢子经雨水溅到植株体上后萌发芽管,产生附着器,长出侵入丝,由寄主表皮直接侵入。病部产生的孢子囊所释放出的游动孢子可借助雨水或灌溉水传播,使病害扩大蔓延。高温高湿有利于病害发展。一般气温 25～35℃,相对湿度 85％以上,叶片表面结露等条件下,病害发展迅速而严重。此外,地势低洼、排水不良、土壤黏重、管理粗放、偏施氮肥、过度密植、连茬栽培等,也会加剧病害蔓延。

3. 管理方法

(1)种子处理 用 55℃温水浸种 15 min,捞出后置于 30℃以下的水温中浸种 8～12 h,然后催芽。

(2)农业防治 选择抗病品种(一般圆茄品种比长茄品种抗病);选择地势高、排灌方便的土壤,与非茄科作物实行 3 年以上的轮作;采用起垄栽培,地膜覆盖;施足有机肥,增施磷、钾肥;及时摘除病叶、病果,发现病株及时拔除,减少侵染源。

(3)药剂防治 在茄子绵疫病发病前期,喷施 1:1:200 倍的波尔多液,每 15 d 喷雾 1 次,连续 2～3 次。或在发病初期,喷施 77％氢氧化铜可湿性粉剂 400～500 倍液,每 7 d 喷施 1 次,连续 2～3 次。

(五)茄子黄萎病

茄子黄萎病俗称"半边疯",在各个生长期均可发生,一般植株 5～6 片叶开始发病,门茄坐果后出现症状,进入盛果期病株数急剧增加。是危害茄子的重要病害,发病严重的年份可导致绝收或毁种,全国各地均有发生,与茄子绵疫病、褐纹病并称茄子三大病害。

1. 病原菌及病状

茄子黄萎病病菌为半知菌亚门真菌的大丽轮枝菌。

发病初期,植株半边下部叶片近叶柄的叶缘部及叶脉间发黄,渐渐发展为半边叶或整叶变黄;叶缘稍向上卷曲,有时病斑仅限于半边叶片,引起叶片歪曲。晴天高温,病株萎蔫,阴天或夜间可恢复,当病情发展到一定程度,全叶变黄萎,变褐枯死。症状由下向上逐渐发展,严重时全株叶片脱落,多数为全株发病,少数仍有部分无病健枝。病株矮小,株型不舒展,果小,长果型有时弯曲,纵切根茎部,木质部维管束变黄褐色或棕褐色。见图10-22。

图 10-22　茄子黄萎病发病症状

2. 发病规律

病菌以菌丝、厚垣孢子随病残体在土壤中越冬,第二年从根部伤口、幼根表皮及根毛侵入,然后在维管束内繁殖,并扩展到茎、叶、果实、种子,当年一般不发生再侵染。带菌土壤及病残体是病菌的重要来源之一。病菌也可以菌丝体和分生孢子在种子内外越冬,带病种子是远距离传播的主要途径之一。病菌在田间靠灌溉水、农具、农事操作传播扩散,从根部伤口或根尖直接侵入。发病适温为 19～24℃。茄子从定植到开花期,日平均气温低于 15℃持续时间长、雨水多、久旱后大量浇水、田间湿度大,则发病早而重,温度高则发病轻。重茬地发病重,施未腐熟带菌肥料发病重,缺肥或偏施氮肥发病也重。

3. 管理方法

(1)种子处理　播种前先将种子在常温的水中浸泡 30 min,后转入 55℃温水浸种 15 min,捞出后置于 30℃以下的水温中浸种 8～12 h,然后催芽。

(2)农业防治　选择抗病品种(一般茄子叶片长圆形或尖形,叶缘有缺刻,叶面茸毛多,叶色浓绿或紫色品种较抗病);与豆科、韭菜及葱蒜类蔬菜进行 3～4 年的轮作,与水稻进行轮作,即水旱轮作效果更好;采用嫁接栽培可有效控制茄子黄萎病的发生;采用起高垄、地膜覆盖栽培;施足有机肥,增施磷、钾肥;发现病株及时拔除,土壤用生石灰消毒处理。

(3)药剂防治　在茄子苗期使用浓度为 2 g/L 的苦参碱水溶液浇灌幼苗,每株 25 mL,共处理 4 次,每次间隔 3 d,或使用 10 亿/g 的枯草芽孢杆菌在茄子苗定植时,于其根部穴施,每穴用量 2 g,可有效防止黄萎病的发生。田间发现枯萎病株时,可用 10％混合氨基酸铜水剂 200 倍液,每株浇灌 300～500 mL 药液,每隔 10 d 灌根 1 次,连续 2～3 次。严重时对病株进行拔除处理,并用生石灰对土壤进行消毒处理。

(六)茄子灰霉病

茄子灰霉病是茄子的重要病害之一,尤其是在茄子保护地栽培中,发生更为普遍,流行时造成减产 20％～30％,重者达 50％。全国各地均可发生。

1. 病原菌及病状

茄子灰霉病,由真菌半知菌亚门灰葡萄孢侵染所致。

主要危害果实,发病后在幼果的花蒂或萼片处先产生指头大小的褐色水渍状病斑,渐渐扩大、凹陷腐烂,变成暗褐色,表面产生轮纹或不规则状灰色霉状物(图 10-23)。叶片感病,由边缘向里呈"V"字形病斑,呈浅褐色水渍状,并有深浅相间的轮纹,表面长有灰霉,病斑相连常致整片叶枯死。茎秆和叶柄染病,也可产生褐色病斑,湿度大时可长出灰霉。

图 10-23 茄子灰霉病危害果实

2. 发病规律

病菌以菌丝体或分生孢子随病残体在土壤中越冬,或以菌核的形式在土壤中越冬,成为次年的初侵染源。发病组织上产生分生孢子,随气流、浇水、农事操作等传播蔓延,形成再侵染。多在开花后侵染花瓣,再侵入果实引发病害。也能由果蒂部侵入。低温高湿的环境是造成灰霉病发生和蔓延的主导因素。光照不足,气温较低(16～20℃),湿度大,结露持续时间长,非常适合灰霉病的发生。植株长势衰弱时病情加重。

3. 管理方法

(1)农业措施　多施充分腐熟的优质有机肥,增施磷、钾肥,以提高植株抗病能力。采用高畦栽培,覆盖地膜,以降低温室大棚及大田湿度,阻挡土壤中病菌向地上部传播。注意清洁田园,及时摘除枯黄叶、病叶、病花和病果,当灰霉病零星发生时,立即摘除病果、病叶,并用塑料袋密封后带出田外集中做深埋处理。

(2)生态防治 温室大棚茄子以控制温度、降低湿度为中心进行生态防治。要求叶面不结露或结露时间尽可能缩短;大棚选优质的无滴膜作为棚膜,尤其是在冬季栽培中更应注意;进行高畦栽培、地膜覆盖、控制浇水,设法增加光照、提高温室大棚温度、降低湿度等。

(3)药剂防治 在灰霉病发生初期可使用哈茨木霉菌 1 亿活孢子/g 水分散粒剂 300~500 倍液,或枯草芽孢杆菌 300 倍液,或 0.5％大黄素甲醚水剂 300 倍液,每 3~5 d 喷施 1 次,连续 3~5 次。

(七)茄子白粉病

在保护地茄子栽培中,白粉病是较常发生的病害之一,尤其是在茄子的生育中后期,较为常见。生长期间温暖、多雨天气的年份发病严重。发病严重时叶片正反面全部被白粉覆盖。

1. 病原菌及病状

茄子白粉病是由子囊菌侵染引起的真菌性病害。

病害主要危害叶片,其次是叶柄、茎、果梗及花萼。叶片发病多从中下部叶片开始,逐渐向上部叶片发展,初期在叶片正面出现点状的白色丝状物和不规则形褪绿小黄斑,发展后形成大小不等的白粉状霉斑,边缘界限不清晰,进一步扩展后可遍及整个叶面,严重时叶片正反面均被白色粉状物所覆盖,抹去白色粉状物可见病部组织褪绿,导致叶组织变黄干枯。见图 10-24。

图 10-24 茄子白粉病病叶

2. 发病规律

病菌主要以闭囊壳在病残体上越冬,翌年条件适宜时,放出子囊孢子并借风、雨水进行传播,进而产生无性孢子扩大蔓延,引起该病流行。在高温高湿或干旱条件下易发生,发病适温 16~24℃,相对湿度 25％~85％。

3. 管理方法

（1）农业防治　与非茄科蔬菜实行 3～4 年的轮作；选用抗病品种；增施磷、钾肥，提高茄子抗病性；加强通风、透光、排湿，合理密植；及时清除病、老叶和病残体。

（2）药剂防治　发病初期及时喷施 0.2～0.5°Bé 石硫合剂，或 0.5% 大黄素甲醚水剂 300 倍液，或 50% 硫黄悬浮剂 300 倍液，或 1% 的蛇床子素 300～400 倍液，每 7 d 喷施 1 次，连续 2～3 次。

（八）茄子炭疽病

茄子炭疽病主要危害果实。以近成熟和成熟果实发病最多。

1. 病原菌及病状

病原菌为辣椒刺盘孢或辣椒丛刺盘孢，属半知菌亚门真菌。

茄子炭疽病主要危害果实。发病初期在果实表面产生近圆形、椭圆形或不规则形黑褐色、稍凹陷的病斑。病斑不断扩大，或病斑汇合形成大型病斑，扩及半个果实。后期病部表面密生黑色小点，潮湿时溢出红色黏质物。病部皮下的果肉微呈褐色，干腐状，严重时可导致整个果实腐烂。叶片受害产生不规则形病斑，边缘深褐色，中间灰褐色至浅褐色，后期病斑上长出黑色小粒点。

此病与茄子褐纹病的主要区别在于其病征明显，偏黑褐色至黑色，严重时导致整个果实腐烂。

2. 发病规律

病菌以菌丝体和分生孢子盘随病残体在土壤中越冬，也可以分生孢子附着在种子表面越冬。翌年由越冬分生孢子盘产生分生孢子，借雨水溅射传播至植株下部果实上引起发病，带菌种子可侵染幼苗使之发病。果实发病后，病部产生大量分生孢子，借风、雨、昆虫传播或摘果时人为传播，进行反复再侵染。温暖高湿环境下易发病，露地茄子栽培 7—8 月份发病重，植株郁闭，采摘不及时，地势低洼，雨后地面积水，氮肥过多时发病重。

3. 管理方法

（1）种子消毒　将种子用 55℃ 温水浸种 15 min 或 52℃ 温水浸种 30 min，冲洗后催芽。

（2）农业措施　发病地与非茄科蔬菜进行 2～3 年轮作；培育壮苗，适时定植，避免植株定植过密；采用高畦或高垄栽培，并覆盖地膜；合理施肥，避免偏施氮肥，增施磷、钾肥；适时适量灌水，雨后及时排水。

（3）药剂防治　发病初期用 0.5% 大黄素甲醚水剂 300 倍液或哈茨木霉菌 500 倍液，喷雾防治，每 5～7 d 喷施 1 次，连续 2～3 次。

（九）茄子枯萎病

枯萎病是危害茄子的主要土传病害之一，分布范围广，发病后较难控制。田间复种指数高、连作等,导致茄子枯萎病发病呈现上升趋势,造成大面积死株,严重地块病死株率达80%左右。茄子枯萎病不仅危害茄科蔬菜,还危害葫芦科、十字花科等多种蔬菜。

1. 病原菌及病状

枯萎病由半知菌亚门尖镰孢菌茄专化型侵染所致。

枯萎病多始发于开花结果期,结果初期发病最盛。发病初期仅植株下部叶片变黄,叶小脉呈明脉,叶缘变黄,继而整片叶变黄;随病情发展,叶片由下而上变黄枯萎,第1、2层分枝上的叶片症状尤为明显,有时半边叶片变黄,半边正常;发病严重时,整株叶片枯黄但并不脱落,植株逐渐枯萎,20~30 d后全株枯死。纵削病茎见到维管束变褐,无白色黏液流出,潮湿时患部表面长出近黄白色粉霉,此区别于青枯病,青枯病症状表现先是顶部叶片萎垂,继而下部叶片凋萎,最后中部叶片凋萎。见图10-25和图10-26。

图 10-25　茄子枯萎病
发病田间症状

图 10-26　茄子枯萎病
发病植株

2. 发病规律

茄子枯萎病病菌以厚垣孢子或菌丝体随病株残体在土壤、未腐熟有机肥中越冬,也可附在种子、棚室支架上越冬。翌年条件适宜时病菌萌发生长,产生分生孢子,随土壤、种子、肥料、灌溉水等传播。病菌从幼根或伤口侵入,在细胞间隙和细胞内生长,继而进入维管束,堵塞导管,并产出有毒物质镰刀菌素,随输导组织扩展,致使维管束变褐,失去输导功能,导致病株叶片黄枯而死。

3. 管理方法

(1)农业措施　与非茄科蔬菜实行3年以上的轮作;充分施用完全腐熟的有机肥,采用配方施肥技术,增施磷、钾肥,提高植株抗病力;选用抗病品种及嫁接育苗技术,可有效防治枯萎病的发生。

(2)药剂防治　用0.1%硫酸铜溶液浸种5 min进行种子消毒,洗净后催芽播

种。在发病初期可用 0.5％氨基寡糖素水剂 400 倍液灌根,每株 300～500 mL,每
7 d 灌根 1 次,连续 2～3 次。

(十)茄子早疫病

茄子早疫病是茄子常见的病害之一,露地、保护地栽培均可发生危害,各菜区
均有发生。茄子从苗期到成株期均可发病,但为害不如番茄早疫病严重。春季、梅
雨期间多雨的年份露地栽培发病严重,发病严重时病叶干枯、脱落,间接影响茄子
产量。

1. 病原菌及病状
此病由真菌半知菌亚门茄链格孢菌侵染引起。

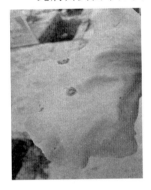

图 10-27　茄子早疫病病叶

主要危害叶片。病斑圆形或近圆形,边缘褐色,中部
灰白色,具同心轮纹,直径 2～10 mm,斑外围黄晕明显或
不明显,但病健交界明晰。湿度大时,病部长出微细的灰
黑色霉状物(分生孢子梗及分生孢子)。后期病斑中部脆
裂,严重的病叶早期脱落。见图 10-27。

2. 发病规律
病菌以菌丝体在病残体内或种子上越冬,带病的种
子播种发芽后可侵染子叶,病残体内的病菌在适宜条件
下产生分生孢子,分生孢子借雨水反溅或气流传播引起
初侵染,病部产生的新生代分生孢子凭借雨水、气流进行
再侵染,从而引起流行。病菌喜温暖高湿的环境,发病最适温度为 22～28℃,相对
湿度 95％以上。地势低洼、排水不良、连作及棚内湿度过高、通风透光差、管理粗
放等的田块发病严重。年度间春季多雨或梅雨期间多雨的年份发病重。

3. 管理方法
(1)种子消毒　用 55℃温水浸种 15 min 或 52℃温水浸种 30 min,冲洗后催芽。
(2)农业防治　施用充分腐熟的有机肥,灌水追肥要及时;选择抗病品种,合理
密植;与非茄科蔬菜进行三年以上轮作;深沟高畦,地膜覆盖,膜下滴灌;加强棚室
管理,及时通风换气,调节棚室内温、湿度。
(3)药剂防治　定植后,每 10～15 d 喷洒一次 1∶1∶200 倍的波尔多液。

(十一)茄子青枯病

茄子青枯病又称茄子细菌性青枯病,多在开花结果期发病。是一种广泛分布
的世界性土传病害。该病可危害以茄科为主的 44 个科的 300 多种植物。一般以
番茄、辣椒、马铃薯、茄子等茄科作物受害较重,也可危害花生、大豆、烟草、香蕉等
经济作物。

1. 病原菌及病状

此病由细菌侵染所致。属局部侵染全株发病的病害。

发病初期个别枝条的叶片或一张叶片的局部呈现萎蔫，以后渐渐扩展到整株枝条上，外观呈萎蔫状下垂，发病初期白天萎蔫，夜晚恢复，随病情发展加重，不再恢复，最终枯死，剥开茎部皮层木质部呈褐色，而且这种变色从根茎部一直延伸到上面枝条的木质部，枝条内髓部大多腐烂空心。湿度大时用手挤压病茎的横切面，有乳白色的黏液渗出。

2. 发病规律

病原细菌主要随病残体在土壤中越冬，通过雨水或灌溉水传播，从根部或茎部的伤口侵入。病原菌在 10～40℃ 均可生长，最适温度 30～35℃，特别是连阴雨或大雨后天气骤晴，温度升高后发病最重。

3. 管理方法

(1)农业防治　选择抗病品种及无病种子；和非茄科蔬菜进行 3 年以上轮作，有条件的地方最好实行水旱轮作；采用深沟高畦，地膜覆盖，膜下滴灌的形式栽培，避免大水漫灌；定植地块每亩增施生石灰 50～100 kg；夏季高温空闲季节，深翻土壤，灌水闷棚灭菌；发现病株及时进行拔除处理，并用生石灰进行土壤消毒。

(2)药剂防治　发病初期用 77％氢氧化铜可湿性粉剂 500 倍液，或 14％的络氨铜水剂 350 倍液灌根，每株灌 300 mL，每 10 d 灌根 1 次，连灌 2～3 次。

(十二)茄子软腐病

茄子软腐病是茄子生产的重要病害之一，主要危害果实。

1. 病原菌及病状

病原菌为胡萝卜软腐欧氏菌胡萝卜软腐致病变种，属细菌性病害。

病果初生水渍状斑，后致果肉腐烂，腐烂后有恶臭气味，外果皮变褐，失水后干缩，挂在枝杈或茎上。

2. 发病规律

病菌随病残体在土壤中越冬，借雨水、灌溉水或昆虫在田间传播，成为第二年的初侵染源，病菌发育最适温 25～30℃，最高 40℃，最低 2℃，50℃经 10 min 病菌可致死。田间管理粗放、蛀果害虫发生严重的地块发病重；地势低洼潮湿的地块、阴雨多的年份发病重；阴雨天或露水未干时整枝打杈发病重。

3. 管理方法

(1)农业防治　加强田间管理，培育壮苗，适时定植，合理密植。保护地加强通风，降低棚内湿度；与非茄科及十字花科蔬菜实行 3 年以上的轮作；及时清除病叶、病果，减少病原菌的基数；雨季及时排水，防止渍涝。

（2）药剂防治　露地茄子栽培在降雨后，及时喷洒 53.8％氢氧化铜干悬浮剂 1 000 倍液，或 86.2％铜大师可湿性粉剂 1 000 倍液，或新植霉素 4 000～5 000 倍液，或 2％多抗霉素 800 倍液，每隔 7 d 喷药 1 次，连续防治 2～3 次。

（十三）茄子细菌叶斑病

茄子细菌性叶斑病是茄子保护地栽培的一种普遍发生的病害，危害严重。

1. 病原菌及病状

该病属细菌性病害。

主要危害叶片，也危害花、蕾。叶片感病，多始于生长点幼叶的叶尖和叶缘，叶尖呈水渍状且卷曲，严重时 2/3 的叶片干枯。花蕾感病多在萼片上产生灰色斑，以后扩展到花器和花梗上，直到花蕾干枯。成株发病，叶片从外向内出现淡黄色病斑，发病严重时叶片干枯脱落，严重影响产量。

2. 发病规律

该病病菌以菌丝体在病残体上越冬，依靠雨水溅射而传播，从水孔或伤口侵入致病，温暖多湿的天气及通风不畅有利于感病。保护地长时间处于 17～23℃、空气相对湿度达 85％以上时极易发病。

3. 管理方法

（1）农业防治　与非茄科蔬菜作物实行 3 年以上的轮作；深沟高畦，地膜覆盖，膜下滴灌，避免大水漫灌；茄子收获后彻底清除残枝、落叶，减少病源；保护地扣棚后未定植前，用硫黄粉点燃熏蒸 48 h，对棚室进行消毒处理；定植后及时通风换气，调节好棚室内温、湿度。

（2）药剂防治　发病初期可用 77％氢氧化铜可湿性粉剂 500～800 倍液，或 1∶1∶200 倍的波尔多液，或 86.2％铜大师可湿性粉剂 1 000 倍液喷雾，每隔 7～10 d 喷 1 次，连续 2～3 次。

（十四）茄子病毒病

茄子病毒病是茄子生产中的一种主要病害，露地、保护地均有发生，但以保护地茄子栽培中最为常见。

1. 病原菌及病状

病原为病毒，包括烟草花叶病毒（TMV）、黄瓜花叶病毒（CMV）、蚕豆萎蔫病毒（BBWV）、马铃薯 X 病毒（PVX）等，单独或复合侵染。

茄子病毒病症状类型较为复杂，常见的有：①花叶型：整株发病，叶片黄绿相间，形成斑驳花叶，老叶产生圆形或不规则形暗绿色斑纹，心叶稍显黄色；②坏死斑点型：病株上位叶片出现局部侵染性紫褐色坏死斑，大小 0.5～1 mm，有时呈轮点状坏死，叶面皱缩，呈高低不平萎缩状。见图 10-28。

图 10-28　茄子病毒病病株

2. 发病规律

病毒由接触摩擦（TMV）传毒和靠蚜虫传毒（CMV）。高温干旱、蚜虫量大、管理粗放、田间杂草多发病重。发病高峰出现在 6—8 月高温季节。

3. 管理方法

（1）种子处理　播种前进行种子消毒,可用 0.1% 高锰酸钾溶液浸种 40 min 清水洗后浸种催芽,或将干燥的种子置于 70℃ 恒温箱内进行干热处理 72 h。

（2）农业防治　选用抗耐病毒病的茄子品种;加强肥水管理,铲除田间杂草,提高寄主抗病力;适期播种,培育壮苗。露地畦间铺设银灰色地膜,保护地除畦间铺设银灰色膜,门口张挂银灰色膜外,也可内部悬挂黄板,在放风口增加防虫网。

（3）生物防治　在田间释放蚜虫的天敌（如瓢虫、食蚜蝇、草蛉、黑食蚜盲蝽等）进行蚜虫防治,可减少传毒媒介。

（4）药剂防治　目前对病毒病的防治尚无理想的治疗药剂,可用豆浆、牛奶等高蛋白物质,清水稀释 100～200 倍液,喷于茄子植株上,可减弱病毒的侵染能力,钝化病毒。也可用 2% 宁南霉素水剂 200～400 倍液,或 0.5% 菇类蛋白多糖水剂（抗毒剂 1 号）300 倍液,每 10 d 左右喷施 1 次,连续 2～3 次。

茄子病害还有褐斑病、叶霉病、黑枯病（图 10-29 至图 10-31）等。

图 10-29　茄子褐斑病

图 10-30　茄子叶霉病

图 10-31　茄子黑枯病

二、虫害管理

(一)白粉虱

白粉虱属同翅目粉虱科。是一种世界性害虫,我国各地均有发生,是露地、保护地种植的重要害虫。白粉虱寄主范围广,除危害瓜类、豆类、十字花科蔬菜外,也危害花卉、果树、中药材、牧草、烟草等植物。

1. 形态特征

成虫体长约 1 mm,淡黄色或白色,有翅,全身披有白色蜡粉,雌虫个体比雄虫略大,产卵器针状。卵长椭圆形,长径 0.2 mm 左右,基部有卵柄,从叶背的气孔插入植物组织中产于叶背面,初产时为淡绿色,覆有蜡粉,后渐变褐色,孵化前呈黑色。若虫共 4 龄,椭圆形,扁平,颜色淡黄或淡绿,体背有长短不齐的蜡丝突起。

2. 受害症状

成虫、若虫吸食植物汁液,使被害叶片褪绿、变黄、萎蔫,严重时导致全株枯死;群聚为害并分泌大量蜜液,污染叶片和果实,易导致煤污病的发生,茄子失去商品价值。植株上部新叶上成虫和黄色的卵较多,植株中下部叶片幼虫较多,最下部的老叶以虫蛹最多。见图 10-32 和图 10-33。

图 10-32　茄子白粉虱　　　　图 10-33　茄子白粉虱危害后形成的煤污病

3. 管理方法

(1)农业防治　冬季保护地茄子与芹菜、蒜苗实行间作;及时清理杂草和病老叶及残株。

(2)物理防治　保护地在放风口处,安装 50 目的防虫网,阻止白粉虱向保护地内迁移为害;利用白粉虱的趋黄性,在保护地内张挂黄板诱杀成虫,每亩挂 30～40 块。

(3)生物防治　保护地内当茄子每株有成虫 0.5 头以下时,每隔 7～10 d 释放 1 次丽蚜小蜂,每次每亩释放 2 000～3 500 头,连续释放 4～5 次。

(4)药剂防治　每亩用苏云金杆菌 600～700 g,或 0.65%茴蒿素 400 倍液,或 0.6%苦参碱 400～500 倍液,或 0.3%印楝素乳油 1 000 倍液,或 20%的烟叶水溶液,每 5～7 d 喷雾 1 次,连续 2～3 次。

(二)蚜虫

1. 形态特征

危害茄子的蚜虫主要为瓜蚜,俗称"腻虫"。无翅胎生雌蚜,体长 1.5～

1.9 mm,体色在春、秋两季呈墨绿色,夏季黄绿色;有翅孤雌蚜,体长 1.2～1.9 mm,体色黄绿色。瓜蚜在华北地区一年可发生 10 余代,在长江流域一年可发生 20～30 代。蚜虫主要以卵在露地越冬作物上越冬,在温室内可以成蚜和若蚜越冬或继续繁殖,春季产生有翅蚜迁飞至露地辣椒等蔬菜上危害。

2. 受害症状

以成蚜、幼蚜群集在茄子的叶片背面和嫩枝上吸取汁液,叶片被害后向背面皱缩、变形,植株生长不良,严重时萎蔫干枯。蚜虫还可以通过刺吸式口器传播多种病毒,造成更大的危害。见图 10-34。

3. 管理方法

(1)农业防治　及时去除田间病叶、老叶及田间杂草。

(2)物理防治　利用蚜虫的趋黄性,在田间张挂黄板诱蚜;种植行间覆盖银灰色地膜避蚜;保护地利用银灰色遮阳网或防虫网覆盖防虫。

(3)生物防治　蚜虫的天敌很多,如瓢虫、草蛉、食蚜蝇、黑食蚜盲蝽、丁纹豹蛛、蚜茧蜂等,应保护和利用这些天敌控制蚜虫。保护地内可人工释放瓢虫(图10-35)、草蛉、食蚜蝇、蚜茧蜂(图 10-36)等天敌。目前,使用瓢虫防治蚜虫较为成熟,具体方法:当观察发现植株上有蚜虫时开始释放瓢虫,每亩的棚内释放100 张卵卡(约 2 000 粒卵),2 周后再释放 1 次,一般茄子的整个生长季释放 3～4 次。

图 10-34　蚜虫危害叶片　　图 10-35　人工释放瓢虫　　图 10-36　被蚜茧蜂寄生
　　　　　　　　　　　　　　　　　防治蚜虫　　　　　　　　　　后的僵蚜

(4)药剂防治　可用 0.6% 苦参碱水剂 400～500 倍液,或 0.3% 印棟素乳油 1 000 倍液,或 1.5% 除虫菊素水剂 500～800 倍液,或 0.5% 藜芦碱 500 倍液等植物源农药进行防治,每 5～7 d 喷雾 1 次,连续 2～3 次。也可用鲜橘皮 1 kg、鲜辣椒 0.5 kg,两者混合捣碎,再与 10 kg 清水煮沸后,浸泡 24 h,过滤后的浸提液喷施,这种混合液,具有触杀作用,蚜虫受药后很快死亡,防治若蚜效果显著。

（三）美洲斑潜蝇

1. 形态特征

成虫体长 2 mm 左右，背黑色。卵椭圆形，长径 0.2～0.3 mm，短径为 0.1～0.15 mm，米色半透明。幼虫长径 3～4 mm，短径 1.0～1.5 mm，乳白色至淡黄色。蛹长 2.5～3.5 mm，橙黄色至金黄色。

图 10-37　美洲斑潜蝇危害叶片症状

2. 受害症状

成、幼虫均可为害。雌成虫飞翔把植物叶片刺伤，进行取食和产卵，幼虫潜入叶片和叶柄为害，产生不规则蛇形白色虫道，叶绿素被破坏，影响光合作用，受害重的叶片脱落，造成花芽、果实被灼伤。美洲斑潜蝇危害初期虫道呈不规则线状伸展，虫道终端常明显变宽。见图 10-37。

3. 防治方法

（1）农业防治　及时清洁田园和人工摘除被斑潜蝇危害的老叶片；与斑潜蝇不易危害的作物间作、套种；合理密植。

（2）物理防治　利用斑潜蝇的趋黄性，在田间张挂黄板诱杀斑潜蝇，一般每亩挂 20～30 张。

（3）生物防治　保护和利用天敌。美洲斑潜蝇的主要天敌有潜蝇姬小蜂、潜蝇茧蜂和反颚茧蜂等寄生蜂，可寄生斑潜蝇的幼虫。

（4）药剂防治　在成虫高峰期、卵孵化盛期或初龄幼虫高峰期进行药剂防治。药剂可选用 0.6％苦参碱水剂 400～500 倍液，或 0.3％印楝素乳油 1 000 倍液，或 1.5％除虫菊素水剂 500～800 倍液，或 0.5％藜芦碱 500 倍液，每隔 7 d 喷施 1 次，连续 2～3 次。在防治斑潜蝇的成虫时应在早晨 8～10 时进行喷施。

（四）蓟马

1. 形态特征

体微小，体长 0.5～2 mm，很少超过 7 mm；黑褐色或黄色；头略呈后口式，锉吸式口器，能挫破植物表皮，吸吮汁液；触角 6～9 节，线状，略呈念珠状，一些节上有感觉器；翅狭长，边缘有长而整齐的缘毛，脉纹最多有两条纵脉；足的末端有泡状的中垫，爪退化；雌性腹部末端圆锥形，腹面有锯齿状产卵器，或呈圆柱形，无产卵器。

2. 受害症状

蓟马成虫和若虫均可锉吸植株幼嫩组织（枝梢、叶片、花、果实等）的汁液，被害的组织变硬卷曲枯萎,植株生长缓慢,节间缩短;果实受害后变硬,严重时可造成落果,影响产量和品质;叶片受害后,叶面形成密集小白点或长形条斑。见图 10-38 和图 10-39。

图 10-38　蓟马危害
叶片症状

图 10-39　蓟马危害果实症状

3. 防治方法

(1)农业防治　及时清除残枝枯叶,并集中深埋;提倡健体栽培,减轻危害。

(2)物理防治　利用蓟马趋蓝色的习性,在田间设置蓝色粘板,诱杀成虫,粘板高度与作物持平。

(3)药剂防治　可使用 0.3% 印楝素乳油 1 000 倍液,或 1.5% 除虫菊素水剂 500~800 倍液,或 0.5% 藜芦碱 500 倍液,或 2.5% 多杀菌素(菜喜)悬浮剂 1 000~1 500 倍液,每 5~7 d 喷施 1 次,连续 2~3 次。也可选择 0.6% 苦参碱水剂 400~500 倍液,添加 15% 的烟叶水一起喷施效果更好。

(五)茶黄螨

茶黄螨又名侧多食跗线螨、黄茶螨、茶半跗线螨、茶嫩叶螨,属蛛形纲蜱螨目跗线螨科,全国各地均有发生,其中以华北、长江以南地区受害较重。茶黄螨寄主植物多达 30 个科 70 多种,主要有茄子、黄瓜、番茄、辣椒、菜豆、马铃薯、萝卜、芹菜等,成螨和幼螨均可刺吸茄子的嫩叶、嫩茎、花蕾、幼果等幼嫩部位。近年来该虫在山东、河北菜区普遍发生,尤其对茄子危害较重,不仅造成茄子减产,而且影响品质,降低其商品价值。

1. 形态特征

成螨淡黄色至橙黄色,半透明有光泽,足 4 对。雌成螨长约 0.21 cm,椭圆形,腹部末端平截,足较短,第 4 对足纤细,其跗节末端有端毛和亚端毛;雄成螨体长约 0.19 mm,圆锥形,足较长而粗壮,第 4 对足胫、跗节细长,向内侧弯曲,爪退化成纽扣状。幼螨椭圆形,淡绿色,体背有一条白色纵带,3 对足。卵长约 0.11 mm,椭圆形,无色透明,表面有 5～6 行纵向排列的白色瘤状突起。

2. 受害症状

嫩叶受害后变小,叶片增厚僵直,背面呈灰褐或黄褐色,具油质光泽或油渍状,叶片边缘向背面卷曲;嫩茎受害后表面变褐色,严重的扭曲畸形,顶部干枯;花蕾受害后不开花,或开畸形花;果实受害主要发生在雌花脱落后的幼果顶部、果柄、萼片,果皮呈灰白色或黄褐色,果面粗糙,失去光泽,木栓化,严重时果皮龟裂,种子外露,味苦而涩,失去食用价值。见图 10-40 和图 10-41。

3. 防治方法

(1)农业防治 选择地势较高,排灌方便的地块;合理密植、采用高畦宽窄行栽培;茄子生长过程及时铲除杂草、摘除老病叶;茄子收获后及时清洁田园,深翻耕地。

(2)生物防治 茶黄螨的天敌有:捕食螨(尼氏钝绥螨、德氏钝绥螨、具瘤长须螨)、捕食性蓟马、小花蝽等。目前使用捕食螨防治茶黄螨较为普遍和成功,有机蔬菜基地使用捕食螨防治茶黄螨较为广泛。见图 10-42。

图 10-40 茶黄螨危害
叶片症状

图 10-41 茶黄螨危害
果实症状

图 10-42 释放捕食螨
防治茶黄螨

(3)药剂防治 在茶黄螨发生初期(点片发生阶段)可进行挑制,药剂可使用 0.6%苦参碱水剂 400～500 倍液,或 0.3%印楝素乳油 400～500 倍液,或 20%浏阳霉素乳油 800～1 000 倍液,或 0.1～0.3°Bé 的石硫合剂,每 5～7 d 喷施 1 次,连续 2～3 次。

(六)红蜘蛛

茄子红蜘蛛属蛛形纲前气门目叶螨科害虫,主要危害瓜类、茄果类、豆类等蔬菜。

1. 形态特征

雌成虫椭圆形,体长 0.5 mm 左右,体色红色或淡黄色,体背面两侧有大的暗

301

色斑块,足 4 对,足无爪,跗节先端有 4 根黏毛;雄虫菱形,体长约 0.3 mm。卵圆球形,初产时无色透明,后变为橙红色。幼虫体近圆形,暗绿色,眼红色,有足 3 对。若虫体椭圆形。

2. 受害症状

以成虫和若虫在叶背刺吸汁液,并吐丝结网。叶片受害出现白色小点,后褪绿变黄白色,严重时变锈褐色,似火烧状,造成叶片干枯,脱落;果实受害后,果皮粗糙呈灰色,发育慢,品质下降。

3. 防治方法

(1)农业防治　及时清除田间落叶、病残株及田间杂草;适时浇水,防治茄子干旱,可减轻危害。

(2)生物防治　红蜘蛛的天敌较多,如中华草蛉、食螨瓢虫和捕食螨类等;保护和人工释放天敌,可有效控制红蜘蛛种群数量。

(3)药剂防治　在红蜘蛛点片发生阶段,用 0.6% 苦参碱水剂 400～500 倍液,或 0.3% 印楝素乳油 400～500 倍液,或 0.5% 藜芦碱可湿性粉剂 300 倍液,或 1:20 的烟叶水,或 20% 浏阳霉素乳油 800～1 000 倍液,或 0.1～0.3°Bé 的石硫合剂喷雾,每 5～7 d 喷施 1 次,连续 2～3 次。

(七)二十八星瓢虫

茄二十八星瓢虫属鞘翅目瓢虫科,是茄科植物与瓜类作物上常见的害虫之一。

1. 形态特征

成虫体长 6～7 mm,半球形,黄褐色,体表密生黄色细毛,前胸背板上有 6 个黑点,中间的两个常连成一个横斑,每个鞘翅上有 14 个黑斑,第二列 4 个黑斑呈一直线。卵长约 1.4 mm,弹头形,淡黄至褐色,卵粒排列较紧密,每块 20～30 粒。末龄幼虫体长 7～8 mm,初龄淡黄色,后变白色,体表多枝刺,其基部有黑褐色环纹,枝刺白色。蛹长 5.5 mm,椭圆形,背面有黑色斑纹。

2. 受害症状

成虫与幼虫均可危害,危害时在叶背剥食叶肉,仅留表皮,形成很多不规则半透明的细凹纹,状如箩底,严重时将叶吃成孔状或仅存叶脉,受害叶片干枯、变褐,导致全株死亡。果实被啃食处常常破裂,组织变僵,粗糙、有苦味,不能食用。

3. 防治方法

(1)农业防治　及时清洁田园,人工去除病株、残株;人工摘除叶背后的卵块。

(2)物理防治　保护地在放风口及门口安装 50 目的防虫网,防止成虫进入;露地栽培中利用成虫的假死性,拍打植株,用盆收集坠落之虫,集中加以消灭。

(3)药剂防治　在幼虫孵化期或低龄幼虫期,可喷施药剂防治茄二十八星瓢虫。常用药剂有:1.8% 阿维菌素乳油 1 000 倍液,或 0.2% 苦皮藤素乳油 500 倍液,或 0.3% 苦参碱乳油 500～600 倍液,或 0.3% 印楝素乳油 400～600 倍液,或苏云金杆菌乳剂 150 倍液喷雾。

三、生理障碍

(一)日灼病

1. 受害症状

果实向阳面受夏季强光照射后,褪色发白,皮层变薄、组织坏死,呈淡黄色或灰白色,干后呈革质状。灼伤处易引起腐生真菌的侵染,出现黑色霉层。当湿度大时常受细菌侵染而发生果腐。

2. 发病原因

果实暴晒引起局部过热形成灼伤。炎热的中午或午后,土壤水分不足、雨后骤晴都可导致果面温度过高,引起日灼病。种植密度过低,管理不当,易发生日灼病。

3. 防治方法

(1)春提早茄子栽培,尤其是越夏茄子栽培时可适当密植,以便叶片间相互遮阴;也可与高秆作物间作,如在茄子行间间作玉米、豇豆等作物;夏季使用遮阳网覆盖降温。

(2)开花结果期及时浇水,保持土壤见干见湿,生长后期增施磷、钾肥,增强作物抗逆能力。

(二)茄子畸形果

1. 受害症状

茄子果实失去原有品种特性,果实不周正,奇形怪状。如双子果、僵果、无光泽果、双色果、裂果、指凸果等。

2. 发病原因

花芽分化期,温度过高或过低;施肥过多过少;浇水不及时;茶黄螨或蓟马等害虫危害;田间郁闭,光照不足;坐果过多或较晚,植株营养不良等因素。

3. 防治方法

(1)果实膨大期浇水不宜过量。

(2)花芽分化期加强温度和光照管理,避免产生畸形果。

(3)开花坐果期尽可能增加光照,并使茄子生长在 15～33℃ 温度范围之间。

(4)及时防治茶黄螨和蓟马等害虫。

(5)保护地栽培中尽可能创造有利于茄子生长发育的环境条件。

(三)茄子果实着色不良

茄子的颜色是衡量茄子商品价值的重要指标,因此着色不良果的商品性较低。

1. 受害症状

茄子着色不良分为整个果皮颜色变浅和斑驳状着色不良两种类型。黑紫色果实的茄子品种,着色不良果为淡紫色至红紫色,个别果实甚至接近绿色。在保护地中多发生半面色浅的着色不良果。

2. 发病原因

茄子果实着色受光照影响很大。坐果后如果花瓣或叶子附着在果实上,则不见光的地方着色不良,果面颜色斑驳。植株冠层内侧的果实,因叶片遮光而形成半面着色不良果。保护地栽培中,薄膜上有灰尘,内表面附着水滴,透光率下降,着色不良果发生严重。大棚膜的透光率对果实着色有明显作用,有的薄膜透光率低,易导致果实着色不良。高温干燥的环境下营养不良,易产生果皮缺乏光泽的"乌皮果"。茄子果实着色好坏在品种间也存在差异,即使通常着色良好的品种,在不良条件下也表现着色不良。

3. 防治方法

(1)保护地栽培中应选用透光性良好的棚膜,冬季栽培中宜选用聚乙烯膜进行覆盖,并定期清理棚膜上的尘土提高透光率。

(2)冬季长季节栽培应选用耐低温弱光的品种。

(3)根据品种特性确定合理的种植密度;根据种植时期确定合理的种植密度。

(4)合理科学整枝、打杈,及时摘除下部老叶、病叶,保持株行间的通风透光良好。

(四)氨害和亚硝酸害

1. 受害症状

氨害:多发生在中部叶片,初在叶面现大小不一、形状不规则的失绿斑,后渐变成黄白色至浅褐色。花受害时,花萼、花瓣呈水渍状变褐干枯。

亚硝酸害:叶片受害常见有慢性型和急性型两种。慢性型:仅叶尖、叶缘略黄化,后向叶片中部扩展,病部发白后干枯,病健分界明显。急性型:叶片上产生很多坏死斑点,严重的斑点融合成片或干枯。以上两种气体从叶片气孔、水孔侵入叶片,造成危害。

2. 发病原因

引起氨害主要是施用未腐熟的有机肥,尤其是未腐熟的鸡粪或其他含氮较高的有机肥后,释放出的氨气浓度高于 5 mL/L 时,就会发生氨害。

引起亚硝酸害主要是过量施用未充分腐熟的畜禽粪便后,导致土壤由碱性变成酸性时,造成土壤中硝酸化细菌活动受抑制,引起亚硝酸不能及时、正常地转换成硝酸态氮,当释放出的亚硝酸浓度超过 2 mg/kg 时,就易发生亚硝酸害。

3. 防治方法

(1)施用完全腐熟的有机肥,不过量施用含氮较高的有机肥料。

(2)保护地追肥时尽可能埋施,施肥后及时浇水。

(3)施肥浇水后及时通风换气。

（五)茄子低温障碍

1.受害症状

近几年,北方大多数基地常见的生理病害,也是冬季保护地栽培常见的病害之一。茄子遇到低温冷害,导致叶绿素较少或在近叶柄处产生黄色花斑,病株生长缓慢,叶缘与叶尖出现水浸状斑块,叶组织变为褐色,严重时导致萎蔫枯死。果实一般不膨大,失去光泽,失水皱缩。

2.发病原因

未采取相应的保温措施或措施不力导致。

3.防治方法

(1)北方冬季保护地栽培应选用耐低温弱光的品种,这是防治低温障碍的主要措施之一。

(2)定植前加强低温炼苗、蹲苗,提高茄苗的抗低温能力。

(3)及时采取合适的保温措施(如多层覆盖、棚室加温等)进行保温。

(4)有条件的地方冬季栽培可使用生物反应堆技术,提高地温及保护地内温度。

（六)茄子沤根

1.受害症状

沤根为苗期常见病害之一。其根部症状表现为,根部不发新根,幼根表面初呈锈褐色,后逐渐腐烂;地上部表现为,叶片变黄,新叶长不出,生长受抑制,中午前后萎蔫,严重时叶缘枯焦或整片叶干枯,幼苗极易拔起。

2.发病原因

幼苗在苗床上或定植后在田间遇到持续低温(12℃以下)、高湿,造成缺氧状态,根系的生理功能受到破坏而致。

3.防治方法

(1)冬季育苗可在育苗设施内采用加温设施,提高幼苗及苗床温度,苗床上铺设电热线进行加热处理。

(2)定植后控制土壤湿度,提高地温。

(3)及时中耕松土,冬季减少浇水次数。

(4)及时清洁棚膜,增加光照,适量通风。

（七)茄子畸形花

1.受害症状

茄子畸形花主要有两种类型:一种畸形花有2~4个雌蕊,具有多个柱头;另一种畸形花雌蕊更多,且排列成扁柱状或带状,这种现象通常被称为雌蕊"带化"。畸形花往往结出畸形果,应及早进行摘除。

2. 发病原因

冬季保护地栽培易发生。茄子花芽分化期间环境温度低,尤其是夜温过低所致。当花芽分化,尤其第一花序上的花在花芽分化时夜温低于15℃时,易形成畸形花。另外,强光、营养过剩也会导致畸形花。

3. 防治方法

(1)花芽分化期,苗床温度白天应控制在24~25℃,夜间15~17℃。生长期间保证光照充足,湿度适宜,避免土壤过干或过湿。

(2)保护地茄子过度徒长时,应采用"稍控温、多控水"的办法抑制徒长。

(3)苗期应保证氮肥充足,但不宜过多;定植后增施磷、钾肥并注意钙、硼肥的适量施用。

(4)及时人工摘除畸形花,减少养分消耗。

参 考 文 献

[1] 宋建新,潘秀清,武彦荣,等. 河北省设施茄子高效栽培技术集成. 中国蔬菜,2014(8):73-76.

[2] 周晓慧,刘军,庄勇.茄子设施栽培.北京:中国农业出版社,2013.

[3] 郭竞,赵香梅,别志伟,等.我国茄子生产选择品种的原则. 农业科技通讯,2014(8):267-268.

[4] 于红茹,张文新.茄子高效栽培新模式.北京:金盾出版社,2014.

[5] 付丽军,张爱敏,王向东.北方地区大棚秋延后茄子育苗技术.现代农业科技,2016,16:68-70.

[6] 彭兴扬,叶青松,肖艳,等.有机农业土壤培肥途径与技术.湖北农业科学,2005,2:71-73.

[7] 申爱民,赵香梅.茄子四季高效栽培.北京:金盾出版社,2015.

[8] 茄子褐纹病、斑枯病、叶霉病、灰霉病和细轮纹病的识别与防治.农业灾害研究,2013,2:13-16.

[9] 张淑红,南宝利,张磊,等.苦参碱提取物对茄子黄萎病抗性及根际微生物的影响.沈阳农业大学学报,2009,40(2):215-217.

[10] 林桂荣,李宏宇.茄子标准化生产技术.北京:金盾出版社,2008.

第十一章　大白菜有机生产技术指南

第一节　白菜的特性及栽培现状

一、白菜的特性

白菜原产于地中海沿岸和中国。属十字花科芸薹属芸薹种中能形成叶球的亚种,是中国的传统蔬菜。白菜最早称作菘,但是菘菜并不完全是白菜,现代的白菜一般分为大白菜和小白菜。大白菜分布全国,北方栽培面积和消费量居秋播蔬菜之首,且产量高、耐贮运,对冬季的北方蔬菜供应意义重大。

大白菜是人们生活中不可缺少的一种重要蔬菜,味道鲜美可口,营养丰富,素有"菜中之王"的美称,在我国北方的冬季,大白菜更是餐桌上必不可少的,有"冬日白菜美如笋"之说。白菜营养丰富,除含糖类、脂肪、蛋白质、粗纤维、钙、磷、铁、胡萝卜素、硫胺素、尼克酸外,还含丰富的维生素、核黄素,并含有能抑制亚硝酸铵吸收的钼。

中医认为白菜微寒味甘,具有养胃生津、除烦解渴、利尿通便、清热解毒等功能,是补充营养、净化血液、疏通肠胃、预防疾病、促进新陈代谢的佳蔬,适合大众食用。民间素有"鱼生火,肉生痰,白菜豆腐保平安"之说。

二、栽培现状

(一)国际生产现状

世界上大白菜种植较多的有日本、朝鲜、韩国和东南亚,而且各具特色,日本大白菜的消费在蔬菜中排第 4 位,全国均有种植,周年都有供应。朝鲜、韩国种植面积也很大,其中大部分用来加工成朝鲜辣菜、酸菜。近年来大白菜也得到欧美等国的认可,被称为是"中国甘蓝",特别是在华人居住的地区,一年四季均有供应。

（二）国内生产现状

1. 面积不断扩大

大白菜在我国各地被广泛栽培，为东北及华北冬、春季主要蔬菜。长江以南为主要产区，种植面积占秋、冬、春菜播种面积的 40%～60%。20 世纪 70 年代后，中国北方栽培面积也迅速扩大，各地普遍栽培。其栽培面积和消费量在中国居各类蔬菜之首。据统计，1994 年全国蔬菜播种面积为 700.5 万 hm^2，其中白菜面积（含小白菜）86 万 hm^2，占全国蔬菜播种面积的 12.3%，2000 年全国蔬菜播种面积 1 523.6 万 hm^2，白菜（含小白菜）播种面积 202.3 万 hm^2，占全国蔬菜播种面积的 13.3%，2003 年白菜面积（含小白菜）播种面积上升到 269.9 万 hm^2，占全国蔬菜播种面积的 16.65%，产量占全国蔬菜总产量的 18.9%。2010 年全国秋播大白菜面积 164.96 万 hm^2，同比增长 2.1%，其中云南、贵州、江苏、黑龙江、吉林 5 省大白菜面积、产量增幅较大。

2. 大白菜集中产区呈现

依托气候和区位优势，我国已形成了 5 个大白菜集中产区。如东北秋大白菜生产区；黄淮海流域秋大白菜生产区；长江上中游秋冬大白菜生产区；云贵高原夏秋大白菜生产区；黄土高原夏秋大白菜生产区。

3. 实现周年生产供应

目前，我国大白菜可实现一年四季栽培，实现周年生产供应，基本形成了春季设施、夏季高原（图 11-1）、秋季北方、冬季南方的周年生产供应格局。

4. 品种越来越丰富

近些年来，大白菜的消费由大球型单一类型，向苗用型、娃娃菜、小球型及大球型多种类型并存的消费模式发展。

（三）有机白菜

有机白菜是遵循可持续发展原则，采用特定的生产方式生产，经专门机构认定，许可使用有机食品标志商标的无污染、安全、优质、营养的白菜。见图 11-2。

图 11-1　夏季高原大白菜种植　　　　　图 11-2　有机大白菜

随着有机认证农产品生产量和种植面积的不断增加,有机白菜的产量和面积也在不断增加,目前,在众多有机生产基地的蔬菜栽培中,基本上均有有机白菜的栽培。

第二节　白菜的品种

有机蔬菜栽培中,种子选择应选用有机种子,而不能使用 GMO 种子或者化学处理的种子,但在使用一般方法无法获得有机种子的情况下可选用常规种子,但要制订获得有机种子生产计划。

有机白菜生产需要严格遵循有机生产标准,获得认证的农场或农户在生产的白菜和包装纸上必须贴有有机农产品标志。

一、白菜分类

大白菜亚种分为散叶、半结球、花心和结球 4 个变种。生产上绝大多数栽培的是结球变种,极少数栽培花心变种,而散叶、半结球变种因进化程度低,已较少作为蔬菜进行栽培。

在白菜的结球变种中又形成卵圆型、平头型和直筒型 3 种基本生态类型。

二、品种选择

根据种植的气候条件、土壤条件和种植方法等选择适合种植的有机白菜品种。品种选择前不仅要参考品种的栽培说明,最好通过小面积的试种,了解该品种对当地环境的适应性,经济性状是否符合当地市场消费需求,同时应了解品种的抗病性、丰产性后,方可大面积种植。各季节栽培的品种可参考表 11-1。

表 11-1　各栽培类型主要品种

栽培类型	主要品种
春季栽培	鲁春白 1 号,京春早,寒春,哨兵,冠春,青研 3 号,春大强,春皇后,北京小杂 56,天正春白 1 号、2 号,春王 6 号,天正橘红 61、62,旺春,京春黄,青研春白 3 号,菊锦,春大将,健春,春大王,四季王等
夏季栽培	天正夏白 1、2、3、45、50,北京小杂 55,京夏王,京夏 1 号,中白 50,秋珍白 16 号,青研夏白 2 号,鲁白 13、14,津夏 2 号,夏阳 50,夏优 3 号,夏黄,大夏,顶峰 1 号等
早秋栽培	秦白 2 号,津绿 55,北京小杂 60,郑早 55、60,豫新 60,中白 60、65,新早 89-8,沈农超级白菜等
秋季栽培	津绿 75,郑白 4 号,新乡小包 23,贝蒂,中白 4 号、78,太原二青,晋菜 3 号,鲁白 9、11 号,B-0106,秋杂 1 号,北京新 3 号,秋珍白 6 号,黄芽 14 等
高冷地栽培	CR 高夏,CR 夏星,CR 强力,本美,春奇,关东黄白菜,惊春大白菜,高冷地,春秋 54,春夏王等

三、抗病性品种

在有机栽培中应根据各地的气象条件选择对当地主要病虫害有抵抗性的品种。

（一）对霜霉病有抗性的品种

霜霉病为三大病害之一，多发生于低温潮湿的环境，苗期、成株期均可发生，以叶片发病为主，发病重，蔓延快。不同品种的白菜对霜霉病抵抗程度见表 11-2。

表 11-2　不同品种的白菜对霜霉病抵抗程度

高抗病	抗病	感病
冠春，中白 4 号，金冠 1 号，金冠 2 号，天正春白 2 号，春大王，旺春，天正夏白 3 号，德高 16 号等	鲁春白 1 号，京春早，津夏 2 号，郑早 60，新早 89-8，中白 60，津绿 55，北京小杂 60，郑白 4 号，津绿 75，秋珍白 6 号，北京新 3 号，北京橘红心，天正橘红 58，春大将，京春黄，春夏王等	西白 12，新早熟 5 号，早熟 5 号，丰抗 70，丰收 90，高冷地，CR 安心，夏黄，CR 真心，超级夏阳等

（二）对病毒病有抗性的品种

病毒病为三大病害之一，又称白菜抽风病、抽筋病、孤丁病，各地均有发生，尤以夏白菜危害最为严重。不同品种的白菜对病毒病抵抗程度见表 11-3。

表 11-3　不同品种的白菜对病毒病抵抗程度

高抗病	抗病	感病
冠春，郑早 60，郑白 4 号，中白 4 号，秋珍白 6 号，金冠 1 号，金冠 2 号，天正春白 2 号，春大王，旺春，天正夏白 45、50，德高 16 号，京秋 3 号，早心白等	鲁春白 1 号，京春早，津夏 2 号，新早 89-8，中白 60，津绿 55，北京小杂 60，秦白 2 号，津绿 75，北京新 3 号，北京橘红心，天正橘红 58，春大将，京春黄，春夏王等	夏阳 50，改良青杂 3 号，双福，春宝黄，莱白 55，高冷地，新金刚夏，庆阳春，春晓等

（三）对软腐病有抗性的品种

软腐病为白菜三大病害之一，又叫烂疙瘩、烂葫芦，有的地方又称水烂等。各地普遍发生，危害严重，轻者减产 10% 左右，严重者可造成毁灭性损失。不同品种的白菜对软腐病抵抗程度见表 11-4。

表 11-4　不同品种的白菜对软腐病抵抗程度

高抗病	抗病	感病
冠春,郑早 60,金冠 1 号,金冠 2 号,天正春白 2 号,春大王,旺春,天正夏白 3 号,德高 16 号等	京春早,津夏 2 号,新早 89-8,中白 60,郑白 4 号,中白 4 号,秋珍白 6 号,北京新 3 号,北京橘红心,天正橘红 58,春大将,春夏王,京春黄等	早熟 5 号,山东 19,丰抗 70,丰收 90、双福等

(四)对黑腐病有抗性的品种

黑腐病为大白菜生产中的主要病害之一,高温高湿发病重。不同品种的白菜对黑腐病抵抗程度见表 11-5。

表 11-5　不同品种的白菜对黑腐病抵抗程度

高抗病	抗病	感病
庆阳春,春秋 54,春晓,京秋 3 号,正旺达 12,德高,改良 83~24 等	北京橘红心,德高 16,青研春白 3 号,秦白 2 号,胶研夏星和,夏阳,天正超白 1 号,秋季王等	高冷地,新金刚夏,春黄,春夏王,丰抗 60,北京新 3 号,强春,四季王,北京小杂 56,金秀等

(五)对干烧心有抗性的品种

白菜干烧心又称夹皮烂,是大白菜叶球心叶部分发生的一种生理病害。不同品种的白菜对干烧心抵抗程度见表 11-6。

表 11-6　不同品种的白菜对干烧心抵抗程度

高抗病	抗病	感病
冠春,金冠 2 号,东星大白菜,新乡小包 23 等	中白 4 号,菊锦,春黄,丰抗 70,山东 19,早熟 5 号,夏阳等	中熟 4 号,春宝黄,北京橘红心,新金刚夏等

第三节　育 苗 管 理

一、播种要领

有机白菜栽培可分为直接播种和育苗移植栽培。

(一)直接播种

一般每亩用种在 50 g 左右,品种不同略有差异。播种时播种深度为 6~8 mm。

播种早熟品种株行距为 35 cm×60 cm,晚熟品种 45 cm×60 cm。出苗后间苗 2～3 次,直到真叶达到 5～6 枚。

(二)育苗栽培

蔬菜育苗为方便操作,降低育苗成本,提高育苗质量,一般选用育苗穴盘装填基质进行育苗。

穴盘育苗是蔬菜育苗的一大技术革新,此方法克服了传统营养钵育苗成苗率低、苗期病害难以控制,人工投入高、床地占用面积大等弊端,选择适用的穴盘,均能达到培育早、全、齐、匀、壮苗的要求。是近年来发展迅速的产业,深受广大菜农欢迎。

穴盘基质育苗与常规营养钵育苗比较,具有五大优势:①出苗整齐,成苗率提高。②成本降低,经济效益提高。③节约用地,土地利用率提高。④缓苗期短,促早发效果提高。⑤控制土传病害,便于运输。

育苗穴盘通常采用 72～128 个播种口的穴盘(图 11-3 和图 11-4),育苗盘底一般带有排水孔,装满配好的基质后,每个播种口播 2～3 粒种子,覆盖土为种子厚度的 2～3 倍,播种 2～3 d 后种子即可完成发芽,发芽率一般为 95％以上,间苗 2 次左右时,真叶达到 2～3 枚。

图 11-3　72 孔穴盘育苗　　　图 11-4　128 孔穴盘育苗

二、基质准备

(一)育苗基质需具备的条件

育苗用的基质由多种材料混合而成,但在选取基质材料前需要考虑以下注意事项。

在有机农业上不能使用由化学肥料和具备合成物质掺杂的基质。基质为白菜生长提供养分、水分等,因此所使用的基质应具备物理、化学性状良好、耐久性强的特点。

　　根据基质所使用的材料种类的不同,能够回收的基质应进行回收,并进行循环利用。基质材料经过自然风化和分解后,不应产生垃圾,也不应破坏农田的种植环境。基质不能产生恶臭、污染等,以便操作人员可以舒适作业。

　　如从市场上购买基质,要确定基质中不能添加任何化学合成的物质及生长调节剂等有机农业禁用物质。

　　(二)育苗基质的种类

　　育苗基质是生产高品质产品的关键因素之一。在选配育苗基质材料时应选择当地资源丰富、价钱低廉的原料。通常情况下,应充分发掘和利用当地适宜穴盘育苗的轻基质资源,降低育苗基质成本。依据各地实际情况,选用如椰子壳、炭化稻壳、棉籽壳、菌渣、锯末、花生壳粉、草炭、硅藻土、蛭石、珍珠岩等价钱低廉材料作穴盘育苗基质。

　　1. 土壤

　　土壤是常用的育苗材料之一,用土壤作为育苗基质其缺点是密度过高,通透性较差。

　　育苗基质中添加土壤时,应选用有机粮田的土壤,当怀疑土壤感染土传病害或有害虫时,应停止使用或利用太阳能对土壤进行消毒,预防土传病害传入栽培大田。

　　2. 堆肥

　　是有机栽培中最普遍使用的材料。但堆肥的质量受制作方法和堆肥材料的影响较大,因此选择优质的堆肥材料尤为重要。使用堆肥作为基质材料时,堆肥应至少在使用前 6 个月堆制完成。堆肥在基质的添加量一般在 20%～30%。

　　3. 菌渣

　　是食用菌生产后的废弃物,在我国每年有大量的废弃菌渣产生,而菌渣中含有丰富的粗蛋白、粗脂肪和氮浸出物,还含有钙、磷、钾、硅等矿物质,营养相当丰富。由于在食用菌生产过程中经过了充分的分解,菌渣结构组成稳定,结构呈粒状,类似于土壤的团粒结构,是一种很好的潜在替代草炭的基质材料。

　　4. 草炭

　　在蔬菜育苗中使用最为广泛的原料。草炭中含有大量未被彻底分解的植物残体、腐殖质及矿物质,含丰富的氮、钾、磷、钙、锰等多样元素,有机质含量在 30% 以上,质地松软易于散碎,比重 0.7～1.05,多呈棕色或黑色,具有可燃性和吸气性,pH 一般为 5.5～6.5,呈微酸性。是纯天然的有机物质,是一种无菌、无毒、无公害、无污染、无残留的绿色物质。

　　5. 蛭石

　　在有机基质中应用仅次于草炭,在基质中易吸附水分和营养成分,并且含有钙和镁成分,pH 中性。

6. 蚯蚓粪

是蚯蚓对有机废弃物进行生物降解的产物,不但本身具有放线菌等大量的有益微生物,而且能大大提高育苗基质的微生物量和微生物活性,有效改善基质的微生物区系,从而间接地控制病菌的生长、繁殖,提高蔬菜幼苗的抗病性。

7. 珍珠岩

一种火山岩,加热时会膨胀,并会变成轻盈的白色粒子,珍珠岩添加到基质中可提高基质的透气性并优化基质的排水性。

8. 石灰石

用于补偿 pH 和养分供应。生石灰或氢氧化钙不能用作基质材料。

9. 硅藻土

一种硅质岩石,其化学成分以 SiO_2 为主,含有少量的 Al_2O_3、Fe_2O_3、CaO、MgO、K_2O、Na_2O、P_2O_5 和有机质,矿物成分为蛋白石及其变种,吸水率是自身体积的 2~4 倍。

(三)育苗基质的配制

将基质原料按比例进行混合,加水调到水分含量为 55% 左右(经验做法:用手抓住基质,用力攥拳,水分刚刚渗出,但水滴不成行为宜)。表 11-7 为利用草炭配制的有机基质实例。

表 11-7 利用草炭配制的有机基质实例

分类	各种有机床土的原材料配合比例(体积比)		
	蛭石	珍珠岩	草炭
有机床土 A 型	1	0	2
有机床土 B 型	1	1	3

注:基质的养分不足时,可适当添加完全腐熟的堆肥或蚯蚓粪来补充养分

三、播种育苗

(一)种子消毒

为使种子发芽更快,出苗整齐,并预防由种子带菌而引起的苗期病害,应做好种子的消毒工作。大白菜种子消毒可采用:

1. 温汤浸种

在 55℃ 的温水中浸泡 25 min 后,再使用可以防治种子传染性病害的有机允许使用的药剂进行处理。操作过程中,必须正确调整水温和时间才能减少对种子的损害。

2. 盐水浸种

将种子放入 1% 的盐水中浸泡 15 min,然后用清水冲洗干净,晾干后即可播种。

3. 白酒浸种

按 1:1 比例将白酒与水兑好,将种子放入,浸泡 8~10 min 后捞出即可播种,一般每 50 g 种子用 25 g 白酒。

(二)播种

采用育苗穴盘进行育苗,宜采用点播方式进行播种。点播时每穴播种 2~3 粒种子,播后覆盖基质,基质厚度 6~8 mm。见图 11-5。

(三)苗龄

大白菜苗龄与气候条件及管理措施有密切关系,苗龄一般为 20~25 d。

图 11-5 大白菜育苗

(四)出苗前管理

(1)温度管理 大白菜种子萌发最适宜的温度为 20~25℃,夜间 20℃左右,育苗苗床的温度应控制在适宜的温度范围内,以利于种子发芽。

(2)湿度管理 大白菜出苗要求较高的土壤湿度,基质干旱种子不易萌发,因此播种后要及时喷水,保持基质湿润。为防止苗期病害的发生,可喷施哈茨木霉菌 500 倍液。

(五)出苗后管理

(1)间苗、定苗 大白菜从播种到出苗,一般需要 2~3 d 时间,出苗后 4~5 d,幼苗长到"拉十字"前后要进行间苗,每穴孔保留一株健壮的无病苗即可。

(2)温度管理 出苗后,白天保持 20℃左右,夜晚 12~15℃,尽可能让苗多见阳光。

(3)湿度管理 经常浇水,保持基质湿润。

(4)病虫害防治 大白菜苗期主要病虫害有:立枯病、猝倒病、根腐病、蚜虫、菜青虫等,要及时进行防治。具体措施及方法可参考第六节病虫害管理。

(5)施肥 育苗期间在养分不充足时要进行追肥,追肥时采用液肥进行冲施或喷施,育苗初期隔 5~7 d,育苗后期则间隔 3~4 d 灌溉或喷施追肥一次。冲施肥可用产沼气 3 个月以上的沼液或 1:20 的完全发酵的豆粕水溶液。

四、定植

(一)定植前的农田准备

定植大白菜的农田要全面施底肥,每亩施完全腐熟的有机肥 3 000～5 000 kg,均匀撒施后用旋耕机器进行深翻 20～25 cm,然后整地作畦或起垄。保护地栽培时在定植前 20 d 进行薄膜覆盖,并做好土壤的消毒处理。

图 11-6　大白菜育苗移栽定植

(二)定植

定植苗的大小根据栽培时期的不同而变化。定植后要充分浇水使其快速扎根。定植密度要根据不同的品种而异。一般早熟品种株行距 35 cm×60 cm,中熟品种株行距 45 cm×60 cm,晚熟品种株行距 45 cm×65 cm。不同栽培类型定植时期和特征见图 11-6 和表 11-8。

表 11-8　不同栽培类型定植时期和特征

栽培类型	定植苗龄期	特征
夏、秋栽培	真叶为 5～6 片	定植期为高温期,应在阴天或午后定植
春季及高冷地栽培	真叶为 5～6 片	品种选用冬性强、抗寒、抗病品种,定植不宜过早
保护地栽培	真叶为 6～7 片	低温期提前覆盖大棚膜,采用滴灌浇水,采用多层覆盖栽培

第四节　土 壤 管 理

一、土壤条件

大白菜对土壤适应性强,除过于疏松的沙质土或过于低湿的田块外,一般土壤均可栽培,但以有机质含量高、肥沃、疏松、通气、保水保肥能力强的壤土最为适宜。大白菜在沙土及沙壤土中栽培,根系生长迅速,幼苗发棵快,莲座叶生长快,但因保肥、保水能力弱,结球期往往因为肥水不足,导致结球不坚实;大白菜在黏重的土壤中栽培时,由于根系生长缓慢,幼苗及莲座叶生长也较慢,但到结球期由于土壤保肥保水力强,往往可获高产。另外,在黏重土壤栽培时,因产品含水量大,品质相对较差,并且软腐病发生也较为严重。

（一）酸碱性

适宜白菜种植的土壤 pH 6.0～7.0,土壤过于酸性易发生根肿病,过于碱性易发生盐碱危害和干烧心。

（二）通气性

白菜的根伸展很长,须根较多,因此较深的土层和吸水性好的土壤适合白菜生长。在冲积土上种植的白菜生长旺盛,生产的白菜品质及产量较高;沙土虽然能够在早期生长发育良好,但后期会出现发育不良,叶子迅速变黄等情况;黏质土壤种植的白菜前期发育较慢,但后期黄化和落叶则较晚出现,绿叶能够保持较长时间。适宜种植大白菜的土壤物理性状见表 11-9。

表 11-9　适宜种植大白菜的土壤物理性状

地形	倾斜度	土壤质地	土层深度	排水性
平地至高山地	<7%	沙壤土至黏壤土	>100 cm	良好

（三）土壤养分

北方旱作土壤种植大白菜,一般要求有机质含量 20 g/kg 以上,全氮 1～1.5 g/kg,速效磷含量 10 mg/kg 以上,速效钾含量 150～200 mg/kg 以上,阳离子交换量 20 cmol(＋)/kg 以上。

二、大白菜养分需求特点

（一）大白菜的养分需求

大白菜在生长发育过程中要吸收大量的氮、磷、钾和一些中、微量元素。

氮:氮是影响大白菜产量的重要因素之一。大白菜以叶为产品,充足的氮素供应可使叶片肥厚,叶色深绿,叶绿素含量增加,提高光合效率,促进叶球形成,提高产量。在一定的用氮量范围内,大白菜产量随用氮量的增加而相应提高,增产原因主要是增加叶面积和厚度,而非增加叶片数。缺氮时全株叶片呈淡绿色,严重时叶黄绿色,植株生长受阻或停止。

磷:磷对大白菜根系生长及生长点细胞分生起着极其重要的作用。磷可加速大白菜根系生长发育,使其更易从土壤中吸收水分和养分,土壤中施入较充足的磷可促进植株生长点细胞的分生作用,加速分化新叶,使叶片生长快,有利于花球形成。缺磷时植株叶色变深,叶小而厚,毛刺变硬,植株矮小。

钾:钾素能增加大白菜的光合作用,促进叶片有机物质的制造并不断向心叶输送,促进植株健壮,提高抗病力。充分的钾肥供应,不但可加快结球速度,使大白菜叶球充实,而且促进大白菜生长发育,产量增加,提高糖氮比例及品质。缺钾时外叶边缘先出现黄色,渐向内发展,然后叶缘枯脆易碎。

钙:大白菜对钙素吸收较多,是一种典型的喜钙作物,外叶含钙量高达 5%～6%,但心叶中的含钙量仅为 0.1%～0.5%。当不良的环境条件(高温和低温季节)造成生理缺钙时,往往会形成干烧心病,严重影响大白菜的结球品质。

其他微量元素:大白菜是对硼吸收较多的作物,还要吸收镁、铁、铜、锰等多种中微量元素。但不同的生长发育时期吸收的中微量元素也有差异。

(二)大白菜不同生育期对营养元素的需求特征

据测定,每生产 1 000 kg 大白菜需吸收纯氮(N)1.8～2.6 kg,磷(P_2O_5)0.9～1.1 kg,钾(K_2O)3.2～3.7 kg,钙(CaO)1.61 kg,镁(MgO)0.21 kg,其比例大约为 2:1:3.5:1.6:0.2。但不同生育期由于生长量和生长速度的不同,对氮、磷、钾养分的吸收量也有差异(表 11-10)。

表 11-10　不同生育期吸收的养分占全生育期的吸收总量　　　　　　%

生育期	时间	各生育期吸收的养分占全生育期的吸收总量		
		N	P_2O_5	K_2O
苗期	播种 30 d 内	5.1～7.8	3.2～5.3	5.6～7.0
莲座期	播种 31～50 d	27.5～40.1	29.1～45.0	34.6～54.0
包心期到包心中期	播种 50～69 d	30.0～50.0	32.0～51.0	40.0
包心后期到收获期	播种 69～88 d	11.0～26.0	16.0～24.0	5.0

(三)大白菜的需肥特性与施肥用量

大白菜总的施肥特点:苗期吸收的养分较少,氮、磷、钾的吸收量仅占总吸收量的 10%左右;到莲座期明显增加,占总吸收量的 30%左右;包心期吸收养分最多,占总吸收量的 60%左右。

生产中,大白菜施肥量的多少,要根据土壤肥力和目标产量的大小进行确定。表 11-11 是大白菜不同栽培类型推荐施肥量(中等及以上肥力水平)。

表 11-11　不同栽培类型推荐施肥量　　　　　　kg/亩

栽培类型	养分种类	施入总量	底施量	追施量			
				1 次	2 次	3 次	4 次
温室大棚春季栽培	N	44	16	8	10	10	—
	P_2O_5	13	13	—	—	—	—

续表 11-11

栽培类型	养分种类	施入总量	底施量	追施量			
				1 次	2 次	3 次	4 次
温室大棚春季栽培	K_2O	18	7.4	2.6	6	2	—
	消石灰	60	60	—	—	—	—
	硼	1	1	—	—	—	—
夏季露地栽培	N	13	3.3	2	5	2.7	—
	P_2O_5	14	14	—	—	—	—
	K_2O	18	6	2	6	4	—
	消石灰	60	60	—	—	—	—
	硼	1	1	—	—	—	—
秋季露地栽培	N	20	9.3	2	2.7	4	2
	P_2O_5	14	14	—	—	—	—
	K_2O	18	9.3	—	2.7	3.4	2.6
	消石灰	60	60	—	—	—	—
	硼	1	1	—	—	—	—
追肥时期	—	—	—	定植 15 d	定植 30 d	定植 45 d	定植 60 d

三、土壤培肥的基本措施

要培育高产稳产的肥沃土壤,就需创造高产稳产的土壤环境条件,运用有效的农业技术措施或物理措施培肥土壤,提升土壤肥力质量,做到用养结合。

(一)建立良好的土体结构

1. 增加土壤厚度

为保证植物根系有充分的延伸空间,供应植物生长所需的水分、养分,一定厚度的土壤就显得非常重要,同时一定厚度的土壤也可为植物起支撑作用。

2. 改良土质

土壤质地直接影响土壤水、肥、气、热的调节和供应,进而影响植物产量和品质,生产上可采取客土,增施有机肥等措施进行改良。

3. 深耕

通过深耕可打破犁底层,增加耕层厚度,提高土壤保水、保肥能力,延伸植物根系活动范围,提高作物产量。

（二）土壤有机质的提升

有机质的含量可以作为评价土壤肥力高低的指标之一，土壤有机质的含量越高，土壤越肥沃。具体措施可采用：增施有机肥、秸秆堆沤还田及种植绿肥作物等措施。

1. 增施有机肥

增施有机肥既能为植物提供养分，也可改善土壤理化性质，提高土壤肥力。

2. 提倡秸秆无害化处理后还田

秸秆中不仅含有大量的碳素，也含有氮、磷、钾、镁、钙及硫等元素，这些正是农作物生长所必需的营养元素，秸秆无害化还田，可部分归还作物带走的营养物质。目前在北京市较大型有机生产基地，均设有蔬菜残体无害化处理设备。

3. 种植绿肥

绿肥（green manure）是用作肥料的绿色植物体。绿肥是一种养分完全的生物肥源。绿肥不仅是增辟肥源的有效方法，对改良土壤也有很大作用，同时也可以防风固沙，防止水土流失。但要充分发挥绿肥的增产作用，必须做到合理施用。常用的绿肥作物有：黑麦、毛野豌豆、苜蓿等。

蔬菜栽培后茬在冬季休耕期种植黑麦、毛野豌豆等绿肥作物，在种植大白菜之前翻耕到土壤不但可提高土壤有机质含量，增加土壤养分，而且也可防治杂草的滋生，减少水土流失，降低下茬大白菜的根肿病的发病率。

（三）合理轮作

要实现农作物的持续高产优质，合理轮作非常必要。轮作可均衡利用土壤中的营养元素，可把用地和养地结合起来；可以改变农田生态条件，改善土壤理化特性，增加生物多样性；免除和减少某些连作所特有的病虫草的危害。

1. 西南地区春黄瓜—白菜—芹菜轮作模式

早春茬黄瓜3月上旬日光温室播种育苗，4月中旬定植（温度低时可搭建小拱棚保温），7月中下旬拔秧；大白菜6月中旬遮阴育苗，苗龄25～30 d，7月中旬定植，9月中下旬收获；芹菜7月上旬遮阴播种育苗，9月下旬当幼苗长至5～6片真叶时移栽，11月开始采收。

2. 华北地区夏白菜—油麦菜—小麦一年三作栽培模式

此模式栽培，亩产夏白菜4 000～5 000 kg，油麦菜1 500～2 000 kg，小麦400～500 kg，经济效益显著。

夏白菜在6月上旬小麦收获后整地，6月中下旬选用抗病、耐热、耐湿的早熟白菜品种，如夏阳50、津夏2号等品种，起垄直播栽培，8月中下旬收获；油麦菜在夏白菜收获后的9月上旬播种，10月上旬一次性收获；小麦选用优质、高产、早熟品种如 3475、6172 等品种,在 10 月上中旬播种,次年的 6 月上中旬收获。

图 11-7 果树间作大白菜

3. 早春黄瓜—夏大白菜—秋冬莴笋一年三熟栽培

黄瓜在 2 月上中旬日光温室育苗,3 月中下旬定植在大拱棚或小棚中,定植后覆盖地膜,7 月下旬至 8 月上旬拉秧;夏大白菜 7 月上中旬播种育苗,育苗时正值高温季节,品种选择耐高温的品种,如日本夏阳、夏抗 50 等品种,育苗时遮阴降温,苗龄 25 d 左右,8 月上中旬定植,国庆节前后采收;秋冬莴笋应选在 9 月上旬至 10 月上旬播种育苗,苗龄 25～40 d,4～5 片真叶时定植,定植在加盖棉被的大拱棚内,2 月上中旬采收。

图 11-7 为果树间作大白菜。

四、有机白菜土壤管理技术

(一)肥料施用原则

为防止施肥可能给大白菜、土壤及周边环境造成污染,有机白菜的施肥要遵循下列原则:①禁止施用各种化学合成的肥料;②严禁施用人粪尿及未经腐熟的畜禽粪便;③有机肥主要源于本农场或其他有机农场(或畜场),外购有机肥需经有机认证机构评估,许可后方可使用;④有机肥或堆肥制作过程中,允许添加外源微生物,但禁止使用转基因生物及其产品;⑤天然矿物肥必须分析查明主、副成分及含量,原产地储运、包装等情况,确认属于纯天然、无污染后方可使用。

(二)使用有机材料进行土壤管理

氮:白菜的发育期,尤其是白菜发育前期,其最少需求量可通过堆肥和绿肥进行供应。氮来源有鸟粪、鲜鱼液肥、血粉、羽毛粉、苜蓿粉、海藻粉等,当大白菜长到 15 cm 时使用效果较好。

磷:可利用堆肥和绿肥供应作物所需的磷,不足的养分可使用天然的磷矿石粉进行补充,但磷矿粉必须是没有经过化学处理的。

钾:大白菜对钾的需求量较大,但钾养分不足时可使用下列物质进行补充。如有机养殖中使用的稻草、花岗岩粉末、海藻粉、草木灰(未被塑料等工业原料污染)等。

微量元素:白菜生产中不仅需要氮、磷、钾等大量元素,同时也需要如钙、镁、硫、硼、钼、铁等中微量元素。有机质含量较为合适的土壤可充分供应中微量元素,但不足的部分,可利用堆肥和海藻产品供应中微量元素。

(三)有机农业栽培培肥土壤常用的资材

在有机栽培中应尽可能使用有机资材进行土壤培肥,表 11-12 为有机栽培常用的资材,可参考使用。

表 11-12   有机农业栽培培肥土壤常用的资材

名称	水分含量/%	养分含量/%			养分释放速度
		N	P	K	
紫云英	88.8	0.40	0.04	0.27	慢
紫花苜蓿	76.5	0.61	0.07	0.69	慢
三叶草	81.0	0.64	0.06	0.59	慢
豌豆	76.9	0.59	0.06	0.40	中
血粉[①]	—	12.50	1.50	0.60	中
骨粉[①]	—	0.00	6.48	0.49	慢
羽毛粉[①]	—	9.08	1.34	1.06	慢
海藻类[②]	—	0.56	0.09	0.51	慢
鱼杂类[②]	—	4.30	1.70	0.42	中
虾杂类[②]	—	3.57	2.12	0.46	中
磷矿粉[②]	—	0.00	18.0	0.00	很慢
草木灰[②]	—	0.00	1.50	5.00	快
鸟粪石(蝙蝠)[②]	—	5.50	8.60	1.50	中
鸟粪石(海鸟)[②]	—	12.30	11.00	2.50	中

①以烘干计,②以风干计。

五、白菜测土配方施肥方法

测土配方施肥方法,是以"养分归还学说"为理论依据,根据作物目标产量需肥量与土壤供肥量之差来估算施肥量的方法。

$$施肥量(kg) = \frac{目标产量所需养分总量(kg) - 土壤供肥量(kg)}{肥料中养分的含量(\%) \times 肥料利用率(\%)}$$

$$土壤供肥量 = 土壤养分测定值(mg/kg) \times 0.15 \times 校正系数$$

六、有机白菜施肥技术

(一)基肥

定植前施用有机肥做基肥,结合土壤深耕施入土壤中。一般每亩施用完全腐熟的有机肥 3 000～4 000 kg,土壤肥力高的地块可适量减少,土壤肥力低的地块可适量增加。

(二)追肥

大白菜生长发育过程中一般追肥 3～4 次,需肥最多的时期是莲座期和包心结球初期、中期,此时期若养分供应不足,会导致白菜生长不良,影响产量。

1. 苗肥

从播种到 30 d 内为苗期,生物量仅占生物总产量的 3.1%～5.4%,主根深达 10 cm 左右,并发生一级侧根,根系的吸收能力渐渐增强,可施入少量的提苗肥,促进幼苗生长。追肥时以速效氮肥为主,每亩施 1∶20 的发酵豆粕水 250 kg,穴施或喷施。

2. 莲座期追肥

播种后的 31～50 d 内,大白菜生物量增加迅速,占生物总产量的 29.2%～39.5%,此时期应增加追肥量,每亩追施 1∶20 的发酵豆粕水溶液 500 kg,另加天然矿物硫酸钾 10 kg,沟施或穴施,如与滴灌浇水时配合施用效果更佳。

3. 结球期追肥

播种后的 50～70 d,大白菜生物量有更多的增长,占生物总产量的 44.4%～56.5%,此时期是决定产量和品质的关键期,此时期应再次增加追肥量,每亩追施 1∶20 的发酵豆粕水溶液 800 kg,另加天然矿物硫酸钾 15～20 kg,沟施或穴施,也可与滴灌配合施用。

结球后期生物量生长速度明显降低,养分吸收量也减少,一般不需追肥。

第五节 大白菜栽培管理

一、大白菜生长发育对环境条件的要求

(一)温度管理

大白菜耐热能力不强,喜温和冷凉气候,属半耐寒性蔬菜作物。营养生长期间适温为 10～22℃,当气温达到 25℃以上时生长不良,达 30℃以上时则不能适应,10℃以下生长缓慢,5℃以下停止生长,−2℃以下易受冻害。各生长阶段对温度的要求不尽相同(表 11-13)。

(1)发芽期　大白菜种子在 5～10℃的温度条件下即能发芽,但发芽缓慢,20～25℃发芽出苗迅速、幼苗强壮,26～30℃时虽然出苗更快,但幼苗徒长细弱。

(2)幼苗期　一般白天温度为 22～25℃,夜晚不低于 15℃为宜。

(3)莲座期　是大白菜器官形成的主要时期,日均温以 17～22℃最佳,温度过高莲座叶易徒长发病,过低则生长缓慢而延迟结球。

(4)结球期　对温度要求最为严格,适宜温度 12～22℃,昼夜温差以 8～12℃

生长良好。

(5)休眠期 以 0～2℃最为适宜。

(6)生殖生长期 白菜是种子春化型植物,能够感知在 13℃以下的低温并抽薹,因此一般栽培时不使用在低温条件下贮藏的种子。低于 13℃条件下,经过 15～20 d 即通过春化,满足抽薹对低温的要求。抽薹期适宜温度范围 12～22℃;开花结果期适宜温度范围 17～25℃。

表 11-13　不同发育时期温度管理　　　　　　　　　　　　℃

发育时期	适宜温度
种子发芽适宜温度(播种)	20～25
育苗期适温	22～25
莲座期适温	17～22
开花期适温	17～25
抽薹期适温	12～22
结球期适温	12～18
储藏期适温	0～3

(二)光照管理

大白菜幼叶和老叶对于光的反应比较迟钝,成熟的叶子则比较敏感。在强光条件下会促进光合作用,能够促进生长发育所必需的物质合成;白菜发育初期要适当增加光照,结球期保持适当的弱光条件,更利于白菜结球,此时期弱光比强光好,此时期所需的日照时间为 8 h 左右。

(三)水分管理

大白菜根系较浅,叶面积较大,蒸腾作用强、耗水多,较难充分利用土壤深层水分,因此水分管理对大白菜生长发育尤为重要。

幼苗期根系不发达,吸收力弱,应及时供给足够的水分,经常浇水,保持土壤湿润,促进根系生长,但应小水勤浇,此时期土壤干旱,极易因高温干旱导致病毒病的发生。

莲座期应适当控制浇水,此时期浇水过多,根系分布浅,易导致后期早衰,影响大白菜产量,同时易引起莲座期徒长,影响包心。

结球期是大白菜产品形成的关键时期,也是需水量最大的时期,是决定质量和产量的关键时期,此生长时期应及时浇水,保证球叶迅速生长,缺水会造成严重减产,但浇水过多、过大也会造成叶片的提早衰老、脱帮多与软腐病的发生。

结球后期应少量浇水,收获前 10 d 停止浇水,以免引起叶球开裂并且便于贮藏。

二、大白菜栽培类型与茬口安排

大白菜栽培可分为春季栽培、夏季栽培及秋季栽培。在春季栽培中又可分为保护地栽培及露地栽培等;在夏季栽培中可分为夏大白菜保护地栽培、夏大白菜高冷地栽培及露地栽培等;秋季栽培中可分为秋季露地栽培及保护地栽培。华北地区大白菜栽培方式与茬口安排如表 11-14 所示。

表 11-14 华北地区不同栽培方式与茬口安排

栽培类型	栽培设施	育苗设施	播种期(旬/月)	定植期(旬/月)	采收期(旬/月)
春季栽培	日光温室	日光温室	1月份	中、下/2	中、下/4
	大拱棚	日光温室	上、中/2	上、中/3	下/4—中/5
	小拱棚	大拱棚	下/2—上/3	下/3	中、下/5
	露地	直播	下/3—上/4	—	下/5—上/6
夏季栽培	保护地	直播	下/6—上/7	—	下/8—下/9
	高冷地	塑料大棚	中/3—中/6	中/4—中/7	中/6—下/9
	露地	保护地	中/5—下/6	上、中/6—上/7	下/7—下/8
秋季栽培	露地	露地	中/7—中/8	上/8—上/9	下/9—中/11
	保护地	露地	上、中/9	上、中/10	中、下/12

三、大白菜春季栽培存在的问题

大白菜属于春化敏感型的作物,萌动的种芽处于 3~13℃ 的低温条件下,经过 10~30 d 即可完成春化阶段,温度越低,越易促进花芽分化,导致抽薹开花。大白菜播种过早,育苗设施保温性能差,易通过春化,生长后期正值夏季,遇高温长日照的条件,叶球不易形成,易出现未熟抽薹;春季大白菜生长后期的高温多雨天气,也易导致白菜软腐病、病毒病、霜霉病及菜青虫、小菜蛾、蚜虫的发生,造成大白菜减产,品质不佳。

四、大白菜春季保护地栽培技术

(一)播种时期

设施条件能够满足大白菜生长,不至于遭受低温而通过春化。设施如保温条件较好应尽可能早播、早定植(苗床及露地生产阶段最低温度不宜低于 13℃)。华北地区保温性能较好的日光温室,可于 1 月上中旬播种育苗,2 月中下旬定植,苗龄 40 d 左右,幼苗 5～6 片叶时定植,不要超过 6 片叶,4 月中旬收获;大拱棚栽培可 2 月上中旬日光温室播种育苗,3 月上中旬定植,4 月下旬至 5 月上中旬收获;小拱棚栽培可在 2 月下旬至 3 月上旬日光温室育苗,3 月下旬定植,5 月中下旬收获。

(二)品种选择

选择生长前期耐低温,生长期及结球期短、冬性强、耐抽薹的抗病高产的早熟品种。目前表现较好的品种如天正春白 1 号、青研 3 号、鲁春白 1 号、旺春、冠春、北京小杂 56、京春系列,韩国的强势、金峰、阳春、春夏王、春大王、四季王,日本的菊锦、春大将、健春等。

(三)播种育苗

春季保护地栽培宜采用营养钵育苗。采用营养钵育苗时,每钵播种 2～3 粒种子,播后覆营养土或基质,覆土厚 0.8～1 cm,保持苗床白天温度 20～25℃,夜间温度不低于 13℃,若苗床温度达不到要求,要采取保温及加温措施。当苗龄 40 d 左右,幼苗 4～5 片真叶时定植,定植前一周停止浇水。具体育苗请参考本章第三节。

(四)施肥、整地、定植

中等肥力的土壤,定植前每亩施用完全腐熟的有机肥 3 000～4 000 kg,高肥力土壤可适当减少,中等肥力以下的土壤可适当增加有机肥用量。有机肥均匀撒施后深翻土壤 25 cm,并耙平,然后按 60 cm 的行距起垄,垄高 10 cm,并在垄上覆盖地膜,每垄上定植 1 行,株距 35～45 cm,每亩定植 2 500～3 200 株(也可根据品种特性确定定植密度),定植时应在晴天的上午进行。

(五)定植后的管理

1. 水分管理

定植后及时浇定植水,但浇水量不宜过多,浇水过多易导致地温下降幅度太大,缓苗速度慢而产生沤根;定植后根据墒情浇缓苗水,缓苗水浇过后适当控水,促进大白菜根系下扎;大白菜进入莲座期应进行浇水;结球期一般每 10 d 左右浇水 1 次,此时期是大白菜需水高峰期,应保持土壤湿润,浇水宜在早晨进行,每次浇水要适当控制浇水量,防止大白菜软腐病的发生与蔓延,保护地内如采取膜下滴灌的方式浇水,不但可以节约用水,而且也可以降低大白菜病害的发生。

2. 施肥管理

定植缓苗后结合缓苗水追施 1 次发棵肥,此时期以氮肥为主,每亩追施 1∶15 的发酵豆粕液体肥 300 kg;莲座期每亩追施 1∶15 的发酵豆粕液体肥 700～800 kg;包心初期每亩追施 1∶15 的发酵豆粕液体肥 800～1 000 kg,另施天然矿物硫酸钾 20 kg；包心期每亩追施 1：15 的发酵豆粕液体肥 800 kg，另施天然矿物硫酸钾 15 kg。

为防止大白菜缺钙引起的生理病害如"干烧心"，从大白菜莲座期开始每 7～10 d 应叶面喷施 0.7% 的氯化钙溶液，连续喷施 3～5 次。

3. 温度管理

幼苗期应注意保温，如果幼苗在 5℃ 以下持续 4 d 就可能完成春化，如果在 15℃ 以下持续 20 d 左右，也可能完成春化，因此在大白菜的苗期不可以进行低温炼苗。

春季保护地定植的大白菜，定植到缓苗前，白天气温应控制在 20～25℃ 之间，夜间气温 15～20℃；缓苗后白天温度控制在 18～22℃，夜间在 13～15℃。温度过高通风降温，温度过低应采取措施，提高温室内的温度。

(六) 采收

当球叶坚实时就可收获上市。

五、大白菜春季地膜覆盖栽培技术

(一) 播种时期

大白菜春季栽培，对播期要求较为严格，播种过早易春化，播种过晚则病害严重、产量低。为提早上市，可采取设施育苗露地栽培和露地地膜直播栽培的方法。露地地膜直播栽培适宜的播期：高冷地为 5 月份，华北地区为 4 月中下旬，山东南部、河南、安徽为 2 月中旬至 3 月上旬，浙江及苏南地区为 2 月中下旬。也可采取设施育苗露地栽培的方法，具体育苗及定植期如表 11-15 所示。

表 11-15　全国主要区域设施育苗露地栽培的播种及定植期

栽培区域	播种期(旬/月)	定植期(旬/月)	收获期(旬/月)
东北地区	中/3—中/4	中/4—上/5	上/7
华北北部	上/3	中、下/4	中、下/6
黄淮地区	下/2—上/3	中、下/3—中/4	中、下/5—中/6
华东、华中	上、中/2	中、下/3	下/4—中/5
东南地区	中/1—中/2	下/2—上/3	上、中/5
华南地区	12—1 月	1—2 月	3—4 月
西南地区	中、下/2—上/3	下/3—中/4	中/5—6 月

(二) 品种选择

选择生育期短(50～60 d)、冬性、丰产性、耐抽薹性强，株型美观，软叶率高、抗病的早熟品种。如春夏王、春大将、健春、阳春、金峰、鲁春白、双耐、强势等品种。

（三）育苗

大白菜春季栽培,可采用育苗移栽,也可采用大田直播的方法。

设施育苗宜采用营养钵育苗,每钵播种 2～3 粒种子,播后覆营养土,覆土厚 0.5～0.8 cm。保持苗床白天温度 20～25℃,夜间温度不低于 13℃,若苗床温度达不到要求,要采取保温及加温措施。当苗龄 40 d 左右,幼苗 4～5 片真叶定植,育苗期间保持育苗基质的见干见湿,定植前一周停止浇水。

（四）施肥整地

中等肥力的土壤,定植前每亩施用完全腐熟的有机肥 3 000～4 000 kg,撒施后深翻土壤 25 cm,并耙平,按行距 60 cm 起垄。

（五）直播大白菜播种及播后苗期管理

1. 整地、播种

采用直播的方法要按 60 cm 的行距起垄,垄高 10～15 cm,每垄定植 1 行,株距 35～45 cm,采取穴播方式,每穴播种 3～4 粒种子,播后覆土 0.8～1 cm,亩留苗 2 500～3 200 株(根据品种特性确定定植密度)。

播种后覆盖地膜,一般春季以白色地膜为主,也可使用银灰色地膜,当幼苗出土后要及时破膜,将幼苗伸出膜外,再用细土盖严播种窝边的地膜保温。若放苗期遇倒春寒,可等寒流过后再破膜放苗,但不宜放苗过晚,防止高温灼伤幼苗。

2. 间苗、定苗

直播的大白菜破膜后要及时进行间苗、定苗。大白菜的间苗一般分 2 次,第 1 次在大白菜幼苗"拉十字"时拔除小、弱、病拥挤苗,保持株距 5 cm 左右,防止幼苗徒长、倒伏;第 2 次间苗在幼苗 4 叶期进行,每穴留双苗,间苗时应去杂株、无心苗、弱苗、病苗等;幼苗长到 5～6 片叶时进行定苗,定苗时按株距选留叶形正常、长势强、无病虫的壮苗。

（六）水分管理

春季栽培的大白菜一般不控水、蹲苗,促进营养生长。育苗定植的大白菜定植水后的 3～5 d 应浇一次缓苗水,浇水量不宜过大,以防地温降低;采用直播方式的大白菜播种后,及时浇 1 次小水,以利种子发芽;幼苗全部出齐后,浇第 2 次水。

当大白菜进入莲座期后,大白菜进入旺盛生长期需水增加应及时浇水;结球期若无明显降水,可每 5～7 d 浇水一次,保证大白菜的水分供应。每次浇水量不宜太大,浇水宜在早晨或傍晚进行,有条件的地方可采用膜下滴灌浇水的方式进行灌溉。收获前的 10～15 d 停止浇水。

(七)施肥管理

幼苗期和定植后每亩追施 1∶15 的豆粕发酵液肥 300～500 kg,促使植株迅速形成莲座和叶球;莲座期每亩追施 1∶15 的豆粕发酵液肥 500 kg,促进莲座叶生长;结球前期每亩追施 1∶15 的豆粕发酵液肥 800～1 000 kg,另施天然矿物硫酸钾15 kg;结球中期每亩追施 1∶15 的豆粕发酵液肥 500～800 kg,另施天然矿物硫酸钾 10 kg。

为防止大白菜缺钙引起的生理病害如"干烧心",从大白菜莲座期开始每 7～10 d 应叶面喷施 0.7% 的氯化钙溶液,连续喷施 3～5 次。

(八)采收

当叶球较为紧实时要及时进行采收,收获过晚易裂球和抽薹,导致品质下降。

六、大白菜夏季栽培技术

大白菜夏季栽培,生长季节高温、多雨、高湿,病虫害发生严重,栽培难度较大,但上市季节正值大白菜供应淡季,效益较高,同时近年来耐热及早熟大白菜品种的选育成功,促进了大白菜夏季栽培的发展。

(一)播种时期

当 5 cm 地温稳定通过 15℃左右时进行夏季栽培,全国各地区夏季大白菜栽培时期可参考表 11-16。

表 11-16　夏季大白菜栽培时期

栽培区域	播种期(旬/月)	定植期(旬/月)	收获期(旬/月)
东北地区	下/5—上/8	中/6—中、下/8	下/7—10月份
华北北部	中/5—中/7	下/5—上/8	中/7—中/10
黄淮地区	下/4—上/7	中/5—中、下/7	7—9月份
华东、华中	上、中/4—中/6	下/4—上/7	中、下/6—9月份
东南地区	4—5月份	5—6月份	7—8月份
华南地区	4—5月份	5—6月份	6—7月份
西南地区	下/4—中/6	中/5—下/7	下/6—9月份
坝上地区	中、下/5—中/6	上、中/6—中/7	下/7—下/9

(二)品种选择

应选择耐热性、耐旱、抗涝、抗病性、早熟性及丰产性好的品种。如天正夏白、青研夏白、津夏 2 号、夏抗 55、夏福 2 号、夏阳 50、京夏 1 号、京夏王、抗热 45 号、早心白等品种。

(三)播种育苗

可采用营养钵育苗移栽或直播栽培的方法。

育苗移栽宜采用营养钵育苗,钵内装入营养土,并浇透水后每钵播种 2～3 粒种子,播后覆营养土,覆土厚 0.5～0.8 cm。保持苗床白天温度 20～25℃,夜间温度不低于 13℃,若苗床温度达不到要求,要采取保温及加温措施;若苗床温度过高可采用遮阳网覆盖降温,幼苗 4～5 片真叶定植。具体方法参考本章第三节。

采用直播的方法要按 50 cm 的行距起垄,垄高 20 cm,每垄播种 1 行,株距 33～37 cm,每穴开 1 cm 深的沟,每穴分散播种 4～5 粒种子,播后覆土 0.8～1 cm,每亩留苗 3 600～4 000 株(根据品种特性确定种植密度)。

(四)施肥整地

中等肥力的土壤,定植前每亩施用完全腐熟的有机肥 3 000～5 000 kg,撒施后深翻土壤 25 cm,并耙平,按行距 50 cm 起垄,垄高 20 cm。

(五)直播后及育苗的苗床管理

1. 直播大白菜播种后的苗期管理

播种后及时沿垄沟浇水,浇水大小以湿透垄背为宜,使种子处于足墒环境下出苗。大白菜出苗后要及时间苗、定苗,间苗可在大白菜的 2 叶期和 4 叶期分 2 次进行,每穴留双苗,等幼苗长到 5～6 片叶时进行定苗,间苗、定苗时应去杂去劣,间掉病苗、弱苗及无心苗,尽可能不伤及根部,以防软腐病的发生。

2. 营养钵育苗的苗床管理

夏天大白菜育苗可采用营养钵(穴盘)育苗方式,此时期育苗正值高温季节,育苗难度较大,要注意遮阴降温,可利用遮阳网遮阴育苗的方式,采用遮光率为 30%～70%遮阳网进行遮阴,晴天的白天 10 时后拉上遮阴,晚上或阴天掀开。每钵(穴)播 2～3 粒种子,并覆 0.5 cm 厚的过筛的细土或基质,浇水保持基质湿润。大白菜出苗后要及时进行间苗、定苗,大白菜的间苗一般分 2 次,第 1 次在大白菜幼苗"拉十字"时拔除小、弱、病、拥挤苗,防止幼苗徒长、倒伏;第 2 次间苗在幼苗 4 叶期进行,每钵(穴)1 株,等幼苗长到 5～6 片叶时进行定植。育苗期间保持营养基质的见干见湿,并注意病虫害的防治。

(六)定植

夏白菜棵较小,可适当加大种植密度,可按 50 cm 的垄距起垄,株距(穴距)

33~37 cm,每亩留苗 3 600~4 000 株(根据品种特性确定种植密度)。

(七)水肥管理

白菜根系浅,抵抗干旱能力弱,播种后的 40~50 d 是需水高峰期,因此要适时浇水。定植时及时浇定植水,缓苗后浇缓苗水,莲座期与结球期正值雨季,可根据土壤墒情变化合理浇水,以保持土壤见干见湿为宜;另外,多雨季节注意雨后及时排涝。

田间杂草较多时可在缓苗后进行浅中耕除草。

莲座期每亩追施 1∶15 的豆粕发酵液肥 800~1 000 kg,另施天然矿物硫酸钾 20 kg;结球前期每亩追施 1∶15 的豆粕发酵液肥 500~800 kg,另施天然矿物硫酸钾 10~15 kg。

夏季大白菜由于生长速度较快,常导致大白菜缺钙及缺硼症状,为防止大白菜钙及硼缺乏症的发生,莲座期开始每 7~10 d 喷施 1 次 0.7% 的氯化钙及 0.2% 硼砂混合水溶液,连续 3~4 次。

(八)采收

当大白菜叶球紧实后及时采收。收获不及时易导致叶球腐烂,由于夏季大白菜收获时,正值高温时期,采收宜在下午进行,采收后不能码放,以防过热腐烂。

七、大白菜秋季栽培技术

大白菜是秋季生产,冬季上市供应的主要蔬菜,是冬季的主要食用蔬菜,为满足消费者冬季对大白菜的需求,秋季大白菜栽培就显得尤为重要。由于秋季气候凉爽,叶球生长季节气温适宜(12~25℃),特别适合大白菜生长,因此,秋季大白菜栽培面积最大,是我国大白菜主要的栽培季节。

(一)品种选择

要根据当地的自然条件、市场需求及消费习惯等因素进行品种选择。秋大白菜栽培的品种一般选择结球性好、耐寒、耐贮藏、抗病性强、高产的品种,但也要根据当地的气候特点,选择合理生育期的品种。东北地区因大白菜生长季节较短,一般只有 70~80 d,宜选用中早熟的直筒型或半直筒型品种,如日本东津 70 笋白菜、秋杂 2 号、天津青麻叶等;黄河中下游地区宜选用生育期在 85~110 d 的中晚熟品种,如秦白 3 号、山东 2 号、鲁白 1 号、鲁白 3 号、丰抗 85、太原二号等包头型品种;南方地区由于生长季节较长,早、中、晚熟品种均可进行栽培。

(二)播种时期

生产上播期的确定,要根据前茬作物收获时期、大白菜品种特性、土壤质地及肥沃程度等因素,合理确定大白菜的播种期。一般情况下,生长期较长的晚熟品种可适当早播;生长期短的中早熟品种可适当晚播;沙壤土质可适当晚播;黏重土壤可适当早播;肥沃的土壤,大白菜生长较快也可适当晚播。秋季大白菜各地栽培时期可参考表 11-17。

表 11-17　秋季大白菜栽培时期

栽培区域	播种期(旬/月)	收获期(旬/月)	生长天数
东北地区	中/6—上/8	中、下/10	75～85
西北地区	下/6—下/7	中、下/10	80～85
华北北部	上、中/8	上/11	85～90
黄淮地区	上、中/8	中、下/11	90～100
华东、华中	中、下/8—上/9	11—12 月	90～100
东南地区	中/10	中/1	90～100
西南地区	下/7—下/9	中/10—下/12	90～100
华南地区	下/7—上/11	10—翌年 4 月	90～100

(三)播前准备

1. 地块选择

选择前茬为瓜类、葱蒜类、马铃薯、豆类或其他粮食作物的沙壤土、轻壤土或轻黏壤土的地块,地块要求土层深厚、有机质含量高、排灌方便、土壤肥沃,进行大白菜栽培。

2. 施肥、整地

每亩施完全腐熟的有机肥 4 000～6 000 kg,均匀撒施于土壤并深耕 20 cm 以上,有条件的地方在耕地后最好用旋耕机旋耕 1 次,可使土壤细碎无坷垃,提高播种质量。

3. 起垄、做畦

根据各地实际情况可选择垄栽、畦栽、高垄或高畦栽培等方式种植。雨水较多的地区宜选择高垄栽培,一般垄高 10～15 cm,垄面宽 20～25 cm,垄距 60 cm,每垄定植 1 行;干旱、盐碱地区宜选用平畦栽培,平畦宽度依品种而定,中晚熟品种每畦定植 1～2 行,行距 60 cm,畦埂要作紧实,防止浇水时冲塌畦埂而造成浇水不均匀。不管采用何种方式,要保证垄(畦)面平整。见图 11-8 和图 11-9。

4. 种子处理

可采用温汤浸种的方法进行种子消毒处理,具体方法,将种子放入 50～55℃的温水中(保持水温 50℃)20 min,自然冷却到常温后,捞出、晾干播种。或用 0.1%～0.3%高锰酸钾水溶液浸泡 2 h 后,用清水漂洗晾干后播种。

图 11-8　大白菜平畦栽培　　　　　图 11-9　大白菜起垄栽培

5. 种植密度

早熟品种每亩种植 2 500～4 000 株,行距 50 cm,株距 33～52 cm;中晚熟品种每亩种植 1 800～2 700 株,行距 60 cm,株距 41～60 cm。

(四)播种育苗

大白菜可采用直播或育苗移栽两种种植方式。

大白菜直播可采用条播或穴播的方法。条播是在播种行内开 1 cm 深的浅沟,浇透水,待水渗下后,将种子均匀地撒入沟内,覆盖 0.8～1 cm 厚的细土即可;穴播是在播种行内,按品种种植密度,开长 10～15 cm,深 1 cm 的浅穴,浇足水待水渗下后,每穴均匀播种 10 余粒,并覆盖 0.8～1 cm 厚的细土即可。

采用育苗移栽的方式时,可以更合理地安排茬口,利用少量的育苗地,既不影响上茬作物收获又不影响白菜幼苗生长,当幼苗长到一定大小时,移栽到大田,极大地提高了土地利用率。为提高育苗质量、效率及幼苗的成活率,育苗可采用营养钵(盘)育苗,钵(盘)内装入营养基质后,每钵(穴)播种 2～3 粒种子,播后覆营养土,覆土厚 0.5～0.8 cm,浇水保湿,并覆盖地膜,等 70% 的种子出芽露土后,及时揭除地膜。大白菜出苗后要及时进行间苗、定苗。

(五)田间管理

1. 间苗、定苗

采用直播栽培时为保证出苗质量,防止缺苗断垄,播种量一般较大,为防止出苗后幼苗拥挤徒长,要及时间苗,一般间苗 2～3 次。具体时间为:第 1 次间苗在第一对基生叶展开即"拉十字"时进行;第 2 次间苗在幼叶长出 2～3 片时进行;第 3 次间苗在幼苗长到 5～6 片叶时进行。间苗时选留叶片形状和颜色与本品种特性一致的幼苗,剔除杂苗、病苗。定苗在团棵期进行,间苗、定苗后应及时浇水,防止因间苗、定苗操作时的根系松动影响根部吸水而导致幼苗萎蔫。

育苗移栽的大白菜间苗一般分 2 次,第 1 次在大白菜幼苗"拉十字"时拔除小、弱、病、拥挤苗，防止幼苗徒长、倒伏；第 2 次间苗在幼苗 4 叶期进行。待幼苗长到 4～5 片叶时进行定苗，定苗后每钵（穴）留 1 株幼苗，幼苗长到 5～6 片叶时进行带营养土定植。

2. 中耕除草

秋季栽培的大白菜，幼苗至团棵期，正值高温高湿季节，杂草生长速度快，极易造成草荒，不但与白菜幼苗争夺生存空间，也消耗土壤养分。中耕不但可以消灭杂草，同时可以疏松土壤，增加土壤的透气性，提高地温，减少水分的蒸发，促进根系的生长发育。

秋播大白菜一般要结合间苗、定苗进行 3 次以上的中耕，中耕要按照"头锄浅、二锄深、三锄不伤根"的原则进行。第 1 次中耕在 2～3 片叶（即第 2 次间苗后）进行；第 2 次中耕在定苗后进行，中耕深度 5～6 cm；第 3 次中耕在大白菜封垄前进行，封垄后不宜再进行中耕，防止伤根导致病害的发生。高垄栽培要遵循"深耪沟、浅耪背"的原则，结合中耕进行除草培垄，利于根系的保护及排灌。

3. 水分管理

大白菜发芽期，吸收水分虽然不多，但根系小，水分供应不足的话，易出现"芽干"现象，因此该时期要保持土壤一定的含水量，干旱时及时浇水，保持土壤湿润；随着大白菜生长，莲座期开始对水分吸收量逐渐增加，应适当增加水分的供应，保持土壤见干见湿即可；大白菜进入结球期，进入需水高峰期，此时期要保持土壤湿度在 85%～94% 之间，缺水会造成大白菜产量降低，一般每 5～6 d 浇水一次。收获前 10 d 停止浇水，以免植株水分含量过高，影响贮藏。

4. 施肥管理

在大白菜幼苗期可根据田间肥力及苗情适当追肥，此时期一般每亩追施 1∶20 的豆粕发酵液 250 kg；莲座期大白菜生长量大，生长速度快，对养分需求剧增，此时期应及时追肥，一般每亩追施 1∶20 的豆粕发酵液 800～1 000 kg，另适当增加草木灰 50～100 kg 或天然矿物硫酸钾 10 kg；结球前期莲座叶和外层球叶同时旺盛生长，需肥较多，因此在包心开始的前几天应大量追肥，一般每亩追施 1∶20 的豆粕发酵液 800～1 000 kg，或发酵豆饼 50～100 kg，可开沟沟施或单株穴施；对于中熟或晚熟的品种因其结球期较长，可在结球中期追 1 次，每亩追施 1∶20 的豆粕发酵液 500～800 kg。

另外，大白菜对钙肥吸收较多，为防止钙缺乏，可在莲座期、包心前期、包心中期分别叶面喷施 0.2% 氯化钙水溶液。

（六）采收

秋播大白菜，如收获过早外界温度高，不利于贮藏，应尽可能延迟收获，但如若遇到 -5℃ 以下的低温时就易产生冻害。因此，要求在第一次寒流到来前进行收获。收获时可用铲砍断主根,并将铲下的白菜根部向南,叶球向北加以晾晒 2～3 d,再翻过来晒 2～3 d,以减少外叶水分并使伤口愈合,待天气转冷时可入窖贮藏。

第六节　病虫害管理

一、病害管理

(一)霜霉病

霜霉病是大白菜生产的主要病害之一。该病害在我国各地均有发生,大白菜感染后破坏白菜叶片的同化能力,大白菜的结球率和紧实度降低,影响产量,在流行年份损失达 50%～60%。

1. 症状

幼苗期发病,子叶上形成褐色小点或凹陷斑,潮湿时子叶及茎上有时出现白色的霉层;真叶期发病在叶正面出现多角形黄色病斑,潮湿时在叶背面可生出白色霉层。病叶由外向内发展,严重时病斑相连导致叶片大面积枯死,植株不能包心。见图 11-10 和图 11-11。

图 11-10　大白菜霜霉病病叶正面症状　　图 11-11　大白菜霜霉病病叶背面症状

2. 病原菌

病原菌为寄生霜霉菌 *Peronospora parasitica* (Pers)Fr.。

3. 发病条件与传播途径

病原菌在病残体或土壤中以卵孢子的形态越冬,在平均气温 16℃ 以上,相对湿度达到 96%～100% 时,会在几个小时内侵入植物体。上午 10 时之前叶子上结露,结露持续 3～4 d 时,将严重发病。

霜霉病是一种气传病害,可通过气流或雨水发生传播,发生和传播需较高的湿度,冷凉高湿、天气阴晴交替时,霜霉病易发生流行。

4. 防治方法

(1)选用抗病品种　一般抗病毒的品种均可抗霜霉病,如鲁春白 1 号、秋珍白 20 号、晋菜 3 号、郑早 60、郑杂 2 号、郑杂 4 号、秦白 1 号、秦白 2 号、金冠 1 号、北京新 3 号、早心白等。

(2)农业措施　避免与十字花科蔬菜连作与邻作;清除病残体,及时去除老、病叶;合理安排播种期,避开高湿的季节;合理施肥,增施磷、钾肥,提高大白菜的抗病性;莲座期适当控制浇水量,严防徒长。

(3)药剂防治　发病初期用 100 倍的竹醋液或 300 倍的乳化植物油喷雾,每 5～7 d 喷雾一次,连续 3 次。也可每亩用 1.5 亿活孢子/g 的哈茨木霉菌可湿性粉剂 200～300 g,兑水 50 kg 喷雾,或用 80％乙蒜素乳油 5 000 倍液喷雾,每隔 5～7 d 喷一次,连续 2～3 次。或用 1∶2∶200 倍的波尔多液喷雾防治,每 15 d 喷一次,连续 2～3 次(炎热的中午严禁用药,以防发生药害)。

(二)黑斑病

大白菜黑斑病在各地均有发生,近年来危害呈上升趋势,成为大白菜生产上的重要病害。

1. 症状

主要为害叶片,也为害叶柄、茎部和种荚。发病初期,病叶上现 2～6 mm 的圆形或近圆形的褐色小斑点,有明显的同心轮纹,外围有黄色晕圈,病斑上生黑色霉状物;多雨天气,病斑内常脱落穿孔。叶柄、茎部和种荚也可发病,发病时病斑长梭形,暗褐色,严重时叶柄腐烂,病叶枯黄。见图 11-12 和图 11-13。

图 11-12　大白菜黑斑病叶　　图 11-13　大白菜黑斑病叶
片正面症状　　　　　　片背面症状

2. 病原

病原为芸薹链格孢 *Alternaria brassicae*(Berk)Sace.。

3. 发病条件与传播途径

病原菌在病残体、留种植株及种子表面越冬,通过气流、雨水在田间传播。当田间温度在 13~15℃,相对湿度 72%~85% 时,最易发病;低温、高湿易发病;多雨、多雾的天气病害传播快。

4. 防治方法

(1)选用抗病品种　不同的品种对黑斑病的抗性不同,栽培时尽可能选择抗病的品种种植。如晋菜 3 号、津青 9 号、北京新 3 号、抱头青、丰抗 70、青麻叶等。

(2)种子消毒　播种前将种子放入 55℃ 的温水中浸泡 20 min,捞出后立即放入冷水中冷却,晾干后播种。

(3)农业措施　与非十字花科蔬菜实行 2~3 年轮作,实行高垄或高畦栽培,生长季节及时清除病叶,雨后及时排涝,收获后及时清洁田园;增施磷钾肥,提高作物的抗病性。

(4)药剂防治　可用 1∶2∶200 倍的波尔多液喷雾防治,每 15 d 喷一次,连续 2~3 次(炎热的中午严禁用药,以防发生药害),或使用 300 倍的乳化植物油喷雾,每 5~7 d 喷一次,连续 2~3 次;如在 300 倍乳化植物油中,添加 100 亿活孢子/g 的 Bt 粉剂 500~1 000 倍溶液一起喷雾,效果更好。

(三)大白菜根肿病

1. 症状

大白菜的整个生育期均可感病,在幼苗的 2 叶期最易受到感染。根肿病主要危害根部,根部受害后形成纺锤形、手指形或不规则形的肿瘤,主根上的肿瘤较大,数量少,侧根上的肿瘤较小,数量多;肿瘤部位极易受到其他杂菌的感染而导致腐烂。地上部的症状发病初期不明显,后期表现为生长迟缓、矮化的缺水缺肥症状。见图 11-14。

2. 病原

病原为芸薹根肿菌(*Plasmodiophora brassi-cae Woronin*),属鞭毛菌亚门真菌。

3. 发病条件与传播途径

病菌的侵入需较高的湿度,土壤含水量在 70%~90% 最适合发病。发病的适宜温度为 23~28℃。在合适的温湿度条件下,经过 18 h,病菌即能完成侵入。连作地块、低洼地、酸性土壤及水改旱菜地,发病较重,施用未腐熟有机肥的地块发病重。

图 11-14　大白菜根肿病症状

病原以休眠孢子囊在土壤中或种子上越冬,病菌可在土壤中存活 10~15 年。

孢子囊借雨水、灌溉水、害虫及农事操作等传播,从白菜的根毛侵入寄主细胞内,从根部皮层进入形成层,刺激寄主薄壁细胞分裂、膨大,致根系形成肿瘤,最后病菌又在寄主细胞内形成大量休眠孢子囊,根瘤腐烂后,休眠孢子囊进入土中越冬。

4. 防治方法

(1)选用抗病品种　选用抗病品种是防治根肿病最有效和经济的方法。对大白菜根肿病有抗性的品种有:CR-惠民、CR-587、夏秋王、俄罗斯大白菜、康根 36等,韩国品种有:白菜王、CR 黄色、CR 农心、CR 夏味、CR 名品等。

(2)农业措施　与非十字花科蔬菜轮作 2～3 年,对于染病田可实行水旱轮作;定植苗时选择晴天定植;增施磷、钾肥,提高植株抗病性;及时拔除染病植株,并用生石灰进行消毒;适量施用石灰调节土壤酸碱度。

(3)药剂防治　定植缓苗后用 77% 氢氧化铜可湿性粉剂 800 倍液灌根,每株用药液量 150 mL,或在大白菜莲座期用 1.5 亿活孢子/g 的哈茨木霉菌 300～500 倍溶液灌根,每株用药液量 250 mL,可有效防治根肿病的发生。

(四)大白菜白斑病

大白菜白斑病发生较为普遍,一般年份发病率 20%～40%,重病地块或重病年份病株率可达到 90% 左右,除为害大白菜外还能为害油菜、萝卜、芜菁等,以秋菜发病较多。大白菜叶片,尤其是老叶和成熟叶感病最多。

图 11-15　大白菜白斑病叶片症状

1. 症状

发病初期,病叶上散生灰褐色细小斑点,后逐渐扩大呈圆形病斑,病斑中部渐变为灰白色,边缘有淡黄绿色晕圈。潮湿时病斑背面生一层淡淡的灰色霉层,后期病斑呈白色半透明薄纸状,常破裂穿孔。严重时病斑相连,引起叶片干枯死亡。病株叶片由外向内层层干枯,似火烤状。见图 11-15。

2. 病原

病原为半知菌亚门真菌的白斑小尾孢菌 *Cercosporella albo-maculans*(Ell. et Ev.)Sacc.。

3. 发病条件与传播途径

大白菜白斑病是低温高湿病害。病菌主要以菌丝体或分生孢子在病残体或采种株上越冬,在田间借风雨传播,再侵染。白斑病最适宜发病温度 11～23℃,相对湿度 60% 以上时,有利分生孢子的产生和萌发,8—10 月份气温偏低、昼夜温差大、多雨或结露多发病重。

4. 防治方法

(1)种子消毒　将种子在 50～55℃ 温水中浸种 20 min,然后立即放入冷水中冷却,晾干后播种,可有效减少种子带菌,降低病害的发生。

（2）选用抗病品种　种植早熟品种或白帮品种易发病,晚熟品种或青帮品种发病轻。

（3）农业措施　与非十字花科蔬菜隔年轮作,适期播种;增施磷、钾肥,提高植株抗病性;雨季及时排除积水;收获后及时清洁田园。

（4）药剂防治　发病初期用50%硫悬浮剂800倍液,每7～10 d喷1次,连续2次,或1∶2∶200倍的波尔多液喷雾防治,每15 d喷一次,连续2～3次(炎热的中午严禁用药,以防发生药害)。也可用300倍的乳化植物油喷雾,每5～7 d喷1次,连续2～3次,若在300倍乳化植物油中,添加100亿活孢子/g的Bt粉剂500～1 000倍溶液一起喷雾,效果更好。

（五）大白菜炭疽病

大白菜炭疽病南方发生较为普遍,是大白菜重要病害之一。

1. 症状

发病初期叶上现苍白色水渍状小斑点,后扩大为灰褐色圆斑,病斑边缘褐色稍凸起,后期成为中央极薄半透明状的灰白色病斑,易穿孔。叶脉上病斑常为褐色长椭圆形,明显凹陷。湿度大时,病斑上有粉红色黏质物溢出。发病严重时引起叶片干枯。见图11-16。

2. 病原

病原菌 *Colletotrichum Higginsianum* Sacc. 为半知菌亚门希金斯刺盘孢菌。

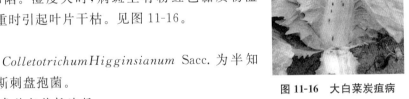

图11-16　大白菜炭疽病

3. 发病条件与传播途径

大白菜炭疽病属高温高湿性病害,发生时期受温度影响,发病程度受降雨量及降雨次数影响。秋季雨水多利于发病,种植密度高、地势低洼、通风不良发病重。

病原在病残体和种子上越冬,在田间通过雨水传播。

4. 防治方法

（1）种子消毒　将种子在50～55℃温水中浸种20 min,然后立即放入冷水中冷却,晾干后播种,可有效减少种子带菌,降低病害的发生。

（2）农业措施　与非十字花科蔬菜隔年轮作;增施磷、钾肥,提高植株抗病性;雨季及时排除积水;收获后及时清洁田园。

（3）药剂防治　发病初期用10%多抗霉素1 000倍液,或40%多硫悬浮剂600倍液,隔7～10 d喷1次,连续喷2～3次。

（六）大白菜褐腐病

褐腐病是大白菜的一种主要病害,各地均有发生。

1. 症状

在大白菜叶柄外壁接近地面的菜帮上,生有褐色或黑褐色凹陷斑,边缘不明显。湿度大时病斑上现褐色或黄褐色蛛网状菌丝及菌核,发病重时叶柄基部渐渐腐烂,病叶发黄脱落。见图 11-17。

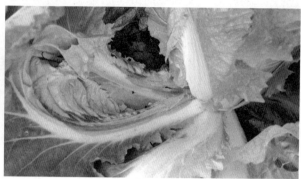

图 11-17 大白菜褐腐病

2. 病原

病原为立枯丝核菌 *Rhizoctonia solani*,属半知菌亚门真菌。

3. 发病条件与传播途径

病菌在土壤中越冬,能在土壤中腐生生活多年。病菌喜高温、高湿条件,发病适温 24～25℃,菜地积水或湿度过大,通风不良,易发病而且病情发展迅速。

病菌借雨水、灌溉水、农具及带菌肥料的施用传播,病菌直接穿透表皮侵入,引起发病。

4. 防治方法

(1)农业措施 合理密植;摘除靠近地面的叶并带出田间;雨季及时排除积水;收获后及时清洁田园。

(2)药剂防治 发病初期用 77%氢氧化铜溶液 800 倍液喷雾,或 5%井冈霉素600～800 倍液,每隔 5～7 d 喷施 1 次,连喷 2～3 次。也可用 1∶2∶200 倍的波尔多液喷雾,每 10～15 d 喷施一次,连续 2 次。

(七)大白菜黑胫病

又称根朽病,各地均有零星发生。

1. 症状

幼苗在子叶和真叶上出现淡褐色病斑,渐变为灰白色,病茎上出现长形凹陷的病斑,病斑边缘为紫色,发病重时幼苗枯萎死亡;成株期茎部发病,病斑为长条形略凹陷,中间褐色,边缘紫色,病斑着生黑色小粒点;老叶发病出现圆形病斑,病斑中央灰白色,边缘浅褐色,略凹陷;根部病斑为长条形,紫黑色,引起侧根腐烂,植株枯死。见图 11-18。

2. 病原

病原为黑胫茎点霉 *Phoma lingam* (Tode ex Schw)Desm.,属半知菌亚门真菌。

3. 发病条件与传播途径

潮湿多雨,雨后高温,易发病。病原在种子、病残体、堆肥或杂草中越冬,通过雨水或灌溉水传播。

图 11-18　大白菜黑胫病

4. 防治方法

(1)种子消毒　将种子在 50～55℃温水中浸种 20 min,然后立即放入冷水中冷却,晾干后播种。

(2)农业措施　选用地势较高的田块,采用高畦或高垄栽培,雨后及时排除积水;使用完全腐熟的有机肥;与非十字花科蔬菜实行轮作;最好选用基质育苗,合理密植;发病时及时清除病叶、病株,并带出田外烧毁,病穴施用生石灰进行消毒。

(3)药剂防治　可用 50% 硫悬浮剂 600～800 倍液,每 7～10 d 喷雾 1 次,连喷 2～3 次。但应于上午 10 时前或下午 5 时后使用。

(八)大白菜黑腐病

大白菜黑腐病又称"半边瘫",是大白菜生产中的主要病害之一,全国各地均有发生。除危害大白菜外,也危害甘蓝、花椰菜、茎蓝、萝卜、油菜等十字花科蔬菜。不同年份发生情况不同,流行年份,一般可减产 10%～30%。

1. 症状

幼苗发病,子叶呈水渍状,根髓部变黑,枯萎死亡。定植后叶片发病,多从叶缘向内扩展形成"V"字形病斑,病斑周围淡黄色,病斑沿叶脉向里扩展时形成大块黄褐色斑或网状黑脉,空气干燥时病部干脆易裂,湿度大时病部腐烂,菜帮发病时常造成烂帮、烂心,纵切茎部可见髓部中空变黑。

2. 病原

病原为甘蓝黑腐黄单孢菌甘蓝黑腐致病变种 *Xanthomonas campestris* pv. *campestris*(Pammel)Dowson。

3. 发病条件与传播途径

病原在种子、病残体或病株上越冬。通过种子、带病苗、堆肥、农具或雨水传播。温度高、湿度大最易造成此病的发生与流行,虫害发生重、伤口多、播种早、地势低、缺肥地块及过量使用氮肥发病率高,发病重。

4. 防治方法

(1)种子处理 将种子在 50～55℃温水中浸种 20 min,然后立即放入冷水中冷却,晾干后播种。

(2)农业措施 与非十字花科蔬菜实行 2～3 年的轮作;雨后及时排水,防止渍涝;及时防治害虫;及时拔除病株,并用生石灰进行消毒;收获后及时清洁田园。

(3)药剂防治 定植缓苗后用 77%的氢氧化铜水溶液 800 倍液灌兜,每株150～200 mL;莲座期用 77%的氢氧化铜水溶液 800 倍液,或 86.2%氧化亚铜 800倍液喷雾,或 10%多抗霉素 1 000 倍液喷雾防治 2～3 次。

(九)大白菜软腐病

大白菜软腐病又叫"脓白菜""烂疙瘩""腐烂病"等,和霜霉病、病毒病并称大白菜三大病害。一般从莲座期到包心期开始发病,是大白菜生产中的最重要的病害之一。

1. 症状

发病症状有三个类型:基腐型:植株基部腐烂,外叶萎蔫紧贴地面,包球暴露,稍触动即全株倒地,北方菜农俗称之为"脱大挂"。心腐型:植株从顶部向下或从基部向上腐烂,北方菜农俗称之为"烂疙瘩"或"烂葫芦"。叶焦型:植株外叶叶缘焦枯,病叶失水干枯呈薄纸状,北方菜农俗称之为"烧边"。见图 11-19。

图 11-19 大白菜软腐病

2. 病原

为胡萝卜软腐欧文氏菌胡萝卜软腐致病型 *Erwinia carotovora* subsp. *carotovora* (Jones)Bergey et al.。是一种细菌性病害。

3. 发病条件与传播途径

主要借助作物伤口侵入。高温多雨,地势低洼,土壤忽干忽湿,虫害多、伤口多,偏施或过量施用氮肥发病重。

4. 防治方法

(1)选用抗病品种　选用抗病品种是防治大白菜软腐病的主要措施。如冠春,郑早 60,金冠 1、2 号,天正春白 2 号,春大王,旺春,天正夏白 3 号,德高 16 号等品种,对软腐病都有较强的抗性。

(2)农业措施　避免将白菜与茄科、瓜类与十字花科蔬菜连作;采用高垄或高畦栽培,保持田间排水及通风顺畅;适时播种,提倡营养钵育苗,减少根系的损害;控制氮肥用量,增施磷、钾肥,增强作物的抗逆性;及时防治害虫(菜粉蝶、跳甲、夜蛾、葱蛆及线虫等);发现病株及时拔除,并在穴内撒生石灰进行消毒。

(3)药剂防治　大白菜软腐病进入团棵期后达到发病高峰,此时叶片上只要出现黄褐色斑点,应立即采取药物治疗。发病前用 300 倍的乳化植物油喷雾,或用 80%乙蒜素乳油 5 000 倍液喷雾,每 5~7 d 喷雾 1 次,连续 2~3 次。发病初期时用新植霉素 4 000 倍液喷雾,或用 77%的氢氧化铜 600~800 倍水溶液,或 20%井冈霉素水溶剂,每 25 g 兑水 50 kg 喷于植株根茎部。

(十)大白菜角斑病

大白菜角斑病是白菜生产中的一种重要病害,各地均有发生,重病田病株率可达 60%以上,严重影响大白菜的产量和品质。

1. 症状

发病初期叶片背面出现水渍状病斑,稍凹陷。病斑的发展受叶脉限制,病斑呈现不规则角斑,灰褐色油渍状,湿度大时,在叶背有乳白色菌脓溢出;干燥时,病部质脆,开裂或穿孔。见图 11-20。

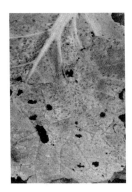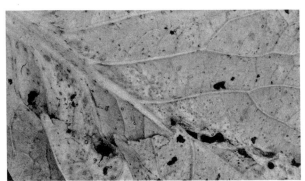

图 11-20　大白菜角斑病

2. 病原

病原为丁香假单胞白菜斑点病致病变种细菌 *Pseudomonas syringe* pv. Syringae van Hall。

3. 发病条件与传播途径

苗期至莲座期间阴雨或降雨天气多,容易发病。病原在种子及病残体上越冬,在田间借风雨、灌溉水等传播蔓延。

4. 防治方法

(1)选用抗病品种 一般来说白帮品种较青帮品种抗角斑病。

(2)种子消毒 在播种前对种子消毒处理可杀灭种子表面所携带的病原菌,可将种子放在 50℃ 的热水中浸泡 20 min。

(3)农业措施 与非十字花科蔬菜实行 2 年以上的轮作;实行高垄或高畦栽培,加强田间通风透光性;增施磷、钾肥,提高其抗病性;及时清除田间杂草,减少虫源;小水勤浇,中期稳水、足水灌溉,雨水及时排涝除湿。

(4)药剂防治 发病初期喷施 80% 乙蒜素 5 000 倍液,或 77% 氢氧化铜 800 倍液,或 300 倍的乳化植物油,或 20% 井冈霉素水溶剂,每 25 g 兑水 50 kg 进行喷雾,每 5～7 d 喷雾 1 次,连续 2～3 次。

(十一)大白菜病毒病

病毒病又称"花叶病"、"孤丁病"、"抽风病",各生育期均可发生。

1. 症状

幼苗期发病,心叶的叶脉透明,沿叶脉褪绿,继而叶片出现深浅不一的花叶、皱缩、叶脆,心叶扭曲畸形,有时叶脉上出现褐色坏死斑,或不整齐的波形坏死环纹。成株期病株矮缩,叶片上出现黄绿相间的花叶、环形坏死斑及黑色星状小点,叶球不耐贮藏,严重病株不能结球。如种株染病易推迟抽薹时间并且抽出的薹短,扭曲畸形,叶片小而硬、明脉、花叶,严重病株抽薹前即枯死。见图 11-21。

2. 病原

病原为芜菁花叶病毒 Turnip mosaic virus(TuMV)、黄瓜花叶病毒 Cucumber mosaic virus(CMV)、烟草花叶病毒 Tobacco mosaic virus(TMV)、萝卜花叶病毒 Radish mosaic virus(RMV)。

图 11-21 大白菜病毒病

3. 发病条件与传播途径

病毒在贮藏窖内的十字花科蔬菜上或采种株上越冬,也可以在宿根作物如菠菜上、十字花科蔬菜及田边杂草上越冬,春季传到十字花科蔬菜上,主要以蚜虫为传毒媒介进行传播和蔓延。高温干旱、管理粗放、蚜虫和跳甲发生量大、植株抗病力差,发病重。

4. 防治方法

(1)选用抗病品种　选用抗病品种是防治病毒病的有效方法。目前,市场上抗病毒病白菜品种很多,如抗热、日本夏阳 50、夏优 1 号、春泉、庆春、北京新 3 号等。

(2)农业措施　与非十字花科蔬菜实行 2～3 年的轮作,播种时尽可能避开蚜虫传毒期和高湿天气;苗期多浇水,及时施肥,避免偏施氮肥;大白菜种植时可在垄上覆银灰色地膜避蚜;及时剔除病苗、弱苗,及时防治蚜虫。

(3)药剂防治　发病初期用 2% 的宁南霉素 300 倍液,或 2% 香菇多糖 500 倍液喷雾,每 5～7 d 喷 1 次,连续喷施 2～3 次。

(十二)大白菜干烧心

大白菜干烧心,又称"夹皮烂""烂心病""缘腐病"等。外观无异常,内部球叶变质,不能食用,是大白菜生产中常见的生理性病害之一。

1. 症状

田间发病始于莲座期。发病叶片主要集中在叶球中部,发病初期叶球顶部边缘向外翻卷,叶缘逐渐干枯黄化,病斑扩展,叶部组织呈水渍状,叶片上部变干黄化,叶肉呈现干纸状。有的幼嫩叶片表现干边,到结球后才出现症状,贮藏期达到高峰。

此病外叶生长正常,剖开球叶后可看到部分叶片从叶缘处变白、变黄、变干,叶肉呈干纸状,病健组织明显,重病株叶片大部干枯黄化,严重者失去食用价值。见图 11-22。

图 11-22　大白菜干烧心

2. 发病原因

大白菜缺少水溶性钙,是发生干烧心的直接原因。盐碱地,氮肥施用过多,或施肥不匀引起烧根;蹲苗时间过长,土壤缺水易引起干烧心;土壤中活性锰严重缺乏也易引起干烧心。

3. 防治方法

(1)选用抗病、耐病品种　一般直筒形品种较为耐病。

(2)农业措施　避免与吸收钙素较多的蔬菜如番茄、甘蓝等作物连作;及时浇水,浇水宜在早、晚进行,莲座期保持土壤见干见湿,包心期保持土壤湿润;合理施肥,增施磷、钾肥和硼锌肥;大白菜贮藏窖应保持 0℃、相对湿度 90%～95%,可减少干烧心现象。

(3)药剂防治　大白菜莲座期开始叶面喷施锰肥、钙肥,药剂可使用 0.7% 硫酸锰溶液与 0.3% 氯化钙混合液,每 5～7 d 喷施 1 次,连续 3～5 次。

(十三)缺硼

硼元素在作物体内含量很低,却是作物正常生长发育不可缺少的元素之一,大白菜缺硼症是大白菜生产中主要生理病害,每年都有不同程度的发生。

1. 症状

大白菜缺硼症主要表现为白菜开始结球时,心叶多皱褶,外部第5~7片幼叶的叶柄内侧生出横的裂伤,伤口呈褐色,随之外叶及球叶叶柄内侧也生裂痕,并在外叶叶柄的中肋内、外侧发生群聚褐色污斑,球叶中肋内侧表皮下发生黑点,呈木栓化、株矮,叶严重萎缩、粗糙、结球小、坚硬。纵向切断时中心部位为褐色开始腐烂或者有洞孔。

2. 发病原因

老菜田由于不注意施用硼肥,土壤干旱影响植株对硼的吸收,碱性土壤施用有机肥较少,钾肥一次性施用较多时,土壤酸化,硼素被淋失或石灰施用量较多,均易导致硼的缺乏。

3. 防治方法

(1)农业措施　增施完全腐熟的有机肥,一般每亩可撒施或沟施优质有机肥4 000~5 000 kg;大白菜生长过程中合理浇水,采用高垄栽培地膜覆盖,防止土壤干旱和过渍;对于缺硼土壤,可在施有机肥时混施硼砂,每亩可撒施1~1.5 kg。

(2)药剂防治　缺硼时叶面喷洒0.2%~0.3%硼砂溶液,每隔5~7 d喷施1次,连续2~3次,或用0.1%~0.2%硼砂溶液根际浇施1~2次。

(十四)大白菜先期抽薹

1. 症状

大白菜结球之前就抽薹开花,由于叶片数不足大白菜不能结球。

2. 发生原因

大白菜属于种子春化感应型,即在种子萌动时就可以感受低温条件而通过春化过程。

大白菜在30~35 d的育苗期内,温度在5℃左右时春化过程7 d即可完成;10℃以下,10~20 d即可完成春化;10~15℃的温度下,也能在一定的时间完成春化。另外,低温影响可以累积,并不要求连续的低温。

3. 防治方法

(1)选择适宜春播的品种。春季栽培在选择品种时应选择生育期短、冬性强、抗抽薹、产量高的品种。如强势、顶上、鲁春白1号、春冠、金春1号、强者、京春白等。

(2)采用保护地营养钵育苗移栽。冬季育苗时最好在保温好的日光温室内进行,苗床内的温度不应低于15℃。

二、虫害管理

危害大白菜的主要害虫有蚜虫、菜青虫、小菜蛾、菜螟、黄曲条跳甲、甘蓝夜盗蛾、斜纹夜蛾等。

(一)黄曲条跳甲

属鞘翅目叶甲科,又称菜虱子、黄条跳甲、地蹦子等。危害大白菜、甘蓝、萝卜、苤蓝、油菜等十字花科蔬菜,也危害茄果类、瓜类、豆类蔬菜,是一种世界性害虫,全国各地均有发生。

1. 危害症状

成虫和幼虫均可为害。成虫食叶,常数十头集中在一张叶片的叶背上取食,将叶片吃成许多小孔或仅留下一层表皮的透明点,在蔬菜的幼苗期危害最重,严重时叶片萎缩干枯,影响蔬菜生长,留种田主要危害花蕾和嫩荚。幼虫取食根部,剥食蔬菜的根部表皮,咬断须根,使植株凋萎死亡。大白菜被成虫危害后,可传播软腐病。见图 11-23。

2. 形态特征

成虫为黑色小甲虫,体长 1.8～2.4 mm,鞘翅上各有一条黄色纵斑,纵斑中部狭长而弯曲,后足腿节膨大,善于跳跃。卵椭圆形,淡黄色,半透明,长约 0.3 mm。老熟幼虫体长约 4 mm,长圆筒形,黄白色,各节具不显著的肉瘤,生有细毛。蛹长约 2 mm,椭圆形,乳白色,头部隐于前胸下面,胸部背面有稀疏的褐色刚毛。腹末有 1 对叉状突起,叉端褐色。

图 11-23　黄曲条跳甲

3. 生活习性

华南地区每年发生 7～8 代,华北地区每年发生 4～5 代,以成虫在叶子背面、杂草丛中或残枝落叶中越冬,10℃以上时开始取食活动,湿度大时发生重,春秋季发生较重,秋季发生重于春季。成虫善跳跃,温度高时还能飞翔,中午前后活动最盛。成虫有趋光性,对黑光灯敏感,成虫产卵期达 30～45 d,致使世代重叠。每头雌虫平均产卵 200 粒左右,卵散于植株周围湿润的土缝中或细根上。卵孵化需较高的湿度。幼虫共 3 龄。

4. 防治方法

(1)农业措施　避免与十字花科蔬菜连作,及时清除田间残株落叶及杂草,有条件的地方实行水旱轮作,或把菜地淹水 1 周,然后晾干整地种植,或整地时每亩施生石灰 100～150 kg,然后深翻晒土,可消灭土壤中的跳甲幼虫和蛹。

(2)物理措施　利用害虫成虫的趋光性,田间张挂黑光灯进行诱杀成虫。但黑光灯不宜张挂过高,以免影响诱杀效果,一般悬挂于作物生长点上部 10～20 cm 即可。

(3)生物防治　利用跳甲性诱剂进行诱杀。

(4)药剂防治　在害虫活动盛期(冬季上午 10 时左右或下午 3—4 时;夏季早上 7—8 时或下午 5—6 时)药剂喷雾,每 3～5 d 喷施 1 次,连续 2～3 次。药剂可选择 0.3%苦参碱水剂＋鱼藤酮混剂 300 倍液,或 0.65%的茴蒿素 400 倍液,或 0.3%印楝素乳油 500 倍液,或 2.5%的多杀菌素 800～1 000 倍液,上述药品中与 Bt 可湿性粉剂混合施用效果更好。也可用 0.3%苦参碱水剂与 Bt 混合后拌上炒香的麦麸撒施于蔬菜行间或根部,也有不错的防治效果。

(二)甘蓝夜蛾

属鳞翅目夜蛾科,又称甘蓝夜盗蛾,是分布广,危害严重的一种地上害虫。主要危害甘蓝、白菜等十字花科蔬菜,也危害瓜类、豆类、茄果类蔬菜等。

1. 危害症状

幼虫共 6 龄,具有群集性、夜出性、暴食性。主要以幼虫危害叶片,初孵幼虫即群集叶背取食叶肉,残留表皮,呈纱网状。2～3 龄时,将叶片咬成孔洞或缺刻,4 龄后分散危害,5 龄期以前昼夜均可取食,6 龄时仅夜间危害,白天潜伏在根际周围土中,叶子被害仅留叶脉及叶柄。较大的幼虫还可以蛀入叶球内为害,并排泄大量粪便,引起叶球内腐烂。

2. 形态特征

成虫体长 15～25 mm,翅展 30～50 mm,灰褐色,前翅从前缘向后缘有许多不规则的黑色曲纹,亚外缘线白色、单条,内横线和亚基线黑色,双线,均为波状,近翅顶前缘有 3 个小白点,后翅灰色,无斑纹。卵半球形,直径 0.6～0.7 mm,初产时黄白色,孵化前成紫黑色。幼虫共 6 龄,老熟幼虫体长约 40 mm,体色变化较大,初孵化时,体色稍黑,2 龄时全体绿色,1～2 龄幼虫仅有 2 对腹足,3 龄幼虫全体呈黑绿色,具有明显的黑色气门线,3 龄后具有腹足 4 对,4 龄幼虫头部黄褐色,各体节线纹明显,老熟幼虫头部黄褐色,胸腹部背面黑褐色,散布灰黄色细点,腹面淡灰褐色,前胸背板黄褐色,近似梯形,臀板黄褐色,椭圆形。蛹赤褐色至浓褐色,长约 20 mm,臀刺较长,深褐色,末端着生两根长刺,刺从基部至端部逐渐变细,末端膨大呈球形。

3. 生活习性

东北及华北地区 1 年发生 2～3 代,在四川 1 年发生 3～4 代,长江流域 1 年发生 4 代。各地均以蛹在土中越冬。在蔬菜上有明显的两次危害期:第一次在 6 月上旬至 7 月上旬,即第 1 代幼虫危害甘蓝、菠菜等蔬菜;第 2 次在 9 月下旬至 10 月上旬,是第 3 代幼虫,主要危害白菜、萝卜。第 2 代幼虫发生期正处在炎夏,由于温湿度的不适,所以发生很轻。

成虫昼伏夜出,白天潜伏在菜叶背面或阴暗处,日落出来活动,对黑光灯、糖醋液有较强的趋性。成虫交配产卵,卵喜欢产于生长高而密的植株上,一般产在甘蓝、菠菜的叶背面。每头雌虫产卵 600～800 粒。成虫的寿命 10 d 左右。

老熟幼虫入土作茧化蛹,入土深度 6～7 cm。蛹的发育适温为 20～24 ℃,蛹期 10 d 左右,越夏蛹期约 2 个月,越冬蛹期约半年以上。

4. 防治方法

(1)农业措施　秋季或冬季深翻地,可使一些越冬蛹翻到地表冻死或被鸟类吃掉;及时摘除 2 龄期前的幼虫和卵块。

(2)物理措施　成虫发生时用黑光灯或用糖醋液(按糖∶醋∶酒∶水＝3∶4∶1∶2 配制)进行诱杀。或用 50 目的尼龙网制成直径 5 cm,高 12 cm 的筒形纱笼,在内部放入 1～2 个当天孵化的活雌蛾,放在水盆上方,盆中放水,制成性诱捕器进行诱杀。

(3)生物措施　人工释放赤眼蜂,最好在甘蓝夜蛾卵期进行,每亩释放 2 000～3 000 头,分 6～8 个点,持续 2～3 次。

(4)药剂防治　在幼虫 2 龄期前喷洒 0.6%苦参碱水剂 300～500 倍液,或 0.3%印楝素乳油 500 倍液,或 2.5%的多杀菌素 800～1 000 倍液,或 8 000 IU/mg 苏云金杆菌可湿性粉剂 500～600 倍液,或核形多角体病毒(NPV),每 5～7 d 喷雾 1 次,连续 2～3 次。如苦参碱与苏云金杆菌或苦参碱与核形多角体病毒两种药剂配合使用效果更佳。

(三)斜纹夜蛾

斜纹夜蛾属鳞翅目夜蛾科,又称乌头虫,夜盗蛾,是一种食性杂暴食性害虫,为害多种作物和蔬菜。斜纹夜蛾是一种世界性重要害虫,在我国各地均有分布,以黄河以南的广大区域受害较重。

1. 危害症状

幼虫初孵化,只啃食叶片的一面表皮。3 龄后食量大增,将叶片咬成叶缘缺刻和穿孔,5 龄后可将叶子吃成仅剩叶脉,影响心叶结球。

2. 形态特征

成虫体长 14～20 mm,翅展 35～40 mm,体深褐色,胸部背面有白色丛毛,腹部侧面有暗褐色丛毛,前翅灰褐色,内外缘线灰白色波浪形,中间有 3 条白色斜纹,后翅白色。卵扁平半球形,初产时黄白色,后变淡绿色,孵化前紫黑色,外覆盖灰黄色绒毛。幼虫共 6 龄,老熟幼虫体长 35～50 mm,头部黑褐色,胸、腹部颜色变化较大,从中胸到第 9 腹节背面各有一对半月形或三角形黑斑。蛹长 15～30 mm,红褐色,尾部末端有一对短棘。

3. 生活习性

斜纹夜蛾一年发生多代,世代重叠,无滞育特性。华北地区每年发生 4～5 代,长江流域 5～6 代,福建每年发生 6～9 代,7—9 月是为害高峰期。成虫昼伏夜出,白天隐藏在植株茂密处或土壤、杂草丛中,夜晚活动,以上半夜 8—12 时为盛,飞翔力很强,1 次可飞 10 m,高可达 3～7 m。成虫对黑光灯有较强的趋性,也喜食糖酒醋等发酵物及取食花蜜作补充营养。雌成虫产卵期 1～3 d,卵多产在叶片背面,每只雌虫产 3～5 个卵块,每卵块有卵数十粒至百粒,一般为 100～200 粒。卵期在日平均温度为 22.4℃ 为 5～12 d,25.5℃ 为 3～4 d,28.3℃ 为 2～3 d。

斜纹夜蛾是一种喜温且耐高温的间歇猖獗危害的害虫。各虫态的发育适温为 28～30℃,在高温下(33～40℃)生活也基本正常。抗寒力很弱,在 0℃ 左右的长时间低温下,基本上不能生存。斜纹夜蛾在长江流域各地,危害盛发期在 7—9 月的温度最高季节。

4. 防治方法

(1)农业措施　清除田间及周边杂草,人工摘除卵块和群集的刚孵化幼虫,并集中消灭。

(2)物理措施　利用斜纹夜蛾的趋化性,使用糖醋液诱杀(糖、醋、酒、水比例为 6：3：1：10);利用害虫的趋光性,使用黑光灯或频振灯进行诱杀。也可用 50 目的尼龙网制成直径 5 cm,高 12 cm 的筒形纱笼,在内部放入 1～2 个当天孵化的活雌蛾,放在水盆上方,盆中放水,制成性诱捕器进行诱杀。

(3)药剂防治　幼虫 2 龄期前使用 0.6% 苦参碱 300～500 倍液,或 0.3% 印楝素乳油 500 倍液,或 2.5% 菜喜悬浮剂 1 000～1 500 倍液,或 8 000 IU/mg 苏云金杆菌可湿性粉剂 500～600 倍液;或 100 亿活芽孢/g 青虫菌可湿性粉剂 1 000 倍液喷雾,每 5～7 d 1 次,连续 2～3 次。

(四)小菜蛾

小菜蛾属鳞翅目菜蛾科,又称小青虫、两头尖。是十字花科蔬菜生产中最普遍最严重的害虫之一,我国各地均有发生,南方受害较北方严重,主要危害十字花科蔬菜,也危害番茄、马铃薯、葱、姜等。

1. 危害症状

1 龄幼虫潜入叶内蛀食叶肉,2 龄幼虫啃食叶肉残留下的表皮,成为透明斑,俗称"开天窗",3～4 龄幼虫将叶片食成孔洞或缺刻。大白菜苗期常常集中在心叶上危害,影响植株正常生长。见图 11-24。

图 11-24　小菜蛾 3 龄后的
幼虫危害大白菜症状

2. 形态特征

成虫体长 6～7 mm,翅展 12～16 mm,前后翅细长,
缘毛很长,前后翅缘呈黄白色三度曲折的波浪纹,两翅合拢时呈 3 个接连的菱形斑,
前翅缘毛长并翘起如鸡尾,触角丝状,褐色有白纹,静止时向前伸。雌虫较雄虫肥大,
腹部末端圆筒状,雄虫腹末圆锥形,抱握器微张开。卵椭圆形,稍扁平,长约 0.5 mm,
宽约 0.3 mm,初产时淡黄色,有光泽,卵壳表面光滑。幼虫共 4 龄,初为深褐色,后变
为绿色,末龄幼虫体长约 10 mm,纺锤形,体上着生稀疏长而黑的刚毛,头部黄褐色,
前胸背板上有淡褐色无毛的小点组成两个"U"字形纹,臀足向后伸超过腹部末端。
蛹长 5～8 mm,黄绿至灰褐色,外被丝茧极薄如网,两端通透。

3. 生活习性

小菜蛾在北方年发生 4～5 代,长江流域 9～14 代,华南 17 代,台湾 18～19
代。在北方成虫在十字花科蔬菜、留种蔬菜或田边杂草中越冬,幼虫多数在菜心里
越冬,蛹在菜株中部、残株落叶、杂草丛中越冬;在南方终年可见各虫态,无越冬现
象。成虫昼伏夜出,白昼多隐藏在植株丛内,日落后开始活动,有趋光性,19—23
时为扑灯的高峰期。

东北、华北地区 5—6 月和 8—9 月危害严重,且春季重于秋季;在新疆 7—8 月
危害最重;在南方以 3—6 月和 8—11 月是发生盛期,而且秋季重于春季。

4. 防治方法

(1)农业措施　避免与十字花科蔬菜周年连作,以免虫源周而复始;蔬菜收获
后,要及时清理残株败叶并深翻土壤。

(2)物理措施　利用小菜蛾的趋光性,在成虫发生期,可放置黑光灯或频振灯
诱杀小菜蛾,以减少虫源。保护地可利用防虫网进行阻断防虫。

(3)药剂防治　在小菜蛾的 2 龄期前,使用 0.6% 苦参碱 300～500 倍液,或
0.3% 印楝素乳油 500 倍液,或 2.5% 菜喜悬浮剂 1 000～1 500 倍液,或
8 000 IU/mg苏云金杆菌可湿性粉剂 500～600 倍液,或 100 亿活芽孢/g 青虫菌可
湿性粉剂 1 000 倍液喷雾,每 5～7 d 喷雾防治 1 次,连续 2～3 次。

(五)菜粉蝶

菜粉蝶属鳞翅目粉蝶科,又称菜白蝶、白粉蝶。幼虫称菜青虫。是蔬菜上常见
的害虫之一,为害油菜、甘蓝、大白菜、花椰菜等十字花科蔬菜。

1. 危害症状

幼虫在 2 龄期前取食叶肉,仅留下一层透明的表皮,3 龄后可蚕食整个叶片,
重则仅剩叶脉,该虫可传播病菌,引起软腐病、黑腐病等病害的发生与流行。

2. 形态特征

成虫体长 12～20 mm,灰黑色,翅展 45～55 mm,白色顶角灰黑色,雌成虫的前

翅有 2 个明显的黑色圆斑,雄蝶仅有 1 个显著的黑斑。卵竖立呈瓶状,高约 1 mm,初产时乳白色,后变为橙黄色。菜青虫是菜粉蝶的幼虫,幼虫共 5 龄,体长,幼虫初孵化时灰黄色,后变青绿色,体圆筒形,中段较肥大,背部有一条不明显的断续黄色纵线,气门线黄色,每节的线上有两个黄斑。密布细小黑色毛瘤,各体节有 4~5 条横皱纹。蛹长 18~21 mm,纺锤形,体色有绿色、淡褐色、灰黄色等,中间膨大而有棱角状突起。

3. 生活习性

菜粉蝶在东北、华北 1 年发生 4~5 代,上海 5~6 代,长沙 8~9 代,广西 7~8 代。以蛹在受害菜地附近的篱笆、墙缝、树皮下、土缝里或杂草及残株枯叶间越冬。在北方,翌年 4 月中下旬越冬蛹羽化,5 月达到羽化盛期。羽化的成虫取食花蜜,交配产卵,卵散产,多产于叶背,平均每雌产卵 120 粒左右。第 1 代幼虫 5 月上中旬始现,5 月下旬至 6 月上旬为春季为害盛期,2~3 代幼虫于 7~8 月出现,此时因气温高,虫量显著减少,8 月份后,气温下降,有利于幼虫生长发育,8—10 月是 4~5 代幼虫为害盛期,秋菜可受到严重为害,10 月中下旬后老幼虫陆续化蛹越冬。

成虫寿命 5 d 左右。成虫产卵与温度、湿度、光照和补充营养关系密切,产卵适温 22~24℃,温度低于 15℃成虫一般不产卵,无光照一般不产卵,田间蜜源作物丰富成虫产卵多。菜青虫发育最适宜的温度为 20~25℃,相对湿度 76%左右。

4. 防治方法

(1)农业措施　蔬菜收获后及时清洁田园,深耕细耙,减少越冬虫源。

(2)保护和利用天敌　注意天敌的自然控制作用,保护广赤眼蜂、微红绒茧蜂、凤蝶金小蜂等天敌。

(3)药剂防治　菜青虫世代重叠现象严重,3 龄后的幼虫食量加大、耐药性增强,因此,施药应在 2 龄期之前,药剂可选用 2.5%菜喜悬浮剂 1 000~1 500 倍液,或 0.3%印楝素乳油 500 倍液,或 8 000 IU/mg 苏云金杆菌可湿性粉剂 500~600 倍液,或 100 亿活芽孢/g 青虫菌可湿性粉剂 1 000 倍液喷雾,或 0.6%苦参碱水剂 300~500 倍液,每 5~7 d 喷雾 1 次,连续 2~3 次。

(六)菜螟

菜螟属鳞翅目螟蛾科,又称萝卜螟、白菜螟、甘蓝螟、菜心野螟、食心虫、钻心虫等。菜螟是世界性害虫,我国大部分地区均有分布,危害十字花科蔬菜,在蔬菜的苗期危害最为严重。

1. 危害症状

幼虫是钻蛀性害虫,危害幼苗期的心叶、叶片、茎髓,严重时将心叶吃光,并在心叶中排泄粪便,受害植株因生长点被破坏而停止生长或萎蔫死亡,造成缺苗断垄。初孵幼虫潜叶为害,隧道宽短,2 龄后从叶肉内穿出,3 龄后吐丝将心叶缠在一起,在内取食,使心叶枯死。4~5龄可由心叶或叶柄蛀入茎髓或根部,蛀孔明显,孔外缀入细丝,并排出湿润粪便。菜螟危害后易诱发细菌性软腐病。

2. 形态特征

成虫体长7 mm,翅展15 mm,灰褐色,前翅有3条白色横波纹,中部有一深褐色肾形斑,镶有白边,后翅灰白色。卵长约0.3 mm,椭圆形,扁平,表面有不规则网纹,初产淡黄色,以后现红色斑点,孵化前橙黄色。幼虫共5龄,老熟幼虫体长12~14 mm,头部黑色,有"八"字形裂纹,体淡黄绿色,体背有不明显的灰褐色纵纹,各节有毛瘤,中、后胸各6对。蛹体长约7 mm,淡黄棕褐色,腹部背面有5条隐约可见的纵线。

3. 生活习性

成虫夜出活动,对黑光灯有弱趋性,飞翔能力较弱。成虫喜欢在嫩的菜叶和茎上产卵,卵散产,以新叶上产卵最多,每头雌蛾平均产卵200粒左右。初孵幼虫潜入新叶表皮下,啃食叶肉,2龄幼虫钻出表皮,在叶上活动,3龄幼虫可再次钻食菜心,食害心叶,吐丝将心叶缠结,藏入叶内,高龄幼虫蛀入茎髓部危害。另外,幼虫有转株危害习性,每头幼虫可转株危害4~5株。

北京、河北、山东每年发生3~4代,合肥5~6代,上海6~7代,以老熟幼虫在地面吐丝缀合土粒、枯叶做成丝囊越冬。春天越冬幼虫入土中6~10 cm深作茧化蛹。

4. 防治方法

(1)农业措施　避免与十字花科蔬菜连作;及时清除菜地残株落叶,耕翻土地,铲除杂草,减少虫源;冬前耕翻土地,杀灭越冬幼虫;适当调整播期,在菜苗3~5片叶时与菜螟的发生盛期错开;增大田间湿度,抑制虫害的发生。

(2)药剂防治　在幼虫孵化期喷洒2.5%鱼藤酮乳油1 000倍液,或0.3%印楝素乳油500倍液,或0.65%苗蒿素水剂300~500倍液,或2.5%的多杀菌素800~1 000倍液,或0.6%苦参碱水剂300~500倍液,或Bt乳剂、杀螟杆菌、青虫菌粉剂(微生物农药)1 000倍液,每3~5 d喷施1次,连续2~3次。

(七)蚜虫

蚜虫属同翅目蚜科,常见的有桃蚜、萝卜蚜和甘蓝蚜。是危害大白菜的重要害虫,大白菜全生育期都能危害,全国各地均有发生。

1. 危害症状

在蔬菜幼苗期,幼虫常在叶片背面吮吸叶部汁液,幼苗受害后,造成失水和营养不良,叶片向背面皱缩;秋季大白菜进入生长后期,蚜虫由外叶转入心叶危害,叶片受害卷缩、黄萎。蚜虫除为害植株外,还传播多种病毒。见图11-25。

2. 生活习性

华北地区年发生10余代,南方地区30~40代,蚜虫世代重叠严重。繁殖方法

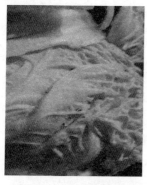

图 11-25　大白菜蚜虫危害

为无性和有性世代交替,从春至秋都是无性繁殖,即孤雌生殖,到晚秋后才发生雌雄两性,交配后产卵。蚜虫以无翅胎生雌蚜在近地面的叶背上越冬或在菜心里产卵越冬,4 月下旬产生有翅蚜,并迁飞到定植的甘蓝、花椰菜上胎生繁殖,在春季和秋季形成 2 个发育高峰。蚜虫对黄色有强烈的趋性,对银灰色有负趋性。

　　3. 防治方法

　　(1)农业措施　清除田间杂草及残株病叶等,保护地可采用高温闷棚或硫黄熏蒸的方法减少虫源。

　　(2)物理措施　田间张挂黄板诱杀有翅蚜,采用银灰色地膜覆盖避蚜;保护地可在门口或放风口覆盖防虫网进行阻断,在门口张挂银灰色膜避蚜。

　　(3)生物措施　保护利用天敌,也可人工释放天敌,进行蚜虫的防治。蚜虫的天敌众多,寄生性天敌有:蚜茧蜂、蚜小蜂、跳小蜂、金小蜂等;捕食性天敌有:瓢虫、草蛉、花蝽、姬蝽、食蚜蝇、食蚜瘿蚊、食蚜螨等。

　　(4)药剂防治　始盛期喷洒 0.6% 苦参碱水剂 300～500 倍液,或 0.3% 印楝素乳油 500 倍液,或 7.5% 鱼藤酮植物油剂 500～800 倍液,或 1.5% 除虫菊素水乳剂 800 倍液,每 5～7 d 喷施 1 次,连续 2～3 次。

　　(八)菜潜蝇

　　属双翅目潜蝇科,又称甘蓝斑潜蝇,除危害菜心、甘蓝、大白菜、芥蓝、花椰菜等十字花科蔬菜外,也危害番茄、豌豆等。

　　1. 危害症状

　　成虫把卵产在叶部组织里,幼虫在叶肉与表皮之间潜食,形成曲折线形白色食痕,严重时潜痕密布,致叶片黄化或焦枯。

　　2. 形态特征

　　成虫体长约 2 mm,成虫头部下端、触角、口须黄色,胸部黑色,中胸侧板上面 1/3 及胸腹板上绿黄色,足基节、腿节黄色,胫节和基节褐色,腹部黑褐色,光滑,背板后缘黄色,第 9 背板褐色,尾铗黄色。卵长约 0.3 mm,乳白色,长椭圆形。幼虫蛆状,长约 4 mm,黄色或黄绿色。蛹棕黄色。

　　3. 生活习性

　　幼虫老熟后从叶片的叶肉内钻出,在叶表面或土中近表层处化蛹。每年 4—6 月份为危害盛期。

　　4. 防治方法

　　(1)物理措施　在田间张挂黄板进行诱杀,利用防虫网阻断菜潜蝇进入保护地产卵危害。

（2）生物防治 释放姬小蜂、反颚茧蜂、潜蝇茧蜂等,这三种寄生蜂对菜潜蝇寄生率较高。

（3）药剂防治 在成虫高峰期至卵孵化盛期或低龄若虫高峰期,虫道很小时喷药防治,防治该虫应在上午的 8—10 时,露水干后,幼虫开始到叶面活动,老熟幼虫多从虫道中钻出时喷药防治。药剂可选择 5％天然除虫菊素乳油 1 000 倍液,或 0.6％苦参碱水剂 500 倍液,或 0.3％印楝素乳油 500 倍液,每 3～5 d 喷施 1 次,连续 2～3 次。

第七节 收获与储藏

一、收获

东北、西北地区 10 月份收获,华北、黄淮地区 11 月下旬收获并储藏。收获之前 10～15 d,用外叶包住并捆绑以防酷寒引起的冻灾。

1. 高冷地白菜

高冷地白菜收获时间越晚,越易导致抽薹、石灰缺乏症和褐斑病的发生,收获过晚中肋变厚,商品价值就降低,所以应在合适的收获期内采收。7—8 月份收获生育期短,收获后的高温和过湿的环境会导致腐烂,因此收获后要注意品质和保鲜。

2. 夏白菜

夏白菜结球能力弱,越到生育后期越易发生软腐病,当大白菜结球到 70％～80％时就应安排收获。

二、收获后的管理

白菜的价格变动幅度比较大,考虑到管理费用因素时需要进行储藏,收获的时期越接近高温时节,质量和新鲜度就越难保证。保证质量的方法是在收获后在 3～12℃的环境中放置 6 h 进行预冷处理,可以减少萎蔫叶和黄化叶的数量。若要延长保存时间,需要将大白菜用聚乙烯薄膜包装,放在 0～4℃环境中储藏。

（一）窖藏

白菜在－3℃的气温环境下外叶易受冻害,一旦受冻,会导致叶子变干,茎细胞遭到破坏,储藏过程中易腐烂,因此,大白菜严禁受冻。白菜储藏最适宜的温度是 0～3℃,需要的湿度环境在 90％～95％之间,目前农户最简单的储存方法就是埋入土壤中或者窖藏。

（二）塑料袋密封储存

采用这种方法时，受到塑料袋内的白菜呼吸所积累的 CO_2 气体的影响，能够抑制腐烂微生物的繁殖，延长储藏时间。

具体方法：收获后的白菜切断根，把受损伤的外叶去掉后，放在遮阴和凉爽的地方 2～3 d 进行透气，然后将一棵白菜放在厚度 0.05 mm 的聚乙烯塑料袋（宽 30 cm，长 65 cm，或者宽 45 cm，长 65 cm）内，排净塑料袋里面的空气，并用橡胶带完全扎紧密封，根朝下，储藏在有设备的储藏库或者窖藏，保持储藏库或窖内温度在 0～3℃之间。

参 考 文 献

［1］ 史庆馨.大白菜的营养特性与科学施肥技术.北方园艺,2005(1):21.

［2］ 张凤兰,李建伟.我国大白菜生产现状及发展对策.中国蔬菜,2011(3):1-2.

［3］ 武丹,陈春秀,王宝驹,等.北京地区春夏大白菜播种期与品种筛选试验.北方园艺,2010(13):12-14.

［4］ 曾令明.黄瓜—白菜—芹菜高效栽培模式.中国园艺文摘,2008(5):85-86.

［5］ 刘卫红,吴海东,路翠玲,等.怎样提高大白菜种植效益.北京:金盾出版社,2006.

［6］ 于丽艳,王志和,李培之,等.大白菜甘蓝高效栽培.济南:山东科学技术出版社,2016.

［7］ 董伟,张立平.蔬菜病虫害诊断与防治彩色图谱.北京:中国农业科学技术出版社,2012.

附 录

附表 1 有机蔬菜生产中允许使用的土壤培肥和改良物质

类别	名称和组分	使用条件
Ⅰ.植物和动物来源	植物材料（秸秆、绿肥等）	
	畜禽粪便及其堆肥（包括圈肥）	经过堆制并充分腐熟
	畜禽粪便和植物材料的厌氧发酵产品（沼肥）	
	海草或海草产品	仅直接通过下列途径获得： 物理过程，包括脱水、冷冻和研磨； 用水或酸和（或）碱溶液提取； 发酵
	木料、树皮、锯屑、刨花、木灰、木炭及腐殖酸类物质	来自采伐后未经化学处理的木材，地面覆盖或经过堆制
	动物来源的副产品（血粉、肉粉、骨粉、蹄粉、角粉、皮毛、羽毛和毛发粉、鱼粉、牛奶及奶制品等）	未添加禁用物质，经过堆制或发酵处理
	蘑菇培养废料和蚯蚓培养基质	培养基的初始原料限于本附录中的产品，经过堆制
	食品工业副产品	经过堆制或发酵处理
	草木灰	作为薪柴燃烧后的产品
	泥炭	不含合成添加剂。不应用于土壤改良；只允许作为盆栽基质使用
	饼粕	不能使用经化学方法加工的

续附表 1

类别	名称和组分	使用条件
Ⅱ. 矿物来源	磷矿石	天然来源,镉含量小于等于 90 mg/kg 五氧化二磷
	钾矿粉	天然来源,未通过化学方法浓缩。氯含量少于 60%
	硼砂	天然来源,未经化学处理、未添加化学合成物质
	微量元素	天然来源,未经化学处理、未添加化学合成物质
	镁矿粉	天然来源,未经化学处理、未添加化学合成物质
	硫黄	天然来源,未经化学处理、未添加化学合成物质
	石灰石、石膏和白垩	天然来源,未经化学处理、未添加化学合成物质
	黏土(如珍珠岩、蛭石等)	天然来源,未经化学处理、未添加化学合成物质
	氯化钠	天然来源,未经化学处理、未添加化学合成物质
	石灰	仅用于茶园土壤 pH 调节
	窑灰	未经化学处理、未添加化学合成物质
	碳酸钙镁	天然来源,未经化学处理、未添加化学合成物质
	泻盐类	未经化学处理、未添加化学合成物质
Ⅲ. 微生物来源	可生物降解的微生物加工副产品,如酿酒和蒸馏酒行业的加工副产品	未添加化学合成物质
	天然存在的微生物提取物	未添加化学合成物质

附表 2　有机蔬菜生产中允许使用的植物保护产品

类别	名称和组分	使用条件
Ⅰ. 植物和动物来源	楝素（苦楝、印楝等提取物）	杀虫剂
	天然除虫菊素（除虫菊科植物提取液）	杀虫剂
	苦参碱及氧化苦参碱（苦参等提取物）	杀虫剂
	鱼藤酮类（如毛鱼藤）	杀虫剂
	蛇床子素（蛇床子提取物）	杀虫、杀菌剂
	小檗碱（黄连、黄柏等提取物）	杀菌剂
	大黄素甲醚（大黄、虎杖等提取物）	杀菌剂
	植物油（如薄荷油、松树油、香菜油）	杀虫剂、杀螨剂、杀真菌剂、发芽抑制剂
	寡聚糖（甲壳素）	杀菌剂、植物生长调节剂
	天然诱集和杀线虫剂（如万寿菊、孔雀草、芥籽油）	杀线虫剂
	天然酸（如食醋、木醋和竹醋）	杀菌剂
	菇类蛋白多糖（蘑菇提取物）	杀菌剂
	水解蛋白质	引诱剂，只在批准使用的条件下，并与本附录的适当产品结合使用
	牛奶	杀菌剂
	蜂蜡	用于嫁接和修剪
	蜂胶	杀菌剂
	明胶	杀虫剂
	卵磷脂	杀真菌剂
	具有趋避作用的植物提取物（大蒜、薄荷、辣椒、花椒、薰衣草、柴胡、艾草的提取物）	趋避剂
	昆虫天敌（如赤眼蜂、瓢虫、草蛉等）	控制虫害

续附表 2

类别	名称和组分	使用条件
Ⅱ. 矿物来源	铜盐(如硫酸铜、氢氧化铜、氯氧化铜、辛酸铜等)	杀真菌剂,防止过量施用而引起铜的污染
	石硫合剂	杀真菌剂、杀虫剂、杀螨剂
	波尔多液	杀真菌剂,每年每公顷铜的最大使用量不能超过 6 kg
	氢氧化钙(石灰水)	杀真菌剂、杀虫剂
	硫黄	杀真菌剂、杀螨剂、趋避剂
	高锰酸钾	杀真菌剂、杀细菌剂;仅用于果树和葡萄
	碳酸氢钾	杀真菌剂
	石蜡油	杀虫剂,杀螨剂
	轻矿物油	杀虫剂、杀真菌剂;仅用于果树、葡萄和热带作物(如香蕉)
	氯化钙	用于治疗缺钙症
	硅藻土	杀虫剂
	黏土(如斑脱土、珍珠岩、蛭石、沸石等)	杀虫剂
	硅酸盐(硅酸钠,石英)	趋避剂
	硫酸铁(3价铁离子)	杀软体动物剂
Ⅲ. 微生物来源	真菌及真菌提取物(如白僵菌、轮枝菌、木霉菌等)	杀虫剂、杀菌剂、除草剂
	细菌及细菌提取物(如苏云金芽孢杆菌、枯草芽孢杆菌、蜡质芽孢杆菌、地衣芽孢杆菌、荧光假单胞杆菌等)	杀虫剂、杀菌剂、除草剂
	病毒及病毒提取物(如核型多角体病毒、颗粒体病毒等)	杀虫剂

续附表 2

类别	名称和组分	使用条件
IV. 其他	氢氧化钙	杀真菌剂
	二氧化碳	杀虫剂,用于贮存设施
	乙醇	杀菌剂
	海盐和盐水	杀菌剂,仅用于种子处理,尤其是稻谷种子
	明矾	杀菌剂
	软皂(钾肥皂)	杀虫剂
	乙烯	香蕉、猕猴桃、柿子催熟,菠萝调花,抑制马铃薯和洋葱萌发
	石英砂	杀真菌剂、杀螨剂、趋避剂
	昆虫性外激素	仅用于诱捕器和散发皿内
	磷酸氢二铵	引诱剂,只限用于诱捕器中使用
V. 诱捕器、屏障	物理措施(如色彩诱器、机械诱捕器)	
	覆盖物(网)